专 利 审 查 研 究 系 列 丛 书

专利审查研究

国家知识产权局专利局专利审查协作北京中心／组织编写

郭　雯／主编

（第十一辑）

知识产权出版社
全国百佳图书出版单位

图书在版编目（CIP）数据

专利审查研究. 第十一辑/郭雯主编. —北京：知识产权出版社，2019.9
ISBN 978－7－5130－5837－7

Ⅰ. ①专… Ⅱ. ①郭… Ⅲ. ①专利—审查—研究—中国 Ⅳ. ①G306.3

中国版本图书馆 CIP 数据核字（2019）第 206396 号

内容提要

本书由国家知识产权局专利局专利审查协作北京中心围绕法规与制度、审查实务、检索理论及实务、专利运用等专题，精选近期中心各审查部门完成的 32 篇优秀论文汇集而成。本书有助于专利审查员进一步提高专利审查工作质量以及社会公众和申请人了解专利审查工作。

责任编辑：王祝兰　　　　　　　　　　　　责任校对：王　岩

封面设计：张　冀　　　　　　　　　　　　责任印制：孙婷婷

专利审查研究（第十一辑）

国家知识产权局专利局专利审查协作北京中心　组织编写
郭　雯　主编

出版发行：知识产权出版社有限责任公司　　网　　址：http：//www.ipph.cn
社　　址：北京市海淀区气象路 50 号院　　　邮　　编：100081
责编电话：010－82000860 转 8555　　　　　责编邮箱：wzl@cnipr.com
发行电话：010－82000860 转 8101/8102　　发行传真：010－82000893/82005070/82000270
印　　刷：北京建宏印刷有限公司　　　　　　经　　销：各大网上书店、新华书店及相关专业书店
开　　本：720mm×960mm　1/16　　　　　印　　张：24.75
版　　次：2019 年 9 月第 1 版　　　　　　　印　　次：2019 年 9 月第 1 次印刷
字　　数：480 千字　　　　　　　　　　　定　　价：110.00 元
ISBN 978-7-5130-5837-7

《专利审查研究（第十一辑）》编委会

《专利审查研究（第十一辑）》编写组

审　稿（按姓名拼音排序）

冯玉学　付　佳　葛加伍

胡玉连　李意平　凌宇飞

刘　昶　刘以成　雒晓明

唐晓君　王　璟　王　靖

轩云龙　姚　云　姚宏颖

于冶萍　张　璞

统　稿　王　汇　王秋丽

前　　言

当前国家知识产权局正深入推动实施知识产权战略，扎实推进知识产权强国建设。保护知识产权是一个时代课题。加强知识产权保护，有助于推动创新驱动发展战略的实施，推动经济实现高质量发展，有助于营造国际一流创新和营商环境，最大限度释放创新创造活力。知识产权的注册审查是加强知识产权保护的源头。国家知识产权局专利局专利审查协作北京中心（以下简称"北京中心"）以提高专利审查质量和效率为己任，不断加强业务能力建设，稳步推进世界一流专利审查机构建设，并积极开展学术研究工作，取得了丰硕成果。

为促进学术交流，增进学术成果推广运用，本书精选近两年北京中心各审查部门完成的 32 篇高学术价值论文汇集而成，内容涉及法规与制度、审查实务、检索理论及实务以及专利运用等方面。我们衷心希望《专利审查研究（第十一辑）》一书的出版能够为专利审查实践提供经验借鉴，为知识产权保护和运用工作提供智慧支持。

由于编者水平有限，书中不当之处，敬请广大读者批评指正。

目　录

法规与制度研究

制备方法权利要求和制备方法表征的产品权利要求的审查与保护

许庆蕾

摘　要：制备方法权利要求和制备方法表征的产品权利要求是比较特殊的、存在联系的两类权利要求。对于授权阶段，本文从方法特征和产品特征两方面分别对要求保护的主题的限定作用、两类权利要求专利性的关系等角度进行了分析和梳理，以期给审查员提供参考；对于侵权阶段，探讨了制备方法专利延伸保护的范围以及举证责任倒置适用的具体情形。进一步地，针对如何统一授权阶段和侵权阶段对制备方法表征的产品权利要求的判断标准，本文从区分权利要求类型的目的、立法宗旨、专利权人和社会公众之间利益平衡等方面阐述了笔者的观点，为实现两个阶段的标准统一提供建议和参考。

关键词：制备方法　制备方法表征产品　审查　侵权判断　标准统一

一、引　言

专利法将权利要求按照性质划分为产品权利要求和方法权利要求。产品权利要求通常应当用产品的结构特征来描述，特殊情况下，当产品权利要求中的一个或多个技术特征无法用结构特征予以清楚地表征时，允许借助物理或化学参数表征；当无法用结构特征并且也不能用参数特征予以清楚地表征时，允许借助于方法特征表征。在化学、生物等领域，用制备方法表征产品权利要求是比较常见的权利要求撰写方式。方法权利要求通常应当用工艺过程、操作条件、步骤或者流程等技术特征来描述，主要包括三种类型：制备加工方法、作业方法和使用方法（即用途发明）。其中，制备方法权利要求是方法权利要求

3

的主要类型，制备方法包括原料、工艺步骤条件和产品，因而，制备方法权利要求必然包含产品特征，即制备方法权利要求是用产品表征的权利要求。

制备方法权利要求和制备方法表征的产品权利要求作为比较特殊的两类权利要求，在业内引起较大关注，某些审查员对该两类权利要求的理解和审查存在一定困惑。本文将分析授权阶段方法特征和产品特征分别对要求保护的产品主题和方法主题的限定作用，并对两类权利要求专利性的关系予以剖析梳理，以期给审查员提供一些参考或启发。另外，制备方法表征的产品专利的侵权判断，尤其是如何统一授权阶段和侵权阶段对制备方法特征限定作用的判断标准一直是业内的热点。本文将尝试从专利法区分权利要求类型的目的、立法宗旨、平衡专利权人和社会公众之间利益等角度出发阐述一下个人观点。

二、授权阶段

（一）方法特征和产品特征分别对要求保护的产品主题和方法主题的限定作用

1. 方法特征对要求保护的产品主题的限定作用

《专利审查指南 2010》第二部分第二章第 3.1.1 节中规定："在类型上区分权利要求的目的是为了确定权利要求的保护范围。通常情况下，在确定权利要求的保护范围时，权利要求中的所有特征均应当予以考虑，而每一个特征的实际限定作用应当最终体现在该权利要求所要求保护的主题上。……方法特征表征的产品权利要求的保护主题仍然是产品，其实际的限定作用取决于对所要求保护的产品本身带来何种影响。"此处的方法特征包括制备方法、作业方法、使用方法等所有类型的方法特征。按照该规定，对于方法特征表征的产品权利要求，方法特征对于要求保护的产品主题是否具有限定作用取决于方法特征是否给产品本身的结构特征、理化参数或者性能等产生影响：若产生影响，则具有限定作用；若未产生影响（例如通常的作业方法），则不具有实际的限定作用。对于制备方法表征的产品权利要求，制备方法作用于一定的原料物品上，其目的在于使之在结构、形状或者物理化学性能等方面产生变化。无论制备方法涉及物理混合还是化学反应，通常都会对产品的结构特征、性能参数或者是外观形状等产生影响，因此制备方法特征通常对要求保护的产品主题具有限定作用。制备方法特征如何对产品进行实际限定需要根据个案具体分析制备方法对产品的结构、性能、外观等产生了怎样的影响。另外，《专利审查指南 2010》中使用的术语为"方法特征表征的产品权利要求"，而不是"方法特征限定的产品权利要求"，也表明所述的制备方法并非用来限定产品本身固有的结构特征，而仅仅是借用制备方法这一手段来描述或者表征该产品。目前也有人称该类权利要求为"方法特征限定的产品权利要求"，这种表述是不恰当的。

2. 产品特征对要求保护的方法主题的限定作用

对于制备方法权利要求，产品特征是其必然包括的特征。依据《专利审查指南2010》中的相关规定，产品特征的实际限定作用应当最终体现在所要求保护的方法主题上。对于产品特征是否对要求保护的方法主题具有限定作用以及限定作用的大小，存在以下几种不同的观点。

第一种观点认为：方法权利要求应当由工艺过程、操作条件、步骤或者流程等来限定/确定其保护范围，其保护范围与其中的原料特征和产品特征无关，产品特征对制备方法权利要求不具有限定作用。与制备方法表征的产品权利要求的新颖性的判断类似，若制备方法权利要求中的方法特征已被公开，则无须考虑原料和产品是否相同，制备方法权利要求都不具备新颖性。

第二种观点认为：制备方法权利要求通常包括的原料、过程步骤和产物三个特征中原料的选择、过程步骤条件的选择对制备方法发明的影响较大且相互影响，但当原料、过程步骤条件选定后，其产物是必然的结果，因而，原料和过程步骤特征对制备方法发明的限定作用较强，产物特征的限定作用相对较弱，有时根本起不到限定作用。例如相似方法发明，其中的产品特征通常对要求保护的方法主题不具有限定作用。在相似方法发明的创造性判断中，若区别特征仅在于选择了已知原料中的特定原料，由于原料与过程步骤的结合必然产生可预见的产物，该选择对制备方法这一技术方案来说是显而易见的，因此制备方法不具备创造性，尽管所获得的产物可能具有非显而易见的效果，但该效果不是针对制备方法这一技术方案而言的。该观点认为产品特征对制备方法的限定作用相对较弱，是否具有限定作用、具有怎样的限定作用需要具体分析判断。

第三种观点认为：与制备方法特征可能对产品权利要求不具有限定作用不同，产品特征对制备方法权利要求必然具有一定的限定作用。

笔者认同第三种观点。首先，制备方法是活动的权利要求，活动必然有物来参加，原料和最终产品都是活动的参与者，作为参与者的最终产品是整个活动不可缺少的重要部分，活动的权利要求必然由参与者和时间过程共同限定，产品特征是制备方法权利要求的必要技术特征，离开产品特征的工艺步骤无法构成一个能解决技术问题、实现技术效果的技术方案，因而，产品特征必然对制备方法权利要求具有限定作用。

其次，通过具体的示例来进一步说明理由：

【案例1】

一种等规聚丙烯的制备方法，其特征在于，该方法包括如下步骤：在聚合釜中加入一定比例的丙烯单体、催化剂和烃类稀释剂，搅拌混合，同时通入少量氢气，进行聚合反应。

【案例2】

一种间规聚丙烯的制备方法，其特征在于，该方法包括如下步骤：在聚合釜中加入一定比例的丙烯单体、催化剂和烃类稀释剂，搅拌混合，同时通入少量氢气，进行聚合反应。

虽然上述两个案例中的制备方法权利要求文字记载的工艺步骤等方法特征是相同的，但这并不能说明两个制备方法的具体工艺条件完全相同：等规聚丙烯和间规聚丙烯在分子结构式、熔点、强度、韧性等方面均存在不同，产品的所有参数、性能等均是由制备方法中的具体步骤条件所产生的，两种产品在分子结构、性能参数等方面的区别必然是由制备方法的相应区别而产生的。申请人通常很难或者不愿在申请文件中尤其是权利要求中将制备方法的工艺条件进行足够具体的限定，通常只记载主要的流程和步骤，例如上述案例1和案例2，虽然权利要求未记载具体的工艺参数，但通过上述分析可知，制备具有不同分子结构式、熔点、强度、韧性等性能的两种聚丙烯的催化剂、聚合温度、聚合时间、聚合压力、各物质的用量比例等必然不同，即"等规聚丙烯"和"间规聚丙烯"作为产品特征隐含了需要特定的催化剂、聚合温度、聚合时间、聚合压力、各物质的用量比例等，产品特征与方法特征共同限定了方法权利要求。

最后，任何一种具体、明确的制备工艺只能得到一种产品，例如，制备等规聚丙烯的具体工艺（包括足够具体的催化剂、聚合温度、时间和压力等）只能得到特定的等规聚丙烯产品，不可能得到间规聚丙烯产品或者其他聚合物；进一步地，虽然一种特定的产品可能会由不同类型/原理的多种制备方法得到，例如一种特定的等规聚丙烯可能会由不同的淤浆聚合法和气相聚合法制备得到，但对于一类制备方法来说，一种产品只能用一种具体的制备工艺制备。即对于上述案例所示的淤浆聚合方法来说，等规聚丙烯产品和间规聚丙烯产品都只能由一种具体的制备工艺（包括足够具体的催化剂、聚合温度、时间和压力等）得到，不可能由多种不同的淤浆聚合制备工艺得到。因此，一种具体、特定的产品与一种足够具体、明确的制备方法是相对应的，产品特征对制备方法权利要求具有限定作用。

（二）专利性的关系

1. 产品专利性对制备方法专利性的影响

若产品具备新颖性和创造性，则依照上文第三种观点，该产品的制备方法权利要求也具备新颖性和创造性。理由在于：首先，若产品具备新颖性和创造性，则对制备方法具有限定作用的产品（特征）的不同构成了制备方法权利要求与最接近的现有技术的区别之一，且现有技术不存在将该区别应用到最接近的现有技术的技术启示，因而制备方法权利要求具备新颖性和创造性。从另一个角度来说，产品是制备方法的结果，产品对现有技术作出贡献，则说明制备方法的结果对现有技术作出了贡献，即制备方法对现有技术作出了贡献。对于此，某些业内人士可能认为相似方法发明等方法发明的工艺流程等方法特征本身不具有任何创新性，方法步骤本身未对现有技术作出任何技术贡献，对相似方法等方法发明给予专利权保护与专利权人实际作出的智慧贡献不相适应，有违专利法的立法宗旨。然而，相似方法等制备方法发明之所以可获得专利权是由于其中的产品（特征）对现有技术作出了贡献，其专利性完全依赖于产品的专利性。一旦产品专利申请或专利被驳回或者被宣告无效，则相应的制备方法专利申请或专利也将被驳回或者被宣告无效，在可能出现的各种纠纷中相似方法等制备方法发明起不到任何的防御作用，实际意义和价值不大，权利人并没有获得超出其智慧贡献的过多保护。因此，在审查实践中，若经审查产品具备新颖性和创造性，则无须再判断产品的制备方法的新颖性和创造性，可直接认可其具备新颖性和创造性。

若产品不具备新颖性或者创造性，则制备方法权利要求可能具备新颖性和创造性。理由为：产品不具备新颖性或者创造性，则说明产品（特征）不构成制备方法权利要求与最接近的现有技术的区别，或者虽然构成区别但现有技术给出了相应的技术启示；然而，制备方法权利要求相对于最接近的现有技术还可能存在其他区别，甚至可能对于该区别现有技术未给出相应的技术启示，因此，制备方法权利要求可能具备新颖性和创造性。此时，其对现有技术的贡献体现在简化步骤、节约成本、提高产率、提供一种构思不同的技术方案等方面。因此，在审查实践中，若经审查产品不具备新颖性和创造性，则需重新判断产品的制备方法的新颖性和创造性。

2. 制备方法的专利性对产品专利性的影响

《专利法》第11条规定对方法专利的保护延伸到依照该专利方法直接获得的产品，某些观点据此认为若制备方法具有专利性，则制备方法表征的产品权利要求也具有专利性。然而受到保护和具有专利性并不等同，该延伸保护只是基于若不延及最终产品将无法实现对制备方法专利的有效保护的缘由，并不是认可所得产品的专利性。产品的制备方法具备新颖性和创造性，制备方法表征的产品权利要求未必具备新颖性和创造性。理由如下：首先，对于制备方法表征的产品权利要求的新颖性，《专利审查指南2010》第二部分第三章第3.2.5节中规定："如果所属技术领域的技术人员可以断定该方法必然使产品具有不同于对比文件产品的特定结构和/或组成，则该权利要求具备新颖性；相反，如果申请的权利要求所限定的产品与对比文件产品相比，尽管所述方法不同，但产品的结构和组成相同，则该权利要求不具备新颖性，除非申请人能够根据申请文件或现有技术证明该方法导致产品在结构和/或组成上与对比文件产品不同，或者该方法给产品带来了不同于对比文件产品的性能从而表明其结构和/或组成已发生改变。"《专利审查指南 2010》第二部分第十章第 5.3 节中针对化学领域的发明专利申请作了进一步规定："对于用制备方法表征的化学产品权利要求，其新颖性审查应针对该产品本身进行，而不是仅仅比较其中的制备方法是否与对比文件公开的方法相同。制备方法不同并不一定导致产品本身不同。"对于制备方法表征的产品权利要求的创造性，《专利法》未给予专门的、针对性的具体规定，然而依据《专利法》对该类权利要求中方法特征的限定作用以及新颖性的判断准则可知，制备方法表征的产品权利要求的主题仍为产品，在判断是否具备创造性时，应当确定产品与现有技术的区别和实际解决的技术问题，判断产品本身是否是显而易见的，是否为现有技术作出了技术贡献。可见，判断制备方法表征的产品权利要求的新颖性和创造性是判断产品本身是否是现有技术中已知的或者显而易见的，应当判断方法特征的不同是否导致产品本身在结构特征和/或性能等方面存在区别或者存在何种区别，而不应考虑方法本身是否是现有技术中不存在的或者是否对现有技术作出了贡献。若制备方法的不同没有给产品带来区别，或者没有带来非显而易见性的差异，则产品权利要求不具备新颖性或者创造性。此时，发明提供了一种已知产品的新制备方法。从另一个角度来说，制备方法对现有技术作出的贡献通常体现在以下几个方面：简化步骤、节约成本、提高产率和转化率、改善产品性能等。若技术贡献体现在简化步骤、节约成本以及提高产率和转化率等方面，而不包括产品性能的改善，则由于产品本身并不存在任何改进，用制备方法表征的产品本身未对现有技术作出任何贡献，制备方法具有专利性时，制备方法表征的产品权利要求不具有专利性；若制备方法的技术贡献包括改善产品性能，则由于产品本身对现有技术作出了贡献，制备方法和制备方法表征的产品权利要求均具有专利性。因此，在审查实践中，若经审查制备方法具备新颖性和创造性，则需进一步判断产品是否具备新颖性和创造性，不能直接认可产品权利要求的新颖性和创造性。

我们公知，原命题和逆否命题为等价命题，若原命题成立，则逆否命题成立。按照前述分析，若产品具有专利性则产品的制备方法也具有专利性，则依照数学中的命题理论可知，若制备方法不具有专利性则制备方法表征的产品权利要求也不具有专利性。从专利法的角度来看，若制备方法权利要求不具备新颖性或者创造性，则说明该方法技术方案的所有特征均已被现有技术公开，或者虽然与最接近的现有技术存在区别但对于该区别现有技术给出了相应的技术启示。因而，作为其中具有限定作用的特征之一，产品特征必然已被现有技术公开，或者虽未公开但现有技术给出了相应的技术启示，即产品必然不具有专利性。从另一个方面来看，若制备方法未对现有技术作出任何技术贡献，则必然未作出改善产品性能的技术贡献，因而，产品本身未对现有技术作出任何技术贡献。因此，在审查实践中，若经审查制备方法不具备新颖性或者创造性，则可直接判断制备方法表征的产品也不具备新颖性或创造性。

三、侵权阶段

（一）制备方法专利

制备方法专利的延伸保护以及特定情形下举证责任倒置的证明责任分配规则是制备方法专利侵权阶段比较突出的特点，在业内引起广泛研究。下文对上述两方面进行探讨，分析梳理制备方法专利延伸保护的范围以及举证责任倒置适用的具体情形。

1. 保护范围

《专利法》第 11 条第 1 款规定："发明和实用新型专利权被授予后，除本法另有规定的以外，任何单位或者个人未经专利权人许可，都不得实施其专利，即不得为生产经营目的使用其专利方法以及使用、许诺销售、销售、进口依照该专利方法直接获得的产品。"可见，制备方法专利不仅保护对该专利方法的使用，还延伸保护依照该专利方法直接获得的产品。首先，需要指出的是该延伸保护并不要求直接获得的产品必须为"新产品"。因为对于方法专利，其经济价值必须具化为具体的产品方能实现，若要求必须为"新产品"，则已有产品的新制备方法专利将不延伸保护该方法所直接获得的产品，其经济价值和实用价值将无法实现；因而，只要是依照该专利方法直接获得的产品，都受到相应保护，包括符合授予专利权条件的新产品、申请时已知的产品、不符合授予专利权条件的新产品等。当然，对于符合授予专利权条件的新产品，权利人通常对产品主题也进行了保护。此时，产品本身可获得产品专利的绝对保护，没有必要再通过制备方法专利的延伸保护来获得保护。另外，对于"依照该专利方法直接获得的产品"，存在两种不同的解释立场：狭义解释立场认为所谓"直接"获得的产品是指实施专利方法最初获得的原始产品，即完成方法专利权利要求记载的最后一个步骤特征之后获得的产品，随后进一步施加专利方法之外的任何加工、处理步骤所得到的产品都不属于直接获得的产品；广义解释立场认为直接获得的产品还包括在一定条件下对原始产品进行加工、处理后获得的产品。最高人民法院于 2009 年颁布的《最高人民法院关于审理侵犯专利权纠纷案件应用法律若干问题的解释》第 13 条规定："对于使用专利方法获得的原始产品，人民法院应当认定为专利法第十一条规定的依据专利方法直接获得的产品。"可见，最高人民法院将延伸保护明确为狭义解释。美国以及欧洲某些国家均采用广义解释，给制造方法专利权人提供更充分的保护。笔者个人赞同最高人民法院确定的标准即狭义解释。首先，采用狭义解释可以提供明确的判断标准，社会公众可以简单、准确地确定延伸保护所涵盖的范围，有利于维护法律的确定性。其次，相对于产品专利的绝对保护，法律对制备方法专利的保护是相对的，保护力度更弱一些，法律对产品专利的保护都还没有延伸到以该专利产品为原料进一步加工、处理后获得的产品，对于制备方法专利的保护延伸到方法直接获得的原始产品进一步加工、处理后获得的产品是不合理的；将制备方法专利的保护延伸到直接获得的原始产品已经是一种优惠的待遇，将延伸保护范围进一步扩大将损害公众的合法权益。将直接获得的原始产品进一步加工、处理获得后续产品的行为应当认为属于《专利法》第 11 条规定的"使用"依照该专利方法直接获得的产品的行为，进一步加工、处理获得的后续产品不能再享受跟原始产品类似的禁止未经许可使用、许诺销售、销售、进口的相应保护。

2. 举证责任

《专利法》第 61 条第 1 款规定："专利侵权纠纷涉及新产品制造方法的发明专利的，制造同样产品的单位或者个人应当提供其产品制造方法不同于专利方法的证明。"可见，《专利法》对新产品制造方法专利侵权的证明责任分配规则规定为举证责任倒置。首先，对于此处的新产品，业内一度存在争议。《最高人民法院关于审理侵犯专利权纠纷案件应用法律若干问题的解释》第 17 条规定："产品或者制造产品的技术方案在专利申请日以前为国内外公众所知的，人民法院应当认定该产品不属于专利法第六十一条第一款规定的新产品。"该规定表明最高人民法院主张对"新产品"的判断标准采用新颖性的判断标准。按照前文关于保护范围的阐述，制备方法专利中的产品通常包括符合授予专利权条件的新产品、申请时已知的产品、不符合授予专利权条件的新产品等。根据最高人民法院司法解释的上述规定，对于已知产品的新制备方法专利依然采用专利权人进行举证的证明责任分配规则。对于符合授予专利权条件的新产品的制备方法，权利人通常对产品主题也进行了保护，此时权利人对产品获得绝对保护，只要产品相同即构成侵权，不涉及制备方法是否相同的问题；若权利人未对产品主题进行保护，仅保护了制备方法主题，则此时适用举证责任倒置的证明责任分配规则。对于不符合授予专利权条件的新产品的制备方法，或许产品不具备创造性或不符合其他授权条件，但产品是新的，此时适用举证责任倒置的证明责任分配规则。其次，需要指出的是，适用举证责任倒置的仅仅是制造该产品的行为即《专利法》第 11 条第 1 款中规定的"使用其专利方法"的行为，《专利法》第 11 条中规定的对产品的延伸保护并不适用举证责任倒置的证明责任分配规则。

（二）制备方法表征的产品专利

制备方法表征的产品专利由于产品主题包含制备方法特征，在侵权判定中如何考量制备方法特征是业内关注的热点，在司法实践中经历了不同至趋同的过程，最终形成了统一的司法解释：对于权利要求中以制备方法界定产品的技术特征，被诉侵权产品的制备方法预期不相同也不等同的，人民法院应当认定被诉侵权技术方案未落入专利权的保护范围。❶ 可见，依照目前的司法解释，制备方法表征的产品专利在侵权判断时需要判断制备方法特征是否相同，制备方法特征对产品专利的保护范围具有限定作用，即采用全部限定原则：只有被诉侵权产品的制备方法与专利产品的制备方法相同或者等同的情况下才可能构成对产品专利的侵权。而在授权阶段，制备方法特征的限定作用取决于其对所要求保护的产品本身带来何种影响。如果要求保护的产品与现有产品在结构、组成等方面相同或者没有实质性差异，则要求保护的产品不具备新颖性或者创造性，即用任何制备方法制备得到的相同或者无实质性差异的产品都可以评述要求保护的产品主题的新颖性或者创造性。可见，对于制备方法特征的限定作用，授权阶段和侵权阶段的认定标准不一致：在授权阶段用于评述权利要求新颖性/创造性的现有技术不仅包括采用相同或者相近制备方法得到的产品，而在授予专利权后，只有相同或者等同的制备方法得到的产品才可能构成对产品专利的侵权。这对专利权人是明显不公平的，且前后两个阶段认定标准的不一致也会给社会公众带来困惑。因此，统一授权阶段和侵权阶段的标准是非常有必要的。

如何实现授权阶段和侵权阶段在评价标准上的一致性在业内引发了广泛的热议。目前业内的主流观点❷为：在授权阶段应采用与侵权阶段一致的标准，

---

❶ 最高人民法院关于审理侵犯专利权纠纷案件应用法律若干问题的解释（二）[EB/OL]. http：//gongbao. court. gov. cn /Details/409a66a5e85613e92594a31b410220. html.

❷ 尹新天. 中国专利法详解 [M]. 北京：知识产权出版社，2011：574 – 575.

田振，姚云. "方法限定的产品权利要求"的保护范围解读 [J]. 审查业务通讯，2011，17（2）：98 – 103.

毛映红. 小议"方法限定产品"专利权利要求的解释方法：从美国 CAFC 大法庭最新判决谈起 [J]. 知识产权，2009，19（114）：88 – 92.

即在授权阶段将所有方法特征视为对要求保护的产品具有限定作用。理由主要涉及如下几个方面：①若发明人只是发现了某种特定的制备方法去制备某一产品并且也仅能通过某种制备方法对产品进行限定，将该制备方法表征的产品权利要求的保护范围扩大至使用所有制备方法制备得到的产品无疑与发明人作出的智慧贡献不匹配，也会阻碍科技创新；②专利审批和侵权判定阶段均采用全部限定原则可以引导发明人尽可能地使用产品的结构和/或组成来表征，可以进一步规范产品权利要求的撰写；③在授权阶段采用全部限定原则将增加专利审查的便利性和准确性。该观点认可了最高人民法院对制备方法表征产品权利要求保护范围的认定标准，具有一定的合理性。本文中，笔者将从专利法区分权利要求类型的目的、立法宗旨、平衡社会公众与专利权人利益等方面阐述一下自己的不同观点：侵权阶段采用与授权阶段相同的标准以实现二者标准一致，即无论被诉侵权产品的制备方法与专利产品的制备方法是否相同或者等同，只要产品的结构和/或组成相同即构成侵权。

（1）从专利法区分权利要求类型的目的来看。《专利审查指南2010》第二部分第二章第3.1.1节中规定："在类型上区分权利要求的目的是为了确定权利要求的保护范围。"《专利法》第11条第1款规定："发明和实用新型专利权被授予后，除本法另有规定的以外，任何单位或者个人未经专利权人许可，都不得实施其专利，即不得为生产经营目的制造、使用、许诺销售、销售、进口其专利产品，或者使用其专利方法以及使用、许诺销售、销售、进口依照该专利方法直接获得的产品。"可见，产品和方法权利要求的保护范围不同，授予专利权后产品和方法专利权所受到的法律保护不同：产品专利保护该产品的制造，是一种完全的、绝对的保护；方法专利的保护除了该方法以外，延及了由该方法直接获得的产品上，但对该产品的保护不包括其制造；当方法不是某产品的唯一制造方法时，与产品专利的保护相比，方法专利的保护只是一种部分的、相对的保护。然而，按照目前最高人民法院的司法解释，将制备方法表征的产品专利的保护范围认定为用该制备方法得到的产品，此时制备方法表征的产品专利和制备方法专利所受的法律保护没有任何区别，将权利要求区分为产品和方法两种类型的初衷和目的无法实现，也没有任何意义；权利人没有必要保护制备方法表征的产品，仅保护制备方法即可。制备方法表征的产品权利要求的客体是产品，其保护范围应有别于方法权利要求；侵权阶段采用与授权阶段相同的标准可以确保制备方法表征的产品专利所受到的法律保护有别于制备方法专利，实现专利法区分权利要求类型的目的。

（2）从贡献与保护应一致的立法宗旨来看。首先，按照目前最高人民法院的司法解释，由于不能限制他人用其他方法直接得到的相同产品的使用、销售、许诺销售和进口权，作为产品专利，制备方法表征的产品专利无法获得真正的、有效的绝对保护；对于发明人确实研发了一种新的产品，对现有技术贡献了一种产品，尤其对于开创性发明，但因技术等原因申请日前无法清楚表征产品的结构/组成、申请时只能用制备方法予以表征的情形，若随着技术的发展后来可以确定产品的结构和/或组成，他人用其他制备方法得到了该产品也不会构成对该制备方法表征的产品专利的侵权，这对专利权人是不公平的，而且不利于鼓励开创性发明。其次，权利人对现有技术贡献了什么样的主题/方案，就应该获得什么样的保护。如果对现有技术的贡献在于对方法步骤的改进以实现节约成本、提高产率和转化率等效果，则就只允许权利人获得相应方法的保护。然而，若授权阶段采用与侵权阶段相同的标准，则不再考量方法特征对要求保护的产品主题产生了怎样的影响，只要制备方法是现有技术不存在的、相对于现有技术是非显而易见的，则产品就具备新颖性、创造性，进而用新的制备方法表征的已知产品也可以获得授权，但此时发明人的技术贡献实际上是通过对现有的方法步骤进行改进从而节约成本、提高产率和转化率等，未对产品本身作出改进；虽然按照目前最高人民法院的司法解释用新的制备方法表征的已知产品即使获得授权其保护范围也仅限于用该制备方法得到的产品，但无论其授权后保护范围怎样，授予新制备方法表征的已知产品专利权会导致贡献与保护不一致，在本质上是有违专利法立法本意的。

（3）从平衡公众与专利权人利益的角度来看。主张授权阶段采用侵权阶段标准的主流观点认为：由于制备方法表征的产品权利要求未能清楚、明确地向公众表明其保护的产品的结构和/或组成，若给予其一般产品专利的绝对保护将扩大权利人所作出的技术贡献，损害公众利益。然而，若侵权阶段采用授权阶段的标准，可以更好地平衡权利人和公众之间的利益。具体理由如下：《专利审查指南2010》第二部分第十章第5.3节中规定："对于用制备方法表征的化学产品权利要求……如果申请没有公开可与对比文件公开的产品进行比较的参数以证明该产品的不同之处，而仅仅是制备方法不同，也没有表明由于制备方法上的区别为产品带来任何功能、性质上的改变，则推定该方法表征的产品权利要求不具备专利法第二十二条第二款所述的新颖性。"在这种情况下，如果申请人能够提出证据证明请求保护的产品确实与现有技术产品不同，则应当认可其新颖性。对于创造性，也遵循同样的评价原则：若难以确定方法特征给产品的结构和/或组成带来的影响是非显而易见的，则可判断方法表征的产品权利要求不具备创造性；如果申请人能够提出证据证明方法的不同给所得的产品带来了预料不到的性能或者效果，则应当认可其创造性。可见，在授权阶段，若依据申请文件和现有技术难以判断产品存在区别或者是非显而易见的，

13

则审查员可评述权利要求的新颖性和创造性。因而，相对于一般产品，对于制备方法表征的产品权利要求的新颖性、创造性的判断，审查员承担相对较少的举证责任，申请人承担相对较多的举证责任；若申请人不能举证证明要求保护的产品与现有技术不同或者相对于现有技术是非显而易见的，则专利申请将被驳回。若在侵权阶段对制备方法特征的考量采用与授权阶段一致的标准，即无论被诉产品采用何种制备方法，只要结构和/或组成与产品专利相同即构成侵权，则依照产品专利侵权时"谁主张谁举证"的证明责任分配规则，被诉产品的结构和/或组成与专利产品相同或者等同的证明责任将由专利权人承担。如果专利权人没有证据证明二者相同或者等同，将不构成侵权，此时制备方法表征的产品专利的保护范围视为仅由该制备方法制备的产品，相当于依照目前的全部限定法进行考量；采用制备方法表征的方式带来的侵权举证困难的不利后果将由专利权人承担。可见，若在侵权阶段采用与授权阶段一致的判断原则，制备方法表征的产品权利要求相较于一般产品权利要求而言，在授权阶段申请人承担的举证责任更大，在侵权阶段权利人为获得有效的绝对保护进行举证的难度更大。因此，在侵权阶段采用与授权阶段一致的判断原则，专利权人需承担因产品结构和/或组成的难以表征和确定而导致的授权难度较大和侵权举证困难的不利后果，并不会损害公众利益。另外，在授权阶段和侵权阶段需承担的不利后果也将促使申请人按照专利审查指南的相关规定撰写权利要求，对于可以用结构特征或者参数特征清楚表征的技术特征，应避免使用方法特征进行表征，因而，侵权阶段采用授权阶段的判断标准也可以规范产品权利要求的撰写。

四、结 语

本文通过深入分析，梳理总结了制备方法特征和产品特征分别对产品主题和方法主题的限定作用以及产品专利性和方法专利性的关系。归纳来说，包括以下几点：制备方法特征对产品主题的限定作用需个案具体判断制备方法给产品本身的结构特征、理化参数或者性能等产生了怎样的影响；产品特征对制备方法主题必然具有限定作用；若产品具有专利性则制备方法具有专利性，若产品不具有专利性则制备方法可能具有专利性；若制备方法具有专利性则产品可能具有专利性，若制备方法不具有专利性则产品不具有专利性。期望本文的剖析和梳理能对审查员更好地理解制备方法权利要求、制备方法表征的产品权利要求以及二者之间的关系提供一定的启发和参考，对具体的审查工作具有一定的帮助作用。另外，对于制备方法专利，只要是依照专利方法直接获得的产品都受到方法专利的延伸保护，不要求必须为"新产品"。从维护法律稳定性和保护公众合法权益的角度出发，笔者支持对"依照该专利方法直接获得的产品"进行狭义解释，举证责任倒置的证明责任分配规则仅适用于"使用"具备新颖性的"新产品"的制备方法的行为。最后，虽然最高人民法院对于制备方法表征的产品专利的侵权判断已形成了统一的司法解释，但从符合专利法区分权利要求类型的目的、体现贡献什么保护什么的立法宗旨、更好地平衡权利人和公众之间的利益的角度来看，笔者主张在侵权阶段采用授权阶段的标准，期望对实现两个阶段的标准统一提供一些参考和启示。

欧洲医药领域专利创造性评判对
我国专利审查的启示

师晓荣　杨　秦　赵　良　孙海燕

摘　要：判断创造性时，欧洲专利局上诉委员会通常应用"问题—解决"方法。随着医药技术的进步，专利申请量的增加，欧洲专利局对创造性的审查标准也进行了适应性修改。本文通过分析欧洲专利局上诉委员会最新版《Case Law》中医药领域相关典型案例，包括制剂、制药用途领域的共4个案例，着重分析了对医药领域技术偏见的认定、对制药用途申请创造性的考量方面的考虑角度和方法，希望对我国医药领域专利的创造性审查有一定的启示和借鉴。

关键词：Case Law　医药专利　创造性评判

一、前　言

创造性评判在专利实质审查中具有举足轻重的地位，是实质审查驳回决定涉及最多的专利方面，也是争议最大的方面。在国家知识产权局专利局复审和无效审理部撤销驳回决定的案件中，驳回条款涉及创造性的案件也占了绝大多数。❶ 为了尽可能避免主观因素的影响，我国使用"三步法"对创造性进行判断：第一，确定最接近的现有技术；第二，确定发明的区别技术特征，并根据该区别特征客观分析并确定发明实际解决的技术问题；第三，判断要求保护的发明对于本领域的技术人员是否显而易见，也就是判断现有技术是否给出了将上述区别特征应用到该最接近的对比文件中以解决发明实际解决的技术问题的

---

❶ 袁龙飞. 论发明专利创造性的判断［D］. 重庆：西南政法大学，2015：1－26.

启示，这种启示会使本领域技术人员有动机改进该现有技术并获得要求保护的发明。❶ 可见，创造性评判受到现有技术，判断方式，具体手段，审查员自身知识水平、思维方式、理解水平等主观判断的影响，创造性的高度存在很大差异。

为了判断创造性，欧洲专利局上诉委员会通常采用"问题—解决"（Problem and Solution）方法，这在一定程度上受到德国思维方式的影响。该方法包括：第一，认定最接近现有技术；第二，认定相对于最接近现有技术发明申请取得的技术效果；第三，认定发明申请想要取得的结果为要解决的技术问题；第四，判断根据《欧洲专利公约》第54条第2款规定的现有技术，本领域技术人员是否被教导用发明申请的技术特征去获得发明申请取得的技术效果。欧洲专利局专利上诉委员会经常援引《欧洲专利公约实施细则》第27条第1款c项作为"问题—解决"方法的依据。

受美国 KSR 案件的影响，欧洲专利局对"本领域技术人员"的创造能力进行了提高式的修正。❷ 具体来说，《欧洲专利公约》第56条规定，在判断发明是否包含创造性步骤时，需要在考虑现有技术的基础上，判断该发明对于"相关技术领域内的一般技术人员"而言是否显而易见。

2007年12月公布的欧洲专利局审查指南中将"创造性判断主体"解释为，所属技术领域的人员被假想为技术领域的普通从业者，他（们）知晓在相关日期的本领域的公知常识，还应能够获知一切现有技术，特别是检索报告引用的文件，并且具有常规工作和实验的一般手段和能力。如果技术问题促使所属领域技术人员在另一个技术领域中寻找解决方案，则该另一领域的专业人员就是适合解决该问题的人。

2010年4月公布的欧洲专利局审查指南❸中，对本领域技术人员的定义进一步增加了如下内容：①相关领域从业者，具有一般知识和能力；②知晓本领域的持续发展方向；③能够从邻近和通用技术领域甚至是较远技术领域寻找启示；④对评价创造性和充分公开具有相同能力水平。

2013年9月公布的欧洲专利局审查指南中，保留了2010版审查指南所增加的内容，仅限定了前述"常规工作和实验"为"对于考虑的技术领域来说是普通的"。

我国《专利法》关于创造性的判断主要借鉴的是欧洲专利局的相关规定和

---

❶ 国家知识产权局. 专利审查指南 2010 [M]. 北京：知识产权出版社，2010：172 – 173.

❷ 国家知识产权局专利局机械发明审查部. "从 KSR 案后的各国创造性标准看创造性标准的发展趋势"课题报告（课题编号：Y110501）.

❸ European Patent Office. Guidelines for Examination in the European Patent Office [M]. Munich：Mediengruppe Universal，2010：33.

做法，同时也吸收了美国的一些做法，在两者的基础上又结合我国自身特点形成了"突出的实质性特点"＋"显著的进步"的判断标准。❶ 随着医药领域科学技术的进步，创造性的评判思维也发生了一些改变。本文希望借助最新《欧洲专利局上诉委员会判例法》中医药领域创造性判断的典型案例❷，对于如何评判医药制剂、制药用途的创造性进行分析，以期与业界人员共同探讨。

二、欧洲专利局医药领域专利创造性评判典型案例

（一）药物制剂的改进

1. 案例 1 – 1：T 0566/91（EP0100157A）

【案情简介】

该案中，权利要求请求保护用于治疗口腔念珠菌病的制霉菌素软膏剂，现有技术给出了技术启示，故该申请不具备创造性。

【授权权利要求】

一种治疗口腔和食道念珠菌病的制霉菌素软膏剂，包括制霉菌素和软膏基质，其中制霉菌素占制剂总量的 0.1% ~6%，提供 5000 单位/mg 的制霉菌素效力，以及 2% ~20% 重量的凝胶材料和 75% ~95% 重量的糖类。

【相关现有技术】

文献 1：DD – A – 132404；

文献 14：Journal of Oral Therapeutics and Pharmacology，1968，Vol. 4，pp. 464 – 466。

【无效请求人的主要理由】

基于文献 1 该申请没有证明其作出了实质性改进，基于文献 1 和文献 14 的教导，该申请不具备创造性。现有技术已经教导：a. 向口腔感染区域提供一定量的制霉菌素；b. 使用惰性载体例如凝胶浓度 0.5% ~50% 重量；c. 确保延长接触损伤时间；d. 提供一种椭圆形剂型锭剂；e. 提供进一步包含香味剂和着色剂的剂型。其中文献 14 提及发展"长效锭剂"，可作为长效口腔锭剂的载体；锭剂中含 100000 单位的制霉菌素，相当于权利要求中的 5000 单位/mg 制霉菌素。其也考虑使用糖类作为甜味剂。因此，文献 1 和文献 14 足以使本领

---

❶ 李梦楠. 专利创造性标准研究［D］. 北京：中国政法大学，2012：1 – 32.

❷ European Patent Office. Case Law of the Boards of Appeal of the European Patent Office ［M］. 8th ed. Nördlingen：Druckerei C. H. Beck，2016：160 – 260.

域技术人员获得该申请权利要求。

【专利权利人的主要理由】

文献 1 涉及一种通用的药物递送系统,与该申请请求保护的权利要求不同,不仅仅是可吸水或膨胀的膜样赋形剂或条带,而且黏附于牙或口腔黏膜特定部位。并且,文献 1 中提及活性物质的体液分布是个问题。为更有效地用于治疗鹅口疮,需要将制霉菌素应用于感染部位并维持足够时间足够量的唾液有效水平。而且,制霉菌素传统剂型的不适口感导致其患者依从性差。文献 1 没有认识到这一问题。虽然已知含凝胶的软膏剂,但是将制霉菌素放入软凝胶基质内以克服患者依从性差的问题不是显而易见的。文献 1 中剂型可以是椭圆形的,实际上是一种锭剂形式。与文献 1 公开的黏附条不同,该申请是用于口腔黏膜的无黏附含糖的制霉菌素软膏,不仅保证连续分布还有助于提高患者的耐受性,从而提供连续的药物水平。凝胶提供足够长的时间,而糖类不是用于掩盖制霉菌素的不适口感而是将活性成分集中于口腔感染部位。

【欧洲专利局上诉委员会的决定】

关于创造性,文献 1 公开了一种药学载体,可长效连续释放活性成分,而且比普通载体的浓度高,从而克服了药物无法长效进入黏膜释放的缺点:通过将活性成分置入有机惰性和可膨胀的载体,加上极性溶剂或悬浮剂和软化剂 0% ~40%,其中凝胶是合适的载体材料,用量是 1.5% ~50%;在众多有效抗真菌剂中,其特别提及制霉菌素,0.05mg ~5g/单位载体;载体可以根据体腔和黏膜制备成各种形状;如需要,剂型可含附加成分例如甜味剂和着色剂。文献 1 实施例教导了含有效量的长效制霉菌素制剂,含 1.5% ~50% 凝胶作为载体,用于治疗口腔黏膜疾病。该剂型还可包括软化剂,如需要,可含附加成分例如甜味剂和着色剂。

欧洲专利局上诉委员会不同意上诉人对于技术问题的认定,其认为该申请要解决的技术问题是没有认识到患者依从性差,而本领域技术人员当使用该产品时必然会面临这一问题。因此,如果在某种情况下,非依从性问题是显而易见的问题,即活性物质的口感差必然会导致使用制霉菌素剂型时患者的依从性差,不能认为是实际解决的技术问题。

【案例启示】

(1) 制剂中技术问题的认定

对于技术问题的认定要基于现有技术,站位于本领域技术人员,不能仅仅依据申请人的陈述或是涉案申请说明书的记载。有时候,基于现有技术的不同对于实际解决的技术问题的认定也不同。实际解决的技术问题是本领域技术人员依据区别技术特征实际所达到的技术效果所客观认定的。该案中制霉菌素制剂依从性差的技术问题是本领域已经意识到的普遍存在的问题。无论现有技术中是否已给出了明确的教导，改善现有制霉菌素制剂口感差的技术问题是技术发展的必然趋势。制霉菌素存在口感差的不足问题，必然会导致患者使用时存在依从性差的缺陷。这一技术问题不是申请人新发现的，而是已经存在的显而易见的技术问题。

（2）对比文件达到的技术效果认定

对于发明点在于改变剂型的申请来说，如果该申请的技术效果是由于剂型本身的性质带来的，即改变了剂型后必然会产生所述的技术效果，那么所述的技术效果就是本领域可以预期的。对于该申请来说，现有技术已经给出了改造制霉菌素制剂的技术启示，虽然没有明确公开改变剂型后会解决患者依从性差的技术问题，但改变剂型后所使用的辅料客观上就能改善制霉菌素的口感，解决口感差的技术问题，进而也就改善了患者的依从性，即改进后获得的制剂必然可解决依从性差的问题也是显而易见的。对于简单的常规剂型转换，转换后的剂型必然具有新剂型所带来的优点，不需要付出创造性劳动。对于微小改进发明，如果创新高度低的专利申请获得授权的话，会阻碍新技术的研发，将不利于技术进步。

2. 案例 1-2：T 0153/97（EP0553298A）

【案件简介】

权利要求请求保护一种气雾剂，与现有技术的区别在于组分的含量不同。现有技术中给出了选择该剂量的技术启示，故该申请不具备创造性。

【授权权利要求】

1. 一种气雾剂，包括治疗有效量的17，21倍氯米松二丙酸盐（BDP），一种推进剂包括羟基氟化物，选自1，1，1，2-四氟乙烯、1，1，1，2，3，3，3 - heptafluoropropane 及其混合物，和乙醇，其有效量可溶解推进剂中的17，21倍氯米松二丙酸盐，17，21倍氯米松二丙酸盐可完全溶解，含不超过0.0005%重量的任意表面活性剂。

【现有技术】

文献1：EP-A-0372777；

文献2：US-A-2868691；

文献7：Brochure "Hoeches zum ersatz von FCKW"，September 1990；

文献19：*Minerva Pneumologica*，Vol. 14，1975，pp. 34-45。

【无效请求人的主要理由】

文献19公开了治疗作用的气雾剂可不含表面活性剂，比文献1更适合作为最接近现有技术，因为很多文献表明，20 世纪 90 年代寻找替代氟氯烷（CFC），更环保的推进剂是趋势。获得涉案申请的技术方案仅通过有限次试验即可。文献 2 表明只有在特殊情况下才需要添加表面活性剂。

【专利权人的主要理由】

文献 1 作为最接近现有技术，其中含表面活性剂，且含量高于涉案申请权利要求的 0.0005% 重量的上限，因此本领域技术人员没有动机获得不含表面活性剂的稳定的剂型。虽然文献 19 公开了治疗作用的气雾剂可不含表面活性剂，但获得涉案申请不是显而易见的。文献 19 是 30 年前发表的，自此之后都是采用含表面活性剂的气雾剂，这是主流，本领域技术人员没有动机抛弃主流技术。涉案申请作了比较试验，证实乙醇含量降低以及不省略表面活性剂不会增强 BDP 的化学稳定性，反而引起 BDP 的降解。

【欧洲专利局上诉委员会的决定】

文献 19 是最接近现有技术，从考虑该案的发明点出发，文献 19 公开了通过使用倍氯米松二丙酸盐计量气雾剂研究对呼吸系统和肾功能的作用；公开了组合物：17，21 倍氯米松二丙酸盐 0.010g，乙醇 1.191g，氟利昂 1132.361g，氟利昂 -1211411.438g。现有技术已知氟氯烷就是被称为 CFC 化合物与地球臭氧层反应，因此，从文献 19 出发，该申请解决的技术问题是提供一种有效量的含 17，21 倍氯米松二丙酸盐的气雾剂，但对臭氧层破坏减少。文献 7 给出了在冰箱、空调和气雾剂领域采用 HFC 134A（四氟乙烷）替代 CFC P12（氟利昂），HFC 227 替代 CFCs P11、12 和 114 的技术启示。欧洲专利局上诉委员会认为，开始试验之前是否有很高的成功期望，对本领域技术人员来说不重要，其仍有动机进行尝试。文献 19 制剂中含 7.9% 的乙醇，不含表面活性剂。文献 1 中给出了添加表面活性剂可以稳定气雾剂中的药物成分的技术启示。本领域技术人员根据现有技术获得涉案申请的权利要求是不需要付出创造性劳动的。

【案例启示】

（1）制剂中辅料选择创造性的判断

该案中辅料表面活性剂具有稳定活性成分的作用已被现有技术公开，现有技术还公开了气雾剂中可以不含表面活性剂，可见其给出了表面活性剂并非气雾剂中必需成分的技术启示。虽然现有技术中气雾剂活性成分的种类与涉案申请不同，但辅料的作用与活性成分的关系，也就是说辅料的作用是针对某一特定活性成分来说，还是对某一类的活性成分均适用，在制剂是否具备创造性的判断中起重要作用。另外，活性成分的性质，例如水溶性/水难溶性，对辅料作用的发挥可能会产生一定的影响。这些都是制剂创造性判断中需要考虑的因素。该案中没有证据表明辅料表面活性剂的作用是与现有技术中的活性成分密切相关的，对活性成分的要求没有限定作用，可以说现有技术给出的技术启示是对气雾剂具有普适性的。

（2）追求更优技术是必然趋势

环境友好、无污染的技术效果是人类进步的必然追求。随着工业的发展，环境污染问题日益严峻，如何保护赖以生存的自然环境，还原青山绿水，摒弃污染重、消耗大、危害健康的旧技术，研发清洁、无污染、效能低、利用可再生能源的新技术一直是人们所追求的目标，也是科技发展技术进步的动力，是经济发展的最终趋势。在制剂领域，常常会使用大量有毒溶剂，对环境、健康都带来了不可逆转的破坏。寻找具有相同或相似功效的环境友好的替代溶剂是本领域普遍存在的需求，并非申请人新发现的技术问题。本案中所使用的溶剂氟利昂是已知对大气臭氧层具有破坏作用的污染性试剂，在现有技术中给出了使用HFC134A可达到相同功效且避免对臭氧层的破坏的技术启示基础上，本领域技术人员有动机进行替换，替换后的效果也是可以预期的。

（3）制剂中技术偏见的认定

文献公开年代的远近，不会影响其作为现有技术的效力。现有技术是否存在技术偏见需要站位于本领域技术人员结合本领域技术水平进行判断，不能仅仅根据几篇文献作出片面的判断。该案中，虽然公开具有治疗作用的气雾剂可以不含表面活性剂的文献发表于30多年以前，自此之后的气雾剂都是采用含表面活性剂的，似乎是技术发展的主流方向，但现有技术中并没有教导气雾剂必须含表面活性剂，也没有相反证据表明没有表面活性剂无法制备出稳定的气雾剂。专利或研究文献只能代表某一部分人的一部分观点，没有普适性。有些研究文章甚至会出现前后不同的观点，或者有些文章的观点只适用于特定条件下，不具有放之四海而皆准的结论。该案中，仅仅通过申请人所列的几篇现有技术的文献不足以证明现有技术对于表面活性剂的使用存在技术偏见。

（二）制药用途的改进

1. 案例2-1：T 2402/10（EP1225168）

【案情简介】

该案为授权后无效案件，虽然现有技术中教导了与涉案申请请求保护的化合物结构相近的化合物具有所述治疗用途，但根据该已知化合物本领域技术人员不能显而易见地推导出该申请请求保护的化合物也能具有所述治疗用途，因此该申请具备创造性。

【授权权利要求】

　　1. 使用有效量降低眼内压的13，14-二羟基-17-苯基-18，

19，20 - trinor - PGF2a - 异丙基酯和眼科可接受的载体，用于制备局部治疗青光眼或眼内高压的眼科组合物，10～50ml 的组合物含 0.1～30mg 13，14 - 二羟基 - 17 - 苯基 - 18，19，20 - trinor - PGF2a - 异丙基酯。

【相关现有技术】

文献 7：The Association for Research in Vision and Ophthalmology；Annual Spring Meeting；Sarasota，Florida，USA，May 1 - 6，1988：*Investigative Ophthalmology and Visual Science*，Vol. 29，supplement，Abstracts，p. 325；

文献 10：Bito "Comparison of the Ocular Hypotensive Efficacy of Eicosanoids and Related Compounds"，*Exp. Eye Research*，1984，Vol. 38，pp. 181 - 194.

【无效请求人的主要理由】

文献 7 教导了 PGF2a 可降低眼内压（IOP），其类似物为 13，14 - 二羟基 - PGF2a 和 17 - 苯基 - 18，19，20 - trinor - PGF2a；没有给出试验证明，采用权利要求 1 的 PGF2a 衍生物可降低眼内压治疗青光眼和眼内高压不会产生眼刺激和充血的副作用。因此，涉案申请实际解决的技术问题是提供一种 PGF2a 衍生物，可接受差的降低 IOP 作用，可接受化合物的毒性。

【专利权人的主要理由】

文献 7 教导了 PGF2a 可降低 IOP，其类似物为 13，14 - 二羟基 - PGF2a 和 17 - 苯基 - 18，19，20 - trinor - PGF2a，解决的技术问题是提供前列腺类似物可降低眼内压治疗青光眼和眼内高压且没有眼刺激和充血的副作用。涉案申请表 V 和表 VI 试验显示 latanoprost 具有降低眼压的作用，同时没有眼刺激和充血副作用。文献 10 公开了 PGF2a 酯衍生物可降低眼内压，但是没有教导 13 位置的单键可解决该申请的技术问题，没有改造结构的技术启示。因此该申请具备创造性。

【欧洲专利局上诉委员会的决定】

文献 7 教导了 PGF2a 可降低 IOP，其类似物为 13，14 - 二羟基 - PGF2a 和 17 - 苯基 - 18，19，20 - trinor - PGF2a，解决的技术问题是提供前列腺类似物可降低眼内压治疗青光眼和眼内高压没有眼刺激和充血的副作用。但是该文献没有公开可提供其他衍生物来解决所述技术问题，更别说给出任何相关技术启示了。因此仅依据文献 7 无法获得涉案申请请求保护的技术方案。在药物设计领域，任何药学活性化合物的结构修饰，如果结构特征和活性之间不存在相关性，那么推定化合物结构会影响药理活性。现有技术没有给出改造前列腺素衍生物获得该申请请求保护的化合物的技术启示，该申请具备创造性。

【案例启示】

（1）化合物改造可预期性低

虽然现有技术中公开了具有相同用途的类似化合物，但由于公开的化合物与涉案申请的化合物还存在一定的差异，而对于化合物的结构改造而言，改造化合物本身可能不难，但改造出具有所需药理活性的化合物就不是一件容易的事情了。某一取代基的微小改变可能对化合物的理化性质、药物活性等造成巨大影响。该案中化合物与现有技术已知化合物的区别在于是否存在羟基取代和形成异丙基酯。可见涉案申请与现有技术的化合物差别较大，而且现有技术也没有给出可以进行如该申请类似的技术改造的启示。对于此类化合物结构改造的专利申请，由于结构改造对活性的影响可预期性较差，一般来说，仅在现有技术给出明确替换启示下才有动机进行尝试。因此，如果现有技术中没有给出化合物结构改造与药理活性的相关性，那么该化合物的新用途就具备创造性。

（2）化合物结构差异与用途或效果的关系

如果化合物的结构与现有技术已知化合物结构近似时，该化合物与已知化合物的用途或效果不同，且根据现有技术无法从该化合物与已知化合物的结构差异推断出其用途或效果的差异时，认为该化合物具有创造性。并且，两者结构越近似，则要求其用途或效果的差异越明显，只有这样才能认可具有创造性。❶ 该案中，涉案申请化合物与已知化合物的用途相同，仅在于结构不同，正是由于结构差异较大，本领域技术人员没有动机改造，故而具备创造性。

（3）Me－too 药物申请

Me－too 药物是一类拥有与同类药物相仿或更优药效，但结构上具有自主知识产权的药物。其具有投资少、周期短、成功率高等特点，是新药研究的一条重要途径。由于我国医药企业极少具备研发高风险高投入的先导药物的创新能力，Me－too 药物符合我国的新药研发国情。但由于该类药物与先导药物的相似度较高，故而在创造性审查中很容易被认定不具备创造性。但如果专利申请的技术方案改造后的化合物具有更好的药代动力学、生物利用度、细胞毒性、安全性、物化性质等方面的优势，也就是所说的取得了预料不到的技术效果，这些势必会有助于增强申请的创造性。❷

2. 案例 2－2：T1212/01（EP0702555A）

【案情简介】

实审授权后，2001 年欧洲专利局异议部认定该专利权利要求不具备创造

❶ 周雨沁. 论化学领域发明专利中的马库什权利要求 [D]. 武汉：华中科技大学，2014：1－45.

❷ 申俊杰，等. Me－too 药创造性的把握与研发策略 [J]. 河南科技，2006（2）：61－64.

性，作出撤销该专利的决定。2004 年，专利权人不服撤销决定，提出上诉。欧洲专利局上诉委员会认为现有技术给出了具有治疗阳痿制药用途的技术启示，驳回上诉。

【授权权利要求】

1. 化合物（I）在制备治疗或预防男性动物包括人阳痿的口服药物中的用途，该化合物为马库什化合物吡唑嘧啶，包括大量可选基团。

(I)

【相关现有技术】

文献 29：EP - A - 0463756；

文献 30：*The New England Journal of Medicine*，1992，Vol. 326，No. 2，pp. 90 - 94，J. Rajfer，et al. "Nitric Oxide as a Mediator of Relaxation of the Corpus Cavernosum in Response to nonadrenergic, noncholinergic Neurotransmission"；

文献 40：*Postgraduate Medicine*，Vol. 93，No. 3，pp. 65 - 72，15 February 1993，J. E. Morley "Management of Impotence. Diagnostic, considerations and therapeutic options"；

文献 41：EP - A - 0526004；

文献 48：*Drug News and Perspectives*，Vol. 6，No. 3，pp. 150 - 156，April 1993。

【欧洲专利局上诉委员会的无效理由】

文献 48 为最接近现有技术，公开了使用 PDE V_A 抑制剂治疗阳痿，要解决的技术问题是提供一种新型治疗阳痿的 PDE V_A 抑制剂。文献 29 和文献 41 公开了吡唑嘧啶化合物具有选择性抑制 cGMP 的活性，并且可以口服给药。

【专利权人上诉的主要理由】

2004 年，文献 D30 是最接近现有技术，涉及一氧化氮（NO）对海绵体平滑肌的松弛作用，本领域技术人员不会口服使用文献 D29 中公开的化合物治疗阳痿。现有技术中，全身给予降压药会产生副作用，有效且没有副作用的治疗阳痿的药物都是采用腔内方式给药。现有技术的偏见使本领域技术人员不会采用降压药来治疗阳痿，因为这类降压药的常见副作用是导致男性阳痿。专利权人还列举了商业上成功的示例，如销售额、荣誉等。

【无效请求人的主要理由】

本领域技术人员有动机采用 cGMP PDE Ⅴ 抑制剂（cGMP 依赖性 Ⅴ 型磷酸二酯酶抑制剂）治疗阳痿（D48），结合文献（D29D41）公开的 cGMP PDE Ⅴ$_A$ 抑制剂文献来确定合适的 cGMP PDE Ⅴ 抑制剂。口服使用 PDE Ⅴ 抑制剂治疗阳痿不存在技术偏见。

【欧洲专利局上诉委员会的决定】

文献 29 是最接近现有技术。该文献公开了吡唑［4，3 - d］嘧啶 - 7 - 酮化合物具有选择性 cGMP PDE 抑制作用，从而升高 cGMP 水平，增强内皮衍生的舒张因子（EDRF）和 NO 血管舒张因子的作用，可口服使用。文献 48 公开了 PDE Ⅴ$_A$ 抑制剂可治疗阳痿。因此，本领域技术人员有动机采用文献 29 中公开的化合物治疗阳痿。文献 29 中虽然公开了该化合物对心血管疾病的治疗作用以及可治疗增强内皮衍生的舒张因子（EDRF）相关疾病。对 PDE Ⅰ 和 PDE Ⅴ 均有抑制作用，专利权人引用了 30 份科技文献以期来证明存在以下技术偏见：药物降低血压是阳痿的原因而不是针对该病症的一种治疗方式。然而，委员会指出，技术偏见必须是相关领域的专家普遍持有的观点，该案不属于这种情况。专利权人引用的文献中的降压药均不属于 PDE 抑制剂。且很多降压药没有阳痿这一副作用。文献 48 公开了血管舒张剂，具有 PDE Ⅴ$_A$ 抑制作用，可用于治疗阳痿。文献 40 公开了很多药物口服可治疗阳痿。选自现有技术的这些内容，本身不能被视为反对口服治疗男性勃起功能障碍的技术偏见。关于技术方案，证明了在涉诉专利优先权日之前在相关技术领域的本领域技术人员中对于技术发明存在相当广泛的错误认识或误解，只有在这样的情况下，技术偏见才能得以确立。然而在该案中却非这种情形。商业成功和科学荣誉只能作为创造性判断的辅助因素，只有当无法确定是否具备创造性时才予以考虑。而对于该案，委员会认为商业成功和科学荣誉与涉诉申请是否具备创造性不存在直接相关性，最终驳回上诉。

【中国同族 CN1124926A 案情简介】

2001 年授权权利要求：1.5 - ［2 - 乙氧基 - 5 - （4 - 甲基 - 1 - 哌嗪基磺酰基）苯基］- 1 - 甲基 - 3 - 正丙基 - 1，6 - 二氢 - 7H - 吡唑并［4，3 - d］嘧啶 - 7 - 酮或其药学上可接受的盐或含有它们中任何一种的药物组合物在制造药物中的用途，该药物用于治疗或预防包括人在内的雄性动物勃起机能障碍。

共有 13 名无效请求人向原国家知识产权局专利复审委员会（以下简称"原专利复审委员会"）提出无效宣告请求，理由有说明书公开不充分、权利要求不具备创造性等。尽管该专利一度因《专利法》第 26 条第 3 款被宣告无效，但经过两级司法审理后该案件被发回原专利复审委员会重新审理，2009 年原专利复审委员会作出维持专利权有效的审查决定。

【案例启示】

(1) 中欧授权范围不同

欧洲专利局的授权范围明显大于中国同族的授权范围，可能是导致最终决定不同的原因之一。中国同族只授权了一个具体化合物的用途，而欧洲专利局授权的是一个包括很多取代基的马库什化合物用途，范围比中国同族大很多，导致在欧洲专利局被创造性无效认定所使用的现有技术，对于中国同族授权的权利要求来说，难以作为对比文件评述创造性。中国授权的具体化合物没有被现有技术公开，也没有现有技术公开其可作为 PDE 抑制剂，因而具备创造性。

(2) 新用途的创造性与已知机理的关系

作为化合物的新用途发明是否具备创造性进行判断时需要考虑现有技术中是否已公开了治疗该疾病的机理以及已知该化合物与该机理的关系，如果该化合物与治疗机理、用途之间存在紧密相关性，则要慎重考虑权利要求是否存在创造性问题。本案中现有技术已知 PDE V_A 抑制剂与阳痿的治疗之间存在一一对应关系，即能抑制 PDE V_A 的药物必然具有治疗阳痿的作用，由于存在如此明确的对应关系的教导，根据现有技术已知抑制 PDE V_A 来获得涉案申请的治疗阳痿作用是显而易见的。

(3) 创造性审查与创新研发的关系

该案中，欧洲专利局实审授权的权利要求范围很大，是包含很多取代基的马库什化合物的制药用途，后续制药企业在原专利文件中筛选药物容易引发专利纠纷和诉讼。❶ 试想，如果可以拥有如此宽范围保护的专利权 20 年的话，那么相关、相似化合物的研发势必受到阻碍，导致专利权人获得大范围的垄断权，不利于经济发展、技术进步。该案中欧洲专利局创造性的评判思路是站在本领域技术人员的角度，对所涉及化合物的产生过程进行了还原，真正从研发者的角度来审视其是否具备创造性。由于现有技术已揭示了 PDE 酶抑制剂与阳痿疾病的关系，从而开启了治疗阳痿疾病新的机理和途径，药物研发领域的普通技术人员都会基于此，考虑使用一种选择性的 PDE 酶抑制剂来治疗阳痿，因此对于本领域技术人员来说，任何已知的 PDE 酶抑制剂都是一种显而易见的尝试。

---

❶ 赵良，等. 基于专利技术信息利用视角浅谈化学创新药物的研发思路 [J]. 中国发明与专利，2015 (7)：104 - 108.

（4）创造性与商业成功的关系

该案中申请人列举了很多商业成功的证据，包括获奖证明、销售业绩等，证明该药品取得了巨大的商业成功，但这些仅能表明市场销售的成功，或是经济上的成功，与涉案申请是否具备创造性并无直接关联。商业上的成功仅可作为判断技术方案是否具备创造性的辅助性指标，并非决定性因素。商业上的成功可能与很多因素有关，如销售方案、广告投入等，可能不仅仅是因为技术方案本身的原因。正因为商业的成功与很多技术外因素相关，故而不能作为判断创造性的必须指标。

三、欧洲典型案例创造性审查适用的启示

（一）创造性审查中对医药领域技术偏见的认定

技术偏见，是指在某段时间内、某个技术领域中，技术人员对某个技术问题普遍存在的、偏离客观事实的认识，它引导人们不去考虑其他方面的可能性，阻碍人们对该技术领域的研究和开发。如果发明克服了这种技术偏见，采用了人们由于技术偏见而舍弃的技术手段，从而解决了技术问题，则这种发明具有突出的实质性特点和显著的进步，具备创造性。

在实际审查中，申请人往往会以本申请克服了技术偏见，取得了预料不到的技术效果作为创造性的争辩理由。对于是否属于技术偏见的认定，通过案例1-2可以看出，可以从以下角度判断：需要申请人举证证实这种技术偏见是在本领域普遍存在的。技术偏见并不是通过简单列举几篇文献就可以证明的，部分专利或研究文献只能代表某一部分人的一部分观点，没有普适性；而有些研究文章甚至会出现前后不同的观点，或者有些文章的观点只适用于特定条件下，不具有放之四海而皆准的结论。因此，针对申请人主张的克服技术偏见的论述，需要仔细分析是否人们对某种方法具有普遍的排斥性认识。

（二）创造性审查中对制药用途申请创造性的考量

已知药物的新用途发明是医药领域中的一大类发明类型。其可以直接适用于人类疾病的治疗，与人类的健康有着密切关系，所产生的经济社会效益也是巨大的。一个具有很好药效药理活性的化合物可能会成为一家大型医药企业的支柱核心。因此，针对此类专利申请是否具备授权条件，尤其是对是否具备创造性的问题的争论也相当激烈。

该类发明创造性的判断需要考虑以下几个方面。①现有技术是否直接揭示了该化合物可以治疗具体类型的疾病，这种情况下发明无疑是不具备创造性的。②现有技术揭示了该化合物治疗该疾病的机理，且该机理与该疾病的关系密切，甚至存在直接对应关系，那么针对该疾病的制药用途发明也通常不具备

创造性。③现有技术揭示了该化合物可以治疗与该疾病具有相同或相似病因、病情的另一种疾病，另一种疾病与该疾病的关系密切，或是属于该疾病的某一阶段或病程，那么针对该疾病的制药用途发明也通常不具备创造性。④现有技术揭示了该化合物治疗该疾病的部分机理，且该机理与该疾病的关系复杂，并非一一对应或唯一对应的关系，此时需要本领域技术人员综合判断，例如是否有证据表明上述机理不能被用于治疗该疾病，是否有动机尝试应用该机理来治疗该疾病等。⑤现有技术中公开了具有相同用途的类似化合物，此时需要考虑类似化合物与本申请请求保护的化合物的结构差异性。对于化合物的结构改造而言，改造化合物本身可能不难，但改造出具有所需药理活性的化合物就不是一件容易的事情了。因此，如果现有技术中没有给出化合物结构改造与药理活性的相关性，那么该化合物的新用途就具备创造性，反之可能不具备创造性。

通常来说，本领域技术人员无法获得药物对某种疾病的确切疗效，但获得了一定的技术启示去利用该药物对该疾病尝试进行治疗，那么试验过程中所付出劳动的多少、所需要掌握的技能高低也是创造性判断的重要方面。

四、结　语

专利法设立的初衷是为了鼓励发明创造，将明显或必然会被公众使用的技术方案排除在专利授权的范围外。在这一过程中，创造性评判是最常用最有效的手段。如何合理利用这一手段，平衡申请人合法权益与公众利益是专利领域一直面临的困惑。随着时代的进步，科技的发展，专利审查实践也需要与时俱进，拓展创新思维，不断修改与完善审查思路与方法。欧洲专利局在医药领域创造性审查方面的司法实践，可以为国家知识产权局审查实践的创新改革所借鉴和参考。本文对欧洲专利局关于创造性判断的医药领域典型案例的分析，是学习和理解国际先进专利审查理论和经验的一种探索，期望对我国医药领域的专利创造性审查有所启示。

对美国关于专利法第112（a）条
"能够实现"审查的借鉴

付圆媛　冯美玉

摘　要：本文介绍了美国适用《美国专利法》第112（a）条的两个案例、该条款的内容、美国专利审查程序手册中对于满足该条款的条件以及计算机实现的功能性限定的权利要求的审查，通过对《美国专利法》第112（a）条关于"能够实现"部分的审查与《中国专利法》相应条款及其审查标准和原则的比较，找出了两者的内在联系和区别，探讨了如何借鉴美国对于该条款的审查理论和审查意见。

关键词：美国专利法　112（a）　能够实现　过度试验　功能性限定

一、引　言

美国的专利制度已经有200多年的历史，其法律体系属于判例法体系，由具体的判例构造法律体系。虽然美国的专利法律体系与中国的大陆法系不同，但美国的专利法与中国专利法之间有所联系，其审查意见中体现了司法审判的思想，存在一定的合理性。《美国专利审查程序手册》（MPEP）对于某些条款的审查给出了相对于中国专利审查指南更细致的可操作性理论。审查员应该如何去理解美国审查员的审查意见？MPEP的相关理论对我国特定领域的审查是否有所启示？我们可以适当了解美国专利法的相应条款和审查原则，合理地借鉴其审查理论和审查意见。

二、《美国专利法》第 112（a）条 "能够实现" 的案例

（一）案例 1：时间间隔案❶

该案为无效案，涉案专利号为 US7804850。该案涉及一种用于针对在高速上行链路分组接入（HSUPA）期间自治传输的慢媒体接入控制实体（MAC－e）以及用于 HSUPA 中服务特定传输时间控制的系统和方法，其中使用独立于空中接口传输时间间隔（TTI）、混合自动重复请求（HARQ）过程或增强型专用传输信道（E－DCH）调度的控制参数。该控制定义后续新的传输之间的最小时间间隔。控制对正常执行的重传没有影响。

该专利权利要求 21 如下：

21. 一种装置包括：

存储器，适用于存储计算机程序指令和虚拟传输时间间隔；

无线收发器；

处理器，检查以确定是否所述移动台在当前空中接口传输时间间隔中传输数据分组；并且针对其中确定为所述移动台没有在当前空中接口传输时间间隔中传输的情况，仅在确定由所述虚拟传输时间间隔所确定的期间已经过去之后，使得所述发送器传输下一数据分组，其中下一数据分组包括至少一个协议数据单元，所述虚拟传输时间间隔是整数倍当前空中接口传输时间间隔。

LG 提起无效宣告请求的理由为：权利要求 21 不能实现是因为当权利要求中声称的整数等于负数或零，则虚拟传输时间间隔将成为负的时间间隔或零时间间隔，这将会使时间停止或倒转，然而当声称的整数非常大时，请求的发明将导致延迟而干扰整个系统的操作，实时的通话将不能发送，并请专家证明这一论断。

法院最终认为：权利要求描述了装置包括一个适用于存储计算机程序指令的存储器和虚拟传输时间间隔，无线收发器和一个处理器未以不能够实现而无效，没有证据表明需要过度的试验来确定负数、零点、很大的整数值会使实施例无法实施，本领域技术人员已知，时间不会倒流或停止，LG 没有清楚地证明和令人信服的证据证明权利要求 21 不能实现，因此否定了 LG 的请求。

（二）案例 2：传感器案❷

该案为无效案，涉案专利号为 US5231253。该专利的说明书背景技术记载：

---

❶ Core Wireless Licensing S. a. r. l. v. LG Electronics, Inc. 344 F. Supp. 3d 890 [DB/OL]. https：//1. next. westlaw. com.

❷ Automotive Technologies International, Inc. v. BMW OF North America, Inc. 501 F. 3d 1274 [DB/OL]. https：//1. next. westlaw. com.

"用于感知侧面碰撞的传感器是变形传感器，只有当发生变形或者不成形时触发，从而关闭电路。而这种传感器不够完善，因为当侧门不是直接被撞击时不会触发，但撞击的严重程度足以使用户需要安全气囊的保护。速度型传感器可以调整到所需的灵敏度。公知的是，速度型传感器已经成功地用于感测车辆前部的撞击，但当侧面撞击时，启动太慢，无法部署安全气囊。如果合理地设计速度型传感器，当侧面撞击时，可以成功和及时地部署安全气囊。"

该专利权利要求 1 如下：

1. 侧面撞击传感器包括：

（a）一个壳体；

（b）在壳体内的、响应于壳体加速度而相对于壳体可活动的一个块；

（c）响应于该块在壳体超过预定阈值加速时的运动，开启用户保护设备；

（d）将壳体安装在车辆的至少一侧的门上，以及车辆一侧的前后轮的中心。

该专利发明的速度型传感器的实施例如图 1 所示，当安装在车辆上时，传感器以箭头 B 的方向朝向侧门的外侧。当传感器收到足够的幅度和持续时间的碰撞冲量时，挡板 11 就会移向第二接触部 18，第一接触部 17 与第二接触部 18 结合并关闭电路以启动安全气囊。

说明书还描述了电子传感器可以用于感知侧面撞击。图 2 描绘了一个电子传感器组件。附图说明指出，图 2 是一个根据该发明组装成的电子传感器组件 201 的概略图。该传感器包括一个响应于壳体 203 的伴随一个侧面撞击的加速度而相对于壳体 203 移动的感知块 202，感知块的移动可以通过各种技术感测到，例如光学、电阻改变、电容改变或磁阻的改变。

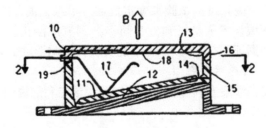

图 1　案例 2 涉案专利附图 1

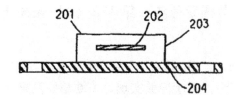

图2 案例2涉案专利附图11

审理该案的美国联邦地区法院认为，权利要求1限定的安装方式，即将壳体安装在"车辆一侧的前后轮的中心"在说明书中未充分描述，并且说明书没有描述如何能使电子传感器感知侧面撞击，也没有提供充分的细节来教导本领域技术人员如何制造和使用电子传感器。图1展示的是一个机械传感器如何操作。而图2只是电子传感器的概略图，不是电子传感器的详细设计，并且图2是含糊不清的。说明书没有给出合理的结构使得电子加速度传感器达到期望的、新的特性。法院认定：基于公开的内容，需要过度的试验来制造或使用电子侧面撞击传感器。因此，不满足《美国专利法》第112（a）条"能够实现"的要求。

那么对于美国审查员或法院采用《美国专利法》第112（a）条"能够实现"条款驳回和宣告无效的案件，其审查意见应该如何理解？美国采用该条款的审查意见对我们的审查是否有借鉴意义？让我们先了解一下《美国专利法》第112（a）条。

三、《美国专利法》第112（a）条的条款内容

《美国专利法》第112（a）条的具体内容如下：（a）总体——说明书（specification）应当包括发明的文字叙述，以及制造和使用发明的方式及过程，使任何本领域或相关领域的技术人员，都能以完整、清楚、简明、准确的叙述来制造和使用该发明，并且说明书应当记载发明人或共同发明人实施其发明所设想的最佳方式。❶

《美国专利法》第112（a）条是对说明书的总体要求，其中，该条款中的"以完整、清楚、简明、准确的叙述来制造和使用该发明"简称"能够实现"。

---

❶ Appendix L – Patent Laws［DB/OL］. https：//www.uspto.gov/web/offices/pac/mpep/mpep – 9015 – appx – 1.

四、美国对《美国专利法》第 112（a）条关于"能够实现"的审查

（一）《美国专利法》第 112（a）条关于"能够实现"的审查标准

MPEP 中明确指出："对于能够实现，关键是要调查（inquiry）：是否说明书提供了足够的信息以使本领域普通技术人员能够制造和/或使用请求保护的发明的全部范围而无需过度的试验。不能实现的结论意味着，基于记录的证据，说明书在该申请被申请的时间，还没有教导本领域普通技术人员如何制造和/或使用请求保护的发明的全部范围而无需过度的试验。该申请的申请日的现有技术状况，被用于确定是否一个特定的公开在申请日时是能够实现的"；"只要说明书公开了至少一个用于制造和使用请求保护的发明的方法，该发明与权利要求的整个范围具有合理的相关性，那么就满足《美国专利法》第 112 条中能够实现的要求"❶。

是否需要"过度的试验"是《美国专利法》第 112 条中能够实现考虑的重点，在实际案例中，美国联邦法院提出当确定是否需要过度试验时需要考虑如下因素：①权利要求的宽度（breadth）；②发明的性质（nature）；③现有技术的状况；④普通技术人员的水平；⑤本领域的可预见性水平；⑥发明人提供的指示的数量；⑦实施例的存在；⑧基于公开内容所需要的制造和使用发明的试验的数量。审查员的分析必须考虑与这些因素中的每一个相关的所有证据，任何不能实现的结论必须基于证据整体。

（二）美国关于计算机实现的功能性限定的权利要求的审查

MPEP 指出：当允许用功能性语言限定执行功能的特定结构时，权利要求就覆盖了设备执行该功能的所有方式。❷ 因此就有了关于通过公开而提供给本领域技术人员的能够实现的范围与权利要求寻求保护的范围是否相称的关注。总的来说，权利要求的范围必须小于或等于说明书提供的能够实现的范围。

在审查计算机实现的功能性限定的权利要求时，对于硬件和软件系统，要考虑元件之间的相互结合和功能性关系是否被公开；如果未公开，这些对于本领域普通技术人员来说是否显而易见。一般地，一个流程图或方框图常常足以展示元件之间的关系，特别是功能性的或程序单元。对于软件相关的发明，对于常规的功能，撰写一个程序来执行请求保护的功能往往是在本领域普通技术人员的能力之内的，只有申请没有公开任何程序，并且需要超出常规试验，本

---

❶❷ MPEP chapter 2100 ［DB/OL］. https：//www. uspto. gov/web/offices/pac/mpep/mpep -2100. html.

领域技术人员才能生成该程序，那么审查员才有合理的理由质疑这样的公开是否充分。

美国典型的涉及计算机的申请中，系统组成部件往往表示成"方框图"的形式，例如，一组空心矩形，代表系统的组成部件，功能性地标识并用线连通。采用这种方框图的计算机专利可以分为两类。第一类：系统包括计算机但比计算机更全面；第二类：系统中的方框组成部件全部在计算机内。例如，涉及计算机的发明的权利要求使用功能性语言，即不限于具体结构。❶

美国申请中方框图情形的第一类涉及系统包括计算机以及其他系统硬件和/或软件组成。审查员应该通过集中在每个单独的块单元组成上来分析该系统。更具体地，这样的质疑应该集中在每个块单元组成的不同功能，以及说明书中关于该块单元组成如何实现的教导上。如果基于这样的分析，审查员可以合理地论述本领域技术人员需要超出常规试验来实现这样一个组成或全部组成，则该一个组成或全部组成是否能够实现应该明确地被审查员质疑。另外，审查员应该确定描写成块单元的硬件或软件组成本身是否具有广泛的不同特性的不同复合体的组合，且必须精确地与其他复合体协调一致的组合。如果特定的程序在该系统中公开，那应该仔细审查该程序，以确保它的范围与权利要求中该程序产生的功能的范围相称。如果申请文件未能公开任何程序，并且本领域技术人员需要超出常规试验来产生该程序，审查员无疑有合理的基础来质疑这样的公开的充分性。❷

美国申请中方框图情形的第二类最常出现在纯数据处理应用中，这里方框单元的组合完全在计算机内，没有面对外部设备，不同于普通输入/输出设备。一般遵循的一个审查原则是质疑未能包括编程步骤、算法或计算机执行来完成请求保护的功能的程序的公开的充分性，例如程序必须执行的操作顺序的合理的详细流程图。在程序设计申请中，软件公开仅包括一个流程图，由于功能的复杂性，以及流程图的每个组成部分的通用性增加，质疑该流程图公开的充分性的基础变得更加合理，因为需要超出常规试验来从流程图生成工作程序的可能性增加。❸

五、《美国专利法》第 112（a）条关于"能够实现"的审查与《中国专利法》相应条款及其审查标准和原则的比较

从《美国专利法》第 112（a）条关于"能够实现"部分的条款内容以及

---

❶❷❸ MPEP chapter 2100 ［DB/OL］. https：//www. uspto. gov/web/offices/pac/mpep/mpep－2100. html.

审查标准（见表1、表2）可以看出，该部分对应于《中国专利法》26条第3款"说明书清楚、完整；能够实现"以及《中国专利法》26条第4款"以说明书为依据"两部分内容。

表1　《美国专利法》第112（a）条和《中国专利法》相应条款的比较

《美国专利法》	《中国专利法》
第112（a）条："说明书（specification）应当包括发明的文字叙述，以及制造和使用发明的方式及过程，使任何本领域或相关领域的技术人员都能以完整、清楚、简明、准确的叙述来制造和使用该发明。"	第26条第3款："说明书应当对发明或实用新型作出清楚、完整的说明，以所属技术领域的技术人员能够实现为准。"第26条第4款："权利要求书应当以说明书为依据。"

表2　《美国专利法》第112（a）条关于"能够实现"的审查与《中国专利法》中关于"支持"和"充分公开"的审查的对比

	《美国专利法》关于"能够实现"的审查	《中国专利法》关于"支持"和"充分公开"的审查
审查内容及对应条款	说明书（specification）"能够实现"（enablement）第112(a)条	说明书是否充分公开用第26条第3款，权利要求是否能够得到说明书的支持用第26条第4款
审查标准和原则	本领域普通技术人员是否能够制造和/或使用请求保护的发明的全部范围而无需过度的试验	"充分公开"：所属技术领域的技术人员按照说明书记载的内容是否能够实现发明的技术方案，解决其技术问题，并产生预期的技术效果； "支持"：所属技术领域的技术人员能够从说明书充分公开的内容中得到或概括得出的技术方案，并且不得超出说明书公开的范围

通过表2分析表明，《美国专利法》第112（a）条"能够实现"的审查与《中国专利法》第26条第3款"说明书清楚、完整"以及《中国专利法》第26条第4款"以说明书为依据"的审查既存在内在联系，也存在区别。

六、对我国专利审查的启示

（1）《美国专利法》中对于"能够实现"采用的是"过度试验"判断原则，其相对于《中国专利法》中在判断说明书是否公开不充分，以及权利要求是否能够得到说明书的支持给出了更加精细的量的判断，本领域技术人员不仅要"能够"，而且要"无需过度的试验"实现或概括出技术方案。因此，对于在美国专利审查过程中看到美国审查适用《美国专利法》第112（a）条时，可以从下面两个方面考虑。

首先，要分清是其所指的问题是说明书公开不充分的问题，还是权利要求没能够得到说明书的支持的问题。具体地，对于案例1，由于权利要求21中记载的"整数"包含等于负数、零或很大值的情形，而虚拟传输时间间隔将成为负的时间间隔、零时间间隔或非常大的时间间隔时，均不能实现，但也存在可以实现的整数的情形，因此其实际上是权利要求概括的范围是否恰当的问题。对此我们可以从《中国专利法》第26条第4款权利要求是否能够得到说明书的支持的角度去考虑。而对于案例2，由于权利要求1限定的安装方式，即将壳体安装在"车辆一侧的前后轮的中心"在说明书中未充分描述，因此权利要求保护的侧面撞击传感器不能够实现，其实际上是说明书公开不充分问题。对此我们可以从《中国专利法》第26条第3款说明书公开不充分的角度去考虑。

其次，由于《中国专利法》和《美国专利法》相应条款的判断原则不同，《美国专利法》第112（a）条的判断原则是"无需过度的试验"的实现，即美国从还原和验证发明的角度进行判断，并且需要本领域技术人员不仅从技术上把握技术方案实现或技术方案概括的可能性，而且需要从技术方案实现或技术方案概括的难易程度上进行判断。在美国同族的专利审查认定申请不能够实现时，我们应该从本领域技术人员的角度进一步判断是否能够实现。根据《中国专利法》相应条款的审查原则，如果能够实现，我们通常可以认定是符合中国相应法律的，而只有当完全不能够实现或不确定是否能够实现时，我们才考虑质疑不符合中国相应法律。

（2）美国审查实践中将采用代表系统的组成部件的"方框图"形式的涉及计算机的申请分为两类：第一类涉及系统包括计算机以及其他系统硬件和/或软件组成；第二类涉及计算机的发明的权利要求使用功能性语言，即不限于具体结构。这两种类型的权利要求对应我国审查实践中的以计算机软件和硬件结合的权利要求，以及全部以计算机软件实现的权利要求。对于这两类发明，在我国的专利审查实践中，审查员往往首先关注新颖性和创造性问题。随着通信和计算机技术的飞速发展，大量新技术应运而生，除了判断这两类发明的新颖性和创造性以外，有必要考虑对于本领域技术人员来说，这两类发明在技术上公开的充分性。在我国审查实践中，对于通信领域，尤其是具有开创性的技术，如果怀疑其技术公开的充分性，可以参考美国审查实践中判断时所考虑的内容：

首先，判断发明是第一类还是第二类形式的发明，即是以计算机软件和硬件结合的权利要求，还是全部以计算机软件实现的权利要求。具体地，权利要求中既包括存储器和无线收发器的硬件，同时也包括执行方法流程的处理器，属于第一类形式的发明（例如案例1）。而对于权利要求中全部以方法流程限定，该方法流程必然以计算机实现，则属于第二类形式的发明。

其次，对于第一类发明，可以考虑每个块单元组成的不同功能，以及说明书中关于该块单元组成如何实现的教导，考虑确定描写成块单元的硬件或软件组成本身是否具有广泛的不同特性的不同复合体的组合，且必须精确地与其他复合体协调一致的组合，以及该组成是如何以公开的复杂方式与功能相互联系来考虑了技术公开的充分性。而对于第二类发明，可以考虑质疑未能包括编程步骤、算法或计算机执行来完成请求保护的功能的程序的公开的充分性；在程序设计申请中，软件公开仅包括一个流程图，则可以考虑质疑该流程图公开的充分性。

（3）对于计算机实现的功能性限定的权利要求，美国采用其专利法第 112（a）条判断其是否概括合理。当看到美国用该法条的关于计算机实现的功能性限定的权利要求的审查意见时，可以考虑权利要求是否满足《中国专利法》第 26 条第 4 款 "以说明书为依据" 的要求。

同时，建议参考 MPEP 中在审查计算机实现的功能性限定的权利要求时的做法，在开始检索之前，先查看说明书或说明书附图中是否有流程图或方框图，并关注其公开是否充分，以及是否能够生成程序，即是否满足《中国专利法》第 26 条第 3 款说明书公开充分的要求。在已经考虑了上述条件的前提下，再进行有效的检索。

七、结　语

提升审查质量始终是我们工作的重点和追求的目标，如何保证审查意见的合理性、审查结论的正确性，是我们每个审查员始终都应该不断去探索和积累的。对于国外审查意见的合理理解和借鉴将会在一定程度上避免审查结论的偏差，也能为我们特定审查领域还未关注而我国审查指南也未明示的情形的处理提供启示。笔者希望通过本文中对美国相关法条及其审查标准和原则的介绍，能够为我们理解和借鉴美国相关审查理论和审查意见提供帮助。

关于微信朋友圈是否构成专利法
意义上的公开的探讨

丁小汀　　马欲洁

摘　要： 微信朋友圈作为腾讯公司推出的"微信"社交软件的一项重要功能，已经广泛为社会公众所使用。朋友圈发布的信息不仅好友可见，而且可以通过转发等方式进一步传播。目前我国各级、各地的法院以及专利复审机关关于微信朋友圈的内容能否构成专利法意义上的公开存在分歧，这一问题对于判断专利是否符合授权条件以及专利侵权纠纷中的现有技术抗辩都具有重要意义。本文通过研究专利法的相关定义并结合具体判例对这一问题进行了探讨。

关键词： 朋友圈　现有技术　现有设计　专利法　公开

一、探讨微信朋友圈是否构成专利法意义上的公开之必要性

2018 年 10 月 8 日，浙江省高级人民法院就罗奎起诉永康市兴宇五金制造厂、浙江司贝宁工贸有限公司外观设计专利侵权上诉案（以下简称"罗奎案"）作出二审判决❶，认定微信朋友圈发布的图片构成现有设计。该案原告罗奎是专利号为 ZL201630500343.4 的外观设计专利权人，其以永康市兴宇五金制造厂、浙江司贝宁工贸有限公司制造、销售的门花产品侵犯其专利权为由将二被告诉至杭州市中级人民法院。一审中被告主张被控侵权产品使用的是现有设计，原因是罗奎的外观设计已于涉案专利的申请日之前在微信朋友圈中公

---

❶ （2018）浙民终 552 号罗奎、永康市兴宇五金制造厂侵害外观设计专利权纠纷二审民事判决书（2018 年 10 月 8 日）。

开。一审和二审法院均认为：该案在微信朋友圈发布的图片已构成专利法意义上的公开，被告的现有设计抗辩成立。然而，在佛山市启正电气有限公司、张建强等与中山市日特机电有限公司侵害外观设计专利权纠纷一案❶中，广州知识产权法院认为：微信用户在朋友圈发布的内容仅该微信用户好友可见，不特定的公众无法通过关键词在网络平台进行检索查阅，因此微信朋友圈截图不构成《中华人民共和国专利法》（以下简称《专利法》）第 23 条所规定的"为公众所知"，不能作为现有设计。与广州知识产权法院持类似观点的还有原国家知识产权局专利复审委员会，其在第 36544 号无效宣告请求审查决定书中指出：从朋友圈的属性和好友人数的限制两个方面，可以认定朋友圈本质上是一个限于特定人群进行交流的私人性质的社交平台，朋友圈发布的信息，只能让好友知晓，而非专利法意义上的公众所知晓。另外，在佛山市南海区西樵华艺轩窗饰经营部、区文辉侵害外观设计专利权纠纷一案❷中，广东省高级人民法院在二审判决中认为：朋友圈内容是否属于专利法意义上的公开不能一概而论，是否处于不特定的公众想得知即能得知的状态取决于该微信号的设置方式；如果相关微信号在发布朋友圈时接受任何人添加朋友的申请或者已设置为允许陌生人查看朋友圈，则朋友圈发布的图片属于专利法意义上的公开，否则不能作为现有设计使用。

微信已经逐渐成为人们日常的社交工具，越来越多的人开始通过微信朋友圈展示、推销产品，但通过上述案例可看出，目前我国各地、各级的法院以及专利复审机关关于微信朋友圈的内容能否构成专利法意义上的公开存在分歧。《专利法》第 22 条中规定："授予专利权的发明和实用新型，应当具备新颖性、创造性和实用性。新颖性，是指该发明或实用新型不属于现有技术……创造性，是指与现有技术相比，该发明具有突出的实质性特点和显著的进步，该实用新型具有实质性特点和进步。"《专利法》第 23 条中规定："授予专利权的外观设计，应当不属于现有设计……授予专利权的外观设计与现有设计或者现有设计特征的组合相比，应当具有明显区别。"《专利法》第 62 条规定："在专利侵权纠纷中，被控侵权人在有证据证明其实施的技术或者设计属于现有技术或者现有设计的，不构成侵犯专利权。"由《专利法》的上述规定可知，判断微信朋友圈的内容能否作为现有技术（设计），对于判断发明、实用新型、外观

---

❶ （2017）粤 73 民初 3525 号佛山市启正电气有限公司、张建强等与中山市日特机电有限公司侵害外观设计专利权纠纷一审民事判决书（2018 年 4 月 3 日）。
❷ （2017）粤民终 909 号佛山市南海区西樵华艺轩窗饰经营部、区文辉侵害外观设计专利权纠纷二审民事判决书（2017 年 6 月 28 日）。

设计能否被授予专利权以及专利侵权纠纷中的现有技术抗辩都具有重要意义。在最高人民法院未对此问题发布指导性案例的前提下，有必要对其进行深入的探讨。

二、专利法对现有技术定义的理论分析

《专利法》第 22 条第 5 款规定："本法所称现有技术，是指申请日以前在国内外为公众所知的技术。"《专利审查指南 2010》第二部分第三章第 2.1 节列举了现有技术的三种形式：申请日以前在国内外出版物上公开发表、在国内外公开使用或者以其他方式为公众所知的技术。显然，如果微信朋友圈的内容构成专利法意义上的公开的话，则属于"以其他方式为公众所知"。何谓"为公众所知"？《专利审查指南 2010》规定："现有技术应当是在申请日以前公众能够得知的技术内容。换句话说，现有技术应当在申请日以前处于能够为公众获得的状态……处于保密状态的技术内容不属于现有技术。"《专利审查指南 2010》的上述规定表明，"为公众所知"的状态指的是公众想要知道就能够知道的状态，而非相关的技术内容已经为公众中具体的人实际得知。只要有关的技术内容已经处于向公众公开的状态，有关技术内容就被认为已经公开，无须考虑有没有人了解或者有多少人实际上已经了解该技术内容。至于"公众"的概念，《专利法》以及审查指南没有给出明确的定义。对于"公众"范围的确定，我们可以借鉴日本和欧洲的规定。

根据日本专利法的相关规定❶，现有技术包括为公众所知的发明、已公然实施的发明、在发行的出版物上有记载的发明或公众通过电通信线路可利用的发明。"为公众所知的发明"是指发明非作为秘密被不特定的人知晓其内容，如果一件发明从负有保密义务的人处非作为秘密被他人知晓，就属于"为公众所知的发明"。"公然实施的发明"是指在其内容处于会被公众所知的状态下进行了实施的发明，"会被公众所知的状态"是指发明因在不特定的多个人前实施而处于其内容可被得知的状态。"发行的出版物"是指让出版物处于能够被不特定人员所阅读的状态，出版物实际上是否有人阅读过是无关紧要的。《欧洲专利公约》第 54 条第 2 项规定："现有技术应认为包括在欧洲专利申请日前，依书面或口头叙述的方式，依使用或任何其他方法使公众能获得的东西。"欧洲专利局专利审查指南在 D 部分第五章第 3.1.3 节对"依使用或任何其他方法使公众能获得的东西"作出了原则性规定：如果公众中的任何人可获得该技术内容且该技术内容的使用或传播不受保密义务的限制，那么该技术内容应该

---

❶ 青山统一. 日本专利法概论［M］. 聂宁乐，译. 北京：知识产权出版社，2014：97－99.

被视为依使用或任何其他方法使公众能获得的东西。可见，日本专利法将"公众"定义为"不特定的人"，《欧洲专利公约》则定义成"任何人"，其实二者表达的意思是一致的。日本和欧洲的定义已在我国实践中广泛采用。"不特定的人"既可以是有关技术领域中懂行的技术人员，也可以是不懂技术的普通消费者，只要他们均具有获知相关技术的可能性，"公众"并不具有诸如人群、人数等方面的限制。

我国的专利审查指南和日本、欧洲的专利法、审查指南均表明"为公众所知"不包括为负有保密义务的人所知，换言之，负有保密义务的人不属于"公众"。那么是否可以将"公众"理解为"负有保密义务的人"的反义词，即有关信息只要为不负有保密义务的任何一个人获知就算是"为公众所知"？笔者认为这种理解有失偏颇。现实中经常会出现这种情况，发明人作出一项发明创造后，在与亲友、同学的交谈中谈及该项发明，在私人交谈的情况下，通常不会与交谈者订立明示的保密约定，从社会观念或商业习惯的角度看，也难以认定交谈双方之间存在默示的保密约定，因此这种情况下发明创造已被"不负有保密义务的人所知"。但是通过私人交谈导致发明创造脱离了保密状态并不等同于"为公众所知"，因为亲友、同学都是相对特定的人，而不是专利法意义上的"不特定的人"。私人交谈与学校里的公开授课在性质上还是不同的，虽然后者中参加授课的人通常是本校的学生或老师，但对于公开授课来说，理论上社会公众中的任何一个人都可以参加。私人交谈则不同，能参加到交谈过程中的人都是发明人认可、愿意向其透露相关信息的人，社会公众中的不特定人显然无法参与到交谈过程中，如果有陌生人出现，发明人可能就不会再继续透露相关信息。至于这些亲友、同学可能会进一步向外扩散信息，但这只是一种可能而已。要认定构成现有技术，"公众想要知道就能够知道"的状态必须已经实际存在，而不能仅仅是一种"可能"。在私人交谈发生的时间点，上述状态并没有实际存在。

关于"能够得知"，其必须是一种通过证据证明的实际已经存在或者能够确定存在的状态，而不能仅仅是一种"可能"会发生的状态。"公众能够得知"还隐含了公众能够通过正当途径得知该发明创造内容的限制性条件，否则不能构成"为公众所知"。"能够得知"与实际上获知该信息的公众的范围和数量无关。对于网络证据（朋友圈信息也是一种网络证据）来说，只要公众能够自由地从某网络地址上获得网络证据的内容，即使该网络地址需要用户注册或者支付费用才能访问，该网络地址上的内容也具备公开性。

将《专利法》以及《专利审查指南 2010》对现有技术的定义分解来看，现有技术（设计）的判定一般包括四个方面，分别是公众范围的确定、相关信息的可获取性、公开内容的充分性以及公开时间的确定。❶ 对于朋友圈的图片来说，公开得是否充分以及朋友圈发布的时间都是很容易确定的，因此前两个方面才是问题的关键。也就是说，问题的实质转变为判断朋友圈面对的是否为"不特定公众"，以及朋友圈的展示是否使得"想得知就能够得知的状态"已经实际存在。对上述问题的实质可能产生影响的因素包括：微信用户发布朋友圈时的主观目的，添加好友时是否需要验证，是否为朋友圈设置查看权限，好友对朋友圈的内容不负保密义务，好友可通过转发、下载、截图等方式进一步传播信息。究竟哪些因素能够决定朋友圈事实上处于不特定公众想得知就能得知的状态，下面将结合案例进行分析。

三、结合案例之具体分析

在罗奎案中，一审法院的裁判理由可概括为以下几个方面：①微信用户对于发布在朋友圈的内容在主观上是为了公开与共享，而非隐藏与保密。②就微信朋友圈中发布的内容而言，确实存在"仅好友可见""所有人可见"等情形，但即使微信用户将其朋友圈权限设置为仅对部分好友可见，该部分好友对该微信用户的朋友圈内容并不负有保密义务，而是可以提供给他人查看，或进行下载、转发或用于其他公开用途。对于尚未成为特定微信用户好友的普通社会公众而言，也均存在将其添加为好友进而获知其朋友圈内容的可能性。③在涉案的朋友圈中，发布者通过微信朋友圈推销其产品，朋友圈表明相关产品已经在售，公众已经可以购买并使用。作为门花的设计，一旦公开销售或使用即已经为不特定公众所知。

对于上述裁判理由，笔者并不认同。首先，微信用户发布朋友圈时的主观目的对于其是否构成现有技术没有影响，因为"处于能够为公众获得的状态""处于公众可得而知的状态"是一种客观存在的状态，这种客观状态不取决于人的主观动机，影响这种状态是否存在的因素是用户对朋友圈的设置。况且用户发布朋友圈的目的也不一定是公开与共享，例如用户将朋友圈的查看权限设置为仅部分好友可见，对于那些不可见的好友来说，用户的目的显然是隐藏与保密。其次，好友对朋友圈的内容不负有保密义务并不等同于已对不特定的人公开。正如上文在分析私人交谈情况时所述的，信息被不负有保密义务的人获知还不算是"为公众所知"，如果微信用户对添加好友设置了验证信息，并且只允许部分好友阅读其发布的朋友圈，那么此时的朋友圈是具有一定私密性的社交群体。其类似于上文所述的私人交谈的场合，能够获知朋友圈内容的人都

❶ 陈宇. 浅析微信朋友圈的信息对现有技术认定的影响［J］. 法制与社会，2017（9）：155-156.

是微信用户选定或认可的人，就像经过同意加入到私人交谈过程中一样，只不过私人交谈通常以口头的方式，而朋友圈是以电子方式发布文字、图片或视频。好友固然不负有保密义务，但这种情况下的朋友圈面对的显然是专门的人或有限定条件的人，而非不特定的人。再次，如果认为好友将朋友圈内容进行下载、转发造成信息进一步传播，或者尚未成为特定微信用户好友的普通社会公众也存在通过添加好友而获知朋友圈内容的可能性，从而认为构成了专利法意义上的公开，那么则是混淆了"能够获得"与"可能获得"这两个概念。"能够获得"必须是一种实际已经存在或者能够确定存在的状态，而不能仅仅是一种"可能"会发生的状态。现实中朋友圈的转发功能确实对信息的传播有巨大的威力，但如果认为转发量对是否构成现有技术有影响，那么究竟多大的转发量能够被认定为"公开"？这显然是一个无法确定的标准。专利法意义上的公开应该理解为在申请日之前的某个时间点相关信息已经处于任何不特定的人都能够通过正当途径获知的状态，这种状态在该时间点是确定的，而不是还要受其他因素（例如转发量）的影响。转发量对于是否构成现有技术（设计）的判断是没有意义的，因为不需要考虑实际上已经获知信息的公众的范围和数量。最后，一审法院的理由③表明，该案涉案专利之所以被认定为构成现有设计，一个重要原因是朋友圈中发布的产品已经在售，公众已经可以购买并使用。也就是说，真正决定构成现有设计的是产品的使用公开，而非朋友圈本身的公开。该案中的朋友圈实际是对使用公开的反映，而非对技术（设计）信息的反映。综上所述，微信用户发布朋友圈时的主观目的、好友不负保密义务以及好友可通过转发进一步传播信息，均不能说明朋友圈的内容已经处于不特定的人想获得就能获得的状态。

罗奎案的二审判决虽然维持了一审法院认定的微信朋友圈发布的图片构成现有设计，但二审法院给出的理由与一审法院不尽相同。二审法院认为：在微信朋友圈发布的图片是否构成专利法意义上的公开，不能简单地一概而论，应当用发展的眼光并结合具体案情作具体分析。该案中，在涉案朋友圈中发布门花产品图片的微信用户是原告的妹妹，其目的就是希望通过朋友圈推销其产品，其对要求添加为好友的请求不会拒绝，朋友圈又存在无限扩散的可能；并且通过朋友圈发布的信息可以确定相关产品已经在售，公众可以购买使用。该案的微信用户未对朋友圈发布图片的可见时间和范围进行限制，涉案朋友圈事实上已经成了推销产品的平台。从上述判决可看出，二审法院虽然肯定了微信朋友圈发布的图片能够作为现有设计，但同时也表达了这一结论只适用于该案，并不是放之四海而皆准的意思。为了推销产品，该案的微信用户并没有对添加为好友设置任何验证条件，也没有对朋友圈的查看时间和范围进行限制，任何不特定的人只要知道了该微信号就可以自主操作将其添加为好友，并查看朋友圈的所有内容。这种情况下的朋友圈类似于博客、微博等对不特定用户公开的产品，已经不再具有私密性，任何使用微信软件的人在理论上都能自由地看到该微信号朋友圈的内容。与博客、微博不同的是，依据目前微信软件的功能，不特定的人尚无法通过关键词搜索的方式在网络上直接发现相关内容，只能通过介绍、推荐等方式先知道微信号，进而再获取该微信号朋友圈中的内容。那么能否通过搜索的方式获取内容对朋友圈是否构成现有技术（设计）有无影响呢？在专利法意义上，对于"公开"的界定和判断，实质上是判断"公"与"私"的界限，是一个判断技术（设计）信息是否从"私有"进入"公有"领域的过程。从前述我国、日本以及欧洲的立法来看，对公开的界定所需要考虑的实质上均在于技术（设计）内容是否能够被公众自由利用。从信息传播学的角度看，技术（设计）内容本质上是一种信息，信息的传递具有一定的规律性，其必然是通过一定的渠道以某种形式由此及彼逐步扩散的。一旦某种技术（设计）内容已经（指实际发生）或者可以（指某种可传播的渠道已经建立）从一个主体传递到另一个主体，除非有阻却事由，即可以推定"为公众所知"成立，构成专利法意义上的"公开"。由此可见，即便朋友圈的内容无法通过搜索获得，只要不特定主体获得朋友圈内容是完全自由的（加好友无须验证、查看朋友圈不受限制等），那么朋友圈已经从"私有"进入"公有"，技术（设计）信息从微信用户传递到不特定主体的渠道已经建立，因此可认定为构成"公开"。朋友圈内容无法进行搜索的情形类似于互联网出现之前图书馆里陈列的图书，知道某本图书位于某个图书馆的实际人数可能很少，但一旦某个不特定主体知道了其要寻找的图书的存放地点后，便可自由地接触该书，该书的内容即处于不特定主体想知道就能知道的状态，于是构成专利法意义上的公开。综上所述，添加好友时是否需要验证、是否为朋友圈设置查看权限是认定朋友圈是否构成现有技术（设计）的关键因素。

四、结　论

通过上文的分析可以初步得出以下结论：微信朋友圈的内容是否构成专利法意义上的公开应该具体问题具体分析，不能一概而论，这关键取决于微信号及其朋友圈的设置方式。在"微信"软件设置"朋友圈"功能的初期，朋友圈只是用户分享和关注朋友们生活点滴的空间，并不是用户间进行网络营销活动的平台。其交流范围均限于微信好友之间，只有双方互相认证通过互为好友后方能看到对方发布的信息，而且微信好友还设有数量上限，因此可以认定朋友圈本质上是一个限于特定人群进行交流的私密性质的社交平台。从朋友圈的权限设定考虑，用户在微信朋友圈发布的信息的公开范围仅限微信好友，但即便是微信好友，用户仍然可以通过权限设置进一步限定信息公开范围，可以设置对所有好友可见，也可以设置部分好友可见，或者设置为私密信息仅自己可见。因此，微信朋友圈即使传播速度较快，但仍然有别于博客、微博，具有一定的私密性。在微信的"隐私设置"中，包括"加我为朋友时需要验证""添加我的方式"等添加好友的限制选项，还包括"不让他（她）看我的朋友圈""允许朋友查看朋友圈的范围""允许陌生人查看十条朋友圈"等查看朋友圈的限制选项。当微信用户设置了添加好友的限制或设置了查看朋友圈的限制时，能看到朋友圈内容的人就是专门的人或有限定条件的人，而不是专利法意义上的"公众"所指的不特定的人。因此，在这种设置方式下朋友圈发布的信息未达到对不特定公众公开的结果，也不存在被不特定公众所知的可能性。

另外，随着朋友圈使用范围和用途的不断扩展，越来越多的人把微信朋友圈当作进行产品营销活动的重要途径，客观上部分微信朋友圈已经兼具了营销的功能，甚至出现了微商群体。特别是在不少行业，朋友圈事实上已经成了推销产品的重要平台，人们也已经习惯了通过朋友圈去了解市场产品信息并直接销售或者购买产品。信息发布者希望让更多的人了解该技术和产品，进而达到推销的目的。他们主观上并不希望禁止他人查看该技术或产品，因此对要求添加为好友的请求通常也不会拒绝。在朋友圈的隐私设置上，推销者既不会设置添加好友的验证条件，也不会针对任何人设置查看朋友圈的限制，任何对技术或产品感兴趣的人都可以自主成为推销者的好友并随意查看朋友圈。在这种设置下，信息实际上被自由获取和利用，符合《专利法》中对技术公有的分界，朋友圈信息实际已从"私有"领域进入"公有"领域。因此，在接受任何人添加朋友的申请并且未阻止任何联系人查看朋友圈的情况下，任何不特定人在申请日之前都能够通过正当的公开途径获知信息，该信息可以认为已经构成专利法意义上的公开。

对包含表情包的外观设计申请的思考

谷树天

摘　要：表情包以其表意丰满及传达便利的特征盛行网络，表情包还可渗透至营销包装及产品开发等商业活动中，为多方所用。由此引发权利纠纷的事实可寻。表情包以一种或多种设计要素出现在产品所使用的外观设计中难以避免。由此引发的外观设计专利申请的案件中，关于外观设计专利的授权和确权是否合理合法值得深思。本文通过分析表情包的表现形式及侵权类型，并结合具体案例探讨涉及表情包的外观设计审查思维与法条适用。

关键词：表情包　外观设计

一、引　言

近年来网络的发展催生了各种表情包，通过即时通信、论坛、自媒体以及其他互联信息平台广泛传播。据《中国青年网民网络行为报告（2016—2017)》记载❶，女性、男性青年每人每天平均使用表情包次数分别为 2.84 次和 0.74 次。在网络社交中，以表情图案代替文字描述，能够便捷而形象地传达语言难以表露的想法和情感，自然受到大众青睐。时下表情包多具有高识别性和易复制性的特征，部分存在一定的私权归属，其渗透到商业或其他领域中若不当使用，就可能引发表情包侵权，例如"葛优躺"表情包侵权案 [（2018）京 01 民终 97 号]。而外观设计专利作为知识产权的重要权利类型，同样属于私权，必须基于产品而存在，产品在特定条件下以商品角色构成商业活动的关键要素。

---

❶ 张书乐. 表情包的侵权与赚钱 [J]. 法人，2017（7）：72 – 73，96.

同理，产品的外观设计之于表情包的不当引用同样存在侵权风险，因此在外观设计各级审查中需要纳入考量。

二、表情包及其权利属性

表情包是源于网络即时通信中用于表达思想情感的系列图片、漫画的集合体。其历经 ASCII 符号、颜文字、emoji 表情、魔法表情和动态表情等演变过程，逐渐在网络交流中占据重要地位。时下的表情包以平面静态或动态图形式呈现，多表现为以下三种特征类型之一：由创作者经动漫原创形成的表情包，例如 QQ 表情、兔斯基、暴走漫画、阿狸表情，如图 1（a）所示；直接以肖像素材或视频截图为载体的静态或动态图，如图 1（b）所示；另外占据相当比例且较为热门的是基于存量肖像素材或动漫素材，通过图元捏合及修改、字符加注等方式再次演绎形成的表情图案，如图 1（c）所示。

（a）组合图A　　　　　（b）组合图B　　　　　　（c）组合图C

图 1　表情包表现类型示例

由此可见，卡通、肖像或者其结合构成了表情包的元素主体。包含卡通元素的表情包，其内容上具有美术作品的属性，并属基于计算机与网络技术的数字作品，而且其全部或部分卡通元素源于创作者的个体原创。另外，我国的《著作权法》并未如英美法等国要求作品应当依托有形载体，因此该类型特征的表情包为传统著作权范畴下位属概念，是可著作权的数字美术作品。❶ 对于原创动漫表情包，其高度依赖原作者的智力劳动，原作者对其作品拥有完整著作权，享有我国《著作权法》第10 条规定的各项权利。

对于前文所列的基于存量动漫素材汇编、改编的二次演绎特征类型表情包作品，是运用既有工具和内容对其开放性重新赋意的再创造，属于非原创表情包，该类型作品倾向于我国《著作权法》第14 条所述的汇编作品，但其著作权属性在我国现有的法律框架下较为模糊。相关研究认为非原创表情包著作权属性认定主要依据其制作路径和创新程度界定❷，例如由 2016 年廖记棒棒鸡招牌书法作品侵权一案［（2014）高新知民初字第 262 号］可以触类旁通。该案

---

❶❷ 伏梦迪. 表情包的版权属性及保护策略初探［J］. 法制与社会，2017（29）：222 – 223.

中法院认定编辑作品享有整体著作权，独立拆分不具著作权属性。若对原有素材进行添加、删改产生新的情感表达，其增量部分使改造后的作品明显区分于原素材，或对他人表情包重新演绎，根据改造或演绎的智力付出与差异化程度，对智力含量较高或创意性作品应给予其增量部分的著作权保护。但对于高度依托原创动漫素材并作简单细微修改所获得的表情包，笔者认为其在一般情况下仍属于原创者的著作权范围。

前文所列的人物肖像素材或者其经过增饰形成的表情包作品，均未脱离人物肖像突出的表现特征，其涉及我国《民法通则》所述的肖像权。《民法通则》明确了侵犯肖像权的两个条件：一是未经肖像权人同意，二是以营利为目的。如前文所举"葛优躺"表情包侵权案例中，艺龙网因在其广告性微博中擅自使用葛优在电视剧《我爱我家》中的剧照（如图2所示）并形成多幅恶搞表情图片，构成侵犯肖像权的行为。经当事人起诉，北京市第一中级人民法院于2018年二审判决肖像权侵权成立。我们跳出该案还可发现，其搬用的剧照或影视画面截图虽脱离了原影视剧作而独立存在，但仍来源于影视剧作中的独幅或多幅画面帧，因此还存在版权侵权的风险。

图2　电视剧《我爱我家》"葛优躺"剧照

由真人在影视剧作中扮演角色所形成的角色肖像，有时会与通常所指的自然人肖像形成巨大差异。在擅自引用该类角色肖像是否构成当事人肖像权侵权认定上，六小龄童肖像权案［（2013）一中民终字第05303号］的判决结果与上述"葛优躺"表情包侵权案明显不同。该案中蓝港在线（北京）科技有限公司在其官网及软件商品界面中，擅用了1987年版《西游记》中所塑造的孙悟空形象特征，如图3所示，遭其扮演者章金莱起诉。该案中，终审法院对自然人的"肖像权"作了扩大解释，认为肖像权人饰演的角色形象也应纳入广义的肖像权的保护范围。具体到该案中，法院认为章金莱饰演的"孙悟空"形象也属于章金莱肖像权的权利范围，但由于被告所使用的孙悟空形象与章金莱饰演的"孙悟空"形象差异较大，因此最后法院未能支持原告。该案对于同类型的表情包的权利属性认定也能够给予一定的法理参考。

（a）涉案图　　　　　　　　（b）原剧照

图 3　涉案图局部与原剧照局部

另外，《最高人民法院关于贯彻执行〈中华人民共和国民法通则〉若干问题的意见（试行)》对侵犯名誉权行为进行了合理认定。人物肖像素材经过增饰形成的表情包作品，多存在恶搞意味，若对其自然人存在丑化形象、贬低人格的倾向，不论是否以营利为目的，均有可能构成侵犯名誉权的行为。❶

表情包的使用和传播所涉及的法律及相应的权利包括但不限于前文所列，例如《商标法》《反不正当竞争法》《消费者权益保护法》等规定的权利和义务也能够在一定程度上形成约束，本文不作赘述。

三、外观设计专利申请中的表情包

1. 表情包的权利冲突与权利保护

专利法意义上的外观设计由形状、图案、色彩三大设计要素构成，表情包在目前而言是以平面图案的设计特征显示。由于二者均能赋以图案、色彩要素，在外观设计专利审查中，将表情图案特征纳入产品外观设计内容中的案例并不少见，并呈增长态势。由于外观设计专利也属私权，其引用的表情包如所涉权利归属他人，就会产生权利交叉与冲突。在 TRIPS 规定的所有知识产权类

---

❶ 杨芳，董凤阳，乐慧娟. 表情包的法律探析：基于真人表情包的侵权思考［J］. 开封教育学院学报，2018，38（4）：254－255.

型中，外观设计的突出特点就在于容易与其他类型的知识产权产生重叠，❶ 包括商标专用权、著作权。TRIPS 没有将外观设计纳入版权范畴，而将其列为单独一类的知识产权，表明外观设计专利权与著作权相比有明显不同，其与肖像权、名誉权、商标专用权等的差异自然更为明显。因此对具体的事件进行具体的侵权认定和规则探讨是必要的，否则外观设计专利权与著作权及其他权利的保护高度重叠，外观设计制度将失去独立存在的价值。

从保护效力来看，我国的《专利法》对外观设计专利的保护效力相对于《著作权法》对于著作权的保护更强。按照著作权法的原理，即使被告所涉产品的外观设计中包含的设计内容与原告实用艺术作品有相同或相近的独创性成果，但如果被告能够证明其作品是其独立创作而非抄袭的，或者在其原告作品上作出补充再创造，则可能被认定为创作上的巧合，❷ 或者以创造性的增量著作权保护为由，规避侵权。另外，表情包因其易复制、传播快、演绎自由度高的特点，著作权归属举证难，绝大多数表情包著作权维权难度较大。

产品的外观设计中引入人物肖像，常在体现产品功能参考图的内容画面中出现，或者以商标、商业代言造型的形式出现。该类专利申请在审查过程中一般能够引起审查员足够的敏感性，防范不当授权。但在外观专利申请的初审环节中，侧重于保护公众权利和利益。如果外观设计专利中存在侵犯公民个人肖像权或名誉权的行为，在专利权无效宣告适用条款中，《专利法》第 23 条第 3 款中明确指出，外观设计专利的授权不得与他人在先合法权利相冲突。由于真人肖像特征具有较高的辨识度，当事人可通过提出专利权无效请求的方式有效维权。

2. 外观设计关于表情包的相关问题与法条适用

依前文分析，表情包会与专利法律框架外的其他权利产生冲突，在外观设计专利授权及确权审查过程中需给予一定的重视。由于表情包的权利属性和表现形式与卡通图案等美术作品、人物照片等摄影作品这些实用艺术作品具有共性，具体的审查方式同涉及美术作品、卡通形象、人物肖像的外观设计审查思路类似，因此在处理相关类型案件时可作思维延伸或反向借鉴。在该类型案件授权或确权审查过程中，需注意如下审查要点。

《专利法》第 2 条第 4 款对外观设计作出专利法意义上的一般性定义。外观设计应当体现在产品上，以产品作为其载体。表情包本身属于美术作品，不属于专利法意义上的外观设计，对于脱离产品而独立形成图案的外观设计专利

---

❶ 尹新天. 中国专利法详解［M］. 北京：知识产权出版社，2011：34，482－483.

❷ 郑成思. 版权法［M］. 北京：中国人民大学出版社，1997：209.

申请，根据该法条的规定不能授予专利权。另外，审查时需首先留意使用外观设计的客体是否脱离外观设计专利保护范围。例如使用外观设计的产品整体形成自然人肖像特征，可能会构成仿真设计，属于不能授予专利权的情形，需以《专利法》第 2 条第 4 款规定提出质疑。

《专利法》第 23 条第 1 款规定了外观设计应满足明显新颖性的要求，是关于包含表情包类型案件的审查要点。判断产品外观设计是否存在相同或相近种类产品的现有设计或者抵触申请，与其构成相同或实质相同的外观设计，是质疑其是否具有明显新颖性的重要审查途径。

在外观设计初审实践中，笔者认为在面对例如有明显贴图痕迹、表情图案与周围的设计特征存在明显的不协调、表情图案边界自然形成产品形状轮廓、产品整体外观简单常见且表情元素在整体外观设计中的成分很大以及不限于上述情形可能构成的低质申请、恶意申请时，启动检索、严格依法审查是十分必要的。

在出具包含表情包的外观设计专利权评价报告的专利确权审查过程中，外观设计高度是评价其专利性的重点因素。确权结论所依据法条多为《专利法》第 23 条第 1 款和《专利法》第 23 条第 2 款，后者相对于前者在评判涉案外观设计不具有专利性时，对比设计选择空间大、对比区别点容许度高，是评价报告否定结论中最为常见的适用法条。

如图 4（a）所示的挂件产品的外观设计与图 4（b）所示现有设计，二者的区别点主要在于耳朵朝向不同和表情图案的细微差异，如请求保护色彩，其差异也仅属于单一色彩的简单变化，相对于其他多数明显相同点而言对整体视觉效果不具有显著影响，因此二者不具有明显区别，可适用《专利法》第 23 条第 2 款否定其专利性。

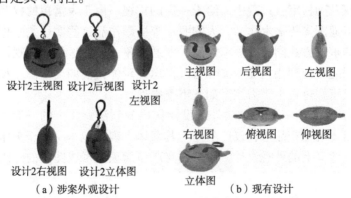

设计2主视图　设计2后视图　设计2左视图

主视图　　后视图　　左视图

设计2右视图　设计2立体图

右视图　　俯视图　　仰视图

立体图

（a）涉案外观设计　　　　　（b）现有设计

图 4　涉案外观设计与现有设计

　　有些案件是选取现有表情图案中的全部或部分设计内容，与涉案产品的其他部分直接捏合成新的形象特征完成二次演绎。此时可尝试寻找涉案产品除去表情特征之外的其他设计部分的现有设计，并分析其与现有表情图案设计是否可通过拼合或者替换的组合手法直观形成。若上述条件均满足，则在一般条件下可满足属于明显存在组合手法启示的情形，此时涉案专利是由现有设计或现有设计特征组合得到的。例如图5所示植物盆景（左图）是由同类产品现有设计（中图）中的表情图案替换成其他现有表情图案（右图）得到的外观设计，就此可作出评价报告否定结论。另外，对于表情包现有设计转用的情形，与其他常规案件的否定评判方式类同，在此不作赘述。

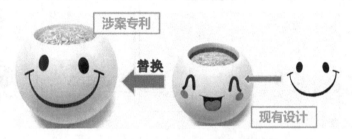

图5　将产品现有设计中现有表情图案设计替换案例示例

　　需要注意的是，产品外观设计中的表情包，并不仅仅涉及如图5所示的图案元素或图案与色彩相结合的设计要素，有时还会为其表情设计特征赋予表情包平面数字化作品所不具有的形状设计要素。不限于图4所示表情图案边界形成产品外形轮廓的情形，更多情况是在产品外观中将现有的平面表情图案立体化再现，如形成高低起伏的面部立体特征，或其他具有纵深层次的立体形状。其在现有的平面图案上完成了相当程度增量的再创造，如图6所示，在设计特征上存在一定差异，并且二者不属于相同或相似种类的产品。在评价报告确权审查过程中需基于《专利法》第23条第2款及审查指南的要求作出合理可信的专利性评价。

　　该类型案例同样选取现有表情图案中的全部或部分设计特征，但额外赋予其形状设计要素使其立体化再现，同时与产品的其他部分捏合成新的形象特征从而完成二次演绎。该类型案例的外观设计在本质上属于替换的组合手法。但这里需特别注意的一点是，此种情形的外观设计中表情特征部分相对于现有表情图案设计多出了形状设计要素，其组合手法需要在相同或相近种类产品的现有设计中寻找启示。若启示可寻，则上述各项条件成立，同样可以基于《专利法》第23条第2款作出评价报告否定结论。

　　例如下述包含多个摆件构成套件合案申请的外观专利权评价报告案例，本文选取其中一个套件产品［如图7（b）所示］。由其表情特征追踪到原始表情包来源于在先公知的阿里旺旺聊天表情图库，如图7（a）所示。

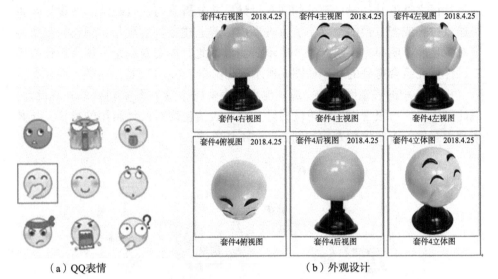

（a）QQ表情 　　　　　　　　（b）外观设计

图6　QQ 表情图案与其在外观设计中的立体化再现

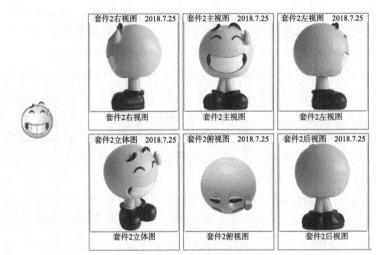

（a）阿里旺旺表情 　　　　　　（b）涉案外观设计

图7　阿里旺旺表情图与涉案外观设计视图

另外，产品其余部分的外形与多个产品的部分现有设计高度近似，如图8、图9所示，其中图8来自互联网，图9来自专利数据。

（a）正面　　　　　　　　　　（b）背面

图 8　使用现有设计摆件产品

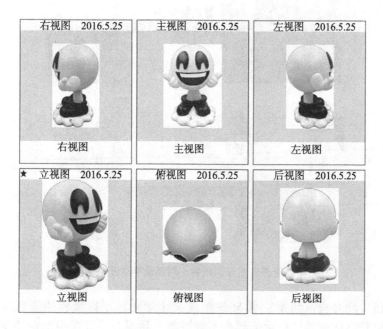

图 9　现有外观设计视图

结合相同或相近种类产品的现有设计状况可知，摆件产品设计自由度非常高。如图 7 所示的涉案专利前脸部相对于原表情包赋予了立体形状特征体现在面部器官及汗滴形状上。虽存在上述差别，但是对于该领域一般消费者而言，该专利摆件前脸部的视觉效果与原表情包仍具有高度统一的辨识度，未脱离其图案特征；而其立体特征，是在模拟自然物或常见物形状的基础上作出细微的修改，但也是基于如图 7 左图所示的现有平面图案形象上形成的。对于该专利摆件其余部分的设计，与图 8、图 9 所示产品相关部分的设计内容，其差异对于该领域一般消费者而言，属于局部细微差异。因此可以认为图 7 右图所示的该专利摆件是将图 7 左图所示的表情图案直接替换图 8、图 9 所示摆件产品前脸部图案特征并作细微的表情及整体形状变化得到的设计，且未产生独特的视觉效果。同时这种替换的手法可以在现有设计中找到启示，例如存在一个带有立体表情特征的产品现有设计，可由已公开的产品现有设计和表情图案设计通过表情部分的替换组合手法获得。上述替换组合手法及启示示例如图 10 所示。此时可以适用《专利法》第 23 条第 2 款规定，给予否定结论。

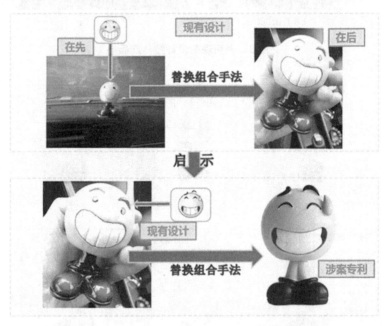

图 10　用于否定专利性的一种组合手法及启示示例

在包含现有表情包图案素材的外观设计专利权评价报告的确权审查过程中，其创新高度和模仿程度需要在了解该类产品现有设计状况的前提下，在外观设计专利权评价报告中给予谨慎认真、全面透彻的考量。

如前文所述，对于表情包所产生的权利交叉和冲突问题，《专利法》第 23 条第 3 款是外观设计专利权无效宣告阶段重要的确权法条。该法条所认定的在先合法权利包括了前文所述的著作权、肖像权、商标权等，相关权利人通过提出无效请求，能够解决外观专利授权后产生的权利冲突问题。

另外，需特别注意当使用外观设计的产品的商业性实施为法律所禁止，如赌博机；或者外观设计中的表情图案涉及政治敏感、封建迷信、人格侮辱等严重情形时，应依照《专利法》第 5 条规定的违反法律、社会公德或者妨害公共利益的情形，不予授权。

四、结　论

表情包的广泛使用，与网民的选择相关，也是网络信息传播形式创新的必然结果。表情包可能存在如著作权、肖像权等私权归属，不当使用会引起权利纠纷。由于专利法所定义的外观设计中所涉及的设计要素与表情包数字作品存在共性，权利交叉及冲突不可避免。因此在外观设计专利审查业务中需对产品外观中出现的表情包元素引入确权考虑。本文浅析了表情包本身及其表情包在于外观设计中的法理思考，并对类型案件规律特征及处理方式作出整体归纳，辅以示例案例，为外观设计审查业务领域人员在审查类型案件时提供一定的思路和参考。由于表情包在外观设计中的表现形式千变万化，外观设计审查案情各异，实际案情未必能与文中所列情形对号入座，仍需具体问题具体分析。当下我国正处于《专利法》第四次修改过程中，笔者相信在不久的将来，审查员在处理包含表情包元素的疑难案件中，会有更为坚实的法律支撑和明晰的审查判断。

浅谈中国职务发明专利奖励制度

王思文

摘　要：职务发明专利制度由来已久，其立法本意是为了保护企业或单位，以及职务发明人的相关权益，在合理保障双方利益前提下，推动科技进步。本文从中国职务发明制度的发展历程谈起，通过相关案例解读以及其他各国专利奖励制度分析，给出中国如何在职务发明专利奖励制度方面进一步提高及改进的建议，以充分保护及调动职务发明人的创新积极性，顾全单位或企业利益，完善对知识产权的保护，促进知识产权事业的进步。

关键词：职务发明　专利权　奖励　雇员制　雇主制

一、中国职务发明制度发展过程

职务发明，具体是指企业、事业单位、社会团体、国家机关的工作人员执行本单位的任务或者主要利用本单位的物质条件所完成的职务发明创造。那么如何保障这些发明创造，成为各国专利制度中重要的保护议题，其不仅可以代表一个国家知识产权，即法律制度的完善程度，也反映了一个国家的企业、高校、科研机构和机关团体运用专利制度获取技术竞争力的水平，表明了国家科学及技术的发展程度。从中国专利申请量来看，企业发明申请量占国内职务发明申请量的比例呈增加趋势，可见中国企业的创新意识和创新能力都在不断提高，这也有利于中国建设创新型国家。

中国《专利法》制定以来，就在相关法条中对职务发明创造进行了规定。《专利法》第6条中规定了申请专利的权利以及专利权的归属，第16条中对职务发明创造发明人、设计人的奖励和报酬进行了规定，其中具体涉及对职务发明创造性保护范畴的认定。对职务发明的规范是专利制度建设及专利立法的重要基石之一，其立法本意也是为了推动知识经济发展，调动科技人才科技创造和推动科技成果的热情。

随着经济的发展以及科技的进步，专利法中对于职务发明部分也进行了适应性修改。1984 年在制定《专利法》时，根据我国当时的国情，其第 6 条规定："执行本单位的任务或者主要利用本单位的物质条件所完成的职务发明创造，申请专利的权利属于该单位；非职务发明创造，申请专利的权利属于发明人或者设计人。申请被批准后，全民所有制单位申请的，专利权归该单位持有；集体所有制单位或者个人申请的，专利权归该单位或者个人所有。在中国境内的外资企业和中外合资企业的工作人员完成的职务发明创造，申请专利的权利属于该企业；非职务发明创造，申请专利的权利属于发明人或者设计人。申请被批准后，专利权归申请的企业或者个人所有。专利权的所有人和持有人统称专利权人。"其第 16 条规定："专利权的所有单位或者持有单位应当对职务发明创造的发明人或者设计人给予奖励；发明创造专利实施后，根据其推广应用的范围和取得的经济效益，对发明人或者设计人给予奖励。"

之后，2000 年修改《专利法》时，对第 6 条规定修改为："执行本单位的任务或者主要是利用本单位的物质技术条件所完成的发明创造为职务发明创造。职务发明创造申请专利的权利属于该单位；申请被批准后，该单位为专利权人。非职务发明创造，申请专利的权利属于发明人或者设计人；申请被批准后，该发明人或者设计人为专利权人。利用本单位的物质技术条件所完成的发明创造，单位与发明人或者设计人订有合同，对申请专利的权利和专利权的归属作出约定的，从其约定。"对第 16 条规定修改为："被授予专利权的单位应当对职务发明创造性的发明人或者设计人给予奖励；发明创造专利实施后，根据其推广应用的范围和取得的经济效益，对发明人或者设计人给予合理的报酬。"

对于法条的修改，目的在于保障国有企事业单位在专利法律关系中与其他非国有单位享有平等民事主体地位，鼓励技术人员进行创新，保障职务发明的发明人或者设计人的利益，充分调动科技人员从事创新活动的积极性。对职务发明创造专利权的发明人或者设计人，不仅要给予奖励，更要给予与其贡献相当的报酬。允许单位与发明人或者设计人通过合同约定利用本单位物质技术条件所完成的发明创造的权利归属，体现了调动一切积极因素鼓励发明创造的精神。

综上所述，就中国而言，进一步提高及完善对职务发明专利的法律保护制度以保证各方权益，是中国专利制度发展前进的方向。

二、涉及职务发明专利奖励案例分析

虽然专利权的归属属于职务发明专利相关问题中的争议点，但是通常职务发明人并没有将获得归属权作为发明初衷，而是希望其工作在一定程度上能够获得肯定。诚然，职务发明人立足于本职工作所作出的发明，其权利归属于受雇单位或企业，是对于单位或企业的一种权益保护，但发明本身是人作出的发明，职务发明人作为实际作出发明的人，其本身的劳动成果也应当给予奖励。如何鼓励职务发明人，是推动技术进步的重要环节。本节以实际案例给出分析，明确实践中对于职务发明奖励所存在的问题及弊端，进而提出对职务发明相关制度的改进建议。

1. 案例

原告：薛某某，曾任职于武汉一枝花实业股份有限公司高级工程师。

被告：武汉一枝花实业股份有限公司。

武汉一枝花实业股份有限公司（以下简称"一枝花公司"）是一家股份有限公司，由于经营不善，目前处于半停产状态。从 1998 ~ 2002 年的审计报告看，该公司一直亏损，未缴纳所得税。薛某某系该公司高级工程师，在其任职期间，主持研发了浓缩洗衣粉等新产品，取得较好经济效益，并获奖励。

1998 年 7 月 23 日，一枝花公司申请了"双锥形滚筒洗衣粉成型装置"实用新型专利，国家知识产权局于 1999 年 10 月 30 日授予该装置实用新型专利，专利证书上载明该实用新型专利设计人为薛某某。之后，一枝花公司利用该专利技术制造、使用了三套设备用于浓缩洗衣粉的生产、加工，并且于 1999 ~ 2002 年取得了较好收益。而该公司并没有对薛某某给予任何奖励及相应报酬。据此，薛某某主张以 1998 ~ 2002 年洗丽洗衣粉的利润为基数计算报酬。

一枝花公司认为薛某某应该在其权利受到侵害之日起 2 年内主张权利，薛某某起诉已超过诉讼时效，不应保护。原审法院认为，根据《最高人民法院关于审理专利纠纷案件适用法律问题的若干规定》第 23 条规定，侵犯专利权的诉讼时效为 2 年，自权利人或利害关系人知道或应当知道侵权行为之日起计算。权利人超过 2 年起诉的，如果侵权行为在起诉时仍在继续，侵权损害赔偿数额应当自权利人向人民法院起诉之日起向前推算 2 年计算。该案中虽然薛某某起诉时已超过 2 年诉讼时效，但鉴于一枝花公司在薛某某起诉时仍在使用专利设备进行洗衣粉的生产及销售，获得了利益，因此薛某某主张获得相应报酬符合法律规定，但计算获得报酬数额仅能向前推算 2 年，即薛某某只能主张 2001 年 9 月至 2003 年 9 月其应获得的报酬。一枝花公司辩称，薛某某获得报酬的前提是基于其实施该专利获得利润为基础，但是事实上该公司一直亏损，所以没有支付报酬。原审法院认为一枝花公司未缴纳所得税虽是事实，但一枝花公司在使用涉案专利设备生产高附加值的浓缩洗衣粉这一产品时应是获利的，一枝花公司将原企业的巨额银行呆账产生的利息作为财务费用摊入洗衣粉产品利润中和将管理费用分摊的做法本身虽无不妥，但这种做法损害了该专利权设计人的权益，也不利于鼓励科技人员为企业的发展进行技术创新的积极性，因此对一枝花公司的辩称不予支持，判决一枝花公司一次性支付薛某某报酬4万元。

之后，原被告分别提出了上诉。二审法院经过审理后，认为薛某某主持研发的该"双锥形滚筒洗衣粉成型装置"专利被应用于洗丽洗衣粉生产后，解决了原有洗衣粉相关装置的缺点，产生了显著的效果，并带来了收益。一枝花公司在2001年和2002年利用薛某某研发的专利技术生产的洗丽洗衣粉，得到近662万元的销售利润，从而减少了亏损额。该公司将利益分摊到其他亏损上，使得公司处于亏损而不支付相应的奖励报酬的状态，显然对于专利职务发明人是不公平的。此外，一枝花公司也并未按专利法的相关规定，在每一年度对薛某某进行核算、奖励。

对于该案，薛某某作为"双锥形滚筒洗衣粉成型装置"实用新型专利的设计人，其可以依据《专利法》（2000年修正）及《中华人民共和国专利法实施细则》（2002年修订）（以下简称《专利法实施细则》）的规定，在专利实施后，根据该专利推广应用的范围和取得的经济效益获得合理的报酬。并且《专利法实施细则》第75条已作出了明确的规定："被授予专利权的国有企业事业单位在专利权有效期限内，实施发明创造后，每年应当从实施该项发明或实用新型专利所得利润纳税后提取不低于2%或者从实施该项外观设计专利的营业利润纳税后提取不低于0.2%，作为报酬支付给发明人或设计人；或者参照上述比例，发给发明人或者设计人一次性报酬。"依照上述规定，薛某某作为职务发明人应享有获得报酬的权利，能够延及使用该实用新型专利再生产的产品所产生的利润。而如何计算报酬，二审法院依据《专利法实施细则》第77条规定，并参照《武汉市专利管理条例》，判定一枝花公司应当支付薛某某2001年和2002年的报酬共6万元。就此，该案告一段落。

2. 分析

就该案而言，其属于典型的职务发明创造奖励和报酬纠纷，职务发明人通过本身工作中的创造性成果，使企业产生了收益。对于此类申请，通常专利权都归属企业，这在一定程度上也是为了保障企业的发展及其利益。而此类发明创造的提出者，即发明人或设计人，也应当获得相应的权益及奖励。在该案中，所述企业以企业连年亏损为借口来拒绝支付职务发明人（设计人）相应的奖励，而这种理由是不能被承认的。专利法中职务发明的核心，就是职务发明人在依靠本身力量无法获得合法权益时，能够寻求法律途径。

回顾历史，清代晋商发展出顶身股制度，允许掌柜与伙计凭劳动入股分红，目的也在于确保掌握信息优势的代理人与股东委托人利益一致。至于现代公司中设置不同级别员工的不同待遇，也意在激励员工能够尽心履职。

职务发明报酬纠纷实质上是合同纠纷，基于中国专利法对职务发明的保护，实践中需要合同法的相关支持才能得到保障。而对于民事法律纠纷的处理，需要考虑合同法、专利法等相关法律制度的规定，处理程序较为复杂，如该案在一审判决后，还面临上诉，这在无形中也使得一些职务发明者对本身权益不能进行及时、有效的保护。并且从上述案件的判决可以得知，在中国职务发明中，不仅要依靠专利法，还需要依托所属政府相关制度以及诉讼时效的约束。并且基于对法律具体规定的认识不足，可能错过诉讼时效，这对于职务发明人本身的权益就有所损害。另外，对于奖励的多少、如何分配报酬，还需要大量的事实举证与政策支持，这无疑对职务发明人与企业之间造成了一定的影响。虽然《专利法》对职务发明人的权利给予了法律上的保护，但是具体实施时，基于中国的专利制度，仍然需要企业本身在一定程度上给予支持才能实现权益保障。可见，中国在职务发明制度中，缺乏对于不履行义务的责任进行规定，在允许请求权利的情况下，应当对不履行义务的情况予以规定，通过法律规定不履行时的惩罚条款，以此来约束单位或企业，即职务发明的既得利益者。

三、其他主要国家的职务发明专利奖励制度

本节通过对比不同国家的职务发明专利归属及奖励制度，旨在说明不同国家的差异所带来的制度上的不同。中国知识产权制度正处于发展中，专利制度也在不断摸索与改进，借鉴其他国家对职务发明人权益的保护制度，取其长处，避其短处，避免重蹈覆辙，以进一步促进我国专利制度的发展。

1. 美国对于职务发明人专利权的保障

美国的职务发明可以归结为三种不同类型❶：一是为完成本职工作完成的发明归雇主；二是在本职工作之外但与职责密切相关或雇员利用雇主资源作出的发明归雇员，但雇主享有免费使用权；三是与雇佣无关的发明归雇员。而这种分类，也是基于美国法院坚定支持合同自由，因此雇主实际上能通过不支付额外补偿的约定，取得雇员雇佣期间的所有发明。

---

❶ 刘强，蒋芷翌. 美国职务发明报酬充分对价研究 [J]. 福建江夏学院学报，2017（8）：6 – 13.

纵观美国职务发明的发展，1787年《美国宪法》第1条第8款第8项就有对职务发明的规定："为促进科学和实用技术的进步，对作者和发明人的著作和发明，国会保障其在一定期限内享有独占权。"之后，1790年通过了美国第一部专利法——《促进实用技术进步法案》，其第111条规定："除本编另有规定外，申请专利应以书面形式，且由发明人向专利商标局局长提出。"因为美国是判例法国家，到1921年，美国法院对Apparatutwos Co. V, MicaCondense Co案件的判决结果确定了美国专利权利的相关基本原则：一是在雇佣期间，雇员利用雇主的资源所完成的发明创造，在双方无明确约定的情况下，专利的实施权归雇主所有，而专利的所有权则是归雇员所有的；二是在进行特定的发明活动中，此时的雇佣关系认定为雇员已表示将发明成果转让给雇主，因此专利的所有权归属于雇主所有。由此可见，美国的职务发明制度是基于历经百年来的判例研究，以及与各州审判实践的结合中推进，总体上是倾向于雇员优先制。

美国专利权在利益分享上，其制度设计也可圈可点。对于产生于单位、使得单位有可能产生巨大利益的发明专利，必须是单位与雇员双方达成额外报酬的协议，或者是通过利润、收益进行分成或股权激励等全面薪酬，即需事先协调好双方的权益，从而保障雇员的报酬、奖励和薪资待遇。可见，美国具有良好的平衡利益分享机制，而这也是源于美国优良的工会传统以及对雇员劳动者薪酬有力保护的原则，相较于其他国家职务发明权属和利益分享问题而言，美国对于职务发明人的权益保障制度更加完善，这也在一定程度上促进了美国科技的发展。美国之所以能够海纳百川式地兼容并包他国的科技发明创新人才为其创造出新的产品和服务，能够留得住有创造力、有想象力的人才，实质上，其职务发明相关制度起到了不可磨灭的作用，对社会发展和市场竞争产生了良性激励。

2. 英国对于职务发明人专利权的保障

《英国专利法》第39条作出了对于职务发明人专利权的具体规定："雇员在执行其任务过程中所作出的发明，包括该项发明是该雇员正常工作的过程中或在其正常工作之外，但是特别分派他的工作过程中作出的；或者该项发明是在该雇员的正常工作过程中作出的，并在作出该项发明之时，由于其工作性质而产生的特殊职责，其对促进其雇主事业的利益负有特别的义务。"英国在其专利法中，规定了雇员的职务发明创造归雇主所有。与我国专利法的规定类似，英国在职务发明中也是以"任务标准"作为判断规则，在对待职务发明创造的态度上也是倾向于雇主优先。之外，《英国专利法》还强调"合理预期"

"特别分派""特殊职责"，这些同样是作为职务发明专利权归属的判断条件❶。

在职务发明利益分享的制度层面，英国的专利法并没有因为其雇主优先制的权利归属倾向性而忽视雇员的利益。《英国专利法》同时规定雇员所作出的发明除了职务发明创造专利权的所有权归雇主之外，其他的雇员发明归雇员所有。除此之外，雇员有权根据约定获得利益。雇员还有权利根据该发明专利被转授雇主之后，雇主从该专利中所取得的利益或可期望利益中要求自己的合理份额。然而，《英国专利法》并没有规定在职务发明创造专利归雇主所有后应该对雇员的权利作什么样的保护，这也使得职务发明人的利益不能得到有效保障，其相关制度也需要进一步完善。

3. 德国对于职务发明人专利权的保障

德国的职务发明专利归属是雇主优先制与雇员优先制的折中模式。❷ 其制定了有关职务发明的专门法律——《雇员发明法》，来解决单位雇员和雇主之间在专利发明权归属方面的矛盾。其中第 4 条规定："如果雇员完成的发明创造是在雇佣期间作出的，并且源于其在私人单位或者公共机构的工作任务，或者在本质上基于单位或者政府机构的经营或活动，就属于职务发明创造。否则属于非职务发明创造。"对于职务发明创造，发明人有义务将完成的发明创造以书面形式向雇主汇报。雇主可以对职务发明创造提出无限制的权利主张或者有限制的权利主张。如果雇主提出无限制的权利主张，职务发明创造人就必须将职务发明创造的专利所有权转让给雇主。如果提出的是有限制的权利主张，则雇主享有非独占许可使用权，专利申请权和专利权依然归职务发明创造人所有，在雇主申请和实施职务发明创造专利的各阶段，发明人可以要求补偿报酬。德国的法律规定，即使职务发明，原始归属也在发明人，只不过发明人享有的不是产权型而是责任型权利，不能禁止单位利用发明，但发明人将获得与贡献相称的报酬。

德国《雇员发明法》独具特色的是雇员向雇主的报告制度，其中规定："职务发明创造人必须将发明成果向雇主通报，雇主必须在一定时间内作出是否要求有关权利的选择，如免费的一般实施权、有期限独占实施权、无期限的独占实施权或产权等。如果逾期未作选择，则职务发明创造就归属发明人个人。"如果雇主选择要求职务发明创造归属权，则必须申请专利，并向发明人支付报酬。这就迫使雇主认真考虑职务发明创造是否有应用前景，是否能够获

---

❶ 肖冰. 职务发明奖酬制度的困境解读与理论反思 [J]. 厦门大学法律评论, 2016 (1)：213 – 223.

❷ 张韬略，黄洋.《德国专利法之简化和现代化法》评述 [J]. 电子知识产权, 2009 (10)：49 – 54.

得专利，并且只要求获得那些能够实际实施应用的职务发明创造，从而推动了职务发明创造转化为现实的生产力。

德国《雇员发明法》第 7 条规定："收到无限权利主张时，职务发明创造的全部权利转移至雇主。收到有限权利主张时，使用职务发明创造的非独占权利转移至雇主，即雇主享有非独占许可使用权。"可见，职务发明的原始权利实质上是归属于雇员的，直到雇主提出主张的时候，权利才会转至雇主。此法律规定是为了保护劳资关系中的弱者，特地用法律加强了雇员的地位，进而令雇员与雇主之间获得法律地位上的平等权利。这种法律制度规范的内容与其他国家的法律相比也更为周延。德国的折中模式，促使职务发明人与雇主双方都能够积极行使权利，从而可以调和双方利益，在一定程度上形成雇主和职务发明创造人之间的互动与交流，对双方的权益保护都能够起到积极作用，从而加快专利事业及科技的进步。

4. 日本对于职务发明人专利权的保障

日本在职务发明中，提出了职务发明奖酬的制定要符合"合理性"判断原则，❶ 并对该原则的适用规定了详细的认定标准，要求用人单位在确定职务发明奖酬时，一定要满足规定，充分考虑员工的利益，照顾到员工意志。只有按照要求的程序制定的奖励和报酬办法才具有合理性，否则双方在奖酬支付问题上产生争议时，如果没有按照要求制定奖酬办法的，其权益保障就比较困难。日本在 2016 年 4 月 1 日对职务发明的法律制度作出最新修改，要求用人单位对作出发明的从业人员给予金钱或者其他经济上的利益性奖励。具体如何进行奖励和给予报酬，需要用人单位和从业人员之间通过协商来具体确定。其具体规定：首先，需要制定具体奖酬标准，该奖酬标准通常由用人单位预先制定。其次，制定的该奖酬标准不能由用人单位单方面自行制定并实施，该奖酬标准需要同员工进行协商。再次，用人单位和员工经过协商以后确定具体奖酬标准，该标准确定后需要对外进行公开，以便于用人单位和员工参照执行。最后，用人单位根据该公开的标准，针对具体职务发明制定具体的奖酬决定，该针对性的具体奖酬决定需要听取员工的意见，在充分考虑了员工的意见后，用人单位才能确定最终的奖酬方式和内容。这些规定的制定，使得员工和用人单位之间奖酬的确定合法、公正、合理、有据可依，也更切实保证了双方的利益。

日本在上述规定中还对职务发明奖酬进行了说明，指出不再局限于以金钱为主的奖酬，该奖励和报酬可以通过其他形式来实施。比如，用人单位提供留学机会，负担留学费用，赋予发明人期权，提供给发明人升职的机会，根据法

---

❶ 刘向妹，刘群英. 职务发明报酬制度的国际比较及建议 [J]. 知识产权, 2006 (2)：84 – 88.

定或者就业守则的规定赋予发明人特殊的带薪休假，赋予发明人专利发明的独占实施许可权或者普通实施许可权等方式。可见，其奖励制度也丰富多样，并且体现在该规定中，同样使得切身利益得以保障。除此之外，规定中对于不参照执行的法律后果同样进行了说明。

5. 各国对于职务发明人专利权的保障制度比较

通常，雇佣劳动成果应当归属单位，劳动者除了领取工资，并无法定权利对其市场价值进行分享。对于劳动者能否参与剩余价值分配，则完全取决于企业，企业既可以将报酬与贡献挂钩，以激励劳动者更好地生产，也可以仅支付固定报酬。但对于职务发明，不同国家的法律都允许发明人参与剩余价值分配，只是在优待发明人的方式和程度上有所差别。各国职务发明专利制度的差异，可以归因于各国法律传统、经济发展背景、企业文化等因素的不同。

中国在职务发明专利权归属上，规定了对于职务发明创造，单位为专利权人。美国对于权利归属上，遵从两个原则：一是在雇佣期间，雇员利用雇主的资源所完成的发明创造，在双方无明确约定的情况下，专利的实施权归雇主所有，而专利的所有权则是归雇员所有的；二是在特定的发明活动中，此时的雇佣关系认定为雇员已表示将发明成果转让给雇主，因此专利的所有权归属于雇主所有。日本在其专利法中明确了职务发明的权利归属于用人单位，用人单位需要对发明人给予相应的利益。德国在职务发明创造的权利归属方面，制定了有关职务发明的专门法律，即《雇员发明法》，其规定了雇员向雇主的报告制度：职务发明创造人必须将发明成果向雇主通报，雇主必须在一定时间内作出是否要求有关权利的选择，如免费的一般实施权、有期限独占实施权、无期限的独占实施权或产权等；如果逾期未作选择，则职务发明创造就归属发明人个人。

而在职务发明的奖励与报酬方面，中国规定了被授予专利权的单位应当对职务发明创造的发明人或者设计人给予奖励，发明创造专利实施后，根据其推广应用的范围和取得的经济效益，对发明人或者设计人给予合理的报酬。美国规定了针对产生于单位、使得单位有可能获得巨大利益的发明专利，必须是单位与雇员双方达成额外报酬的协议，也可以通过利润、收益进行分成或股权激励等全面薪酬的手段来协调好双方的权益，保障雇员的报酬、奖励和薪资待遇等问题。日本针对职务发明的奖励制定了针对发明人奖酬的具体操作指针，在奖励时提出了"合理性判断规则"，使得各种行为有法可依。德国在《雇员发明法》中对奖励制度进行了规定，估算职务发明报酬时需要考虑职务发明创造的商业实用价值、雇员在企业中的职责和职位，以及企业对发明的贡献，并且赋予了雇员参与确定合理报酬的权利，也就是对报酬性质及数额的协商权、对报酬总额及各共同发明人所获份额的知情权、对雇主及时通知和支付报酬的请求权以及对报酬支付决定的异议权等。

四、中国职务发明专利奖励制度的改进方向

在职务发明活动中,信息问题与道德风险、职务发明的质量依然与对发明人的激励存在较强的相关性。除了在制度上加强对于发明人的各外部激励与内部激励以外,立法者不能忽视职务发明的权利配置对于相关主体行为的激励影响。职务发明的权利归属与利益分享制度都必须植根于与其相适应的社会政治、经济制度、文化环境的土壤之中方具有研究价值和实际操作实施的可行性。❶

关于立法上应选择何种职务发明的权利配置模式,通过对各国职务发明专利制度的分析,建议采用更加灵活的制度安排,以适应社会的不断发展。同时在确定职务发明的权利配置模式时,既要考虑权利的配置模式对于相关主体的行为激励,也要关注不同的权利配置模式对于职务发明权利交易所带来的潜在影响。

对于中国职务发明奖酬法律制度,可以从以下方面进行改进:首先,借鉴日本的做法,职务发明奖酬规范应当全面覆盖职务发明从技术秘密阶段到专利技术阶段的整个生命周期,针对整个周期制定详细的法律规章,保证在各个阶段职务发明人的权利都能够得到保护,从而实现职务发明整个周期的监视及权利保障;其次,鉴于对法律运用的有限性,可以适当延长职务发明人申请权利的期限,以弥补现行职务发明奖酬"约定优先"规范中忽视显失公平的制度缺口,明确对于认定为显失公平者,即视为在前无约定与无规章制度的情况,直接适用职务发明奖酬法定量化规范,从而在一定程度上提升公众发明的信心;再次,基于现行职务发明奖酬规范的相关法律法规众多,其所涉及的主要法律法规有《专利法》《专利法实施细则》《促进科技成果转化法》《合同法》《科学技术进步法》等,在实践中,运用多种法律在一定程度上浪费了行政资源,通过建立整合一致的职务发明奖酬法制体系,并且在发展中综合参考其他发达国家的相关法条规定,充分保证职务发明人所有的合法权益;最后,借鉴德国的做法,进一步完善专利法及相应的法律法规对于不履行义务的规定,制定关于职务发明的相关奖励义务不履行的惩罚措施,使得个人利益能够得到充分保障,保障相对弱势的个人利益,并且在一定程度上也节约了行政资源,使得判决能够有法可依,提升公众认知水平。

---

❶ 张冬梅. 我国职务发明奖酬法律制度的改革与优化分析 [J]. 科技与法律, 2017 (5): 9–15.

五、总　结

在我国，出于经济建设和创新发展的需要，从国家到地方，逐步重视职务发明人利益机制的建立。2012 年 11 月，国家知识产权局与教育部、科技部等 13 个部门联合出台了《关于进一步加强职务发明人合法权益保护 促进知识产权运用实施的若干意见》，着重强调要提高职务发明的报酬比例。在地方层面，武汉市发布的《关于加快全市高新技术产业发展的实施方案》明确提出，高校、科研院所转让的职务科技成果的净收入中，70%应用于奖励其完成人和转化人员。2013 年，上海市高级人民法院知识产权庭制定《职务发明创造发明人或设计人奖励、报酬纠纷审理指引》，供上海各法院在案件审理中参考。2014 年，湖北省出台《加强专利创造运用保护暂行办法实施细则》，其中重点之一就是明确规定对企事业单位职务发明人，在其发明专利授权后，由拥有专利权的单位给予奖励。2016 年，《国务院关于新形势下加快知识产权强国建设的若干意见》部署推进知识产权管理体制机制改革、实行严格的知识产权保护、促进知识产权创造运用、加强重点产业知识产权海外布局和风险防控、提升知识产权对外合作水平、加强政策保障六方面重点任务。2017 年，在国内发明专利授权中，职务发明为 30.4 万件，占 92.8%，职务发明创造正在成为专利申请的主力。2018 年以来，安徽、浙江、广东等省市对于职务发明也给出了详细的保护及奖励机制，结合各地方制度的支持，对于职务发明创造人的权益给予了充分完善的保护。这在一定程度上也反映出中国对于职务发明的关注度已经越来越高，随着对职务发明奖励制度的密切关注及不断完善，中国的专利事业也必将能够得到迅猛发展。

初探应对美国"337 调查"的制度性建议

张成龙　　郑少君

摘　要：本文在分析中国企业遭遇美国大量"337 调查"时存在诸多不利因素的基础上，从制度性层面探讨了应对美国"337 调查"的一些建议。面对"337 调查"的大棒，中国政府和行业协会要主动作为，首先，应通过建立政府主导的知识产权预警机制，加大对企业法律和政策方面的指导以及协调专业协会对涉诉企业进行应对指导，建立对企业的海外维权指导机制；其次，要积极建立知识产权应诉准备金制度和知识产权应诉保险制度，来分担企业的应诉成本和降低企业的应诉风险；最后，要积极推动中国版"337 调查"制度的设立，分析建立中国版"337 调查"制度的必要性和可行性。

关键词："337 调查"　维权指导机制　应诉准备金制度　应诉保险制度　中国版"337 调查"制度

中国自 2001 年加入世界贸易组织（WTO）以来，出口贸易蓬勃发展，贸易额快速上升。2001～2018 年，中国贸易规模持续扩大，进出口贸易总额由 5000 多亿美元扩大至 4.6 万多亿美元。2018 年货物贸易规模创历史新高，继续保持世界第一。2009 年起，中国由 2001 年的世界第六大出口国跃居世界第一大出口国。在经济规模上，中国也先后超越英国、法国、德国、日本等国，跃居世界第二位。中国贸易规模和经济规模的快速增长，意味着中国经济正以前所未有的速度和驱动力，在取得全球瞩目成果的同时，也与全球经济越来越深度地融合，深刻影响着全球经济。尤其在目前全球经济下滑、面临调整与复苏的阶段，以及中国也在面临结构性调整和转型的压力下，中国经济重塑世界政治与经济新秩序将成为必然。在这个过程中，中国企业不可避免地对国外企业的竞争压力不断加大，并对其市场格局形成日益明显的冲击，从而必然引起贸易摩擦的经常化，导致中国企业成为贸易保护主义的矛头，越来越多的国家或地区开始以反倾销、反补贴和知识产权救济等措施对中国出口产品设置贸易壁垒，限制中国产品进入当地市场，严重影响中国企业正常经营，损害"中国制造"形象，不利于我国对外贸易持续稳定发展。这其中以美国的"337调查"最具有代表性。

美国"337调查"，是指美国国际贸易委员会（USITC）根据美国《1930年关税法》第337条及相关修正案，针对进口贸易中的知识产权侵权行为以及其他不公平竞争行为进行调查，裁决是否侵权以及是否有必要采取救济措施的一项准司法程序。美国"337调查"的核心是保护美国的国内市场，由于USITC对案件的审结时间较短，救济措施严厉有效，美国"337调查"被国际贸易专家认为是阻止竞争对手产品进入美国市场最省钱、最省时的法律途径，已成为美国申请人和跨国公司打压竞争对手的一门利器。

中美经贸关系已经成为世界上规模最大的双边经济往来，随着中美之间经济贸易量的不断增加，中美贸易不平衡问题也日益加剧，中国企业被发起美国"337调查"的频次也快速增多。近10年，中国已经成为每年遭遇美国"337调查"最多的国家，每年约有1/3的案件都涉及中国的企业。例如，2017年涉及中国企业的"337调查"案件达到24件之多，约占全球该类案件受理量的37.5%，**❶** 其中中小型企业占了大多数。中国企业大面积遭遇美国"337调查"，直接影响中国企业的快速发展，同时也阻碍了中国整个行业的发展壮大和转型升级。可见，中国已成为美国"337调查"和制裁的最大目标国和受害国。随着中国企业"走出去"的步伐进一步加快以及中美贸易摩擦的不确定性，尤其2018年以来中美贸易摩擦情势复杂多变和呈愈演愈烈之势，今后中国企业尤其是中小型企业，将会是美国"337调查"的主要目标。

中国的中小型企业大多无自主知识产权，而且知识产权保护意识相对薄弱，在产品进入美国市场后不懂得如何进行知识产权保护。另外，很多企业对知识产权的相关法律法规不太熟悉，尤其是对美国复杂和专业的"337调查"程序、特点等方面认识不够全面、深入。而美国"337调查"的审理时间较短、认定不正当贸易的条件相对简单，其紧凑而复杂的调查程序、强硬的救济措施和高昂的应诉费用都给被诉企业尤其是中小型企业带来较大的压力。因此，在面对美国"337调查"时，很多中小型企业通常因为缺乏相关的法律知

❶ 郭雯，等. 美国337调查：中国企业应对之路（2010—2016）[M]. 北京：知识产权出版社，2018：27–35.

识和应诉能力，以及基于应诉成本高、美国市场份额小、应诉成本和收益不平衡等因素的考虑，而主动放弃应诉或者与对方达成和解。放弃应诉的一些中小型企业甚至因为美国"337调查"而不得不退出美国市场，从而面临更换生产线、企业转型或者破产的命运。更为甚者，多家中小型企业放弃应诉可能导致颁布普遍排除令，致使一个行业或者一类产品失去整个美国市场。另外，在被动应对美国"337调查"时所达成的和解代价也是巨大的，通常需要支付巨额的专利使用费和诉讼费用。

在中国对美贸易不断发展的过程中，中国出口企业对美国"337调查"下排除令的影响力已有了切身的体会，感受到了其强大的威力。中国对美国"337调查"及其排除令的认识和应对策略不应仅从一次又一次的惨痛教训中取得，也不能仅局限于从企业角度研究对策，中国政府和行业协会应主动作为，通过组织的力量全面深入研究美国"337调查"的适用规则，在制度性层面建立维权指导机制，加强资金支持，做好制度设计来加强对中国企业尤其是中小型企业的指导、帮扶和保障，为更多的中国企业"走出去"保驾护航。中国政府和行业协会还应主动地把握当前国际经济环境的变化趋势，在融入WTO多边贸易体制和区域经济一体化中加强学习借鉴，加快中国制度的调整与创新，加强法律制度的建设与完善，进一步优化社会主义市场经济体制，结合中国国情和中国特色帮助中国企业，研究在中国法律中增加类似美国"337调查"制度的中国版"337调查"制度的必要性和可行性，构筑和完善适合中国的知识产权边境保护措施，维护国家利益和经济安全，保护中国企业的利益不受损害，充分保护中国知识产权所有者的合法利益。

因此，针对我国企业普遍存在知识产权相对薄弱、应对美国"337调查"经验不足的问题，基于政府和行业协会的视角，从制度性层面加强建设，提高我国企业应对美国"337调查"的能力是非常有必要的。下面将初步探讨我国政府和行业协会对我国企业尤其是中小型企业应对美国"337调查"的一些建议。

一、推动建立对企业的海外维权指导机制

（一）建立政府主导的知识产权预警机制

防患于未然是对企业影响最小、成本也相对较低的应对策略，这可以通过知识产权预警实现。知识产权预警是通过收集专利等知识产权状况，并通过专利分析、风险评估等手段，分析被提起美国"337调查"的可能性以及可能造成的障碍或者损失，通过提前预警的方式，使企业能够充分准备应对措施，以防被提起美国"337调查"后因时间紧迫而措手不及。

知识产权预警能提醒企业及时发现在国内外所受到的侵权风险并果断地采取措施予以制止，将维权成本降至最低。通过对国外企业的知识产权布局的动态监控，预警国外企业知识产权布局的战略意图，对其可能使用诉讼手段或提起美国"337 调查"的可能性进行预测。建立知识产权预警机制能够提前预警哪些行业或者企业可能发生知识产权诉讼，提醒企业提前采取预防措施，进行规避设计或对知识产权的有效性进行挑战，从而在申请人提起美国"337 调查"前就扫清障碍，减少被提起调查的风险。

目前很多国家都建立了知识产权预警机制，一是以欧美为代表的商业模式，二是以日韩为代表的政府主导模式。❶ 欧美为代表的商业模式主张进行知识产权预警的主体是企业，因为它们是参与市场竞争的主体，能够直接接触与企业的主体产品和技术相关领域的信息及国内外市场信息，以企业为主、政府和行业协会为辅建立知识产权预警机制将会更有针对性。日韩为代表的政府主导模式则有利于从整体层面和宏观上把握预警信息，而且政府更容易获得足够的信息和人力资源。另外，我国的企业大多是中小型企业，由于企业的资金有限，而建立知识产权预警机制需要投入大量的成本，且短期内看不到收益，因此追逐短期利润的企业对知识产权预警动力不足；而且我国的中小型企业知识产权意识仍然较为薄弱，很难期望其能够主动进行知识产权预警。因此，由知识产权行政部门主导建立知识产权预警机制是我国的最佳选择。这就需要由政府或行业协会主动介入，主持进行。由政府对可能被提起美国"337 调查"的重点行业发起知识产权预警，然后将预警的结果向所有相关的中小型企业进行分享，帮助这些企业尽早应对可能发生的调查风险。国家知识产权局副局长甘绍宁在出席中国发展高层论坛 2019 年会时接受《每日经济新闻》记者采访时表示："将提供更多的企业海外知识产权信息，正在研究探索建立知识产权海外维权平台。"可见，中国政府已开始重视并研究建立政府主导的知识产权预警机制。

具体执行时，可以每年对专利文献进行深加工，通过专业机构绘制关键技术领域的"专利地图"，并将其发布给相关企业。这一方面，能够指导这些企业使用失效专利或通过绕开专利技术的手段来规避风险；另一方面，如果无法绕开或宣告专利无效，该专利分析报告可以指导通过在美国直接或间接收购专利的方式消除潜在风险。

（二）加大对企业法律和政策方面的指导

在对外贸易集中地区对中小型企业开展相关法律和政策的培训，必要时在

---

❶ 崔胜男，田玲. 我国专利预警理论研究概述 [J]. 科技情报开发与经济，2013（14）：148 - 151.

政府和行业协会内部设立专门的海外维权指导性机构，跟踪企业在国际贸易中的知识产权困境，同时提供必要的指导。

2008年7月10日深圳市知识产权局发布并实施的《企业知识产权海外维权指引》起到了很好的示范作用。其是全国首部帮助企业应对海外知识产权纠纷的政府指导性文件，得到了国家知识产权局的认可和推广。❶ 该文件为开拓海外市场的中国企业在国外如何应对知识产权诉讼，包括如何选任中介、组建应诉团队、收集证据等提供了明确的建议。

（三）协调协会对涉诉企业进行应诉指导

在面对美国"337调查"时，中小型企业面临的一个非常棘手的问题就是专业人才储备不足，甚至很多中小型企业都不具有专门的知识产权部门，于是面临时间密集、工作量繁重的美国"337调查"时往往无人可用，一时也难以聘请到最合适的应对人才，导致在纠纷中陷入被动。

此时政府和行业协会的优势就凸显出来，可以在其中充分发挥协调、组织的作用，积极搭建政府、企业、律师等各方面的联合机制，争取调动全行业的力量支持被诉企业联合应诉，有效降低企业的应诉成本。另外，政府和行业协会还可以发挥其组织协调的优势，整合社会资源为企业提供信息服务，为企业提供信息支持、在线咨询等服务，提高企业胜诉的可能性。

二、推动建立知识产权应诉准备金制度

美国"337调查"花费较高，很多实力雄厚的国外申请人借此将国内的被申请人拖入诉讼，由于无论输赢都需要付出巨额诉讼费用，很多被申请人都放弃了应诉，也因此而放弃了海外市场。

在政府和行业协会协调下，部分被诉的中国企业也会组成应诉联盟，根据市场份额共担费用。但这种方式仅在国外申请人同时对很多家国内的企业提起美国"337调查"时适用，如果被申请人较少时，其诉讼成本仍然可能高至企业难于承担，这就需要建立知识产权应诉准备金制度。通过多方渠道筹集应诉准备金，一方面，可以解决企业资金困难的难题，增加企业面对资金雄厚的跨国公司时的自信心；另一方面，也可以解决应诉联盟资金分配不均的问题，能将更多的精力放在应诉上，而不是浪费在协调应诉费用的承担上。

1. 资金来源

对于援助资金来源，需要积极地拓宽资金筹集渠道，从各方面寻求援助资

---

❶ 关于转发深圳市《关于印发〈企业知识产权海外维权指引〉的通知》的通知［EB/OL］.［2019－03－10］. http：//www.sipo.gov.cn/gztz/1099560.htm.

金。建议主要由政府财政拨款、企业缴纳和社会资助构成。对于企业而言，可以通过指定专门机构或海关根据企业的出口比例等收取一定的应诉风险基金的方式，聚集所有出口企业的资金，再用于企业的对外知识产权贸易纠纷，实际上是由企业共同分担维权的资金。对于政府而言，需要利用一定的财政基金，借助杠杆作用提高企业缴纳应诉风险基金的积极性。

2. 审批和终止

为了保障资金的有效运用，需建立严格的资金审批程序，并明确终止程序。资金审批过程中可以通过咨询知识产权海外维权经验丰富的法律专家，以确认是否符合援助条件，援助的基金仅能用于支付诉讼的费用。若受援的企业在知识产权海外维权援助中胜诉，根据受援企业的情况，受援的企业应在一定期限内退还一定比例的援助费用，以提高资金的复用率和扩大保障范围。审批部门还要监督企业的费用使用情况及案件进展情况。若受援的企业在获得费用资助后的情况发生改变，失去援助的必要，或者企业未在约定的时间起诉或者申请其他救济措施，则应要求受援的企业将得到的援助费用退还，以避免企业滥用援助资金而造成公共资源的浪费。

3. 准备金的管理和执行机构

准备金应由国家知识产权局会同商务部作为设立机构，与财政部共同建立全国性的、基础性的专项资金账户，并编制预算计划及实施方案。同时，由国家知识产权局以及商务部海外维权中心共同组成援助基金管理机构，负责受理和审查准备金的申请，指导、管理和监督援助项目。另外，应当鼓励支持各省级知识产权局根据其实际情况配套相应的省级援助准备金。

准备金的执行可以借鉴韩国的做法，委托政府专门机构的下属单位如行业协会来执行。韩国的诉讼补贴项目由其非营利性组织大韩贸易投资振兴公社具体负责资金的申请与分配。❶ 而国内的北京市预警与应急救助资金委托其下属的北京知识产权保护协会负责申报和管理工作。❷

三、推动建立知识产权应诉保险制度

为了应对日益增多的知识产权诉讼，美国、英国、德国等发达国家早已经具有完善的知识产权保险制度。目前国际上相关的知识产权的保险对知识产权权利人和知识产权相对人都可以投保，其主要针对以下两类诉讼中发生的费

❶ 刘钻扩. 韩国知识产权海外维权措施及其启示 [J]. 经贸法规，2008（4）：49－53.

❷ 北京市企业海外知识产权预警和应急救助专项资金管理办法（暂行）[EB/OL].［2019－03－10］. http：//www.bippa.org.cn/html/alarm－regulation.html.

用：一是为维护自己的知识产权而起诉他方发生的诉讼费用，二是被他方起诉后应诉发生的诉讼费用。

我国现阶段知识产权保险试点工作所采纳的险种主要是专利保险，包括专利侵权保险、专利执行保险、专利申请保险等，保险制度面向的群体主要为我国资金力量薄弱的高新技术和中小型企业。我国企业知识产权和保险意识与发达国家相比尚有一定差距，不能简单地引入发达国家的知识产权保险制度，应结合我国市场和产业发展等实际情况逐步构建知识产权保险制度。为了推动知识产权保险制度，可以借鉴韩国的做法，由政府承担一部分保费，鼓励企业积极投保，等企业意识到保险的重要性后政府的补贴再逐渐退出。

我国"走出去"战略实施过程中海外面临的知识产权纠纷不断增多，且纠纷涉及标的和影响力越来越大，我国企业尤其是中小型企业在海外知识产权纠纷中单靠自身力量无法承担过大的负担，而我国规模以上企业在海外市场上逐渐能与国际跨国公司抗衡，这些企业在海外面临的知识产权风险也日益加大。

具体考虑到我国海外知识产权纠纷风险的情形，借鉴发达国家比较成熟的知识产权保险理论和实践经验，当务之急是设立海外知识产权诉讼费用保险和知识产权执行保险制度，以降低我国企业的诉讼费用压力和企业知识产权保护所面临的风险。[1]

四、推动建立中国版"337调查"制度

（一）建立中国版"337调查"制度的必要性

美国337条款最早源于美国《1930年关税法》，其建立的初衷是为了尽快恢复美国经济，保护美国国内产业，以应对世界经济大危机的冲击。[2] 可见，一项制度或措施的建立，都有其国内外的时代背景。在当前的世界经济与贸易环境下，中国面临种种挑战和发展制衡，适时结合世情和国情，加强学习和借鉴，认清发展的必然性趋势是非常重要的。国内较早从事"337调查"研究和实务工作的冉瑞雪律师早在2005年就倡议建立中国版"337调查"，[3] 2013年在中国律师服务开放型经济发展论坛上继续倡议中国应构建中国版"337调查"制度，并从五个方面说明中国版"337调查"制度的必要性。[4] 在当前国

---

[1] 潘灿君. 企业海外知识产权纠纷调查及援助机制以浙江省为例 [J]. 电子知识产权, 2012 (10)：50 - 55.

[2] 乔羽. 试论美国337条款 [D]. 北京：中国青年政治学院, 2010：3 - 6, 31, 33.

[3] 肖黎明. 中国版337调查何时出炉 [N]. 法制日报, 2005 - 05 - 24 (11).

[4] 王硕. 法律人士称应建中国版337调查制度 培养应诉团队 [EB/OL]. (2013 - 01 - 14). 中国新闻网.

际贸易摩擦越来越频繁、中国改革开放力度越来越大的情况下，无论是对外贸易博弈还是对内创新发展，建立中国版"337 调查"制度更具有现实的必要性。

1. 对外贸易博弈策略需要

中国在美国"337 调查"中处于被动地位，有必要在国内构建中国版"337 调查"制度的反制措施和手段。目前，中国的知识产权保护体系基本处于防御状态，未来要转向攻防兼备，在未来国与国之间的贸易博弈、商业利益和企业市场份额的争夺中，中国企业的利益才能不受损害，国家利益才能获得有效维护。在国内建立中国版"337 调查"制度能够帮助中国企业将侵犯其知识产权的进口商品挡在国门之外，中国企业在应对美国"337 调查"时也可以策略性地发动中国版"337 调查"作为和解谈判的筹码，尤其是针对那些没有充分理由就恶意挑起事端、意图利用发起美国"337 调查"形式及其高额诉讼费以及对中国不利的应诉环境来吓退中国出口企业的国外企业具有很好的反制作用。

2. 国内创新发展需要

中国科技和经济实力显著提升，改革不断深入，市场不断开放，有必要构建类似美国"337 调查"制度的中国版"337 调查"制度来保护自身的权益。根据李克强总理在第十三届全国人民代表大会第一次会议上所作的政府工作报告，五年来全社会研发投入年均增长 11%，规模跃居世界第二位。以企业为主体加强技术创新体系建设，涌现一批具有国际竞争力的创新型企业和新型研发机构。国内有效发明专利拥有量增加两倍，技术交易额翻了一番。中国科技创新由跟跑为主转向更多领域并跑、领跑，成为全球瞩目的创新创业热土，❶ 可见，已有必要在国内构建中国版"337 调查"制度，有效保护中国在并跑、领跑领域的自主知识产权创新成果，确保中国自身权益。另外，中国迅速崛起的市场吸引力和中国整体收入水平的提升，以及许多将制造工厂搬迁至东南亚地区的企业产品回流国内，都将导致国外企业产品的进口贸易剧增，在进口商品进入到中国市场时，不可避免地会出现侵犯中国知识产权的情况，这就需要中国版"337 调查"制度来保护自身的权益。

另外，探索适合中国的中国版"337 调查"制度，保障中国的知识产权不被侵犯，就要求中国的企业自身拥有大量的知识产权，如专利、商标、商品包装、商业秘密等，这在一定程度上会促使中国各方面更加重视知识产权及其相

---

❶ 李克强. 政府工作报告：2018 年 3 月 5 日在第十三届全国人民代表大会第一次会议上［R/OL］.（2018 - 03 - 22）. http：//www. gov. cn/premier/2018 - 03/22/content - 5276608. htm.

关内容，❶ 即通过制度的建立，促进中国知识产权保护的自我革新和进步。

可见，随着中国科技和经济实力的显著提升，在大力加快创新型国家建设过程中，倡导创新文化，强化知识产权创造、保护、运用，在中国法律体系中增加中国版"337调查"制度是非常有必要性的。

（二）建立中国版"337调查"制度的可行性

美国的"337条款"是知识产权边境保护制度中最为典型的一个例子，如同其他很多法律制度一样，知识产权边境保护制度也是一把双刃剑。一方面，它可以给知识产权权利人提供更全面的保护，有效阻止外贸活动中的知识产权侵权行为；另一方面，这种制度的不合理使用，也成了一些国家推行贸易保护主义、设置贸易壁垒的工具和手段。下面主要从目前的国际贸易秩序和形势，中国知识产权创造、保护、运用的国情，中国相关的法律基础和法律人才储备，是否有利于国内创新发展，是否有利于保护中国企业和创新主体的合法权益，是否有可借鉴的先行经验等角度，探讨建立中国版"337调查"制度的可行性。

1. 是否适应国际规则

美国的"337条款"引发了国际社会的许多争议，多次被贸易伙伴提出异议和控告，认为"337条款"不符合GATT 1994和TRIPS的相关规定。❷ 由于知识产权保护实际情况的复杂性，"337条款"是否符合GATT/WTO仍需要深入研究和具体分析，全部否定或肯定其与GATT/WTO的一致性仍有难度。美国的贸易伙伴欧盟对"337条款"的合法性提出的磋商也无下文。可以说，"337条款"在GATT/WTO法律制度内仍有存在空间。❸ 因此，中国在借鉴吸收美国"337条款"及其实施细则的基础上，在符合GATT/WTO法律制度的框架内，明确国家利益至上和WTO框架下保护适度的基本原则，构建类似美国"337调查"制度的中国版"337调查"制度是可行的。

2. 是否具有国内法律基础

美国"337调查"属于知识产权边境保护制度的范畴，而中国早在1994年就颁布《中华人民共和国对外贸易法》（以下简称《对外贸易法》），并在2004年对其进行了修订，修订后的《对外贸易法》引入了与知识产权有关的进口产品侵权的贸易救济措施。该法第2条规定："本法适用于对外贸易以及与对外

❶ 成夏愉. "337调查"：中美贸易的新壁垒及我国应对策略 [D]. 天津：天津商业大学，2016：26.

❷ 鲁新刚. 美国关税法第337条款研究及其对中国的意义 [D]. 上海：华东政法学院，2006：34-40.

❸ 乔羽. 试论美国337条款 [D]. 北京：中国青年政治学院，2010：3-6，31，33.

贸易有关的知识产权保护。"该法第 29 条规定："国家依照有关知识产权的法律、行政法规，保护与对外贸易有关的知识产权。进口货物侵犯知识产权，并危害对外贸易秩序的，国务院对外贸易主管部门可以采取在一定的期限内禁止侵权人生产、销售的有关货物进口等措施。"根据该条款的规定，除了海关可以根据相关法律对外贸领域涉及的知识产权问题进行管理外，国家对外贸易主管部门，即中国的商务部也有权对相关事务采取相应措施。该条款侧重对进口货物侵权情形的处理，其维护本国知识产权权利人权益和本国贸易利益的特点更明显，这与"337 条款"的内容和宗旨比较接近。另外，《对外贸易法》第 40 条规定："国家根据对外贸易调查结果，可以采取适当的对外贸易救济措施。"可见，中国《对外贸易法》中的第 29 条和第 40 条已经将知识产权、贸易秩序和贸易救济联系起来，并授权相关机构行使贸易救济措施。❶ 因此，新修订的《对外贸易法》可以作为中国版"337 调查"制度的法律依据。

3. 是否具备相关的法律人才

应对美国"337 调查"，需要一批精通经济、法律、英语的人才，需要懂管理、懂技术、懂贸易的队伍，制度的建立完善和有效实施更是离不开对专业人才队伍的培养和需求。尽管有关这方面的人才在国内还十分稀缺，但可以看到，随着国内企业不断发展壮大，持续走出国门，中国的科技与经济实力显著增强，相关的人才队伍正在迅速成长。另外，中国各高校的法学院、相关法律专家也开展了与"337 调查"相关的学术交流和研究，为中国不断储备相关的法律人才。但如今中国在这方面的人才还是远远不够的。因此，中国政府应通过相关的制度和机制加强人才战略的推动工作，不仅为中国企业"走出去"保驾护航、出谋划策，更为中国企业在国内发展壮大提供指导帮助，完善知识产权保护。

4. 是否有利于国内创新发展

构建中国版"337 调查"制度的目的就是维护国家利益和经济安全，保护中国企业的合法利益不受损害，充分保护中国知识产权人的合法利益。因此，构建中国版"337 调查"制度需要考虑该制度是否有利于国内创新发展，是否有利于加快创新型国家建设，而不能搬起石头砸自己的脚，沦为国外企业打压中国企业的工具。

建立完善知识产权制度时，每个发展中国家都应该基于自己的国情。正如

---

❶ 乔羽. 试论美国 337 条款 [D]. 北京：中国青年政治学院，2010：3 - 6，31，33.

程卓. 知识产权边境保护措施研究：以美国 337 条款之排除令为主线 [D]. 北京：北京邮电大学，2009：45 - 46.

李克强总理在政府工作报告中指出的那样，中国科技创新由跟跑为主转向更多领域并跑、领跑，成为全球瞩目的创新创业热土；❶经过多年的发展，中国的知识产权创造、运用、保护已逐渐具备一定的能力，在一些创新创业活跃的技术领域需要严格的知识产权保护才能促进中国相关行业的健康发展和快速进步。另外，中国还需要根据自己国情，从有利于国家利益的角度扩大知识产权保护对象，例如中国应注重对中国传统文化的知识产权保护❷、遗传资源保护❸等。

目前，中国已在北京、上海、广州等多地建立了专门的知识产权法院，强化知识产权保护，实行侵权惩罚性赔偿制度等，使得知识产权严格保护具备统一的评判标准和专业化的服务，这也有利于中国版"337调查"制度的构建。

可见，构建中国版"337调查"制度将更有利于保护国内创新创业活跃技术领域的企业的合法利益，更有利于保护中国具有优势地位的相关知识产权，从而充分保护中国知识产权人的合法利益，维护国家利益长远发展。对于一些发展相对滞后或者落后的技术领域和行业，中国版"337调查"制度的构建，将能更有效促进行业的革新和进步，该淘汰的就淘汰，让市场起到很好的资源和技术的调配和供给作用。总之，立足国家利益长远发展，着手研究和构建类似美国"337调查"制度的中国版"337调查"制度是有利于国内创新发展的。

5. 是否有可借鉴之经验

日本应对美国"337调查"的历程及其经验值得我们深入研究和借鉴。日本由"337调查"的被申请人到申请人、从受害者到受益者历时40年，其间经历了被动抵抗、积极应对、主动出击三个阶段。其中在疲于应付美国"337调查"时，日本"以其人之道还治其人之身"，由政府出面设立了类似USITC的对应机构，建立了"日本式的337调查"机制，为日本本土企业撑开了保护大伞。❹

具体而言，日本应对"337调查"的主要举措体现在国家和企业两个层面。在国家层面，实施国家知识产权战略，扶持中小型企业的知识产权建设；重视知识产权法律条例与国际接轨，探索实施"日本式的337调查"，2003年日本海关修改并实施了《关税定率法》，规定遭受知识产权侵害的日本企业有权向日本海关提出禁止进口侵权商品的申请。日本海关依据受害企业的申请办

---

❶ 李克强. 政府工作报告：2018年3月5日在第十三届全国人民代表大会第一次会议上 [R/OL]. (2018 – 03 – 22). http：//www. gov. cn/premier/2018 – 03/22/content – 5276608. htm.

❷ 郭人菡，郑智武，张洁. 美国对华337调查案件分析及应对策略：兼论中国式337制度的建构 [J]. 湖南农机，2007 (7)：117 – 120.

❸ 刘新民. 试论中国式337调查制度的构建 [J]. 行政与法，2016：104 – 110.

❹ 彭红斌，石丽静. 日本应对"337调查"的经验及启示 [J]. 理论探索，2013 (2)：109 – 111.

理相关手续并启动调查程序。在作出调查结论前的 70 天内，日本海关可对侵权商品采取停止进口措施。该措施类似于美国的"337 调查"，有力地支持了日本企业利用国内法阻止海外侵权商品流入日本市场，❶ 对外国企业起到一种强有力的威慑作用。在企业层面，申请外围专利，建立专利组合，在美国构建知识产权保护网，推广制作知识产权研究笔记本。❷ 这些经验启示值得中国借鉴，中国可据此深入研究美国"337 调查"的立法基础，根据国际规则并结合国情，尽快建立中国版"337 调查"制度，完善中国的知识产权法律体系以及知识产权边境保护制度。中国版"337 调查"制度的建立，不仅可以维护中国企业的正当利益，还可威慑其他竞争对手，使其对中国发起"337 调查"时趋于谨慎、合理，有效降低恶意诉讼的发生概率。

五、小结与展望

明者因时而变，智者随事而制。面对美国的"337 调查"大棒，首先，中国企业要因时而变，以积极的态度加以应对，充分发挥企业自身、行业组织的作用，扭转被动不利的局面，力争实现一个公平合理的国际商业环境。中国政府和行业协会更是要主动作为，加强从制度性层面建立对企业的海外维权指导机制，例如建立政府主导的知识产权预警机制、加大对企业法律和政策方面的指导、协调专业协会对涉诉企业的应对指导等，通过多方筹措资金建立知识产权应诉准备金制度和通过借鉴外来经验建立知识产权应诉保险制度，来分担企业的应诉成本和降低企业的应诉风险。其次，政府和行业协会要随事而制，应积极推动中国版"337 调查"制度的设立。这不仅是中国对外贸易博弈策略的需要，也是中国创新发展的需要。制度建设是社会经济发展到一定阶段的必然要求，也是经济更加健康发展和前进的制度保障。

大道至简，知易行难。尽管《对外贸易法》可以作为构建中国版"337 调查"制度的法律基础，但其也存在诸多需要深入解决的法律问题。例如相关规定不明确、缺乏可操作性、主管机构权责不明等。这些都需要进一步结合中国国情进行细化研究。而且中国目前对于美国"337 条款"的研究也并非十分全面深入，还需要在充分研究美国"337 条款"及其实施细则等规定的基础上取其精华，与中国具体的法律制度以及国情相结合，在《对外贸易法》相关规定的基础上制定有利于中国利益的实施细则和配套措施，以加强保护中国知识产权和贸易利益。

---

❶ 战玉祝. 我国企业国外知识产权纠纷成因及应对战略研究 [D]. 济南：山东大学，2010：25.

❷ 彭红斌，石丽静. 日本应对"337 调查"的经验及启示 [J]. 理论探索，2013 (2)：109 – 111.

专利审查中的法律不确定性及其矫正
——兼论审查员的同质化建设

陈正军

摘　要：本文从法律确定性的角度，分析了其与专利审查工作的关系，详细阐述了法律的确定性在专利审查工作中的实践意义，并结合具体案例，分析了目前导致专利审查中不确定性产生的主要原因，提出了专利审查中不确定性的矫正方式，同时提出审查员同质化的概念并就其如何开展给出了一些具体建议。

关键词：法律确定性　专利审查　同质化

一、前　言

　　法律的确定性是法治的前提之一，法律的确定性对社会秩序的建立、对国家权力的制约以及对法律权威的树立都有极为重要的意义。西方法学的研究一直十分关注法律的确定性问题。法律确定性意义的凸显以及它在法学研究中中心地位的确立，与18～19世纪的法律形式主义兴起密切相关。形式主义基于法律文本的确定性、事实认定的确定性以及形式法律推理的严密性，主张案件在法律中有唯一的答案，法官只是法律的传声筒，没有任何自由裁量的权力。随着社会经济的发展，严格的形式主义受到来自社会学法学、现实主义法学以及批判法学的批判。现实主义法学者认为法律规则只不过是法律官员们的特定行为，即便同一法律规则也会产生不同的审判结果，这是因为法官基于不同的个性、教育背景、人生经历、宗教观念、价值选择会对不同的规范作出不同的理解。但在司法实践中，事实认定、法律规则、法律适用、法律推理的不确定性，导致司法判决的确定性是相对的，但司法裁判的确定性仍然是司法公正的

基本价值和目标，是司法公正的重要体现。❶

确定性是法治的前提与基础，"同案同判"对于司法而言，是一条生命线，是司法公正的重要标志和体现。"同案不同判"的大量存在不仅损害了司法公正、法治统一，而且极大地损害了司法权威，降低了公众对司法判决的信任。

专利法制定的目的在于保护专利权人的合法权益，推动发明创造的应用，促进科学技术进步和经济社会发展，专利审查工作是依据专利法及其法律规范进行的行政审批工作，执行标准没有太多的随意性。国家知识产权局印发的《专利审查工作"十二五"规划（2011—2015年）》中明确提出要"提高审查员对专利审查标准理解的准确性和标准执行的一致性"。2015年12月发布的《国务院关于新形势下加快知识产权强国建设的若干意见》中明确指出要实行严格的知识产权保护，促进知识产权创造运用，其中要求优化专利审查流程和方式。习近平总书记在2018亚洲博鳌论坛上也提出"提高知识产权审查质量和审查效率"的重要指示。而专利授权阶段的质量是后续严格保护的基石，在当前"一局七中心"审查格局以及机构调整形势下，如何促进各级以及同级审查主体之间审查的一致性，避免不确定、不统一、不规范的审查在审批工作中出现，避免非正常及低质申请的不当授权，确保高质量申请的授权保护范围清晰稳定，给社会公众、创新主体一个明确积极的审查预期，向社会传导正向的审查理念，为创新型社会的发展提供支撑，成为目前专利审查工作面临的一个重大课题。

专利审批是获得专利权的唯一合法途径，它是作为国务院专利行政部门的国家知识产权局委托专利局所作的行政行为，包括依据专利法规对专利申请进行受理、审查，并在符合法律规定的情况下授予专利权。专利审查员虽不同于专业的"法律人"，但也需要依据专利法及相关法律法规从事专利审查工作，对专利申请案件作出正确和准确的审查结论，在此过程中也需要运用法律思维分析判断和解决问题，遵循"获取案件事实—择取法律规范—解释法律规范—对法律规范和案件事实的价值和逻辑关系进行内心确认"形成判决的思维推理过程。专利法及相关法律法规作为法律体系的一部分，其不可避免地也会存在一般法律所存在的不确定性问题，因此，遵循具体法的基本属性应服从一般法的法律思维方式，从一般法律的宏观视角寻求问题的原因和前进的道路，通过借鉴一般法律中的不确定性及其矫正方法，逐渐明确专利相关法律的相对确定性，缩小不确定性因素对专利审查结果的影响程度，是解决上述课题的一个可

---

❶ 姚曙明. 司法判决的不确定性及其矫正 [J]. 湖南工业大学学报（社会科学版），2010（2）：85 – 88.

参考的方向。❶

二、专利审查中法律不确定性的原因分析

由上可知,专利审查与司法判决存在法律思维应用上的共通性,因而从司法判决的确定性影响因素出发,可以从中探究专利审查过程中不确定性因素的产生。

(一) 法律规则的不确定性

虽然从总体上说法律规范应当是明确、具体和逻辑严密的,但为了使法律具有一定的包容性,法律规则中不得不使用一些弹性的、模糊的规定。因此,在适用于具体案件时,对其内涵与外延的理解往往存在见仁见智的不确定性。

法律规则的模糊化主要是由立法语言的不确定性与法律竞合规则的使用引起的。法律以语言作为载体,但是,语言不是精确的表意工具,文字的内涵和外延在许多时候都是模糊的、不确定的,尤其是作为法律语言的载体——汉语,其更是博大精深,含义广泛且丰富。新分析主义代表人物哈特认为日常语言具有"核心地带"与"边缘地带"的双重特征,在核心区域语言的外延总是具有明确的含义,在这个区域内人们不会发生歧义;而语言的边缘地带通常会引起人们的争议。规则是通过一般化语言来表达的,所以必然带有语言的这种双重特性。规则在一般情况下可以明确地指明其所适用的事例,但在边缘地带存在不确定性。例如,在我们说"禁止车辆进入公园"时,车辆包括汽车、公交车、摩托车这是清楚的,因此规则在这里的适用是确定的,但是这里的车辆是否包括儿童玩具车、轮式溜冰鞋、脚踏车,则是模糊的;又如知假买假的"王海"们是《消费者权益保护法》第 49 条中的"消费者"吗?"医疗"是否属于《消费者权益保护法》第 2 条中有关"服务"的范围?使用"仿真手枪"抢劫构成《刑法》第 263 条规定的持枪抢劫吗? 规则的这种不确定性是无法消除的,这是语言的模糊性所带来的必然结果。即使使用解释规则也只能减少这些不确定性,却无法完全加以消除。❷

此外,法律永远不可能对一切社会现象作出详尽无遗的规定,立法者认识能力的局限性决定了对所立法律的考虑不可能绝对的周详;而且社会现实无时无刻不处在变化之中,新问题不断涌现,法律漏洞必然存在。对于专利审查工作来说,其依据的法律规则为《专利法》《专利法实施细则》和专利审查指

---

❶ 邓学欣,陈正军. 从法律的确定性谈审查标准执行一致工作的必要性 [J]. 中国发明与专利, 2013 (5):98–101.

❷ 哈特. 法律的概念 [M]. 北京:法律出版社,2006:122.

南，这些法律规则文本本身语言的明确性和形式逻辑的清晰性已经过无数次锤炼和修改，但不可否认的是，其必然也会带有语言的"核心地带"与"边缘地带"双重特性，在"边缘地带"会存在不确定性的地方。例如，《专利审查指南 2010》中规定：在一般情况下，权利要求中不得使用"约""接近""等""或类似物"等类似的用语，❶ 因为这类用语通常会使权利要求的保护范围不清楚。这里不得使用的用语包括"约""接近""等""或类似物"是确定的，但这里的"类似的用语"是否包括上下、左右、基本上，则是模糊的；这里的"一般情况"指的是什么情况，其也是不确定的，由此必然带来规则在特定情形下适用的不确定性。

专利法律法规也会存在漏洞。比如，某些领域的科技发展速度非常快，可能在短时间内会突然有一个较大的进步，反映在专利上就是某个技术领域在短时间内突然出现了一大批专利申请，而专利法律法规在制定的时候却有可能对这一类型的专利申请考虑甚少，例如之前大量涌现的基因专利申请以及商业方法申请等。再如，现行专利法律规范中没有诚实信用原则相关的法条，对于不同申请人不同发明人申请文本内容和发明构思基本相同但权利要求保护范围不同的大量申请，在明知申请行为有违诚实信用原则，不以保护为目的，扰乱正常审查秩序，浪费行政资源的情况下，审查实践中缺乏合理有效的法律法规进行适用和拦截。由于该法律漏洞的存在，审查员在适用专利法规进行审查时也存在相应的不确定。

（二）法律适用的不确定性

由于法律规则是对人类行为一般特征的概括，具有一定的抽象性，案件的事实特征与法律规则是不可能完全吻合的，因此在将法律规范应用于具体案件中时，就有一个主观能动适用法律规则的过程。法官审理案件是一个理解性地阅读法律和案件事实的过程，这始终是一种创造性的诠释。这一创造性运用的过程会因不同法官对法律的理解不同而不同，也就不存在确定性的唯一的正确法律适用答案。

同理，审查员在进行专利审查时也是一个理解性地阅读法律和案件事实的过程，也需要将专利法律规范应用于具体案件中，这一过程也会因不同审查员对专利法的理解不同而不同，也就不存在确定性的唯一的审查结果。例如以下案例，同一申请人的发明申请在前，实用新型专利申请日在后，但已公告授权，两者的权利要求相同，且该发明已符合授权的其他条件，涉及《专利法》第 9 条的重复授权问题。由于不同的审查员对于重复授权条款存在不同的解

---

❶ 国家知识产权局．专利审查指南 2010［M］．北京：知识产权出版社，2010：147.

读，因此对于上述案情，也存在两种不同观点：其一，根据《专利法》第 9 条第 2 款的规定，即根据先申请制原则，在先申请人有权获得专利权；其二，先申请制原则并不适用就同样的发明创造分别申请专利的是同一申请人的情况。根据《专利法》第 9 条第 1 款"同样的发明创造只能授予一项专利权"的规定，对于同一申请人就同一发明创造提出的专利申请，已授予实用新型专利权的，不能够再授予其发明专利权。上述两种观点均是对同一法条解读得到的，但结论却截然相反。

又如，某申请为分案申请，其母案还有 4 个系列申请，申请人通过上述母案申请提出了 22 个分案申请，而且均仅进行细微的改动或组合，属于明显的恶意分案情形，该案件涉及分案申请相关问题。对于《专利法实施细则》第 42 条第 1 款规定："一件专利申请包括两项以上发明、实用新型或者外观设计的，申请人可以在本细则第五十四条第一款规定的期限届满前，向国务院专利行政部门提出分案申请；但是，专利申请已经驳回、撤回或者视为撤回的，不能提出分案申请。"以及《专利审查指南 2010》第一部分第一章第 5.1 节有关分案申请的规定："一件专利申请包括两项以上发明的，申请人可以主动提出或者依据审查员的意见提出分案申请。"同样也存在两种解读。一种认为《专利法实施细则》第 42 条规定的不允许分案的情形不包括具有单一性提出的分案请求，《专利法实施细则》第 53 条规定的实审驳回理由中，也未包括该情形，因此一旦分案申请立案，则实审员只能继续对分案申请进行审查。另一种观点认为，《专利法实施细则》第 42 条第 1 款首先规定了分案的前提，即"一件专利申请包括两项以上发明、实用新型或者外观设计的"，这一前提实际是对《专利法》第 31 条中"两项以上的发明或者实用新型"和"两项以上外观设计"的延续规定。对于不符合单一性要求的"两项以上发明、实用新型或者外观设计"才适用《专利法实施细则》第 42 条；如果原申请符合单一性要求，则不应当根据《专利法实施细则》第 42 条给予分案。可见法律适用的不确定是造成专利审查中不确定的重要原因。

（三）法律推理的不确定性

法律推理是把一般性的法律规则适用于具体案件以解决法律问题的工具和方法。法律推理不确定性的存在是根本性的事实，法律推理并非如传统法律理论那样是一个纯粹的形式逻辑过程；恰恰相反，其中充满着变数，司法实践中"同案不同判"的审判结果大量存在。语言的局限性、认识能力的有限性、社会的多变和复杂性、推理主体的差异性、立法的技术性都决定了法律推理不确

定性的存在是现实的必然。❶

在法律规定与专利申请事实之间不能形成对应时，处理案件所需要的法律前提与事实前提的不确定就会增大，此时的法律前提与事实前提就会不止一个。另外，由于不同审查员的个性与经验不同，而且对事物合理性评价标准也存在多元化，同一事物按不同的合理性标准就有可能得出两个以上都认为是合理的结论，"严格地说，从法律适用的主体来看，每个适用者都会有价值判断，当价值判断不同或发生冲突时，对案件的处理就会有不同的看法。而其各自的经历、学识、思维方式等文化背景有所不同，便使其价值观念难免出现相异乃至相互冲突的情况"。❷

（四）事实认定的不确定性

案件事实的准确认定是形成最终决定的基础。尽管世界是可知的，但是我们也不得不承认任何人的认知能力都是有限的。并且成为历史的事实不可能再重复发生，因此进入法官视野的事实并非真实客观的事实，而只能是法律上的真实，也就是由证据支撑的事实。但证据的能否获得、获得什么样的证据、对证据如何分析和认定，存在太多的相对性和不确定性。以专利审批中经常涉及的有关某专利申请是否应当被驳回这种情况为例，这种"事实"包括申请人提交的申请文件、该技术领域的现有技术、审查员所检索到的对比文件、申请人提交的参考资料、申请人的意见陈述、申请人的修改文本、公众的意见等。在对这些"事实"的认知方面，首先，审查员并不通过对该申请的内容进行重复性试验来加以验证；其次，举证责任的分配和申请人举证能力的大小对事实的认定有相当大的影响；再次，上述这些事实绝大多数都是通过语言文字这种载体出现的，就更增加了表达上的障碍；最后，每一事实通常都是多种因素交织而成的，申请人因为自身的利益往往会对某些因素故意加以强调或者淡化，从而更加模糊了"事实"的本来面目。❸ 同时作为法律规则或审查标准执行者的审查员之间的技术背景、审查经验、业务水平甚至语言理解能力必然会存在差异，他们对于同一案件的事实认定也会不一致，因此事实认定的不确定性也是专利审查中不确定性产生的原因。

三、专利审查中法律不确定性的矫正

由上述分析可知，即便是针对大体相当的案情，不同审查员的审查结果往往也会不一致，并且由于法律规则本身所固有的缺陷和执法者本身的个性因素

---

❶❷ 王德玲. 法律推理视角下的司法确定性寻求 [J]. 东岳论丛，2010，31（7）：148 – 152.

❸ 侯海薏. 合理规范自由裁量，提高专利审批质量 [J]. 审查业务通讯，2005，11（5）：1 – 3.

很难得到克服，这种不一致在一定时期内很难看到终极调和的可能性。但这并不意味着专利审查就不应追求法律确定性，确保标准执行的一致性。因为从法律适用来讲，审查员对审查标准的理解都不是任意的，他们接受了特殊的思维训练和职业培训，他们对特定的案件应该有着共同的倾向。同时执法是一个即时的过程，它不可能等待，更不可能等到法律达到它永远也不能达到的尽善尽美之后才开始启动。"无论是国家还是纠纷的当事人都没有耐心等待法官像科学家那样花哪怕是一百年的时间去探寻和修正真理，也没有承受力等待法官像历史学家那样使用哪怕是几百年前的资料。纠纷的发生是现实的，因此也必须以现实的方式解决。"

在目前存在大量相似申请、系列申请以及各种非正常申请行为的形势下，如何提高专利审查质量和效率，保持同类案件同样处理结果，既是社会公众对高效高质专利审查的期待，也是推动中国专利制度健康快速发展、服务创新性国家建设的要求。

要促进专利审查的确定性，就必须尽量克服引起审查不确定的各项因素。而完善专利法律规范、发展法律解释共同体以及审查员的同质化是重要的举措。下面将简要叙述。

第一，不断完善审查标准，制定更为详细的法律规范，尽可能减少作为法律规则的《专利法》《专利法实施细则》和专利审查指南中"边缘地带"带来的不确定性。国家知识产权局之前研究制定的《审查操作规程》就是一个有益的尝试，实践也表明该规程的制定实施进一步统一了专利审查标准，规范了专利审批行为，提高了专利审查的质量和效率；此外，可以通过建立和完善案例指导制度，发挥指导性案例在统一法律适用标准方面的作用。案例指导制度指的是对比较典型和容易发生歧义的案件通过案例指导方式及时公布，为审查员提供事先指导，统一法律适用，保证同样案件同样处理的制度。案例指导制度能弥补《专利法》《专利法实施细则》和审查指南的不足，促进同一审级和不同审级均能做到类似案件类似审理，减少不确定性的发生。目前，国家知识产权局正在开展的各级会审制度、不一致问题点整理发布以及局审查标准执行一致案例集。这些都是案例指导制度的具体方式，相信完善的案例指导制度必将为促进专利审查的确定性作出贡献。

第二，借鉴现有法律漏洞弥补途径和方式，通过习惯、法律解释、指导性案例、国家政策等方式，弥补专利审查相关法律规范中的漏洞。《民法总则》第10条规定："处理民事纠纷，应当依照法律；法律没有规定的，可以适用习惯，但是不得违背公序良俗。"即把习惯纳入了《民法总则》。司法解释是一个非常重要的弥补法律漏洞的途径，可以援引司法解释作为判决或者裁定的依据。最高人民法院在 2010 年发布的《关于案例指导工作的规定》以及 2015 年发布的《关于案例指导工作的规定实施细则》中规定，各级人民法院正在审理的案件，在基本案情和法律适用方面，与最高人民法院的指导性案例相类似的，应当参照相关指导性案例的裁判要点作出裁判。相应地，可以通过法律解释、发布指导性案例、制定相关政策或提高指南修改即时性等方式对现行专利法律规范进行相关法律漏洞的弥补。

第三，加强审查员、代理人与法官之间的交流，发展法律职业共同体，尽量统一法律适用标准。法律职业共同体是指以法官、检察官、律师、法学家为核心的法律职业人员所组成的特殊的社会群体，它必须经过专门法律教育和职业训练，具有统一的法律知识背景和职业训练、共同的法律语言。这一群体由于具有一致的法律知识背景、职业训练方法、思维习惯以及职业利益，从而形成其特有的职业思维模式、法律推理方式，能够从职业伦理与职业技能的角度强化审查员、代理人等主体的个体思维定式和群体共识，有利于形成法律解释的相对确定性，有利于形成法律规则内涵的相对确定性，从而在法律推理中获得相对的确定性。可以通过建立各领域的前后审及代理有效交流机制、加强双向流动、共享培训资源等方式，促进职业共同体的形成，统一法律适用标准。

第四，加强审查员的同质化建设。审查员的同质化建设需要培养审查员共同的职业道德和职业知识素养，使他们形成对审查标准的相同领悟，尽量减少审查员个性因素对裁判的影响，即"要避免从个人的主观认识能力出发，形成一种符合个人认知的概念和理解"，这样就会达到不同审查员对同一案件裁判结果大致相同的结果，使审批结果的不一致性大大降低。具体地，审查员的专业技术水平、审查经验等决定着审查员对于申请的技术方案的理解程度、对申请人答复意见的陈述的准确判断，审查员对审查标准的解读决定着法律适用的准确性和合理性，因此应通过法律思维训练、职业培训以及不断更新的专业技术培训，不断强化作为法律共同体的审查员对特定案件的共同倾向，以期达到对相同的案情应有的一致观点，以减少人为因素所造成的审查不确定性。

四、审查员的同质化建设

（一）审查员同质化的内涵与意义

审查员同质化指的是不同审查员个体之间素质的同等化，该概念由"法官同质化"衍生而来。法官同质现象形成于西方各国，法官同质化可最大限度地避免不同法官对同样案件作出不同裁判结果，保证法律的权威地位。"法官同质"作为现代法治的基本条件之一，能有效地防止同样的案件在同种程序中形成不同的裁判结果，避免法律威信受损。法官裁判案件的结果是当事人间权利义务的"二次分配",若同级别的法官素质参差不齐,则社会成员同种性质和程度的行为将会承受完全不同的权利义务分配结果。分配结果的不同意味着法律对社会成员尊重与保护程度的不同,当同种性质与程度的行为在"以法律为准绳"的名义下承受不同的法律评价结果时,社会成员将无所适从,进而降低对法律的信赖程度。法官同质化则可最大限度地避免不同法官对同样案件作出不同裁判结果,保证法律的权威地位。

法律适用效果的统一和稳定是维护法律权威的重要途径。现代法治社会中,社会赋予法官崇高地位的同时,也对其提出了极高的要求。法官必须具备健康良好的人格品质,接受统一的培养训练和选拔考核,以保证其高度理性化,保证其能全面深刻地理解法律的内涵和精神,具有超越常人的把握事件性质的能力。忠实执行法律是法官的基本职责,除此之外,在相当多的场合法官还是创造、演进法律的主体,并且是司法自由裁量权的行使者。后三种职能能否发挥,往往涉及隐含法理的阐发和法律漏洞的填补,涉及法律正义和社会习惯的协调。因此,法律要求法官必须具有娴熟而正确的判断、推理与裁量能力,不允许因为法官群体素质悬殊而出现上述行为的随意性,从而在客观上造成执法效果的不合理落差,破坏法律控制社会系统良性运作的特殊功效。但是,有一个事实谁也难以否认,法官在审理具体案件时,因无法完全消除自己的主观倾向,因思维方式和认识习惯的不同,或因所关注的社会利益取向的不同,可能会作出与他的某些同事完全不一致的裁决。但这种情况不应当简单地认为是他们"徇私枉法"或"业务生疏"的结果。毫无疑问,这和法官群体同质化不无关系。❶

审查员与法官作为居中裁决者具有相当多的共性,现阶段我国法官队伍中也存在与国家知识产权局审查标准执行不一致相类似的问题,因此将法官同质化理念应用于审查员队伍的建设中也是一条解决目前所存在的问题的道路,有其合理性和必要性。

(二)加强审查员同质化的途径探究

要实现同质化,一是要有共同的职业技能,即共同的法律思维、法律语言、法律方法论;二是要有共同的职业伦理;三是要有共同的价值取向、职业责任感和职业道德;四是要有共同的法律信仰。审查员的同质化强调与法治理论相适应的职业共同思维方式的形成、广博精深的审查经验和技能的造就、与审查员职业相匹配的知识背景和选拔聘任机制的构建等。同质化的价值追求和制度设计,可以使审查员素质实现公平公正意义上的统一,保障相同的行为受

---

❶ 郭晓彬. 试论法官同质化 [J]. 现代法学, 2000, 22 (4): 99.

到相同对待，类似案件得到类似处理。

而目前国家知识产权局审查员队伍及培养现状为：①审查员队伍较为年轻，且大都从理工科学校毕业直接进入专利局，大都没有接受过法学教育，缺少法律思维方面的培养；②审查员个体之间素质参差不齐，尤其是在相继成立各地分中心之后，各个中心人员素质、培训模式、师资力量等存在差异化，同质化极不充分；③目前审查员培训体系中，对于后期的导师具体案例指导环节，缺乏有效的监督和统一标准，导师个体素质和标准适用的差异直接导致新学员的标准理解和执行上的不统一；④缺乏职业道德和职业精神方面的培养。

基于上述现状的分析，下面提出几点有助于提高审查员同质化，减少专利审查中法律不确定性的浅见。

（1）建立严格的准入和淘汰制。目前审查员大都是理工科学校的应届毕业生，经过上岗培训即可"执业"，而且最近几年各地分中心招聘幅度都很大，在相应的培训经验不足、师资队伍等不够充分的情况下，有的中心一年招聘的新审查员最多达到近 800 人，可能会对审查员整体队伍的素质造成一定的影响。参照法官同质化建设的要求，应当严格执行职业准入制度，对上岗的审查员要严格把关，并实行严格的淘汰制度，不断提高同质化水平，绝不能搞变通，降低门槛。

（2）加强职业培训的同质化。在职业培训方面，首先，应当使各个中心所采用的培训方式、课程设置等保持一致，避免在基础培训环节造成不同中心的审查员之间的太大差异，比如可以充分利用 SIPOLeMS 中的培训课程，达到统一教学的目的；其次，应在目前审查员入职培训中强化审查员的法律思维训练，使他们能够从技术工作者向法律与技术完美结合的审查员进行强有力的转变。加强审查员的在职培训和教育，不断提升其职业技能，强化职业道德，培育职业精神。

（3）提高审查员导师指导水平，对新审查员导师进行统一培训，至少在导师层面形成对审查标准的解读一致，在指导过程中能够达到统一，从而避免不同导师不同做法而造成执行不一致，或者设立专职导师制度，由特定的经验丰富的导师指导全部学员，建立长期而广泛的审查员培训平台，提高不同期次审查员对审查标准解读的统一性；在技术培训方面，尤其是对于跨领域审查员，应在目前企业调研、专题知识讲座的基础上，进一步根据审查领域的特点，加强对专业基础知识的培训；应建立与高校、专业协会之间的有效沟通机制，使得审查员在遇到技术问题时可以随时而畅通地与之交流和沟通。

（4）充分利用现有的质量保障和业务指导体系，促进审查员的同质化。例如，可以统一各级质检标准，充分利用质检的导向作用，使审查员对同类问题的处理方式能够统一；充分发挥会审制度，对疑难案例给出部门意见的同时，定期发布会审纪要，以案例指导的方式规范和统一各级审查员对此类案件的操作，由此从统一具体案件处理的方式推动审查员对审查标准的理解和把握。在目前质量保障分析会的基础上，建立在一局各中心之间相同或相近技术领域审查业务的即时在线交流和沟通机制，以确保审查标准执行一致。

五、总　结

本文从法律确定性的角度分析了专利审查中产生不确定性的原因，提出了适用于专利审查法律不确定性的几种矫正方式，即：不断完善审查标准，制定更为详细的法律规范；加强审查员、代理人与专利法官之间的交流，发展职业共同体以及加强审查员的同质化建设。最后从审查员的准入和淘汰制、职业培训以及质量保障和业务指导两个体系方面提出促进审查员同质化的一些途径。

审查实务研究

创造性评判中公知常识认定的思考

刘庆峰　　曲桂芳

摘　要：针对创造性审查实践中公知常识认定所存在的问题，本文从公知常识的概念范畴出发，梳理了区别特征是否属于公知常识的认定思路和要点，提出在确定区别特征是否属于公知常识时，不仅要基于现有技术的整体判断原则来分析最接近现有技术的改进动机，还需要注意判断区别特征所包含的在公知手段或原理上的进一步调整和细化是否也属于公知常识，最后辅以案例对公知常识的认定方式进行了说明。

关键词：创造性　公知常识　技术启示　改进动机　整体判断原则

一、引　言

对于创造性审查，《专利审查指南 2010》给出了发明是否具有突出的实质性特点的一般性判断方法，即所谓的"三步法"，其在确定了要求保护的发明与最接近的现有技术的区别特征后，需要判断要求保护的发明对本领域技术人员来说是否显而易见。在显而易见性的判断中，将区别特征直接认定为公知常识在创造性审查中的占比很大，这也导致申请人或代理人对审查中公知常识的使用意见很大：一方面是在认定公知常识时鲜有举证；另一方面是在认定公知常识时说理简单笼统，无法令人信服。而上述问题的存在，会直接影响审查工作的质量和效率，进而影响审查工作的社会满意度。鉴于举证不足实质上是在未充分检索现有技术的基础上得出了属于公知常识的结论，属于证据意识和证据获取的问题，不在此进行赘述。本文主要从公知常识的概念范畴出发，梳理公知常识的认定思路和要点，并结合两个案例来对公知常识的认定进行进一步探讨。

二、公知常识的概念范畴

对于公知常识的概念范畴，我国《专利法》和《专利法实施细则》都未进行明确规定，仅在《专利审查指南 2010》中进行了示例性解释。《专利审查指南 2010》在第二部分第四章第 3.2.1.1 节中规定："所述区别特征为公知常识，例如，本领域中解决该重新确定的技术问题的惯用手段，或教科书或者工具书等中披露的解决该重新确定的技术问题的技术手段"，在第四部分第八章第 4.3.3 节中规定："当事人可以通过教科书或者技术词典、技术手册等工具书记载的技术内容来证明某项技术手段是本领域的公知常识"。

从上述规定可以看出，《专利审查指南 2010》中对公知常识的示例性表达也并非趋于一致，但归纳起来，包括以下三类：惯用手段、教科书和工具书，其中工具书又区分为技术词典和技术手册等。

除了上述三者之外，虽然创造性的认定主体是本领域技术人员，公知常识应当具有本领域技术人员的认知范畴，具有所属技术领域的限定；但是，鉴于本领域技术人员还具有基本的人的认知属性，因此，日常生活中众所周知的事实、根据日常生活经验推定的事实以及基本的自然规律和定理也应当属于公知常识的一部分。

三、公知常识的认定思路

在梳理了公知常识的概念范畴后，是否现有技术中有公知常识性证据记载了相应手段或者相应手段的主体或核心属于基本的自然规律和定理，该手段就一定属于创造性审查意义上的公知常识呢？

为了解答上述问题，我们先来看一下发明的创造性判断原则。在创造性的判断中，有两个整体判断原则。第一个整体判断原则是发明技术方案的整体判断原则，即在评价发明是否具备创造性时，审查员要将发明的技术方案、所属技术领域、所解决的技术问题和所产生的技术效果作为一个整体看待，不能割裂特征之间的关联性来认定区别特征以及解决的技术问题。第二个整体判断原则是在创造性审查"三步法"判断显而易见性时，要基于现有技术整体判断是否存在技术启示，即要判断现有技术整体上是否给出了将区别特征应用到最接近的现有技术中以解决其技术问题的启示，使得本领域技术人员有动机改进该最接近的现有技术并获得要求保护的发明。其具有两层含义，即不仅应当考虑区别特征是否属于现有技术公开的手段、公开的手段与区别特征解决的技术问题是否相同，还应当考虑本领域技术人员基于现有技术整体是否有动机对最接近的现有技术进行改进。

区别特征是公知常识的判断是上述整体判断显而易见性的一种情况，同样不仅应当考虑区别特征是否属于公知的手段并且解决的技术问题相同，还应当从现有技术整体来考虑本领域技术人员是否有动机将该公知手段应用到最接近的现有技术中。因此，并非现有技术中有公知常识性证据记载了相应手段，该手段就一定属于创造性审查意义上的公知常识。

判断本领域技术人员是否有动机使用公知的手段对最接近现有技术进行改进的关键是要基于现有技术整体来判断，既要从最接近现有技术出发分析其是否已经记载了使用公知的手段进行改进的需求，也要在最接近的现有技术未明确记载该改进需求的情况下基于现有技术整体判断最接近的现有技术是否存在改进需求，同时还要兼顾考虑最接近现有技术以及现有技术整体是否给出了采用该公知手段进行改进的相反教导。

此外，虽然在某些情况下，区别特征的主体或核心部分属于公知的手段，但在其还包含基于该公知手段进行调整或细化的情况下，不仅应考虑其主体和核心是否属于公知常识，同样应当考虑本领域技术人员是否有动机使用该公知手段以及对该公知手段进行进一步调整和细化，从而客观得出公知常识的判断结论。

四、公知常识的判断探讨

在梳理了公知常识的认定思路的基础上，以下结合两个案例来对公知常识的认定要点进行进一步探讨。

1. 从现有技术整体考虑改进动机

在初步认定区别是公知的手段后，要对技术启示进行判断，一方面，要看最接近的现有技术是否存在与本申请相同的改进需求，如果有需求，则有动机将该公知手段应用到最接近的现有技术中；另一方面，如果最接近的现有技术没有明确记载这种改进需求，但站位本领域技术人员水平从现有技术整体来看，使用该公知手段对最接近现有技术的改进从而解决其存在的技术问题的需求是本领域所普遍公知的，则认为现有技术也给出了技术启示。如果从现有技术整体来看完全不存在改进需求甚至还存在相反教导，则没有动机将该公知的手段应用于最接近的现有技术中。

下面结合案例1来对此要点进行说明和探讨。

【案例1】

涉案发明涉及一种终端网络控制方法。在现有技术中，终端处于弱网络信号区域时会持续搜索网络，导致终端功耗较大。为了解决这个问题，该发明的构思在于：终端包括能同时接入第一网络服务和第二网络服务的两个网络模块，预先记录第一网络的弱网络信号区域，检测终端的位置，并判断终端的位置处于所记录的弱网络信号区域时，关闭第一网络，切换到第二网络来获取第二网络的服务。基于上述构思，该发明实现了在弱网络信号区域时无须再持续搜索网络，有效降低了终端的功耗，并保持了通信的延续性。

从上述发明构思可以看出，该发明的方案不仅限定了在判断终端的位置处于记录的弱网络信号区域时关闭第一网络，同时还限定了终端在关闭第一网络时启动第二网络来获取第二网络的服务。作为最接近现有技术的对比文件1公开了一种降低手机搜网功耗的方法，同样公开了当手机处于弱网络信号区域时，关闭其射频网络模块，避免终端持续搜索网络导致的功耗加大。

将该申请权利要求1的方案和对比文件1的公开内容比较来看，权利要求1中的"记录弱网络信号区域，并在判断终端的位置处于记录的弱网络信号区域时关闭第一网络"已经被对比文件1公开，区别在于：该发明的终端包括能同时接入第一网络服务和第二网络服务的两个网络模块，在确定第一网络模块处于弱信号区域时，关闭第一网络模块并启动第二网络模块来获取网络的服务。上述区别特征解决的技术问题是保持终端的网络连通性。

针对上述区别特征是否属于本领域的公知常识，一种观点认为：虽然存在两个网络模块的双模终端以及在其中一个网络模块信号较弱时切换到另一个网络模块属于本领域公知的手段，但由于对比文件1的终端是只有一个网络模块的单模终端，根本不涉及由其他网络提供服务，本领域技术人员没有动机对对比文件1的方案进行改进得到涉案发明的技术方案。

从上述观点可以看出，其主要从最接近现有技术本身来分析是否具有改进动机，进而得出了不具备技术启示的结论。然而在判断技术启示时，不仅要从最接近的现有技术中寻找启示，还应当基于现有技术整体来判断是否存在技术启示。就该案例而言，首先，对于上述区别，在申请日之前，通过两个网络模块进行通信的双模终端属于已被广泛应用的终端，一个主要作用也是为了满足某个网络模块的信号不佳时切换到另一个网络模块，这与区别特征要解决的技术问题相一致。其次，从改进动机上看，虽然对比文件1仅涉及单模终端在处于弱网络信号区域时网络模块的关闭，并未以文字记载其需要在两个网络模块间切换从而保持通信连续性的技术需求，但从现有技术整体来看，在信号较弱或者无信号时保持终端通信的连通性，属于通信领域所通常面临的需求和所追求的目标；虽然对比文件1中的终端是单模终端，但在涉案申请申请日之前双模终端已经大规模应用来解决网络切换保持通信连续性的大背景下，本领域技术人员基于现有技术整体有动机将双模切换的方式应用到对比文件1的方案中。因此，上述区别特征属于本领域的公知常识。可见，从现有技术整体来考虑技术启示所得出的结论更客观。

通过案例1可以看出，在公知常识的判断中，要准确站位本领域技术人员水平了解现有技术的整体状况，必要情况下，通过检索使自身达到本领域技术人员水平；在判断技术启示时，应当确认最接近的现有技术以及现有技术整体是否给出了改进动机；在判断现有技术整体给出了改进动机的情况下，为了使得判断结论更充分和令人信服，还要进行充分的逻辑分析推理。

2. 客观分析公知手段的调整或细化

在进行公知常识判断时，还经常遇到另一种情况：判断区别特征的核心内容属于公知的手段或原理，但除此之外，区别特征还包含将该手段或原理应用在涉案发明技术方案中的进一步调整或细化。对于这种情况，不仅要从现有技术整体来判断上述核心的手段或原理是否属于公知常识，更要进一步基于现有技术整体来判断将核心的手段或原理所进行的调整或细化是否属于公知常识，本领域技术人员是否有动机对核心的手段或原理进行如该发明般的调整或细化。

下面结合案例2来对此要点进行说明和探讨。

【案例2】

涉案发明涉及一种以太无源光网络设备的数据同步方法。现有技术中，一个以太无源光网络包括一个光线路终端 OLT 和多个光网络单元 ONU，不同的 ONU 具有不同的接口类型。在一个 ONU 上线后，OLT 会将所有接口类型的配置参数发送给 ONU，因此 ONU 会接收到诸多与其接口类型不匹配的配置参数，导致数据配置量大且配置时间长。为了解决这个问题，该发明的构思在于：OLT 获取每个 ONU 的能力信息，并根据该 ONU 的能力信息依次向该 ONU 下发参数查询消息，ONU 依次将其当前所有的参数值上报给 OLT，OLT 基于上报的参数值所包含的参数类型从待下发的配置参数中筛选出专属于该 ONU 的配置参数，并将筛选出的配置参数与 ONU 上报的参数值进行比较，将不一致的配置参数下发给 ONU。借助于上述方案，该发明既确保了下发的参数是 ONU 专属的参数，同时又仅发送变化的参数，减少了信息的下发量。

对比文件1同样涉及光网络单元的能力上报方法，解决的问题与该申请相同，其公开了：根据 ONU 上报的能力信息获取专属于该 ONU 的参数并对 ONU 进行参数配置。可见，对比文件1同样公开了要基于 ONU 的能力信息来对应下发专属于该 ONU 的参数。涉案发明与对比文件1的不同之处在于：该发明在收到 ONU 的能力信息后，要基于该能力信息依次获得该 ONU 当前的参数值，并依据该参数值的类型筛选出待下发的配置参数中专属于该 ONU 的配置参数，与 ONU 当前的参数值进行比较，下发比较结果不一致的配置参数。上述区别特征要解决的技术问题是进一步减少配置信息的发送量。

针对上述区别特征是否属于本领域的公知常识，一种观点认为：节约通信资源是通信领域通常追求的目标，在现有技术中服务器向客户端发送并更新数据时，例如服务器向客户端发送软件更新数据时，一个公知的手段就是尽量避免发送重复数据，由服务器比较待发送的数据和其存储的已经下发的数据，比较后仅发送发生变化的数据，减少数据的发送量。因此，上述区别属于本领域的公知常识。

从上述观点可以看出，其认为上述区别特征的核心是在发送配置参数时仅发送变化的参数，因此上述区别特征属于本领域的公知常识。但是，上述区别特征并非仅仅涉及仅发送变化的配置参数，其还涉及要基于能力信息依次获得ONU当前的参数值，并依据该参数值的类型筛选出待下发的配置参数中专属于该ONU的配置参数，进而与ONU当前的参数值进行比较获得不一致的配置参数。可见，上述观点并未考虑这种公知的手段或原理在应用于该发明技术方案时的调整或细化，也就没有从现有技术整体来判断是否具有将公知的手段或原理结合进最接近的现有技术以解决其技术问题的技术启示。

站位本领域技术人员水平进行客观的分析，上述区别特征是针对发送变化的配置参数这一减少数据发送量的手段的进一步细化，对于此细化的方式也应当考虑现有技术整体是否给出了技术启示。从现有技术整体来看，对比文件1也需要向各个ONU下发配置参数，同样存在通过发送变化的数据以进一步减少数据下发量的需求。但是，从确定参数不一致的方式来看，现有技术确定发生变化的数据的方式，一般都是服务器直接基于自身存储的既往下发的数据和即将下发的数据的比较来获得不一致的数据，而对比文件1中的OLT这一设备由于其存储空间有限，一般不会存储大量的ONU数据，当然也就没有动机将既往下发的各个ONU的配置参数数据存储于OLT中来实现比较。而恰恰是基于OLT的这一特点，涉案发明每次都是基于ONU的能力信息从ONU设备获得当前参数值并与待下发配置参数进行比较来获得不一致的参数，简化了OLT的数据管理负担。此外，由于待下发配置参数包含所有类型的ONU的配置参数，将当前的ONU参数值与待下发的配置参数的比较不仅实现了对不一致参数的筛选，还能够从众多类型的待下发配置参数中筛选出专属于该ONU的参数。这一细微调整也不同于现有技术的数据比较方式，也并非是显而易见的。基于上述分析，现有技术并没有将上述公知的手段所进行的进一步的调整应用到对比文件1以解决其技术问题的技术启示，也无证据证明上述区别特征属于本领域的公知常识。

从案例2可以看出，在进行区别特征是否属于公知常识的判断中，不能仅关注区别特征的核心手段或原理，而忽略区别特征中所包含的在该核心手段或原理基础上的进一步调整或细化。区别特征是公知常识与区别特征中包含了公知常识并不等同。要全面分析现有技术的技术启示，如果区别特征中既包含了公知的手段，又包含了该公知手段具体适用到涉案发明中的相关调整，此时不能仅仅考虑公知的手段，还需要考虑这种具体适用后相应手段在发明中所起的作用及实际解决的技术问题，从而得出客观的判断结论。

五、小　结

在考虑区别特征是否属于公知常识时，不能仅仅孤立地确定区别特征本身是否属于公知的手段，更需要借助于整体判断原则基于现有技术整体来判断是否存在技术启示，使得本领域技术人员有动机将公知的手段应用到最接近的现有技术中。并且，在判断区别特征的核心是公知的手段或原理时，也需要进一步基于现有技术整体来判断区别特征中所包含的对于该公知的手段或原理的调整和细化是否属于公知常识，从而客观地得出区别特征是否属于公知常识的结论。

参考文献

[1] 尹新天. 中国专利法详解 [M]. 北京：知识产权出版社，2011：261-275.

[2] 谢有成. 创造性"三步法"中技术启示判断的整体考虑 [J]. 专利代理，2015 (2)：19-23.

[3] 王可. 创造性判断中技术方案的整体考量 [J]. 审查业务通讯，2015，21 (9).

[4] 刘耘. 浅析易得性偏差视角下的公知常识认定 [J]. 中国发明与专利，2018 (1).

[5] 孙瑞丰. 专利审查中公知常识的认定和举证 [J]. 知识产权，2014 (9).

通信领域公知常识适用中的常见误区及推荐做法

陈茜茜　　曲桂芳

摘　要：本文结合专利审查实践，从创造性评判的全过程，提炼了通信领域公知常识适用中的常见误区，并从错误处理方式和推荐做法正反两个方面对案例进行了阐述，对正确适用公知常识进行了要点提示。

关键词：公知常识　创造性　技术问题　技术效果　区别特征

一、引　言

专利作为技术创新的产物，成为企业创新主体在世界科技舞台上的坚盾和利剑。专利的有效性，武装着企业创新主体的现在和未来。而决定专利有效性最核心的是创造性。在专利审查程序的创造性判断"三步法"中，公知常识认定作为判断显而易见性的难点和重点，一直是业界争议最多的问题。有研究表明，我国涉及创造性的审查意见通知书中，引用公知常识的比例高达95.2%；而欧洲专利局发出的检索报告中，该比例仅为37.5%；美国专利商标局的审查意见通知书中，该比例低至9.5%。❶ 可见，在我国现行专利审查框架下，公知常识的认定决定着创造性判断的公正。

在《专利审查指南2010》的规定中，出于对行政效率的考虑，对专利实质

---

❶ 莫启群. 论专利法中的公知常识：以确权诉讼为视角［D］. 重庆：西南政法大学，2017.
王玮. 专利法公知常识认定研究［D］. 重庆：西南政法大学，2017.

审查时公知常识的认定方式，给予了审查员首次适用时的自由裁量权，❶ 并且仅当结论受到质疑时，审查员才应当说明或证明。对公知常识释明的滞后举证规定导致审查员在专利审查中对公知常识的引用较多，其客观性、公正性有待规范。

对公知常识认定的开放性规定，也为广大申请人对创造性尺度进行争辩提供了切入点。公知常识的认定，并不仅是对某个技术手段本身是否公知常识的认定，其关乎创造性评判过程的全链条问题，例如对发明的理解不准确、对现有技术的了解不足、对对比文件的事实认定存在错误、未找准区别特征、谈结合启示时改进现有技术的动机不明显、对技术手段的公知常识认定的说理不够充分，等等。

通信领域技术革新飞快，大量"公知常识"还未来得及被记载于教科书、工具书中便已更新换代；同时出于提高效率的考虑，在专利审查中审查员运用说理方式对公知常识进行阐明的情况越来越多。❷ 另外，通信领域的技术方案中，技术要素之间关联性强、技术手段之间整体性突出，也为审查员在公知常识认定过程中带来了越来越多的难题，出现了日益显现的误区。

笔者在通信领域的专利审查实践中，提炼了通信领域公知常识使用中的常见误区，并根据误区产生的原因和特点，尝试性给出了推荐做法。

二、常见误区及推荐做法

以下将通过通信领域的具体案例，遵循创造性评判的法律逻辑，对创造性评判过程中的理解发明、现有技术检索、对比文件阅读等各个环节，层层推进，从错误处理方式和推荐做法正反两个方面对案例进行阐述。

（一）理解发明阶段：未从发明要解决的技术问题出发导致公知常识的适用不当

在发明的实现过程中，具体实施手段、应用场景等均是构成发明构思不可或缺的部分，实施手段、应用场景共同作用，完整实现发明的技术方案以解决该场景下的特定技术问题。将完全不同技术领域或应用场景的现有实施手段应用于该发明时，应当站位本领域技术人员，结合现有的技术知识和技术高度，客观考量上述现有实施手段是否有应用于该发明的技术启示，以及将上述现有

---

❶ 朱立鸣. 专利法公知常识适用规则研究［D］. 上海：上海交通大学，2013.

马连龙."公知常识"一种来自实践的免证事实规则：兼顾"公知常识"在证据法领域的引入［J］. 证据科学，2018，26（1）：46－57.

❷ 陆蕾. 论专利审查中公知常识的认定和举证［D］. 上海：华东政法大学，2015.

实施手段实施至该发明中引入的本领域公知常识认定是否合理等。

【案例 1】

（1）案情

涉案申请涉及一种移动设备加入路由器白名单的系统及方法，解决现有的路由器白名单配置方法过于复杂和专业的技术问题。其发明构思是通过在路由器白名单配置过程中将移动设备的设备标识信息模拟为 NFC 卡数据，实现路由器侧的读取，并将设备标识信息写入路由器白名单列表。权利要求如下：

> 一种移动设备加入路由器白名单的系统，所述移动设备和所述路由器均支持 NFC 技术；其特征在于，所述移动设备加入无线路由器白名单的系统包括：位于所述移动设备侧的获取单元和位于所述路由器侧的读取单元；所述获取单元用于将所述移动设备的设备标识信息模拟为 NFC 卡数据；在所述移动设备和所述路由器发生触碰时，所述读取单元读取和处理所述 NFC 卡数据，得到所述设备标识信息，并将所述设备标识信息写入所述路由器的白名单列表。

（2）错误处理方式：未从具体的应用场景出发

审查员认定的关键技术特征为：移动设备将设备标识信息模拟为 NFC 卡数据，路由器侧读取和处理 NFC 卡数据，得到设备标识信息。在此基础上，审查员仅针对"移动设备通过 NFC 向路由器传递标识信息"进行检索，获得对比文件 D1。

D1 解决现有技术存在的 Wi-Fi 热点密钥或证书的传输不安全和不确定的技术问题，其采用的发明构思通过移动终端的 NFC 进行 Wi-Fi 热点的鉴权。基于此，涉案申请与 D1 的区别在于：该申请将通过 NFC 获得的设备标识信息写入路由器的白名单列表，D1 中 Wi-Fi 热点通过 NFC 获得的信息进行鉴权。审查员认为，在该申请背景技术认可了路由器白名单列表的创建属于现有技术的基础上，本领域技术人员在 D1 给出了使用简化的方式获得用户标识的技术启示下，将其应用于创建白名单列表中属于本领域的惯用手段。

鉴权过程与设置白名单的过程是两个完全不同的过程：D1 中交互的信息是为了对用户进行鉴权而传输鉴权信息，D1 中鉴权通过后 Wi-Fi 热点向移动终端发送密钥，移动终端基于该密钥接入 Wi-Fi 热点；而加入白名单则是将移动终端加入白名单后，用户不需要发送任何信息就能接入无线网络。D1 中 Wi-Fi 热点获取移动终端标识信息后，并不会将其"写入"白名单列表以简化白名单的配置过程。那么创造性评判的关键在于本领域技术人员是否公知白名单配置过程中存在获取移动设备标识不便的问题，是否会想到将其他过程中获取移动设备标识的方式转用到白名单配置过程中，以达到类似的技术效果。这些涉及发明构思的关键环节都需要在公知常识的范畴内解决。显然，审查员的处理未正面回答上述问题，在一定程度上通过证据证明或说理来认定白名单配置中存在上述特定问题属于公知常识的存在很大困难，故基于 D1 给出创造性结论是存疑的。

（3）推荐处理方式：从发明解决的技术问题出发整体把握发明构思

从发明解决的技术问题出发，到针对该问题所采用的关键技术手段整体重新认定发明构思：移动设备将标识信息模拟为 NFC 卡数据，路由器侧读取和处理 NFC 卡数据，得到设备标识信息，将设备标识信息写入路由器的白名单列表。在此基础上，将检索覆盖全部关键技术手段，获得对比文件 D2。

D2 解决现有技术存在的路由器白名单配置复杂的技术问题，其通过移动终端的 RFID 传输设备标识信息并写入白名单列表。D2 与涉案申请所要解决的技术问题相同，关键技术手段接近。该申请与 D2 的区别在于：该申请通过 NFC 传输设备标识信息，D2 通过 RFID 传输设备标识信息。对此区别，RFID 技术是一种无线通信技术，适用于短距离识别通信，可通过无线电讯号识别特定目标并读写相关数据，而无须在识别系统与特定目标之间建立机械接触；而 NFC 是从 RFID 技术演变而来的一种短距离高频无线通信技术，使用了 NFC 技术的设备可以在彼此靠近的情况下进行数据交换，允许电子设备之间进行非接触式点对点数据传输，交换数据。二者都属于本领域惯用的短距离通信手段。随着技术的发展，出于技术更新迭代的朴素需求，利用其演进技术 NFC 技术来替代 RFID 技术显然是本领域的惯用手段。

（二）检索阶段：首次检索不充分导致公知常识适用不当

通过检索获取现有技术是判断"三性"的先决性步骤。在正确理解技术方案的基础上，正确选取检索要素，充分利用现有检索途径，根据案情选择优选检索手段，准确获取最接近的现有技术，是对审查的基本要求。首次检索是整个审查过程中全面了解现有技术状况、加深对申请方案的理解进而对案件前景进行整体判断的关键程序。因此，首次检索的准度和宽度，直接决定了审查水平的高度和全案审查时间的长度。

同时，在评判"三性"的过程中，公知常识的说理是一个难点，尤其当该被审查员认定为公知常识的相关技术特征与发明点紧密相关时，无证据支撑的说理方式往往令申请人难以信服。为此，围绕发明构思的充分检索，能够将可能的公知常识认定问题转换为对比文件之间结合启示的说理，在实践中是优于公知常识认定的一种较为有效的手段。

【案例 2】

（1）案情

涉案申请涉及一种电子邮件的处理方法，解决现有技术中发送端发送等待回复的邮件至多用户时需逐个汇总的处理负担的技术问题，即现有技术采用的是并行发送、收集回复的方式来完成信息的汇总，该申请的发明构思是采用串行发送、按序回复的方式来完成信息的汇总。该申请的权利要求如下：

　　　　一种电子邮件的处理方法，应用于邮件服务器，所述邮件服务器连接至少一发送端和若干接收端，其特征在于，所述方法包括如下步骤：

　　　　接收所述发送端发送的电子邮件并给所述电子邮件加载标志位；

　　　　建立征询表，所述征询表包括至少一接收端地址；

　　　　将所述电子邮件发送至所述征询表内的一接收端地址并等待回复；

　　　　接收所述接收端回复的带有所述标志位的电子邮件，更新所述征询表，将所述接收端地址从所述征询表内删除，并将所述接收端回复的带有所述标志位的电子邮件转发至所述更新后的征询表内的一接收端地址，重复该操作，直至所述征询表为空；

　　　　将所述征询表内最后一个接收端回复的带有所述标志位的电子邮件发送至所述发送端。

（2）错误处理方式：获得区别为关键技术特征的现有技术后即停止检索

在第一次审查意见通知书（以下简称"一通"）中，审查员采用对比文件D1评述上述权利要求的创造性。其中，D1解决的技术问题与该申请所要解决的技术问题一致，其采用的发明构思是并行发送邮件至各收件人，由服务器完成信息汇总。基于此，该申请与D1的区别恰在于构成该申请发明构思的关键技术特征部分：串行的轮询方式以及接收端自行完成信息填报汇总。对于该区别，审查员采用了公知常识进行评述，认为将并行方式替换成串行方式是本领域技术人员在D1的基础上容易想到的，同时忽略了"接收端逐个答复形成信息汇总"的相关技术手段。

审查员于一通中将构成该申请发明构思的关键技术特征部分全部认定为公知常识的处理方式明显是不妥当的：该申请正是通过串行的轮询方式以及接收端自行完成信息填报汇总解决了现有技术中存在的问题，在D1的基础上，没有证据证明本领域技术人员能想到将并行方式替换成串行方式，并且替换成串行方式后接收端逐个答复形成信息汇总而服务器仅实施转发功能。

（3）推荐处理方式：检索至少涵盖实现发明构思的关键技术特征

在第二次审查意见通知书（以下简称"二通"）中，针对申请人未修改申请文本而仅进行的对关键技术特征不同于D1的陈述意见，审查员进行了补充检索，检索到公开了上述关键技术特征部分的对比文件 D2。D2 解决的技术问题是现有 SMTP 邮件模型不兼容的问题，但其也公开了在服务器端采用串行发送、接收端按序回复的方式完成信息汇总进而由服务器转发的技术特征，该技术手段同样能够解决涉案申请的技术问题。D2 仅未公开"征询表"，该区别仅涉及具体轮询的实现形式。日常生活中，人们通常采用列表方式按序记录所完成事务，故本领域技术人员容易想到采用根据电子表格的记录按顺序处理并逐次删掉已处理条目的方式完成事务，故使用表格记录用户的地址信息并根据地址信息顺序处理是本领域技术人员惯用手段。也就是说，在 D2 公开的代理邮件服务器 PMS 串行发送邮件、用户按序回复完成信息汇总的内容基础上，本领域技术人员容易想到设置包括接收方地址信息的征询表来按序征询处理并完成信息汇总。

（三）对比文件事实认定阶段：对比文件事实认定错误导致区别特征的查找不准确

"三性"评判过程中，对对比文件的准确解读是紧随正确理解发明、充分全面检索之后的重要步骤，是正确评判"三性"的一个决定性动作。审查员应当站位本领域技术人员，客观准确解读对比文件所公开的事实，带着其所解决的技术问题以及获得的技术效果，通读对比文件全文，以其发明构思，串起整个技术方案的实质。

在对比文件的阅读过程中，不要零散地套入涉案申请的技术特征的文字本身，受限该申请与对比文件的技术特征的字面相似，而要正确理解对比文件的技术特征在其技术方案中的真正含义以及所起的作用等。

对比文件的公开事实认定错误，将会导致创造性评判的整个后续流程出现本质性的错误，甚至是结论错误。

【案例3】

（1）案情

涉案申请涉及一种通信模式选择方法和用户设备，解决现有技术中 UE 自主的 D2D 通信模式存在的通信冲突和通信干扰导致的性能下降以及网络控制的 D2D 通信模式存在的信令开销大导致的网络侧负荷重和频谱分配方式导致的资源浪费的问题。权利要求如下：

> 一种通信模式选择方法，其特征在于，包括：
> 用户设备获得通信性能参数；
> 根据所获得的通信性能参数，确定所述用户设备的设备到设备
> D2D 通信模式，

其中，所述 D2D 通信模式包括第一模式和第二模式，

在所述第一模式下，所述用户设备利用网络分配的通信频谱资源进行 D2D 通信；在所述第二模式下，所述用户设备选择共享的通信频谱资源进行 D2D 通信。

（2）错误处理方式：对比文件事实认定错误

审查员经过检索，获得对比文件 D1。D1 所要解决的是现有技术中的资源分配的问题：在 D2D 通信中，资源充足的情况下，为 D2D 通信分配专用资源；而在资源不足的情况下，会将 D2D 通信限制在一定范围内。D1 所提出的是，为了充分发挥两种分配方式的优势，将两者结合考虑，采用基站和 D2D 终端联合优化方式，具体为根据不同应用场景下的共性特征，并兼顾不同应用场景的个性因素，首先采用 BS 集中控制的方式由 BS 根据全局资源优化条件对 D2D 用户进行资源分配，发挥 BS 的集中控制优势，然后 D2D 用户端再根据干扰因素作出对 BS 分配的资源的选择。分配如果不满足需求，则反馈给 BS 等待新一轮重新分配；满足需求，则接通 D2D 传输。

审查员认为 D1 的资源分配方式相当于涉案申请的通信模式，进而认为 D1 公开了根据应用场景确定用户设备的 D2D 通信模式，因此认为权利要求 1 与 D1 的区别仅在于：权利要求 1 中用户设备首先获得通信性能参数，然后根据通信性能参数确定用户设备的 D2D 通信模式；而 D1 则是根据应用场景的不同确定通信模式。并进而由此认为，现有技术中各种应用场景之所以需要不同的通信模式，在很大程度上是因为不同的应用场景对通信性能参数有不同的要求，例如干扰、功率等；在 D1 已经公开了根据应用场景确定 D2D 通信模式的基础上，本领域技术人员能够想到，可根据通信性能参数对 D2D 通信模式进行选择。

分析可知，D1 与涉案申请采用了完全不同的手段。首先，D1 的资源分配方式与 D2D 通信模式不同；其次，D1 中也没有公开对通信模式进行选择。另外，D1 中的应用场景是资源选择的前提条件而不是选择条件，D1 中采用的手段是基站和 D2D 终端联合优化方式；而该申请采用的手段是根据通信性能选择两种通信模式中的一种。虽然 D1 的背景技术中也提到了两种 D2D 通信模式以及应用上述通信模式时存在优缺点，但是 D1 解决的是资源分配的技术问题，其解决方案与该申请并不相同。虽然权利要求 1 的技术方案记载看似比较简单，但审查员也应当充分解读权利要求的真实含义，审查员机械地在文字上对技术特征本身进行套用，而忽略了 D1 实际公开的技术实质，未能准确查找到 D1 与该申请的实质区别。

（3）推荐处理方式：站位本领域技术人员准确认定对比文件事实

D1 实际解决的技术问题是针对 D2D 与蜂窝共存系统的特点，克服已有资源分配方案中的不足；其实际公开的技术方案是：允许 D2D 用户在共享蜂窝系统上行链路和下行链路资源时，采用 D2D 用户端对资源进行选择的资源分配方式；同时采用基站 BS 集中控制的方式进行资源分配，发挥基站 BS 的集中控制优势，充分利用基站和 D2D 终端联合优化方式，发挥两种分配方式的优势。D1 中在通信的资源选择和资源分配方面，采用了不同的 D2D 资源分配方式，是将两种模式进行联合，而并非选择。也就是说，D1 中在共享上行链路或共享下行链路时，都是采用一种模式，不存在模式的选择；D1 对于一个用户设备而言，两种模式是共存的。涉案申请的技术方案中则是对两种 D2D 通信模式的选择。由于 D1 根本不存在两种 D2D 模式择一的需求，因而不可能给出根据通信性能选择其中一种 D2D 模式的技术启示。

因此，审查员应当站位本领域技术人员，准确认定 D1 的公开事实，合理比对请求保护的技术方案与现有技术的技术方案之间的异同，避免出现区别特征查找错误，甚至公知常识认定不当的问题。

（四）区别特征认定阶段：割裂技术特征之间的关联导致公知常识适用不当

权利要求的技术方案所包含的多个技术特征，是具有内在联系和因果关系的整体。在对区别特征进行分析时，要充分考虑技术特征之间以及技术特征在整体技术方案中的关联性。技术特征的关联性是创造性评判时必须考虑的潜在技术特征。因此，在对区别特征进行查找、概括和分析时，应当完整地考虑区别特征的全部要素，不应当割裂关联技术特征之间的关联而孤立地、狭隘地考虑技术特征本身的字面作用。

并且，在创造性评判过程中，在查找区别特征时，须从该区别特征实际所要解决的技术问题以及达到的技术效果出发，判断现有技术是否存在解决该技术问题的技术启示。就特征说特征的思维方式是忽略区别特征所起作用的错误评述方式。本领域技术人员应当以区别特征实际解决的技术问题以及达到的技术效果为思考起点，去寻找现有技术中的相应手段以解决相同的技术问题，分析如何基于技术问题而有动机获得现有技术中的相应手段。

【案例4】

（1）案情

涉案申请涉及一种用户终端的音量调节方法，解决现有技术中根据环境声音分贝数确定的场景模式与真实场景不匹配进而导致手机音量调节不准确的技术问题。该申请是通过采集空白声音、人类声音以及噪声并配置该三种声音的比重进而确定用户终端当前的情景模式来进行音量调节。权利要求如下：

一种用户终端的音量调节方法，其特征在于，包括：采集所述用户终端周围的声音信号；对采集到的所述声音信号进行分析，以得到所述声音信号的构成信息；所述构成信息包括：所述声音信号包含的声音类型以及各种类型声音的比重；其中，所述声音类型包括：空白声音、人类声音以及噪声；根据所述声音信号的构成信息确定所述用户终端当前的情景模式；根据确定出的情景模式调节所述用户终端的音量。

（2）错误处理方式：脱离技术问题/技术效果以割裂技术特征的方式单独考量技术特征本身

一通中引用对比文件 D1 结合公知常识评述不具备创造性。D1 公开了一种智能化调节移动通信装置耳机音量的方法，解决的技术问题是手动调整音量的不便，与涉案申请所要解决的技术问题接近；其采用的发明构思是采集环境中的非人声环境噪声与人声噪声数据，利用音量调节规则进行比对，以取得该环境中实际所需的音量调节参数值。基于此，该申请与 D1 的区别在于还引入了空白声音，与人类声音及噪声一起同时作为比重计算的构成。而审查员认定的区别特征为："①构成信息包括各种类型声音的比重；所述声音类型包括：空白声音、人类声音以及噪声；②根据所述声音信号的构成信息确定所述用户终端当前的情景模式。"在对区别特征的评判中，审查员认为，对于区别特征①，D1 已经披露了获取环境中的非人声环境噪声和人声语音的数据，本领域技术人员在此基础上容易想到判断输入的声音数据中各种成分的比例、频谱分布以及各自的强度等；对于区别特征②，容易想到在移动终端中根据不同的环境声音情况设置对应的情景模式，而不同的情景模式通常都对应不同音量的提醒方式或者不同音量。也就是说，审查员认为上述区别特征均属于本领域公知常识。

从该申请的背景技术及说明书全文记载可以看出，提出该申请时的现有技术是已存在根据环境声音分贝数确定的场景模式，该申请针对该现有技术存在的由此确定的场景模式与真实场景不匹配进而导致手机音量调节不准确的问题，提出引入包括空白声音在内的多种声音类型，计算三种声音类型的比重进而确定场景模式以准确调节手机音量。

本领域公知频率在 20～20000Hz 范围以外的声音通常无法被人耳识别，被称为"空白声音"；并且，当处理对象中存在多个并列个体时，视重视程度为其分配各自权重属于本领域常规技术手段；同时，本领域中存在通过设定简单的情景模式类型来确定终端设备的音量调节系数的技术方案；虽然单独评判上述三个特征点确实都是本领域中已经存在的技术手段，但是，空白声音、人类声音及噪声同时作为比重计算的构成部分进而根据比重确定情景模式是一个完整的技术手段，完整的技术手段中的所有特征均是为解决一个共同的技术问题而设定的，脱离了对于技术问题的思考而单独判断某一特征本身是否为本领域所公知是没有意义的，得到的结论也是缺乏客观性的。分析审查员的审查意见可见，审查员将该完整的技术手段割裂为两个独立的技术特征，割断了技术特征内在的关联；在此割裂的基础上，审查员分别对该两个割裂的技术特征进行了无关联性的公知常识评述，忽略了完整技术手段之间的关联性。而完整技术手段的内容关联性也是在创造性评述时必须考虑的技术特征。因此，审查员对相互关联的技术特征进行了割裂导致公知常识认定不准确。

并且，确定区别特征后，需从该区别特征实际所要解决的技术问题出发，判断现有技术是否存在解决该技术问题的技术启示。回顾审查员的审查意见，可见审查员在割裂完整技术特征的基础上，对该区别特征的公知常识评述未从技术问题出发，而是就特征说特征，未分析从该区别特征所要解决的技术问题出发，本领域技术人员如何以此为思考起点去寻找现有技术中的相应手段以解决相同的技术问题，也就是说审查员并未分析如何基于技术问题而有动机获得现有技术中的相应手段。因此，审查员确定区别实际所解决的技术问题时未从技术问题/技术效果出发导致公知常识说理无说服力。

（3）推荐处理方式：准确把握技术特征的关联性

对于区别特征的拆分，首先，除了要与最接近的现有技术进行比对以判断两者的区别之外，还要分析上述区别特征与已公开的技术特征之间以及区别特征自身之间是否存在技术上的关联关系，例如，判断条件与处理结果之间的关系、在技术上起到限定作用或完整流程中不可割裂的组成部分等。当存在上述关联关系时，不应当将该特征与其他相关特征进行拆分，否则不但违背了技术方案整体性的考量原则，对于后续判断发明实际能够解决的技术问题以及所产生的技术效果也将产生误导。针对该案例，上述区别特征①是区别特征②的成立条件，区别特征②是区别特征①的判断结果，两者之间存在技术上的因果关系，不应将其割裂为两个部分。

其次，该案中设置空白声音类型并且设定三种声音类型的计算比重，是为了降低偶然出现的噪声在终端判断环境类型过程中的误导程度，例如，在安静的图书馆中因重物偶然落地或有人喊叫导致一瞬间的响动，并不足以改变图书馆仍然属于安静环境模式的结论。三种声音类型分别代表了安静状态、非人声噪声、人声噪声，并通过声音比重来计算并判断噪声究竟属于偶发噪声，还是彻底改变声音情景模式的持续噪声。现有技术中并不存在利用上述三个"公知的特征点"来解决上述技术问题的方案或启示。因此判断某一特征是否属于本领域公知常识，不但要考察其在所属技术领域当中的普遍知晓程度，更要从技术问题的角度出发，去评判其对于现有技术的改进及由此所产生的技术效果，杜绝"就特征说特征"的思维误判。

最后，杜绝公知常识滥用，并不是禁止审查员在审查过程中进行合理的质疑与必要的探讨。理不辩不明，审查员与申请人之间的意见冲突本身也是澄清案件事实、合理认定公知常识的必要途径。但是，认定公知常识应当做到说理充分，逻辑清晰，综合考虑发明所要解决的技术问题、技术特征内在的关联关系、现有技术公开的内容、本领域对于技术手段的认知程度等因素，从而支持审查结论，做到有理有据，杜绝评述逻辑当中出现的明显漏洞。

三、结　语

公知常识的认定是创造性评判中至为关键的一步，其认定的客观性和合理性决定了创造性评判的公正性和科学性。审查规范中对公知常识的开放性规定，兼顾了效率优先原则，也给广大申请人和审查员带来了挑战性的主观实践体验。在现有专利法框架下，广大申请人与审查员之间对公知常识认定的认识分歧，会一直成为专利审查实践过程中越辩越明的话题。由于通信领域的技术特点，审查员对公知常识的认定和适用存在着领域特殊性，在与申请人的沟通和碰撞中，审查员对公知常识的认定会更加合理，陷入公知常识使用中的常见误区的情况会逐步变少。

从复审案例看实验证据在
创造性审查中的考量

杨 杰

摘 要：技术效果对于发明专利申请创造性的判断具有重要作用，依据实验证据证明发明相对于现有技术是否具有预料不到的技术效果通常是审查员和申请人争议的焦点。本文从两件复审案例出发，结合相关规定和审查实践，针对实验证据在创造性审查中的考量进行探讨，为相关领域发明专利审查提供参考。

关键词：实验证据 创造性 技术效果 药物化学

一、引 言

技术效果对于发明专利申请创造性的判断具有重要作用，发明相对于现有技术是否具有预料不到的技术效果通常是审查员和申请人争议的焦点。在发明专利申请的创造性评判中，为证明发明专利申请具备创造性，申请人通常会在意见陈述中补充实验证据，或争辩专利申请效果比较对象和数据。对于申请人提交的实验证据应如何采信，这是创造性审查中的争议点和难点。药物化学领域发明技术效果的认定相比其他领域更加依赖实验证据的证实，导致实验证据能否产生证明效力往往成为相关发明是否具有专利性的关键所在。可见，在创造性审查中，尤其是对实验数据要求比较严格的药物化学领域，如何考量实验证据是判断创造性的重点。

二、案例介绍

以下通过两个复审案例，针对药物化学领域实验证据在创造性审查中的争议焦点进行具体分析。

（一）案例 1

该案涉及发明名称为"S1P 受体调节剂以及它们的用途"、申请号为 200980141188.9 的发明专利申请，申请人是阿卡制药有限公司。

背景技术：鞘氨醇 - 1 - 磷酸盐（S1P）是一种天然鞘脂，作为许多类型的细胞中的分子内信使对细胞外信号分子起作用，由 S1P 诱导的细胞效应与血小板聚集、细胞形态学和增殖、肿瘤细胞侵袭、内皮细胞趋化、体外血管生成相关。目前，芬戈莫德（2 - 氨基 - 2 - （2 - ［4 - 辛基苯基］乙基）- 1，3 - 丙二醇）（FTY - 720）被代谢为 S1P 的结构类似物并且已经被发现影响 S1P 受体，涉及许多自身免疫性疾病和癌症的治疗。

该申请声称要解决的技术问题是：提供 FTY - 720 的替代物，具有改进的性质和/或活性，例如包括具有更高活性范围、改变的或增强的特异性、改进的药理性质或减少的副作用。

说明书记载了一系列具体化合物的 S1P1 和 S1P3 激动活性测试数据，其中涉及最终限定范围后的化合物效果测试数据如表 1 所示。

表 1　案例 1 发明专利说明书记载的化合物效果测试数据

序号	实例	EC_{50}（M）S1P1	EC_{50} S1P1/ EC_{50} S1P	效能（最大值的%）	EC_{50}（μM）S1P3
11	36	0.047	4.18	101	NA
12	37	1.82	160.8	40	NA
13	38	0.26	28.17	74	NA
14	39	3.46	305	16	NA
15	40	0.057	4.75	106	0.38

其中双取代化合物 36、38、40 对应复审决定针对的权利要求 1 中的 3 个具体化合物，EC_{50}（M）S1P1 分别为 0.047、0.26、0.057。单取代化合物 37 的 EC_{50}（M）S1P1 为 1.82，双取代化合物 39（苯环上取代基为氯、噻吩基）的 EC_{50}（M）S1P1 为 3.46。

实审驳回针对的权利要求 1 涉及通式（I）化合物，并对各基团作了上位定义。

对比文件 2（WO2008/064320A2，以下简称"D2"）公开了一种 S1P 受体调节剂 I A、I B，并具体公开了化合物 XX 和 XXIII，在说明书中公开了 5 - 正辛基－二氢茚基衍生物 20、31 的制备和活性测试方法，但未给出任何活性数据。

驳回决定主要指出 D2 中 A 环同样具有双取代基，表 1 数据仅涉及了权利要求 1 中极小范围的化合物，并未覆盖权利要求 1，基于取代基的巨大差异，当 B'、R 等选择权利要求 1 范围中其他取代基时，不能确定 A 环具有"双取代基"的化合物均能够获得预料不到的技术效果。涉案申请说明书实施例中公开的活性测试数据，也仅存在少数几个活性较好的数据，且并非全出自"双取代"的情形，无法根据申请人主张的"预料不到的技术效果"认可权利要求的创造性。

申请人陈述理由，并提交了如图 1 所示的对比实验数据。

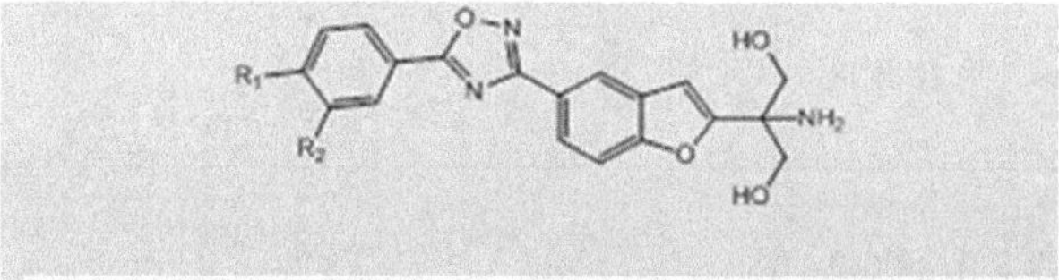

Number	R_1	R_2	S1P1 EC_{50} (µM)	EC_{50}/S1P EC_{50}
1	EtO-	H	2.02	202.3
2	n-Pr-	H	2.08	171
3	iso-BuO-	H	5.08	960
4	EtO-	EtO-	0.057	4.75
5	EtO-	Cl	0.255	36
6	EtO-	CN	0.013	3
7	Br	Cl	0.262	28.17
8	n-PrO-	Cl	0.047	4.19

图 1　申请人提交的对比实验数据

其中，双取代化合物 4、7、8（对应涉案申请权利要求 1 中 3 个具体化合物）的活性高于单取代化合物 1、2、3（未记载在该申请说明书中，是申请人制备的中间态化合物）的活性。

复审阶段通过修改，最终作出的复审决定针对的权利要求 1 涉及 3 个编号为 36、38、40 的具体化合物。

就该案而言，虽然实审驳回和复审决定针对的化合物范围不同；然而，仍存在对比化合物的选择和技术效果认定两方面的争议焦点。

首先，关于对比化合物的选择，实审阶段采用 D2 公开的表格化合物 XXIII（左侧环上有 2 个取代基，右侧环上取代基多了 1 个亚甲基，且与涉案申请化合物的环结构不同），复审阶段采用 D2 公开的化合物 XX（左侧苯环上只有 1 个取代基且右侧稠合环中的五元环结构与涉案申请化合物不同），而申请人提交的对比化合物与涉案申请权利要求 1 中的 3 个化合物结构更接近，主环结构和右侧取代基完全相同，区别仅在于左侧苯环上取代基个数：提交的对比化合物均是单取代，而涉案申请化合物均是双取代。

表 2 案例 1 相关化合物信息

化合物	结构	活性测试数据 $[EC_{50}（M）S1P1]$
涉案申请权利要求 1 化合物 36		0.047
涉案申请权利要求 1 化合物 38		0.26
涉案申请权利要求 1 化合物 40		0.057
实审阶段采用的对比化合物（D2 公开的表格化合物 XXIII）		无
复审阶段采用的对比化合物（D2 公开的表格化合物 XX）		无
复审请求人提交的 对比化合物 1、2、3	化合物 1：$R_1 = EtO-$，$R_2 = H$	2.02
	化合物 2：$R_1 = n-Pr-$，$R_2 = H$	2.08
	化合物 3：$R_1 = iso-BuO-$，$R_2 = H$	5.08

其次，关于技术效果的争议集中在判断现有技术中是否存在将化合物结构中左侧环结构上的取代基选择的区别应用到 D2 中的技术启示，以及该区别技术特征给权利要求 1 的技术方案是否带来了预料不到的技术效果。在驳回通知书和复审通知书中均指出：不能确定左侧苯环上具有"双取代"的化合物均能够获得预料不到的技术效果。复审请求人陈述：D2 涵盖众多可能结构的化合物，仅给出六氢茚化合物的制备例，没有具体指引或教导权利要求 1 中所限定的对左侧苯环取代基进行的具体选择，没有教导对化合物结构进行怎样的改进来影响 S1P 受体活性；本领域技术人员无法预期涉案申请权利要求 1 中的 3 个

具体化合物具有显著的 S1P1 激动活性。最终，复审采纳了申请人的陈述理由，并作出撤销驳回的决定。复审决定指出：虽然复审请求人未提供权利要求 1 中的 3 个具体化合物与 D2 公开的化合物 XX 和 XXIII 的对比数据，但表格化合物 1、2、3 与权利要求 1 的化合物结构更接近。该数据对比能够证明权利要求 1 中限定的 3 个具体化合物（左侧苯环具有双取代）相对于复审请求人提供的化合物 1、2、3（左侧苯环具有单取代）具备创造性，进一步推定涉案申请相对于 D2 具备创造性。D2 公开了左侧苯环上基团选择的大范围定义，不是针对所有活性化合物都能保证进行具体基团数目和类型的选择后的化合物均能保持较高的活性，无法预期经结构修饰后的化合物的活性走向，具体的化合物结构在进行修饰后可能存在活性降低甚至丧失的情形，而涉案申请的活性实验数据也证实了结构类似的化合物仅由于左侧苯环上取代基的个数和类型不同导致活性有高有低。根据 D2 公开的上位的基团定义进行基团修饰并不能显而易见地获得相对于左侧苯环上单取代化合物活性更高的权利要求 1 中的 3 个具体化合物。

（二）案例 2

该案涉及发明名称为"具有酪氨酸激酶抑制作用的化合物及其制备方法和应用"、申请号为 201110374354.9 的发明专利申请，申请人是齐鲁制药有限公司。

背景技术：小分子酪氨酸激酶抑制剂作为新的靶向抗肿瘤药物，为肿瘤的治疗和预防打开了一扇新窗口，其副作用轻微，有良好的耐受性。目前已开发的小分子酪氨酸激酶抑制剂包括舒尼替尼等。

该申请声称要解决的技术问题是：提供一种具有高的酪氨酸激酶抑制作用同时具有较低毒性的新化合物。

技术方案涉及具有酪氨酸激酶抑制作用的式 I 化合物。说明书中提供了式 I 化合物和对比化合物舒尼替尼的对比效果，分别测试了对大鼠动脉环血管新生的抑制作用分析、对三种肿瘤细胞（A549、Hela、A431）的毒性分析以及对人结肠癌 SW620 裸小鼠移植瘤的治疗作用分析，结果表明：该申请式 I 化合物在体外与体内都表现出较好的生物活性，体内抗肿瘤试验表明化合物疗效与阳性对照舒尼替尼相当，可以开发成为较有前景的高效、低毒的抗肿瘤药物。

对比文件 1（CN1439005A，以下简称"D1"）公开了一种具有受体酪氨酸激酶抑制活性的 3-吡咯取代的 2-二氢吲哚酮，包括具体化合物 80（涉案申请的阳性对照化合物舒尼替尼），以及表格化合物 168、173。D1 公开了一系列具体化合物对于多种激酶的抑制效果数据，但未公开化合物 168 和 173 的效果数据（参见表 3）。

同样，该案实审和复审阶段存在对比化合物/受关注化合物的选择和技术

117

效果认定两方面的争议。

首先，关于对比化合物的选择，实审阶段采用 D1 公开的表格化合物 168、173（与涉案申请式 I 化合物的区别在于酰胺结构和哌嗪环上取代基不同）；复审请求人认为 D1 的效果例化合物 80（与涉案申请式 I 化合物的区别在于酰胺结构不同且右侧支链含 N 结构不同）应是最接近的现有技术，应该作为对比化合物，且涉案申请给出了对比实验数据；复审决定中采用与实审阶段相同的化合物作为最接近的现有技术；然而，在陈述理由中认为：D1 在生物实施例中提供了化合物 80 的细胞实验结果和体内效力数据，而没有提供化合物 168、173 的任何生物活性数据，说明 D1 中对化合物 80 的关注度远高于化合物 168、173。

表 3　案例 2 相关化合物信息

化合物	化合物结构	活性测试数据
涉案申请权利要求 1 式 I 化合物		有
实审和复审认定的最接近的化合物（D1 公开的表格化合物 168、173）		无
复审请求人和复审决定考虑的对比化合物 80（涉案申请的阳性对照化合物舒尼替尼）		有

其次，关于技术效果的争议集中在说明书提供的对比数据能否证明涉案申请化合物的药效及安全性均优于 D1 的化合物 168、173。实审阶段认为：药物能否上市的影响因素众多，未上市的化合物未必药效不好，与上市药物舒尼替尼的对比数据无法证明涉案申请化合物的药效及安全性均优于 D1 的化合物 168、173。复审请求人认为：舒尼替尼已经上市并应用于临床，表明该化合物的药效及安全性优于 D1 公开的其他化合物，说明书提供的对比数据能够证明涉案申请化合物的药效及安全性均优于 D1 的化合物 168、173。复审决定中指出：D1 与该申请所解决的技术问题不完全相同，D1 没有特别关注化合物的细胞毒性，本领域技术人员不会从中获得如何降低化合物细胞毒性的技术启示。通常认为，上市药物其生物活性与毒性之间具有较佳的平衡，即较高的活性且毒性较低，基于目前的证据可以认为 D1 中化合物 80 比 D1 中化合物 168、173 在成药性方面更能引起本领域技术人员的关注，因此，撤销驳回决定。

三、案情分析

基于上述案例 1 和案例 2 的案例介绍，发现面对实验证据在药物领域专利创造性审查中，主要存在两方面的争议焦点：如何确定对比实验的对象以及如何考量实验数据的证明力。

在案例 1 中，采用虚拟的"中间态化合物"作为对比实验的对象，通过涉案申请化合物与虚拟的中间态化合物对比效果间接推导专利申请具备创造性。

在案例 2 中，采用上市药物作为对比实验的对象，从涉案申请发明构思出发，而非从与结构最接近的化合物之间的对比实验数据作为专利申请创造性的考量。

可见，在考察创造性审查中的实验证据时，当申请人或专利权人提交的对比实验是将争议专利/申请的具体化合物和与该专利/申请技术方案比对比文件更接近的中间态化合物或与发明构思更相关的受关注化合物作为最接近现有技术的替代物进行对比，如果产生的技术效果能够证明争议专利/申请相对于中间态化合物或相关化合物具备创造性，则可进一步推定争议专利/申请相对于对比文件具备创造性以便清晰地证明所述技术效果是令人信服地来源于该区别技术特征。从上述案例看出，上述做法已在我国专利复审机关的审查实践中进行了有效的尝试。

在确定对比实验对象时，现有技术公开了众多不同的化合物，其中可能存在与涉案申请结构差异最小的化合物，也可能存在缺乏效果测试数据的表格化合物、制备实施例化合物、活性最好的化合物、市场畅销的药物，甚至是申请人提交的虚拟的"中间态化合物"或与发明构思更相关的"受关注化合物"，除了考虑结构最相关、应用领域最接近外，还需要从发明构思出发，考虑将客观上最相关的化合物作为对比实验对象。

在考量对比实验数据时，可能面临多种数据披露形式，例如：原申请文件明确记载的、隐含的、推导得出的实验数据，甚至是原申请文件中未明确记载但在答复过程中提炼出来的活性规律。在创造性审查中，均需要就案件实际情况进行具体分析。

为进一步厘清实验证据和创造性审查的关系，笔者将从上述案例辐射出来的有关实验证据的相关审查原则和要求进行深入分析。

四、关于实验证据的审查原则和要求

（一）实验证据的定义

上述案例的争议焦点均围绕实验证据、技术效果与创造性三者的关系。实验证据就是申请人提交的重要证据，是创造性审查中的判断重点，所提交的实验证据所证实的技术效果影响创造性的判断结论。而药物化学领域的实验证据体现了该领域创造性的特点，其实验证据也具有自身的特定属性。

在民事诉讼中，证据是指能够证明民事案件的真实情况的事实材料。证据通常具有客观性、关联性和合法性的特点，它是作出民事判决的事实依据。❶在专利审查中，证据是用以证明某种事物客观存在或者某种主张成立的事实材料。关于实验证据，未见专利有关立法性文件上给出相关定义，但从审查实践来看，实验证据是证据的一种，包括所有用以证明当事人进行和完成了相关实验研究的证据，其内容一般涉及对实验结果和实验的方法与过程的具体描述，包括原料，中间体和产物，制备方法，条件和设备，产物的测试方法和设备，产物的确认数据，效果的检验方法、设备和检验数据等。

提交的实验证据，既可以是申请日之后形成的证据，也可以是申请日之前形成的证据；既可以记载于某种公开载体上，也可以直接来自实验人的实验报告。

对实验证据的审查需要注意以下方面的原则和要求：有关实验证据的提交时间、有关实验证据的资格、有关实验证据的设计方法。

（二）有关实验证据的提交时间

从理论上讲，发明创造一旦完成，其是否具备创造性，应该就是对其整体现有技术的贡献作出的判断结论。由于创造性评判是基于申请人在申请日时作

---

❶ 周胜生，刘斌强，欧阳石文，等．申请日后证据及其在专利审查中的应用探析［J］．电子知识产权，2011（4）：76－79．

出的贡献以及所属领域技术人员在该时间点时的认知能力和掌握的知识，因此实验证据的待证事实需要强调申请日这个时间点。记载在原始提交的说明书中的内容通常会被看作在申请日前完成的工作或掌握的技术，而在后提交的实验证据中相关实验的完成时间、技术信息的披露时间以及争议专利/申请之间的关系等往往需要借助证据上显示的其他信息或者以其他证据加以印证，这对于专利创造性审查的判断十分重要。

实验证据被记载在申请日提交的专利说明书，或者通过在申请日后提交的方式出现，不是该证据是否能够产生证明效力的决定因素。但在涉及某些待证事实时，上述两种方式又会影响判断的过程。尤其在药物化学领域，由于可预测性水平低、实验依赖性强的特点，在答复创造性审查意见时，"预料不到的技术效果"常常是争辩发明具有创造性的重要途径，申请人往往会通过提供对比实验数据来证明发明相对于现有技术具有预料不到的技术效果来证明发明具备创造性，因此，对在后提交的实验证据的考查对创造性审查结论的影响尤为关键。对此，中国、欧洲、美国、日本对此也有相关规定。

《专利审查指南 2010》第二部分第八章第 5.2.3.1 节关于不允许的增加规定："……（6）补入实验数据以说明发明的有益效果，和/或补入实施方式和实施例以说明在权利要求请求保护的范围内发明能够实施。"这里仅描述了申请日之后补充的实验数据对证明发明是否充分公开不予考虑，并没有就证明创造性的补充实验数据给出明确规定。

由以上相关规定，总结出有关后补交的实施例和实验数据的审查原则：该后补交的实施例和实验数据是否给申请本身带来了新的内容，这些实施例和试验数据是否是申请日前完成的或者是否是申请日前可以得到的，或者说是否使审查背离了原始申请文件记载的范围这个审查基础。如果是，则不予考虑；如果只是用于说明对比文件与该申请的不同，而未带来新的技术内容，则可以考虑。

原国家知识产权局专利复审委员会也就实验证据作出相关说明：记载在说明书中的实验数据作为专利申请在申请日时公开内容的一部分，通常会用于证明申请人在申请日时对发明的"占有"状态以及发明的"可行性"。不过，虽然申请人还可以通过在申请日后补充提交实验证据的方式支持其主张，但在原申请文件没有相关指引的情况下，这种申请日后补充提交的实验证据并不能改变申请人在申请日时"占有"发明的客观事实。通常，如果补充实验数据表明的效果在原申请文件中已经明确记载，或者本领域技术人员根据现有技术能够合理预期该补充实验数据所表明的效果在申请日时已经存在，则应认为原申请文件对该补充实验所证实的效果是具有相关指引作用的。在此情况下，补充提交的实验证据可以用来补强申请日时已经完成的发明的客观事实。应当允许申请人补充提交证据，并对所提交证据予以认真考虑。审查原则如下：所述证据必须与请求保护的范围相对应；对比实验数据针对的技术效果应当是在原申请文件中有明确记载的；对比实验数据应当在请求保护的发明与最接近的现有技术之间进行。

我国司法机关在审理专利授权确权行政案件时，也会参照《专利审查指南2010》中的相关规定。在很多生效判决中，司法机关已经明确了其对《专利审查指南2010》中上述规定的理解。例如，最高人民法院在（2014）行提字第8号判决书中指出："在专利申请日后提交的用于证明说明书充分公开的实验性证据，如果可以证明以本领域技术人员在申请日前的知识水平和认知能力，通过说明书公开内容可以实现该发明，那么该实验性证据应当予以考虑。"可见，司法机关已经在生效裁判中明确，在不违反专利先申请制度的前提下，对申请人在申请日之后补充提交的实验数据是应当予以考虑的。此外，最高人民法院还于2018年6月1日发布了《最高人民法院关于审理专利授权确权行政案件若干问题的规定（一）（公开征求意见稿）》，其中第13条规定："化学发明专利申请人、专利权人在申请日以后提交实验数据，用于进一步证明说明书记载的技术效果已经被充分公开，且该技术效果是本领域技术人员在申请日根据说明书、附图以及公知常识能够确认的，人民法院一般应予审查。化学发明专利申请人、专利权人在申请日以后提交实验数据，用于证明专利申请或专利具有与对比文件不同的技术效果，且该技术效果是本领域技术人员在申请日从专利申请文件公开的内容可以直接、毫无疑义地确认的，人民法院一般应予审查。"可见，最高人民法院拟将其在判例中对补充实验数据的审查标准上升到司法解释的高度，而且希望明确补充实验数据能够被接受的条件。

欧洲专利局（EPO）：当申请日后证据证明的是申请日前的客观事实（例如证明技术效果的对比实验数据等）时，可有条件地予以接受。具体地，在判断是否可以接受时至少需考虑案件如下的实际情况：试图证明的效果在原申请中是否有记载、新效果是否在原申请中隐含或至少与原申请公开的效果有关等。EPO审查指南（2013版）C部分第V章第2.2节关于证据进一步规定："在某些情况下，尽管不允许加入到申请中，审查员仍然可以将后提交的实施例（laterfiled examples）或新效果（new effects）作为支持要求保护的发明专利性（专利性条件包括说明书完整公开、实用性、新颖性、创造性与得到说明书支持等）的证据。例如，在原申请中给出了相应信息的基础上，可以接受增加的实施例作为证据证明发明能容易地应用于整个要求保护的范围内。类似地，假如所述新的效果在原申请中隐含或至少与原申请公开的效果有关，则该新的效果可以作为支持创造性的证据（参见 EPO 审查指南 G 部分第Ⅶ章第 10 节）。"EPO 判例法（2013 版）第 V 部分 D 第 10.9 节关于对比实验规定："根据已建立的案例法，对比实验证明的令人惊奇的技术效果可以作为创造性的指示。如果基于改进的效果选择对比实验来证明创造性，与最接近现有技术进行对比时，所述效果必须是令人信服地来源于发明的区别技术特征。在判断发明要解决的技术问题时，不考虑声称的但缺乏相应支持的有益效果。"EPO 判例法（2013 版）第 I 部分 D 第 10.9 节关于对比实验设计方面还提出了为清楚展现区别技术特征的引入对效果带来的影响，发明人可以通过设计较之对比文件方案与争议专利更为接近的中间态方案，并以该方案为参照物进行对比实验。对比实验不仅可以与最接近的现有技术进行比较，也可进行适当调整，以使比较时的差别仅仅在于区别技术特征。

美国专利商标局（USPTO）：对于审查过程中提交的用以证明非显而易见性的证据需要予以考虑，而对证据的考虑根据证据与创造性问题的关联程度以及证据的数量和性质而定。需要对提交的相关证据进行考虑，在就权利要求的显而易见性得出结论时，审查员必须考虑旨在对所主张的发明进行说明的说明书中的对比数据；对证据的考虑根据证据与创造性问题的关联程度以及证据的数量和性质而定；对于提交的证据和创造性之间的关系还有一系列具体的要求。USPTO 的专利审查程序手册第 716.02（b）条中提及了申请人证明出人意料和重要结果的责任，申请人所提交的证明创造性的证据应当具有统计和现实意义，并且有责任说明作为创造性的证据所提供的任何声明中所含的数据。

日本特许厅（JPO）：在关于技术效果上与 EPO 极为相似，都强调技术效果必须在原申请中有记载，或者本领域技术人员能够推定该效果（即在原申请中是隐含的）。如果满足这一条件，那么用来证明该技术效果的在后证据是可以被采信的。《日本专利和实用新型审查指南》第Ⅱ部分第 2 章第 2.5 节规定了关于参考在意见陈述书等当中所主张的效果：（在判断本申请权利要求的创造性时）在说明书中记载了与引用的文件相比具有有利的技术效果时，以及虽然未明确地记载有利的效果，但从说明书或附图的记载中，本领域技术人员可推定与引用的文件相比具有该有利的效果时，应考虑在意见陈述书中所主张或立证的效果。但如果在说明书中未记载，而且从说明书或附图的记载中，本领域技术人员也不能推定意见陈述书中所主张或立证的效果，则不应予以考虑。

综上，国内外审查机构对于补充实验证据能否被采信这一问题上的大体原则具有一定的共同之处，但是规定较为上位，其指导原则均为不是"一刀切"

地不能接受，而是要根据具体内容判断是否可以接受。❶ 对于申请日后补充提交的用于证明发明具备创造性的实验数据如何考量，其实是要解决实验数据、技术效果和创造性这三者的关系，需要考量实验数据对于最终创造性结论的证明力大小。我国采用先申请制原则，为了防止申请人在试图证明创造性时引入申请日之后的内容而损害公众的利益，对于申请日后补充提交的用于证明发明具备创造性的实验数据应慎重考量。对于申请日后补充提交的用于证明发明具备创造性的实验数据一般应该予以考虑，而其是否能够用于证明发明具有创造性，不能一概而论，应该基于现有技术和专利申请在申请日时所占有的事实进行判断。

（三）有关实验证据的证据资格

证据资格，即证据能力，是指某项材料可以作为证据的资格。任何证据纳入考虑范围后都要接受证据资格的审查。只有具备关联性、合法性、真实性的证据材料才能成为认定案件事实的证据。❷

对于药学化学领域的实验证据，对于实验过程和实验方法的描述应清楚具体，例如应包括具体使用的实验原料、产物、反应条件、实验设备、记录的实验数据以及观测的实验效果；必要时，报告中还应记载对于反应产物进行测试的数据和在原始实验数据基础上进行数据处理后的加工数据和可供验算的数据处理方法；所进行的实验或测试的方法应当属于所述领域的公知方法，且其具体实验过程不应存在违反所述领域常识之处，以及实验报告的内容不应存在矛盾之处等。

（四）有关实验证据的设计方法

在设计对比实验时，选择合理的设计方法（如选择最接近的现有技术）至关重要。

对于最接近现有技术的选择，《专利审查指南2010》第二部分第四章第3.2.1.1节规定：最接近的现有技术，是指现有技术中与要求保护的发明最密切相关的一个技术方案……例如可以是，与要求保护的发明技术领域相同，所要解决的技术问题、技术效果或者用途最接近和/或公开了发明的技术特征最多的现有技术，或者虽然与要求保护的发明技术领域不同，但能够实现发明的功能，并且公开发明的技术特征最多的现有技术。

针对化学领域化合物的创造性判断，《专利审查指南2010》还指出：①结

---

❶ 周倩，王子瑜．浅谈实验证据的补充与创造性评判［J］．审查业务通讯，2014（7）：23 –29.

❷ 李越．实验证据与专利的创造性判断：由溴化替托品专利无效宣告案谈起［J］．审查业务通讯，2014（11）：25 –33.

构上与已知化合物不接近的、有新颖性的化合物，并有一定用途或者效果，审查员可以认为它有创造性而不必要求其具有预料不到的用途或者效果。②结构上与已知化合物接近的化合物，必须要有预料不到的用途或者效果。此预料不到的用途或者效果可以是与该已知化合物的已知用途不同的用途；或者是对已知化合物的某一已知效果有实质性的改进或提高；或者是在公知常识中没有明确的或不能由常识推论得到的用途或效果。③两种化合物结构上是否接近，与所在的领域有关，审查员应当对不同的领域采用不同的判断标准。④应当注意，不要简单地仅以结构接近为由否定一种化合物的创造性，还需要进一步说明它的用途或效果是可以预计的，或者说明本领域的技术人员在现有技术的基础上通过合乎逻辑的分析、推理或者有限的试验就能制造或使用此化合物。⑤若一项技术方案的效果是已知的必然趋势所导致的，则该技术方案没有创造性。

作为实验科学代表的药物化学领域与其他领域存在差异，对于技术效果的可预知性通常相对其他领域差，声称的技术效果的成立与否需要更多依赖于实验的验证或者结合现有技术进行预测。因此，能够作为发明在申请日时取得的技术效果的证明，通常是指那些在原申请文件中有明确记载且给出足以令所属领域技术人员内心确认其存在的技术效果的一定实验数据。药物化学领域的实验证据涉及的实验主要包括两类：实验和对比实验。而相关实验，特别是对比实验的实验对象选择和实验设计则是有关实验证据的难点。

对比实验的证明目的通常是希望证明发明与最接近的现有技术之间的区别技术特征的引入所带来的技术效果或实际解决的技术问题，这是创造性审查的评判着眼点。通常情况下，对比实验是在请求保护的发明与最接近的现有技术之间进行，选择专利申请和对比文件中公开的具体技术方案，以突出区别技术特征的作用效果。实验的进行以及实验对象的选取应尽可能排除非考察因素的干扰，使之真正具有对照意义。如果申请人故意回避使用最接近的技术方案以免自己陷入不利境地，则对比实验因为其实验对象不具有代表性而不具有证明力。尽可能地采用相同的方法、工艺、原料和测试条件，严格依照说明书记载的实验方式进行的实验或者严格依对照实验的要求进行的实验更具有说服力。

实验证据中的实验对象的选取通常会与专利请求保护的范围相对应，并且通常是专利申请和对比文件中记载的具体技术方案，特别是那些在申请日时实际制备获得甚至记载了对应的确切效果数据的具体技术方案，而非在申请人概括的范围中随意选取的技术。对比实验的实验数据应当能够反映技术效果与区别技术特征之间的关系，即用于证明发明具备创造性的技术效果应当是由发明与现有技术之间的区别技术特征带来的，区别技术特征与技术效果之间应当存在因果关系；尤其是权利要求请求保护高度概括的保护范围，而对比实验是直接以具体的化合物或组合物进行对比实验，此时考虑对比实验能否证明发明具有创造性，应当充分考虑该技术效果是由于某个具体化合物的个性还是共性产生的。例如，在药物化学领域，以通式表征的化合物通过取代基的排列组合能够在理论上得到成千上万甚至天文数字的具体化合物，但所属领域技术人员知晓，相当部分的此类化合物其实并不存在或者即使存在也不确定其是否能够解决发明要解决的技术问题，尽管被概括的范围涵盖。药物化学领域可能会遇到一些更实际难解的技术问题，由于专利申请技术方案是一个经高度概括形成的保护范围，最为典型的就是以马库什权利要求或一系列具有相同主环结构的具体化合物的形式出现，而进行对比实验是要选取范围内制备的具体化合物与对比文件中最接近的化合物进行对比实验，但说明书中记载的该保护范围内的具体化合物与对比文件中的具体化合物的结构差异却不仅仅在于上述区别技术特征，如此进行实验即使取得某技术效果也并不能证明是需要考察的那个"区别技术特征"带来的。例如，对比文件公开的具体化合物结构差异未准确全面体现结构改进点或者对比文件公开的仅是表格化合物并未制备也没有任何表征及效果测试数据，这时需要在最接近现有技术基础上主动调整比较基础，选择中间态化合物或与发明构思更相关的受关注市场畅销药物为对比对象的对比实验应运而生了。

由上述两个复审案例也可看出，为证明发明的创造性、考察技术效果与区别技术特征的关系，可以设计制备或合理选择一种结构上比对比文件化合物与专利申请化合物更为接近的"中间态化合物"或与发明构思更为相关的"受关注化合物"，且尽可能使该"中间态化合物"或与"受关注化合物"与现有技术的差异通常恰好在于上述区别技术特征，使得依附于发明区别技术特征带来的有益效果能够更清晰地得到证实，增强对权利要求具备创造性的说服力。

可见，出于鼓励创新的专利法立法宗旨和公平原则的考虑，允许申请人在必要时调整比较的元素/基础以"中间态化合物"或"受关注化合物"作为比较实验的对象。因为申请人提交的对比实验是将争议专利的具体化合物和与该专利技术方案比对比文件更为接近的"中间态化合物"或与发明构思更相关的"受关注化合物"作为最接近现有技术的替代物进行对比，如产生的技术效果能够证明争议专利相对于结构更接近的"中间态化合物"或与发明构思更相关的"受关注化合物"具备创造性，则可证明所述效果是令人信服地来源于该区别技术特征，进一步推定争议专利相对于对比文件具备创造性。

五、结　语

　　申请人通过在答复意见过程中提交实验证据以证明专利申请具备创造性时，该实验证据能否产生证明效力对专利创造性判断至关重要。审查过程中不仅要核实实验证据是否满足证据资格的审查要求，还需根据技术领域特点和具体案情分析实验证据涉及的提交时间、对比对象、效果认定等因素，考察其是否达到如下审查要求：意图通过该实验证据证实的技术效果是否能够得以证实；该技术效果是否是所属领域技术人员能够从申请文件记载的内容中获知的或者是其能够依据现有技术预见得到的技术效果。在此基础上，实验证据所证实的技术效果才能作为确定发明实际解决技术问题从而作为创造性判断的基础。

浅议参数限定产品权利要求创造性的审查

魏　静　张殊卓

摘　要： 本文对化学领域参数限定的产品权利要求创造性的审查现状进行了分析，并结合具体案例，分析了此类权利要求创造性审查中需要考虑的因素和注意的问题，希望对审查实践有所启发和帮助。

关键词： 参数　产品　创造性

一、引　言

由于化学领域产品不同于机械领域的产品具有高度的宏观可辨识性，其产品结构的特点和不同往往呈现在微观层面，而对微观结构进行准确限定存在一定的难度和局限，因此对化学领域的很多产品进行限定和表征时，通常会采用参数这一特殊方式进行限定和表征。而参数自身的多样性，导致该类权利要求新颖性和创造性的审查一直是化学领域审查的重点和难点。[1] 此类权利要求是审查难点的主要原因[2]是：①就检索而言，参数的表征通常在说明书具体实施方式中，摘要检索容易漏检，全文检索数值范围难以表达，噪声大；②就审查而言，参数的表现形式多种多样，有标准参数也有不常见的参数，与对比文件常常难以比较，审查员不具备实验手段，很难提出有理有据的反对理由，说理困难；③就程序而言，对于该类权利要求容易出现推定不当的情形，在驳回后

---

❶ 曹敏芳，等. 对参数特征表征的产品专利申请创造性审查思路和方式的探讨 [J]. 审查业务通讯，2014 (12)：52－60.

❷ 魏静，李欣玮. 浅议参数表征的产品权利要求的新颖性审查 [J]. 审查业务通讯，2017 (12)：23－29.

也容易被后续审查程序推翻结论，造成前后审审查结论不一致。

新颖性的审查只是"三性"审查中的第一步，而最终权利要求能否获得授权，还需要对其进行创造性的审查。创造性是"三性"审查的终点，自然也是重点。所以如何准确客观地进行此类权利要求创造性的审查，其与新颖性的审查有何不同，对此需要进行分析讨论。本文拟结合具体案例对化学领域参数限定的产品权利要求的创造性审查进行初步的分析，希望能对审查实践有所启发。

二、国外相关审查规定

审查实践中，对于参数限定的产品权利要求的创造性审查，与新颖性审查不同，美国专利商标局（USPTO）和欧洲专利局（EPO）都没有相关具体而明确的规定，只有日本《专利和实用新型审查指南》对该问题进行了规定，❶ 具体如下❷。

（1）当权利要求包含用"功能或特性等"定义产品的表述并且该功能或特性等属于特殊参数时，有时候很难将申请发明与对比文件进行对比，在该情况下，如果审查员无须将要求保护的产品与对比文件的产品进行严格对比，就有理由根据初步印象怀疑要求保护的产品与对比文件中的产品相似、要求保护发明的产品没有创造性，审查员可以以不符合《日本专利法》第 29（2）条为理由发出通知书，申请人可以针对上述通知书通过提交书面意见或实验结果证据等进行争辩或澄清，申请人的反对理由起码要能改变审查员的判断至无法根据初步印象断定要求保护的产品与对比文件的产品相似，也无法根据初步印象断定要求保护发明的产品不具有创造性的程度，才算是解决了以上通知书中不符合《日本专利法》第 29（2）条的审查意见。

当申请人的意见陈述比较抽象或空泛，无法改变审查员的判断至上述程度时，审查员可以以不符合《日本专利法》第 29（2）条为理由发出驳回决定。

但是，如果定义对比文件的要素不属于特殊参数时，不能应用以上的处理方法。

（2）有理由根据初步印象对创造性质疑的示例如下：

Ⅰ. 通过将"功能或特性等"转换成具有相同含义的不同定义或者测试、测量相同"功能或特性等"的不同方法，审查员确信可以以现有技术的产品为

---

❶ 郭俭，朱芳，等. 参数特征表征产品专利申请的审查标准研究［R］. 国家知识产权局学术委员会 2008 年度自主课题研究报告，2008.

❷《日本专利和实用新型审查指南》第 Ⅱ 部分第 2 章第 2.6 节规定。

依据否定要求保护发明的创造性；

Ⅱ. 申请发明和对比文件是由在不同测试条件或不同评估方法测试或评估且存在一定关系的相同或相似的"功能或特性等"定义的，并且如果定义对比文件的"功能或特性等"在与要求保护发明相同的测试条件或相同的评估方法测试或评估，很有可能与定义要求保护发明的"功能或特性等"相似，由此可以以之作为依据否定要求保护发明的创造性；

Ⅲ. 要求保护发明的产品与申请日之后的一种特定产品结构相同，并且审查员发现该特定产品可以根据申请日以前公知的发明来进行制备；

Ⅳ. 审查员发现了一篇对比文件，该对比文件公开的产品的制备方法与要求保护发明的制备方法相同或相似，并且可以以之为依据否定要求保护发明的创造性（例如，审查员发现了一篇对比文件，其起始原料与要求保护发明的其中一种制备方式的原料相似并且其制备过程与要求保护发明的其中一种制备方式相同；或者审查员发现了一篇对比文件，其起始原料与要求保护发明的其中一种制备方式的原料相同并且其制备过程与要求保护发明的其中一种制备方式相似；等等）；

Ⅴ. 除了定义产品的"功能或特性等"这个要素以外，申请发明与对比文件的其他要素相同或者已经不具有创造性，并且对比文件具有与申请发明用"功能或特性等"定义产品的表述相同或相似的目的或效果，对比文件可以作为依据否定要求保护发明的创造性。

日本特许厅（JPO）对于参数限定的创造性审查与新颖性审查类似，总体上给予了审查员较大的审查裁量空间，所述规定首先对参数进行了归类划分，依据是否属于"特殊参数"规定了创造性审查原则和需要考虑的具体情况。对于哪些属于"特殊参数"，《日本专利和实用新型审查指南》进一步指出❶：所述特殊参数相当于下述（ⅰ）或（ⅱ）的参数：（ⅰ）不属于以下任一种情况的参数：标准参数、本技术领域技术人员常用的参数或虽然不常用但其与常用参数的关系对于技术人员来说是可以理解的参数；（ⅱ）虽然参数属于标准参数、本技术领域中的技术人员常用的参数或虽然不常用但其与常用参数的关系对于技术人员来说是可以理解的参数中的任一种，但是由多个这些参数组合起来作为整体时，相当于（ⅰ）的参数。

依据前述规定，对于"特殊参数"，从其规定的审查原则和列举的可质疑示例来看，所谓"特殊参数"可以理解为此类参数应属于非本领域技术人员公

---

❶ 郭俭，朱芳，等. 参数特征表征产品专利申请的审查标准研究［R］. 国家知识产权局学术委员会 2008 年度自主课题研究报告，2008.

知的、常用的参数，或者属于申请人自定义的而本领域技术人员难以将其与现有技术常用参数进行关联的参数。对于包含"特殊参数"的权利要求，可以依据"初步印象"质疑权利要求的创造性，同时明确规定了申请人有责任充分说理或举证证明该包含"特殊参数"的权利要求具备创造性；对于属于"初步印象"的质疑示例，列举了审查时可能出现的具体的五种不同情况，可以发现所述五种不同情况是从不同角度和方面去考虑现有技术公开的内容与权利要求中包含的参数是否具有某种可能的直接或间接的联系。可见，日本特许厅在对于参数限定的权利要求创造性的审查中，对于参数属于所述"特殊参数"的情形，没有对不具备创造性结论的作出提出严格要求，而是给予了审查员较大的裁量空间，同时对申请人举证证明创造性的责任提出了较高的要求。日本特许厅对于上述参数限定的权利要求创造性审查的规定，体现了对参数进行归类划分的审查思路，同时也体现了需要重视参数与现有技术公开内容是否有本领域技术人员能够知晓或预期的直接或间接联系，最后强调了申请人应该有针对性地进行书面陈述或者通过证据予以争辩或澄清。日本特许厅对于此类权利要求分情况考虑的审查思路，能够在审查时起到较好的指导作用。

三、我国相关规定

我国《专利审查指南2010》中仅对参数表征产品权利要求的新颖性作出了规定，具体规定如下：

《专利审查指南2010》第二部分第三章第3.2.5节中给出了总体要求："应当考虑权利要求中的性能、参数特征是否隐含了要求保护的产品具有某种特定结构和/或组成。如果该性能、参数隐含了要求保护的产品具有区别于对比文件产品的结构和/或组成，则该权利要求具备新颖性；相反，如果所属技术领域技术人员根据参数无法将要求保护的产品与对比文件产品区分开，则可推定要求保护的产品与对比文件产品相同……除非申请人能够根据申请文件或现有技术证明权利要求中包含性能、参数特征的产品与对比文件产品在结构和/或组成上不同。"而对于化学领域的此类权利要求，《专利审查指南2010》第二部分第十章第5.3节中进一步规定："对于用物理化学参数表征的化学产品权利要求，如果无法依据所记载的参数对由该参数表征的产品与对比文件公开的产品进行比较，从而不能确定采用该参数表征的产品与对比文件产品的区别，则推定用该参数表征的产品权利要求不具备专利法第二十二条第二款所述的新颖性。"

可以看出《专利审查指南2010》对于参数限定产品权利要求新颖性的判断主要从以下几个方面依次考虑，首先，判断参数对产品结构和/或组成的影响，即判断参数限定的产品权利要求是否具有区别于对比文件产品的结构和/或组成；其次，如果无法判断则采用有条件推定的审查原则，给予了审查员一定的自由裁量空间；最后，通过举证责任的转移要求申请人对产品的不同予以证明，从而确保审查结论正确的同时防止申请人通过限定不同参数获得不当授权从而兼顾维护社会公众利益。

前述新颖性的审查规定实际上反映了如下的审查思路：先从新颖性的一般判断原则，也即从新颖性的定义出发进行特征对比，从而判断是否具备新颖性，即先进行直接判断，此时要重点注意参数所体现的作用——对产品结构和/或组成的影响，因为对于产品权利要求而言，其新颖性终将体现于结构和/或组成的不同，当由于参数的特殊性而出现无法对比的情况时，审查员可以采用有条件推定的方式给出初步结论，类似于一种间接判断，因为该结论仅为初步结论，随后申请人可以通过提供证据等方式对审查员的初步结论予以争辩或澄清，即通过举证责任转移的方式确认之前的初步结论是否正确。可以看出，上述审查顺序和思路以通常的新颖性审查过程为基础，结合新颖性的定义明确了化学领域参数限定产品权利要求新颖性审查的重点，也兼顾了由于参数的特殊性而导致审查员缺乏必要手段和条件予以验证时特殊的处理方式。

而对于化学领域参数限定产品权利要求创造性的审查，《专利审查指南2010》并没有类似具体的规定。

新颖性和创造性是"三性"审查中密切相关的两个方面，其都是将请求保护的技术方案与现有技术进行比较，从而判断是否符合授予专利权的条件，显然也存在类似的审查难点，结合前述 JPO 有关创造性的审查规定和我国对于新颖性的审查规定和思路，从而获得化学领域参数限定产品权利要求创造性的审查思路。对此，笔者拟进一步结合以下三个案例对上述问题进行分析讨论。

四、案例分析

（一）案例 1

权利要求 1：一种具有宽谱吸收中间带的氧化钛纳米颗粒，包括二氧化钛纳米颗粒，其特征在于，所述二氧化钛纳米颗粒为带有中间带的非晶态二氧化钛纳米颗粒，其粒径为 20~50nm；所述带有中间带的非晶态二氧化钛纳米颗粒的中间带位于价带顶 1.5~1.7eV 处，中间带能级与价带之间复合发光波段为 750~790nm，其发光寿命为 0.7~2μs。

该申请通过将二氧化钛粉末与水混合后，通过激光照射一定时间获得的胶体溶液干燥后得到所述颗粒。对比文件 1 公开了一种非晶态二氧化钛纳米颗粒，其粒径为 20~40nm。同时对比文件 1 也采用了与该申请相同的激光照射方法，但激光照射工艺中部分工艺参数，例如照射的功率、温度、时间以及原液浓度与权利要求1并不相同。

权利要求1与对比文件1相比，区别在于，对比文件1没有公开二氧化钛纳米颗粒为带有中间带的非晶态二氧化钛纳米颗粒以及相关参数。

分析：所述中间带实际上表示了不同于价带和导带的另一种电子微观状态，即限定了产品的一种内在微观结构状态，因此，所述中间带及其参数限定了二氧化钛纳米颗粒的微观结构状态，权利要求1具有新颖性。对于创造性，通过分析，该申请所要解决的技术问题是通过设计一种具有所述中间带参数的二氧化钛纳米颗粒实现对紫外—可见—近红外全谱的吸收，即拓宽吸收谱的范围。本领域技术人员知道，激光照射即是为了给予电子适当的能量而激发达到特定状态。从该申请说明书内容以及本领域技术人员掌握的技术知识可以获知该申请所述中间态及性能就是通过激光照射的制备方法而实现的，而合适的能量激发程度需要通过合适的工艺参数设计去实现。该申请正是通过所述工艺的选择获得了中间态的纳米粒子，从而解决了紫外—可见—近红外全谱吸收的技术问题。因此，虽然对比文件1与该申请制备方法十分相似，但制备方法中工艺参数的选择与该申请所要解决的技术问题有直接联系，工艺所最终呈现的产品的状态和性能参数也与该申请所要解决的技术问题有直接联系，即所述产品的状态和性能参数体现了该申请的技术贡献。虽然本领域技术人员知道激光照射是为了给予电子适当的能量而激发，但对于权利要求创造性的判断应该考虑本领域技术人员是否意识到或有动机调整照射工艺参数去获得所述中间带状态和性能纳米粒子，从而实现对紫外—可见—近红外全谱的吸收，即需要判断现有技术是否给出了通过调整照射工艺而解决所要解决技术问题的技术启示。对比文件1仅提供了一种通过激光照射获得紫外光吸收的非晶态二氧化钛纳米颗粒，其并没有公开或者意识到通过改变激光照射的工艺参数能够改变二氧化钛的电子微观状态，从而拓宽吸收谱范围，即没有公开工艺参数对最终产品结构和/或性能可能影响的方面和趋势，因此，对比文件1没有给出获得该申请非晶态二氧化钛纳米颗粒微观状态和性能的路径或启示，权利要求1具备创造性。

（二）案例2

权利要求1：一种球形二氧化铈，其特征在于，球形二氧化铈的平均粒径为 $50 \sim 300 nm$，在 $1000 ℃$ 下焙烧后的比表面积为 $1.5 \sim 20 m^2/g$，在 $350 ℃$ 和 $550 ℃$ 下焙烧后的比表面积分别为 $102 \sim 153 m^2/g$ 和 $80 \sim 120 m^2/g$。

对比文件1公开了一种氧化铈纳米球，直径为 $350 \sim 400 nm$，在 $500 ℃$ 下焙烧后的比表面积为 $76.86 m^2/g$。

该申请与对比文件 1 采用了相似的溶液制备方法，不同之处在于该申请以水为溶剂，对比文件 1 以乙二醇为溶剂，该申请在水热反应中还加入了尿素。权利要求 1 请求保护的技术方案与对比文件 1 的区别在于：两者粒径不同，对比文件 1 没有公开所述煅烧条件后的比表面积。

分析：粒径反映了产品的微观大小，权利要求 1 具有新颖性。对于创造性，该申请所要解决的技术问题是提高二氧化铈纳米球的热稳定性和煅烧后比表面积，从而提高作为催化材料的应用价值。本领域技术人员知晓通过提高比表面积可提高热稳定性，也是本领域追求的目标，现有技术中也存在实现的方法，但需要通过掺杂实现，即改变了产品组成，与该申请以及对比文件 1 的方法完全不同。虽然对比文件 1 公开了与该申请相似的溶液合成法，但可以发现如果对比文件 1 焙烧温度提高到 550℃，比表面积还会进一步下降。本领域技术人员从对比文件 1 无法预期获得所述参数的球形二氧化铈，现有技术中也没有教导通过对对比文件 1 制备方法中溶剂的替换和加入尿素从而实现提高二氧化铈颗粒的比表面积，即本领域技术人员基于对比文件 1 的制备方法无法获得权利要求 1 所述参数，权利要求 1 具备创造性。

（三）案例 3

权利要求 1：氧化铝，其为具有多孔结构的单独的颗粒形式，其特征在于，所述颗粒的孔隙率总计为 60% ~ 80%，而且所述多孔结构呈现出致密堆积的延伸并行通道，所述通道的尺寸为：直径 0.3 ~ 1.0μm，长度至多 50μm。

对比文件 1 公开了一种氧化铝，颗粒具有大孔结构，具有脚手架形貌，并且均匀分布，多孔结构呈现出致密堆积的延伸并行通道。直径约在 1μm 上下。氧化铝比表面积和孔体积分别为 430m²/g 和 1.00cm³/g，氧化铝的孔隙率为 71.4% ~ 78.7%。

权利要求 1 与对比文件 1 采用了完全不同的制备方法。权利要求 1 请求保护的技术方案与对比文件 1 的区别在于：对比文件 1 没有公开氧化铝的通道长度。

分析：长度反映了产品的微观结构状态，权利要求 1 具有新颖性。对于创造性，该申请所要解决的技术问题是克服现有技术中多孔氧化铝中大孔的混乱的迷宫式排布，通过获得呈现致密堆积的延伸的并行通道，如此能够使参与各种过程的物质更容易进入颗粒内并使其可以达到氧化铝的内表面发生催化反应和吸附。对比文件 1 已经公开了氧化铝中多孔结构呈现出致密堆积的延伸并行通道。因此，对比文件 1 实际上已经公开了该申请的发明点，解决了该申请所要解决的技术问题。而对于通道长度的区别技术特征，首先，其并没有体现该申请的发明点；其次，从说明书内容来看，该技术特征也没有带来任何的技术效果；最后，所述长度的限定范围很大，包括了普遍常见的长度限定范围。因此，可质疑权利要求 1 不具备创造性，申请人应提供证据或陈述理由说明技术方案具备创造性。

五、审查建议

通过对国外相关审查规定和我国《专利审查指南 2010》中化学领域参数限定产品权利要求新颖性审查相关规定的分析，结合上述案例，笔者尝试对化学领域参数限定产品权利要求的创造性审查的思路和考虑因素进行初步的分析总结，希望能够对审查实践有所助益。

首先，对于参数限定产品权利要求创造性的审查也应从创造性的一般原则出发进行判断。不同的是，由于新颖性强调的是请求保护的技术方案在现有技术中有无的问题，其判断方法着重于技术特征之间的一一对比，重点关注参数对产品结构和/或组成的影响。因为通过结构和/或组成是否相同即能够判断产品是否相同，本领域技术人员在其中类似于裁判者的角色。而创造性强调的是请求保护的技术方案与现有技术之间差距的问题，其判断方法着重于技术方案的推理和演绎，所以重点应该判断对于所述参数现有技术中是否有获得的技术启示，通过获得参数的显而易见程度判断产品是否具备创造性，本领域技术人员在其中类似于实践者的角色。结合创造性审查和参数限定的特点，具体判断中可以依次考虑如下因素。

（1）参数的分类

如前所述，创造性判断着重于技术方案的推理和演绎，所以准确分析对比文件公开的内容确保区别技术特征认定的准确是创造性判断的基础，因为区别技术特征的多少会涉及技术问题的确定和技术启示的判断。对于参数限定的产品权利要求，特别是有多个参数限定时，可以对参数进行分类判断和分析。一般而言，可以将参数分为两类，一类是本领域已知或公知的参数，另一类是申请人出于技术方案的需要而自定义的参数。对于本领域已知或公知的参数，由于其含义、影响因素以及测量方法等都是本领域所公知的，所以在创造性判断中可以首先判断其是否已经被对比文件公开或者与技术贡献是否相关，从而确定是否需要作为区别技术特征而在后续的创造性判断中予以考虑，以确保创造性分析过程中事实认定的准确。实际审查中如果对比文件公开的参数无法与涉案申请进行直接比较，此时本领域技术人员可以结合所述参数的含义、影响因素，判断对比文件公开的参数与权利要求限定的参数是否具有内在的联系从而可以进行比较，进而确定对比文件是否公开了所述参数。例如前述案例 2，比表面积是本领域技术人员所公知的参数，对比文件 1 也公开了比表面积，只是比表面积的测量条件不同，本领域技术人员知道随着煅烧温度的升高比表面积一般而言会下降，所以结合对比文件 1 公开的参数和权利要求 1 限定的参数，可以获知对比文件 1 并没有公开权利要求 1 限定的参数，因此在区别技术特征认定和技术启示判断中需要予以考虑。而与发明技术贡献的相关性，可参见下述（2）中的分析。对于自定义的参数，由于不属于本领域技术人员公知或已知，显然说明书是对该参数解释的最重要信息来源，因而可以通过说明书进行分析，明确其所表示的实际含义，结合掌握的公知常识判断其是否已经被对比文件公开或者与技术贡献是否相关，如果对比文件实际公开了所述参数，则在后续判断中不予考虑，而如果没有公开，再考虑其与发明技术贡献的相关性。

（2）参数与发明技术贡献的相关性

技术贡献体现了技术方案对现有技术的改进，其能够直观地反映技术方案的创造性高度。因此，对于参数限定的产品权利要求审查时需要考虑所述参数是否与发明的技术贡献相关，如果相关，说明参数正是技术方案相对于现有技术的改进作出技术贡献的地方，能够解决所要解决的技术问题。此时再从现有技术出发，利用"三步法"去分析和判断获得所述参数是否显而易见就能够抓住问题的实质，有助于作出客观准确的分析。例如前述案例 1 和案例 2，案例 1 经过分析可以发现中间带及其参数正是解决了对紫外—可见—近红外全谱吸收的技术问题，案例 2 通过提高煅烧后比表面积提高热稳定性，从而提高作为催化材料的应用价值。案例 1 和案例 2 的参数都体现了发明的技术贡献，解决了所要解决的技术问题，所以重点需要从技术启示的角度判断获得所述参数是否显而易见。

如果经过分析认定参数特征与发明的技术贡献无关，即认为该参数并不是对现有技术的改进所作出的技术贡献，权利要求中此类参数的限定仅能与现有技术构成新颖性意义上的区别，即现有技术已经公开了权利要求技术方案的发明构思，通过分析判断认为现有技术已经解决了涉案申请所要解决的技术问题，此时可以认为获得该参数也是显而易见的，并不会为技术方案带来创造性，而将证明的责任留给申请人，具体见后文分析。

（3）参数的获得路径

分析判断完参数与发明技术贡献的相关性之后，需要判断参数限定的权利要求是否显而易见，也即获得所述参数是否容易。参数与发明技术贡献相关时，如前所述，创造性实质上是判断请求保护的技术方案与现有技术之间的技术差异，判断过程在于本领域技术人员从现有技术出发能否经过合乎逻辑的分析、推理或者有限的实验可以得到。可以说创造性的判断重点在于实现和获得技术方案路径的难易程度。化学领域产品由于其自身的特点，参数往往体现了产品的结构和性能，参数不是手段，而是目的，因此，如何获得呈现多样化和复杂化的参数是创造性判断中需要重点考虑的问题。在化学领域中，参数的获得路径一般而言是制备方法，不同于机械产品的不同加工组装方式体现于最终产品结构和性能上的可预期性，化学领域产品的不同获得方式对于产品的结构和性能的可预期性显然较低。因此，化学领域中产品的制备方法是参数创造性审查中需要重点考虑的因素。对于制备方法的考虑，也可以在很大程度上避免现有审查实践中，对于参数特征的区别，当对比文件 1 与权利要求 1 的产品制备方法不同时，作出类似于"本领域技术人员基于对比文件 1 公开的内容获得所述参数是容易的"等很难使申请人信服的结论，因为抛开过程谈结果总会给人以"空中楼阁"的感觉。

一般而言，相同或相似的制备方法更有利于本领域技术人员通过合乎逻辑的分析、推理或者有限的实验获得所要保护的参数限定的产品，此时还需要结合前述参数与发明技术贡献的相关性进行综合分析判断，即使方法相同或相似，也要考虑本领域技术人员是否有动机、预期或现有技术是否给出启示对已有的方法进行调整，从而在审查中作出客观准确的结论。例如前述案例 1，对比文件 1 与涉案申请的方法十分相似，区别仅在于工艺参数不同，但现有技术没有给出调整工艺参数的方向和启示，本领域技术人员也没有意识到或有动机调整照射工艺参数去获得不同状态和性能的纳米粒子，从而实现对紫外—可见—近红外全谱的吸收。对案例 1 的上述分析有效避免了审查中类似于"本领域技术人员为了完善工艺而调整工艺参数获得所述参数的纳米粒子是容易的"审查结论，显然"能够"和"能够预期"是不同的。而前述案例 2，对比文件 1 与涉案申请方法也很相似，虽然本领域技术人员知道提高纳米颗粒的比表面积有助于提高热稳定性，也是本领域技术人员所追求的目标，但是基于对比文件 1，本领域技术人员没有动机去改进所述方法从而获得具有所述比表面积的纳米颗粒，即基于对比文件 1 本领域技术人员无法获得实现本申请技术方案的路径。对案例 2 的上述分析有效避免了审查中类似于"获得高比表面积是本领域技术人员普遍追求的技术目标，基于对比文件 1 获得所述参数的纳米粒子是容易的"审查结论，显然"目标"并不代表"手段"，如果对比文件与涉案申请产品的制备方法并不相同，与前述分析类似，需要考虑本领域技术人员基于对比文件的制备方法和掌握的普通技术知识，是否通过调整和改进从而能够预期获得具有所述参数限定产品的路径。

当经过分析认为参数与发明的技术贡献无关时，此时参数及其获得路径并不是重点，如前所述，可以认为获得该参数也是显而易见的，并不会为技术方案带来创造性，而将证明的责任留给申请人。

其次，从创造性审查的一般原则对参数限定产品权利要求进行判断时，由于参数限定的特点，也需要参考参数限定的产品权利要求新颖性审查中规定的举证责任的转移以兼顾由于参数的特殊性而导致审查员缺乏必要手段和条件予以验证时特殊的处理方式，在参数限定的产品创造性审查中也应该考虑举证责任的分配或转移，从而克服类似的问题而获得客观公正的审查结论，避免申请人通过变换限定没有实质意义的参数而获得本不应当获得的权利。

在参数限定的产品权利要求的创造性审查中，出现此类可以要求申请人进行举证的情况主要如案例 3 所述。当参数未被对比文件公开，且与发明的技术贡献无关时，此时可以采用类似于推定新颖性的原则，认为获得该参数也是显而易见的，并不会为技术方案带来创造性。可以要求申请人提供证据或有说服力的意见陈述。申请人提供的证据必须具有相关性，意见陈述必须具有针对性，在此基础上对技术方案的创造性进行再判断。例如前述案例 3，区别仅在于通道的长度，然而所述通道的长度并不体现技术方案的技术贡献和所要解决的技术问题，说明书中也没有记载所述通道长度具有任何的技术效果，仅仅是新颖性意义上的与对比文件 1 之间的区别，所以可以认为权利要求 1 相对于对比文件 1 不具备创造性，应由申请人提供证据或意见陈述去证明技术方案的创造性。

六、结　语

从创造性审查的一般原则出发，考虑参数与技术贡献以及技术方案的形成过程的关系，结合举证责任的转移，有利于在审查实践中厘清思路，更好地对此类权利要求创造性的审查作出客观准确的判断。

浅析参数数值范围的创造性评判

李学毅

摘　要：本文基于一件具体的复审案例，剖析合议组对于不同类型的参数数值范围创造性的判断思路以及评判方法，并以该案为视角，探讨对于参数数值范围权利要求的创造性判断中具有可操作性的审查思路。

关键词：参数　创造性　公知常识　专利审查

一、引　言

参数数值范围是常见的权利要求限定形式。我国《专利审查指南2010》尚未对参数进行具体定义。欧洲专利局审查指南对参数的定义为：参数是特性数值，其可以是能直接测量的性能参数（如物质的熔点、钢的挠曲强度、电导体的电阻），或者可被定义为公式形式的几个变量的简单或复杂的数学组合。从形式上说，参数表达为数值或数学表达式；从内容上说，参数反映的是结构、组成、性能和/或效果等特征。❶

目前，我国《专利审查指南2010》对含有参数特征的权利要求的创造性审查方式和标准尚无特殊规定，具体实践一般是遵循创造性审查的一般原则和判断方法，❷采用《专利审查指南2010》第二部分第四章第3.2.1.1节中的"三

---

❶ 陈俊宏，王飞，高天柱．由用途和参数共同限定的权利要求的创造性探讨［C］．2013年中华全国专利代理人协会年会暨第四届知识产权论坛论文汇编．2013：844－848.

❷ 郑嘉青，苏丹．对包含参数数值范围的权利要求的创造性评判［J］．专利代理，2016（4）：21－26.

步法"来判断包含参数特征的权利要求相对于现有技术是否显而易见。欧洲专利局在其审查指南C部第4章附件"评价创造性的指引"中，对于某些特定类型的参数予以规定："发明是从范围有限的可能性当中，选择特定的尺寸、温度范围或其他参数，这些参数明显可以通过一般的反复试验或设计程序获得的，属于否定创造性的理由"。❶

从国内外有关参数数值范围的创造性评判的规定可以看出，参数特征本身的创造性评判是其中的重点和关键。在专利审查过程中，由于参数表现形式多样，技术含义复杂，数值范围不易检索，经常和其他的区别特征同时出现，因此其创造性审查难度更加凸显。

二、案情简介

该复审案件涉及一种半导体陶瓷，该专利申请是基于现有技术中存在的2倍点温度低、电阻值不稳定以及使用温度范围受到限制的问题，提供了一种具有稳定的PTC特性、2倍点高、使用温度范围宽的半导体陶瓷以及正特性热敏电阻。

权利要求1如下："一种半导体陶瓷，以具有用通式A_mBO_3表示的钙钛矿型结构的Ba_mTiO_3系组合物为主成分，100摩尔%Ti中，0.05摩尔%以上0.3摩尔%以下的范围内的Ti被作为半导体化剂的W置换，主要由Ba占据的A位置与主要由Ti占据的B位置之比m为$0.99 \leqslant m \leqslant 1.002$，构成所述A位置的元素的总摩尔数作为100摩尔%时，Ca含量在15摩尔%以下的范围内；将电阻值达到25℃下的电阻值的2倍时的温度定为2倍点时，所述2倍点在100℃以上；实测烧结密度为理论烧结密度的70%以上90%以下。"

对比文件1公开了具有外部电极的一体形成的层叠烧结体，通过交替堆叠内部电极层和陶瓷半导体而形成，其半导体多层陶瓷具有正电阻温度特性。上述半导体陶瓷层中Ba的位置/Ti的位置的摩尔比为0.99~1.05（与权利要求1中的"$0.99 \leqslant m \leqslant 1.002$"有共用端点），并且上述Ba位置被部分Ca替换，Ca的替换量为5摩尔%~40摩尔%（与权利要求1的中的"15摩尔%以下"数值范围部分重叠）。

对比文件2为说明书背景技术中引入的文献，具体公开了所述半导体陶瓷的主要成分为$BaTiO_3$或其固溶体，并添加半导体化剂如稀土类元素、Nb、Bi、Sb、W、Ta中的至少一种材料，其添加量为0.005摩尔%~1摩尔%，其电阻

---

❶ 王晶，齐璐璐，孔倩，等. 浅析参数优化选择的创造性审查 [J]. 中国发明与专利，2016 (11)：119-112.

温度系数可以被改善。

对比文件 1 和对比文件 2 没有公开的技术特征包括：①W 的置换量为 0.05 摩尔% ~0.3 摩尔%，对比文件 2 公开的为 0.005 摩尔% ~1 摩尔%；②2 倍点在 100℃以上；③实测烧结密度为理论烧结密度（即相对密度，以下用"相对密度"来表示）的 70% ~90% 以下。

复审请求人认为：对比文件 1 和对比文件 2 没有公开该区别参数特征，并进一步认为烧结状态以及相对密度等参数对于 2 倍点有重要影响，该申请实施例所述陶瓷的 2 倍点在 100℃以上且相对密度都在 80% 左右。如何确保 2 倍点在 100℃以上的内容没有在对比文件 1 和对比文件 2 中体现。对比文件 1 和对比文件 2 的烧结温度过高，不会形成该申请中的烧结密度。

实审阶段认为：该申请与对比文件 1 的主要区别仅在于 100 摩尔% Ti 中，0.05 摩尔% 以上 0.3 摩尔% 以下的范围内的 Ti 被作为半导体化剂的 W 置换，其余参数几乎完全相同；对比文件 2 给出了在 $BaTiO_3$ 陶瓷材料中添加 W 作为半导体化剂以提供导电电子，使其半导体化，从而获得较低室温电阻以及改善阻温特性的技术启示，而其 2 倍点在 100℃以上的技术效果也是本领域技术人员能够在现有技术的基础上合理预期的。半导体陶瓷的烧结密度会影响其电阻率等性能参数是本领域的公知常识，所属领域技术人员根据具体产品的需要，通过调整原料粒径以及烧成制度等工艺步骤的调整获得所需烧结密度的样品是显而易见的。

可见，该案的争议焦点在于含有 3 个参数数值范围的权利要求的创造性的认定。该区别技术特征包括参数的数值范围优化、自定义参数以及烧结密度比值等多种类型，既涉及化学组成，又涉及性能效果以及微观结构。

三、审查思路

根据以上焦点问题，合议组结合说明书的记载和本领域的技术知识，明析参数内涵，从被影响因素和效果情况，确定参数外延，辅以获取相关参数数值范围的公知常识性证据，全面判断参数数值范围的公知常识性以及技术效果的可预料性。合议组最终作出了维持驳回决定的复审决定，复审请求人并未提起诉讼，该案复审决定生效。该案具体审查思路如下。

1. 站位本领域技术人员，明析参数内涵

参数含义的理解是案件创造性评判的基石，对于案件创造性评判走向有重要影响，若不能正确理解参数的实质，明确参数的内涵，很容易出现说理不充分甚至创造性评判错误的现象。

该案涉及 3 个参数区别技术特征，其中 W 的置换量和相对密度均为所属领域的常规表达术语，其含义相对明确具体。W 置换量代表 Ti 元素被作为半导体化剂 W 的置换数值大小，对比文件 2 已经公开了添加量为 0.005 摩尔% ~ 1 摩尔%，因此，该申请的 W 置换量 0.05 摩尔% ~ 0.3 摩尔%属于优选范围。相对密度为实测烧结密度与理论烧结密度的比值，由于理论密度是固定值，实际烧结密度不可能比理论密度大，因此，相对密度一般小于 100%，数值越大，代表致密度越高，该申请中的相对密度在 70% 以上 90% 以下也可看作是优选范围，优选的为相对密度不高的情况。

"2 倍点"属于申请人自定义参数，根据该申请说明书第 11 段的记载，"2 倍点"即半导体陶瓷的电阻值达到 25℃下的电阻值的 2 倍时的温度。对于本领域技术人员来说，"2 倍点"的表达从形式上是清楚的，但该参数的内涵并不明确。合议组结合本领域的常规知识，从相关联的参数术语出发，尝试确定"2 倍点"的内涵：在半导体领域，与"2 倍 或 两倍"相关的还有一个参数，即"开关温度 t_b"，其定义为"阻值增大为零功率 $R_{25℃}$ 两倍时的温度，即 $R_b = 2R_{25℃}$ 时所对应的温度"；涉及开关温度 t_b 时，人们经常还会提到居里温度 t_c，它是钛酸钡从正方晶系转变为立方晶系的转变温度。它们是两个概念不尽相同的参数，由于数值差别不大，人们也经常把开关温度视为居里温度。基于 2 倍点与开关温度和居里温度的相互关系，可确定该参数数值范围大小的内涵。

2. 从被影响因素和效果两个角度，明确参数的外延

参数的外延在创造性评判过程中有重要影响。从被影响因素和效果两个角度分析，可以较为全面地明确参数的外延。一般来说，在包含参数数值范围的权利要求中，不同参数的被影响因素和效果各不相同；有些参数比如组成、制备工艺以及部分结构参数等，为具体的技术手段，不受其他因素影响，但基于参数数值范围的变化调整，会对包括产品效果、性能以及其他技术特征产生重大影响作用，笔者称之为"施主"参数；与"施主"参数对应的是"受主"参数，如部分性能、效果类参数，完全受到其他技术手段和参数的影响，是产品性能和效果的直接体现；还有一类参数，可以称之为"两性"参数，其一方面受到其他技术手段和参数的影响，同时还直接影响产品的性能和效果，主要包括部分性能以及结构参数。关于参数的分类情况可见表 1。

表1　参数的分类及其被影响因素和效果情况分布

参数类型	被影响因素	效果
"施主"参数	—	有
"受主"参数	有	—
"两性"参数	有	有

在该案中，根据涉案申请说明书的记载，申请人的意见陈述以及本领域的常规知识分析可以看出：W 置换量、相对密度、Ca 对 Ba 的置换量以及 A 位的化学计量 m 值的数值范围对于半导体陶瓷的 2 倍点、半导体化和 PTC 特性的显现均有影响；烧结工艺是影响产品的相对密度和 2 倍点的数值范围的重要因素；W 置换量为具体的技术手段，不受其他因素的影响。该案中参数的内涵外延情况分布情况以及参数类型可见表 2。

表 2　该案参数的内涵外延情况分布表

参数	内涵	外延		参数类型
		效果情况	被影响因素	
W 置换量	掺杂、置换、替换的数量	2 倍点；半导体化；PTC 特性的显现	—	"施主"参数
"2 倍点"	开关温度，数值大小与居里温度相当	—	W 置换量；相对密度；Ca 对 Ba 的置换量；A 位的化学计量 m 值；烧结工艺；	"受主"参数
相对密度	烧结密度和理论密度的比值	2 倍点；半导体化；PTC 特性的显现	烧结工艺	"两性"参数

3. 根据参数的内涵和外延，判断参数数值范围的公知常识性

在创造性判断之前，合议组根据参数的内涵和外延，站位本领域技术人员，用证据说话，判断参数数值范围的公知常识性。在公知常识证据的获取过程中，基于对参数内涵和外延的分析，灵活采用不同的检索手段，获取了相应的公知常识性证据，具体如下。

（1）合理扩展关键词获取公知常识性证据

对于 W 置换量：基于该参数的内涵，可将其扩展为掺杂、置换或替换；根据该参数的数值范围单位的特殊表达，可将"摩尔 or mol"作为进一步限定；在读秀中对"掺杂"以及"mol"进行检索，可以获得公知常识性证据 1。其公开了"在高纯 $BaTiO_3$ 中，用离子半径与 Ba^{2+} 相近而电价比 Ba^{2+} 高的金属离子置换其中的 Ba^{2+} 离子，或者用离子半径与 Ti^{4+} 相近而电价比 4 价 Ti 高的金属离子（Nb^{5+}、Ta^{5+}、W^{6+} 等）置换其中的 Ti^{4+} 离子，用一般陶瓷工艺烧成，就可使 $BaTiO_3$ 陶瓷晶粒半导化；通常掺杂量一般在 0.2% ~ 0.3%（mol）这样一个狭窄的范围内，掺杂量稍高或稍低，均可能导致重新绝缘化。可见该申请中的 W 的置换量为 0.05 摩尔% ~ 0.3 摩尔% 已被公知常识性证据 1 所公开。

（2）间接换算获取公知常识性证据

对于相对密度：由于该参数表示的为烧结密度和理论密度的比值，因此，烧结密度作为关键词，可以获得公知常识性证据2。其记载了钛酸钡烧结温度和烧结密度的关系图，按照理论密度为 $6.02g/cm^3$ 计算，使用干式制备法在 $1200\sim1300℃$ 烧结可以得到理论密度80%左右的陶瓷材料。可见涉案申请中的"相对密度在70%以上90%以下"也已被公知常识性证据2所公开。

（3）转换思维获取公知常识性证据

对于2倍点：由于该参数为自定义参数，直接检索，很难获得相关的对比文件以及相关的公知常识性证据。根据对于2倍点参数内涵的分析，合议组通过在读秀中对"开关温度"和"居里温度"进行检索，获得了相关的公知常识性证据。其定义了阻值增大为零功率 $R_{25℃}$ 两倍时的温度，即 $R_b=2R_{25℃}$ 时所对应的温度为开关温度 t_b（相当于涉案申请的2倍点）。与 t_b 相关联，人们经常会提到居里温度 t_c，它是钛酸钡从正方晶系转变为立方晶系的转变温度。它们是两个概念不尽相同的参数，由于数值差别不大，人们也经常把开关温度视为居里温度；公知常识性证据4记载了烧成温度与居里温度的关系，不经过掺杂的钛酸钡在 $1300℃$ 以下烧结时其 t_c 可以达到 $125\sim126℃$，即使掺杂了能够显著降低居里温度的 La 元素，其在 $1300℃$ 以下烧结时 t_c 也可以达到 $115℃$。可见，涉案申请中的2倍点在 $100℃$ 以上也已被公知常识性证据4所公开。

以上可以看出，对于不同类型的参数，在公知常识证据的获取思路上具有共通性，彼此也存在细微区别。一般来说，通过合理扩展参数本身的要素表达是所有类型的参数公知常识证据获取的基本手段，并且还需注意公知常识性证据中参数数值范围所能起到的作用与本申请中所能起到的作用是否相同。对于"施主"类参数，由于该参数本身即为技术手段，因此注重该类参数本身的关键词扩展非常重要；对于"受主"类和"两性"类参数，其一般与技术手段息息相关，故存在两种不同的获取思路，其一从参数本身出发，其二从相关的技术手段出发，但是这两种思路均需要注意公知常识性证据中参数本身和被影响因素技术手段二者的一致性；对于"两性"类参数，由于影响和被影响因素更为复杂，在公知常识性证据获取过程中需要考虑的因素将更多。

4. 参数数值范围的创造性评判

基于对于涉案申请中参数内涵和外延的理解，以及所属领域的公知常识性证据所公开的内容，合议组在认定参数的公知常识性证据时，在关注该参数本身是否被公知常识性证据所公开的同时，还应进一步从被影响因素和效果两个角度，来探讨该参数调整的动机和所能起到的效果。

对于"施主"参数 W 置换量，由于其不存在被影响因素，因此判断重点为效果的异同。公知常识性证据 1 已经公开了通过置换，采用一般工艺烧成，就可使得 $BaTiO_3$ 陶瓷晶粒半导化。由于 W 的掺杂量已经公开，本领域技术人员也可以确定公知常识证据 1 中 W^{6+} 取代后的 $BaTiO_3$ 陶瓷也具有与涉案申请相同的技术效果，即在半导化的同时实现 2 倍点高于 100℃。

对于"两性"参数相对密度，其主要被影响因素是烧结工艺。该申请所采用的是低温烧结，具体实施例 1 公开的烧结温度是 1120 ~ 1300℃；公知常识性证据 2 所公开的在 1200 ~ 1300℃烧结可以得到理论密度 80% 左右的陶瓷材料也属于低温烧结，可见通过降低烧结温度获得低烧结密度已被该公知常识性证据 2 所公开。由于烧结工艺会影响陶瓷晶粒，继而影响 PTC 材料的正温度系数；故基于相同的技术手段，所属领域技术人员也可预料公知常识证据 2 中低温下的相对密度也具有与该申请相同的技术效果，即在半导化的同时实现 2 倍点高于 100℃。

对于"受主"参数 2 倍点，从该参数本身来看，公知常识证据 4 已经公开了与该申请相同的数值范围；从被影响因素来看，Ca 对 Ba 的置换量和 A 位的化学计量 m 值已经被对比文件 1 所公开，W 置换量、相对密度的大小为本领域的公知常识。

通过以上分析，可以得出该申请中的三个参数数值范围均为本领域的公知常识，其并未取得预料不到的技术效果，该申请不具备创造性。

四、审查实践

通过该复审案件所总结的方法，即首先通过明确参数的内涵和外延，对于参数进行合理分类，据被影响因素和效果情况将参数分为三种类型，整体有机地分析参数之间的关系，基于内涵和外延获取相关对比文件，并从参数本身出发，协同考量被影响因素和效果，全面判断参数的创造性，可以帮助审查员在面对含有参数数值范围权利要求审查过程中，基于参数的分类来分析参数的内涵和外延，把握发明构思，更好地进行检索以及创造性的评述。以下通过一个案例加以说明。

该案涉及一种堇青石烧结体、其制法、复合基板以及电子器件。权利要求 1 的内容如下："一种堇青石烧结体，其在 X 射线衍射图中，除了堇青石成分以外的各成分的最大峰的强度的总和相对于堇青石的（110）面的峰顶强度的比为 0. 0025 以下。"

该权利要求 1 是典型的包含参数数值范围的权利要求，在实质审查过程中，审查员首先分析该参数的内涵，堇青石成分以外的各成分的最大峰的强度的总和相对于堇青石的（110）面的峰顶强度的比为非常规的参数，其内在含义表达的是烧结体中异相的多少，一般该比值越小，代表异相越少，堇青石的纯度越高。而结合说明书的记载以及本领域的常规技术知识，可知该参数由制备工艺来决定，包括原料及其配比、烧结温度、杂质的引入等因素。该参数产生的效果是"将表面研磨成镜面状时的表面平整度高"。因此，该案的参数属于"两性"参数（参见表3）。

表3　实践案例中参数的内涵外延情况分布

参数	内涵	外延		参数类型
		效果情况	被影响因素	
X 射线衍射图中峰强比值	烧结体的异相少	将表面研磨成镜面状时的表面平整度高	原料及其配比、烧结温度，杂质的引入	"两性"参数

在检索过程中，审查员从参数的内涵出发，侧重考量烧结体是否含有异相、原料以及烧结工艺的具体情况，通过在中国期刊网（CNKI）中进行主题检索，获得了相关的对比文件。其公开了纯相的堇青石陶瓷，原料的配比落入涉案申请实施例的范围内，烧结温度略高于该申请实施例的烧结温度；虽然该对比文件没有公开该案中的参数，但是公开了原料及其配比，烧结温度也与涉案申请相当；虽然对比文件在制备工艺中引入了黏结剂等杂质，但是在烧结过程中，黏结剂会进一步排胶掉；同时，在本领域，当不选择流延成型工艺时，不选择加入黏结剂也是常规的工艺选择。故从被影响因素来看，该案中的参数数值范围是显而易见的，该权利要求不具备创造性。

五、思考和小结

根据被影响因素和效果情况的不同，可将参数分为"施主""受主""两性"三种类型。在参数数值范围的创造性评判过程中，需要关注参数的特殊性。通过分析参数影响和被影响因素，明晰参数的内涵和外延，明确参数"施主""受主""两性"的分类，对于创造性评判过程中的证据获取、公知常识认定以及是否取得预料不到技术效果的考虑具有积极意义。使用该方法在创造性判断过程中，需要注意以下因素。

（1）厘清参数特征的相互关系，整体把握发明构思

在创造性评判过程中，厘清参数特征的相互关系，更有利于客观分析参数的外延，分析参数的被影响因素和效果情况。有机统一地看待技术特征包括参数特征之间的关系，尤其是彼此存在内部关联时，应当将这些参数作为一个整体考虑，确定其为技术方案所带来的技术效果，整体把握发明构思。

（2）站位本领域技术人员，明析参数的内涵和外延

站位本领域技术人员对于创造性审查的全流程包括参数的理解、公知常识性的判断以及预料不到的技术效果的考虑均有重要影响。在参数的创造性审查时，参数的内涵和外延的判断需要准确站位本领域技术人员，全面准确地分析参数的影响和被影响因素；尤其是对于自定义参数，应当立足于发明所属的技术领域，从权利要求书和说明书出发，以所属领域技术人员的视角来审视参数的通常含义，结合本领域的常规技术手段，判定参数的公知常识性。对于申请人所声称的预料不到的技术效果，也应从本领域的角度出发，客观准确判断。

（3）加强证据意识，准确评判参数数值范围的创造性

由于参数的专业性以及复杂性，公众对于参数区别技术特征的公知常识认定的客观性要求比较高，加强证据意识，提高公知常识证据使用方法和技巧，对于参数区别特征所能解决的技术问题和所能实现的技术效果以及公知常识认定过程进行说理举证，可更为客观准确地认定公知常识，全面有效判断是否取得意料不到的技术效果。在参数相关权利要求的创造性判断过程中，经常会进行逻辑推断以及效果判断，如果能够辅助相关证据，将会提高说理的有效性和判断的准确性。

从期限认定的角度谈分案申请
提出时机的判断

肖彭娣

摘 要：对于复审决定的送达日是指实际收到日还是推定收到日，法院裁定观点与国家知识产权局的实践惯例不一致，给申请人带来极大困惑并造成不可挽回的权利损失。在专利初审阶段，判断分案申请提出时机是否符合规定的关键在于：如何正确理解和执行法院裁定，如何理解对复审决定不服提起"行政诉讼期间"。本文结合《专利法》及其实施细则、《行政诉讼法》以及《民事诉讼法》的相关规定、理论，对这两方面的问题进行深入分析和思考。

关键词：分案申请 提出时机 法院裁定 行政诉讼期间 立案

一、引 言

我国《专利法》第 41 条第 2 款规定："专利申请人对专利复审委员会的复审决定不服的，可以自收到通知之日起三个月内向人民法院起诉。"我国《专利法实施细则》第 4 条第 3 款规定："国务院专利行政部门邮寄的各种文件，自文件发出之日起满 15 日，推定为当事人收到文件之日。"那么，应当如何理解《专利法》第 41 条第 2 款规定的"收到通知之日"？是指实际收到日还是拟制收到日？理论上，对于期限的认定和法律的理解适用应统一标准，但是基于各种原因，在实践中难免会出现司法部门与行政部门对于期限的认定标准不统一，给当事人造成极大困惑的情况，这种期限认定的不一致会给申请人带来难以挽回的损失并造成严重后果，例如，错过分案申请的提出时机、丧失分案申请权等。

这种期限认定上的不一致也给专利初审阶段分案申请提出时机的审查带来了一定的挑战，增加了审查的复杂程度。在本文的案例中，申请人于行政诉讼不予立案的裁定书作出之日的次日才提出分案申请。该申请是否符合分案申请的提出时机，这是目前专利初审阶段面临的难题。

二、问题的提出

1. 案例简介

发明专利申请 A 是原申请 B 的分案申请。原申请 B 被驳回，申请人对驳回决定不服向原国家知识产权局专利复审委员会（以下简称"专利复审委员会"）请求复审。专利复审委员会于 2015 年 12 月 22 日作出专利驳回复审请求审查决定（以下简称"复审决定"），发文日是 2016 年 1 月 7 日。申请人不服复审决定，于 2016 年 4 月 20 日向北京知识产权法院（以下简称"一审法院"）提起行政诉讼。一审法院认为，复审决定的挂号信邮寄信息显示该决定已于 2016 年 1 月 10 日送达，申请人应当自该日起 3 个月内提出行政诉讼；由于申请人起诉时已经超过了 3 个月的法定起诉期限，不符合法定的起诉条件，因此裁定不予立案。申请人不服该不予立案的裁定，坚持认为应当按照《专利法实施细则》第 4 条第 3 款的规定，以复审决定的推定收到日（发文日 +15 天 +3 个月，即 2016 年 4 月 22 日）作为行政诉讼起诉期间的起算点。于是申请人向北京市高级人民法院（以下简称"二审法院"）提起上诉，二审法院于 2016 年 9 月 28 日作出裁定，驳回上诉，维持一审裁定。申请人于 2016 年 9 月 29 日提出分案申请 A。图 1 为案例介绍示意图。

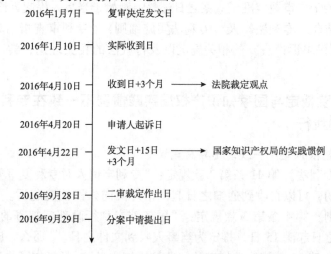

图 1　案情介绍示意图

2. 案例分析

申请人于 2016 年 9 月 29 日提出的申请 A 是否符合分案申请的提出时机呢？对于分案申请的递交时间，我国《专利法实施细则》第 42 条规定："专利申请已经被驳回、撤回或者视为撤回的，不能提出分案申请。"对于"专利申请已经被驳回"的解释，《专利审查指南 2010》第一部分第一章第 5.1 节"分案申请"部分规定："对于审查员已发出驳回决定的原申请，自申请人收到驳回决定之日起三个月内，不论申请人是否提出复审请求，均可以提出分案申请；在提出复审请求以后以及对复审决定不服提起行政诉讼期间，申请人也可以提出分案申请。"

本文前述案例遇到的问题比较复杂，涉及法院裁定与国家知识产权局的实践惯例不一致时如何理解和执行的问题，还涉及诉讼法中很多程序性问题的理解和适用。

该案例中，申请人于二审裁定作出之日的第二天才提交分案申请，那么如何理解"提起行政诉讼期间"？换言之，该"提起行政诉讼期间"何时结束？这就关系到诉讼法上一个重要的争议问题：二审裁定或判决何时生效？是二审裁定或判决作出的日期还是一方或双方当事人收到裁定或判决之日？另外，我国虽然实行两审终审制，但我国行政诉讼法司法解释规定了当事人提起再审的期限，对于该再审期限应如何理解？行政诉讼期间是在二审裁定或判决生效之日结束还是再审期限终止之日结束？而且，该"提起行政诉讼期间"何时开始？是始于申请人的起诉还是始于人民法院的立案？上述二审裁定的结果是驳回上诉、维持一审不予立案的裁定，若二审裁定准予立案，那么"提起行政诉讼期间"是始于二审裁定准予立案之日还是追溯始于当事人提起诉讼之日？

本文将结合《专利法》及《专利法实施细则》《专利审查指南 2010》《行政诉讼法》《民事诉讼法》的相关规定以及行政法的相关理论，尝试分析并回答上述问题。

三、法院裁定与国家知识产权局实践惯例不一致在专利初审阶段如何理解和执行

1. 对于期限认定不一致的思考及建议

我国《专利法》第 41 条第 2 款规定："专利申请人对专利复审委员会的复审决定不服的，可以自收到通知之日起三个月内向人民法院起诉。"我国《专利法实施细则》第 4 条第 3 款规定："国务院专利行政部门邮寄的各种文件，自文件发出之日起满 15 日，推定为当事人收到文件之日。"那么，应当如何理解《专利法》第 41 条第 2 款规定的"收到通知之日"？是指实际收到日还是拟

制收到日？

法院认为，《专利法实施细则》第 4 条第 3 款规定属于拟制性规定，只有当被诉决定收悉情况在事实上无法证明时才可予以适用。当事人实际收到时间有证据证明的，应当按照实际收到时间计算起诉期限；当事人实际收到时间无法证明的，当事人主张适用前述规定确定送达日期起诉期限的，人民法院可以支持。

国家知识产权局的实践惯例与法院裁定的观点不一致。根据《专利法实施细则》第 4 条第 3 款的规定，国家知识产权局通常采用推定收到日，借助电子审批系统将案件期限的起算时间统一设置为通知书发文日加 15 天。《专利审查指南 2010》第五部分第六章 2.3.1 节的规定："通过邮寄、直接送交和电子方式送达的通知和决定，自发文日起满十五日推定为当事人收到通知和决定之日。对于通过邮寄的通知和决定，当事人提供证据，证明实际收到日在推定收到日之后的，以实际收到日为送达日。"

笔者认为，国家知识产权局作为行政部门，在审查实践中统一采用推定收到日，即发文日加 15 天，这样既便于操作，也有利于国家知识产权局和当事人明确期限的起算点。如果每份通知书或决定都要查询挂号信的实际收到日，无疑费时费力，浪费资源和时间。同时，国家知识产权局在认定送达日期时也考虑到了当事人的利益，在提高行政效率的同时兼顾公平。根据当事人接收文件的实际情况，从当事人的利益出发，若有证据证明文件的实际收到日晚于推定收到日，则由当事人提出请求并提交相应证据，国家知识产权局再对系统中的期限进行修改。国家知识产权局目前这种事先统一由系统按照发文日加 15 天建立期限，而后由当事人请求修改期限并举证的实践惯例，符合依法行政中的高效便民原则。

此外，不管是从法律规定、邮寄送达机制，还是从司法机关与行政机关的价值侧重点的不同、司法送达与行政行为送达的区别❶等方面，再加上保护当事人的合理信赖、维护法律的尊严及其价值安定性的角度考虑，法院都应尊重国家知识产权局的实践惯例，在重视行政效率同时兼顾公平的价值理念下，适用《专利法实施细则》第 4 条第 3 款的规定和《专利审查指南 2010》第五部分第六章第 2.3.1 节的规定。笔者建议，国家知识产权局应与北京知识产权法院和北京市高级人民法院立案部门进行业务沟通，说服法院立案部门接受并适用《专利法实施细则》第 4 条第 3 款及《专利审查指南 2010》第五部分第六章第 2.3.1 节的规定，对于送达日的认定与国家知识产权局的实践惯例保持一

---

❶ 由于篇幅所限，这几方面的分析笔者已另撰写文章，此处不展开讨论。

致，消除当事人的困惑。

2. 目前审查员应正确理解和执行法院裁定

目前，面对法院与国家知识产权局还未达成一致意见的现实，专利审查员在审查实践中应正确理解和执行法院裁定，做到不越权、不妄断，正确判断分案申请的提出时机是否符合法律规定。

首先，虽然法院裁定的观点目前与国家知识产权局的实践惯例不同，但是二审裁定具有终局性，除法定情形外，任何机关、社会团体和个人都无权推翻司法裁判。终局性的司法裁判具有公定力、确定力、拘束力和执行力四个方面的效力。公定力，是指终局性的司法裁判被推定为公正的、毋庸置疑的。确定力，是基于司法裁判的公定力而产生的司法裁判的实体内容的确定性效力，经过司法裁判所认定的事实关系和法律关系，都被一一贴上封条，成为无可动摇的真正的过去。❶ 拘束力，是指终局性司法裁判作出后，当事人、法院和其他国家机关都必须受其拘束，其他机关都负有尊重司法裁判的义务，无权更改司法裁判。执行力，是司法裁判拘束力的延伸，当事人必须服从并履行司法裁判。❷ 对于前述案例，尽管法院认定的送达日与国家知识产权局的实践惯例不同，但既然法院已经作出不予立案的二审裁定，国家知识产权局审查员就应尊重和执行该司法裁定，接受法院不予立案的结果。

其次，专利审查员应分析案件所处的阶段，厘清法院和国家知识产权局各自的职责。法院有权对起诉时限是否符合法律规定作出裁定，审查员应尊重法院的不予立案的结果，并基于此结果判断分案申请的提出时机是否符合法律规定，即判断上述分案的提出是否处于行政诉讼期间。为了更加直观，列出案件的时间轴如图 2 所示。

对于送达日的认定，应分清案件所述的阶段，对于申请人提起行政诉讼的期限，法院有权认定以实际收到口作为行政诉讼期限的起算点；对于提交分案申请，专利局审查员可根据国家知识产权局的实践惯例以推定收到日为准，也就是说，在 2016 年 4 月 22 日之前，无论申请人是否提起行政诉讼，均可以提出分案申请，但是本案申请人于 2016 年 4 月 22 日前未提出分案申请，而是在不予立案的二审裁定作出之日第二天，即 2016 年 9 月 29 日才提交分案申请，审查员只能审查其提出的分案申请是否处于行政诉讼期间。

❶ 季卫东. 法治秩序的建构［M］. 北京：中国政法大学出版社，1999：19.
❷ 贺日开. 司法终局性：我国司法的制度性缺失与完善［J］. 法学，(12).

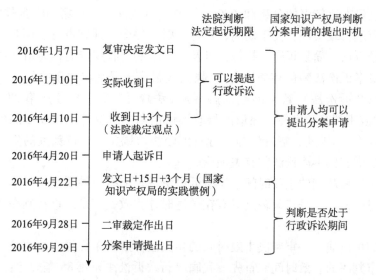

图2 案件所处阶段时间轴

四、如何理解"提起行政诉讼期间"

对于分案申请的提出时机,《专利审查指南 2010》第一部分第一章第 5.1 节"分案申请"部分规定,对复审决定不服提起行政诉讼期间,申请人可以提出分案申请。前述案例中,申请人不服复审决定,于 2016 年 4 月 20 日向法院提起行政诉讼。一审法院裁定不予立案,申请人不服后提起上诉,二审法院于 2016 年 9 月 28 日作出裁定,驳回上诉,维持一审裁定。申请人于 2016 年 9 月 29 日提出分案申请。那么,2016 年 9 月 29 日是否处于行政诉讼期间?法院于 2016 年 9 月 28 日作出的裁定何时生效?行政诉讼期间何时结束?行政诉讼期何时开始?弄清楚这些行政诉讼法的程序性问题,对判断分案申请的提出时机是否符合规定十分重要。

1. 二审裁判的生效时间

我国实行二审终审制度,但是二审裁判何时生效,法律并没有明确规定,这是一个立法漏洞,同时也给实务操作带来了很大的困惑。❶ 我国三大诉讼法——《民事诉讼法》《行政诉讼法》和《刑事诉讼法》都没有明确规定二审裁判的生效时间。对此问题,行政诉讼和刑事诉讼法学理论鲜有讨论,但民事诉讼法

---

❶ 蒋为群. 民事二审判决的生效时间检讨:结合案例的分析 [J]. 甘肃政法学院学报,2011 (118).

理论界已经有比较多的分析和争论。我国《行政诉讼法》第101条规定："人民法院审理行政案件，关于期间、送达、财产保全、开庭审理、调解、中止诉讼、终结诉讼、简易程序、执行，以及……本法没有规定的，适用《中华人民共和国民事诉讼法》的相关规定。"根据《最高人民法院关于执行〈中华人民共和国行政诉讼法〉若干问题的解释》（法释〔2000〕8号）第97条规定："人民法院审理行政案件，除依照行政诉讼法和本解释外，可以参照民事诉讼的有关规定。"因此，笔者认为，行政诉讼法领域关于二审裁判的生效时间的探讨可以借鉴民事诉讼法的有关理论。

对于二审裁判的生效时间，民事诉讼法理论上有三种观点：一是二审裁判在宣判时生效，二是二审裁判只有在送达时才生效，三是二审裁判在作出之日生效。❶

我们可以通过一审判决生效时间的相关法律规定来探寻立法本意，并借此探讨二审判决的生效时间。首先，我国《行政诉讼法》第85条规定："当事人不服人民法院第一审判决的，有权在判决书送达之日起十五日内向上一级人民法院提起上诉。当事人不服人民法院第一审裁定的，有权在裁定书送达之日起十日内向上一级人民法院提起上诉。逾期不提起上诉的，人民法院的第一审判决或者裁定发生法律效力。"由此可见，一审裁判的生效时间是判决书送达之日起十五日，裁定书送达之日起十日。逾期不提起上诉的，一审裁判发生法律效力。可见"送达"在一审裁判生效上具有非常重要的意义，是上诉期限的起算点。"送达"的意义不仅在于将诉讼文书交给受送达的当事人及相关人，更重要的是送达行为本身即包含并进一步预设了一定的法律后果。人民法院依照法定方式及程序送达诉讼文书后，即产生了诉讼法上的效力，受送达人若无正当理由而不履行裁判文书中要求的义务，则应承担相应的法律后果。由于判决是对当事人双方之间权利义务的一种确定和宣示，只有在当事人完全知晓判决结果的时候才能去履行判决书的法律行为。判决的履行或执行要求当事人进行一个行为，情理上首先应让当事人知道判决内容，然后才有可能让当事人履行或执行，如果当事人不知道判决内容，履行或执行也就无从谈起了。因此，笔者认为，借鉴一审裁判生效时间以"送达＋上诉期"的标准，既然我国实行两审终审制，二审裁判即终审裁判，以"送达＋上诉期－上诉期"作为标准，二审裁判的生效时间直接可以"送达"生效。有学者就直接将终审的判决、裁定

---

❶ 蒋为群. 民事二审判决的生效时间检讨：结合案例的分析 [J]. 甘肃政法学院学报，2011
(118).

定义为"第二审人民法院作出的一经送达即发生法律效力的判决、裁定"。❶ 可见二审裁判应当以送达作为生效要件。

其次，对于一审裁判不能同时送达当事人的情况，判决生效日如何计算一直存在争议，目前基本是从对当事人有利的角度进行"从宽"解释。理论上的主要分歧在于，最后一方当事人收到裁判文书时即生效，还是分别计算生效时间？民事司法实践中，作出判决的法院可以依当事人申请出具判决或裁定生效证明，该生效证明实际上以各方当事人收到判决或裁定的日期作为各自的生效日期。对于一审裁判的上诉期如何计算，我国行政诉讼法及其司法解释没有作出规定，基于《行政诉讼法》第 101 条和《最高人民法院关于执行〈中华人民共和国行政诉讼法〉若干问题的解释》第 97 条的规定，此种情形应参照民事诉讼的有关规定。根据《最高人民法院关于适用〈中华人民共和国民事诉讼法〉的解释》（法释〔2015〕5 号）第 244 条规定："可以上诉的判决书、裁定书不能同时送达双方当事人的，上诉期从各自收到判决书、裁定书之日计算。"鉴于此，笔者认为，对于行政诉讼的二审裁判不能同时送达当事人的情况，二审裁判也应当以各方当事人收到二审裁判文书的日期作为各自的生效日期。

判断分案申请的提出是否处于"行政诉讼期间"，则要看二审裁判的生效时间，即申请人收到二审裁判的时间，审查员可以要求申请人提交北京市高级人民法院相应裁判文书的送达回执或出具的生效证明。如果送达时间早于分案申请提出时间，说明二审裁判已经生效，行政诉讼程序已经终结，分案申请的提出已不处于"行政诉讼期间"，则分案申请的提出时机不符合《专利法实施细则》第 42 条的规定，该分案申请将被视为未提出。如果送达时间晚于分案申请的提出时间，则说明二审裁判还未生效，行政诉讼程序还未终结，分案申请的提出仍处于"行政诉讼期间"，则分案申请的提出时机符合《专利法实施细则》第 42 条规定。

2. 再审期限不计入行政诉讼期间

根据《最高人民法院关于适用〈中华人民共和国行政诉讼法〉若干问题的解释》（法释〔2015〕9 号）第 24 条规定："当事人向上一级人民法院申请再审，应当在判决、裁定或者调解书发生法律效力后六个月内提出。有下列情形之一的，自知道或者应当知道之日起六个月内提出。"目前我国行政诉讼申请再审的期限是 6 个月。有审查员质疑，行政诉讼期间是止于二审裁判生效之日还是止于再审期限终止之日？

需要说明的是，行政诉讼期间止于二审裁判生效之日，再审期限不计入行

---

❶ 江必新. 新民事诉讼法理解适用与实务指南 [M]. 北京：法律出版社，2012.

政诉讼期间。首先，我国《行政诉讼法》第 90 条规定："当事人对已经发生法律效力的判决、裁定，认为确有错误的，可以向上一级人民法院申请再审，但判决、裁定不停止执行。"当事人提出再审的判决、裁定是已经发生法律效力的判决、裁定，再审期间，该判决、裁定不停止执行，这就意味着行政诉讼期间已经终结，当事人之间的权利义务已经确定。其次，我国实行两审终审制，再审程序是一种"非常程序"，一种特殊救济程序，不是案件审理通常需要经过的程序，其仅在特殊情况下才能启动。我国诉讼法学者通常认为，再审的提起是基于"实事求是、有错必纠"的理论或认识。就其性质而言，再审程序是纠正法院已发生法律效力的违法裁判的一种补救程序，是不增加审级的具有特殊性质的审判程序。❶ 两审终审才是正当程序，再审只是特殊情形的纠错程序，不是必经程序。因此，行政诉讼期间在二审裁判生效时即已结束。

3. "行政诉讼期间"应以法院立案为前提

前述案例的分案申请提出时间是二审裁定作出之日的第二天。由于通常情况下法院送达裁定书还需要几天时间，因此当事人此时可能还未收到裁定书。也就是说，如果当事人提出分案申请时二审裁定还未生效，那么分案申请的提出就一定处于行政诉讼期间吗？笔者认为未必。因为二审裁定的结果是不予立案，则行政诉讼期间尚未开始，又何谈结束？换言之，行政诉讼期间是始于起诉还是始于立案？

行政诉讼的立案，是指人民法院对公民、法人或其他组织的起诉进行审查，对符合条件的起诉立案审理，从而引起诉讼程序开始的职权行为。行政诉讼程序的引发，虽然必须以公民、法人或其他组织的起诉为前提，但仅有起诉，而没有人民法院的立案受理，行政诉讼程序仍然无从开始。公民、法人或其他组织的起诉与人民法院立案受理的结合，才构成行政诉讼程序的开始。因此，行政诉讼期间的计算应以法院立案为前提。前述案例的二审裁定结果是不予立案，即行政诉讼程序尚未开始，申请人提出的分案申请也就未进入行政诉讼期间。

如果以起诉时间来认定行政诉讼期间，则会无限期地扩大行政诉讼期间，例如，申请人可以 1 年、5 年或 20 年之后再针对复审决定不服提行政诉讼，这显然超出了法定 3 个月的起诉期限，一审法院仍然会裁定不予立案，申请人可以继续不服一审裁定再提起上诉。如果这样开始的一审、二审程序也算诉讼期间的话，诉讼期间就根据申请人的意愿随意启动了，申请人在任何时候想提出分案申请，都可以针对母案的复审决定提起行政诉讼，这显然不合理。

---

❶ 张卫平. 民事诉讼法 [M]. 北京：法律出版社，2009：326 - 327.

因此，认定行政诉讼期间应以法院立案为前提：若法院已立案，行政诉讼期间可以溯及申请人起诉之日起计算；若法院不予立案，则行政诉讼并未开始，申请人的母案申请已经确定终止了，除非启动再审再无恢复的机会，其分案申请则应被视为未提出。但是，如果二审改变一审裁定，裁定准予立案，则诉讼期间应溯及申请人提起行政诉讼之日起计算。

在判断分案申请的提出时机时，若分案申请的提出之日晚于申请人收到复审决定之日起 3 个月（复审决定发文日 +15 天 +3 个月），而申请人表示已经提起行政诉讼，审查员应要求申请人提交法院出具的立案通知书。有的审查员担心分案申请的审查会耽误太多时间，实际上大可不必担忧。我国自 2015 年 5 月 1 日起实施立案登记制❶后，申请人提起行政诉讼更加便捷。《行政诉讼法》第 51 条规定："人民法院在接到起诉状时对符合本法规定的起诉条件的，应当登记立案。对当场不能判定是否符合本法规定的起诉条件的，应当接收起诉状，出具注明收到日期的书面凭证，并在七日内决定是否立案。"《最高人民法院关于适用〈中华人民共和国行政诉讼法〉若干问题的解释》第 1 条规定："人民法院对符合起诉条件的案件应当立案，依法保障当事人行使诉讼权利。对当事人依法提起的诉讼，人民法院应当根据行政诉讼法第五十一条的规定，一律接收起诉状。能够判断符合起诉条件的，应当当场登记立案；当场不能判断是否符合起诉条件的，应当在接收起诉状后七日内决定是否立案；七日内仍不能作出判断的，应当先予立案。"可见，一审法院判断是否立案的时限为 7 日。如果申请人对于不予立案裁定不服，提起上诉，二审审限也只有 3 个月。《行政诉讼法》第 88 条规定："人民法院审理上诉案件，应当在收到上诉状之日起三个月内作出终审判决。"即，以最长期限计算，申请人提起行政诉讼之日到二审裁定作出之日也就不到 4 个月（决定是否立案 7 日 + 裁定送达时间 +10 日 +3 个月），分案申请的审查期完全在合理的限度内。

五、结论与建议

目前法院裁定的观点与国家知识产权局的实践惯例不一致，在国家知识产权局未与法院达成一致意见之前，国家知识产权局审查员在审查实践中应正确理解和执行法院裁定，因为二审裁定具有终局性。审查员应尊重法院不予立案

---

❶ 立案与受理的关系，形式上是不同的说法。2015 年我国实行立案登记制之前，普遍说受理，为了解决我国起诉难、起诉门槛高的问题，我国实行立案登记制之后，一般说立案。实质上，二者也有一些区别，之前受理的标准高一些，现在立案的标准低一些，不管是受理还是立案，如果不符合起诉条件，法院仍然会裁定驳回起诉。实务中，立案环节和立案后的审理环节是不同的法院部门负责，前者由立案庭负责，后者由相应的审判庭负责。

的结果，正确判断分案申请的提出时机是否符合法律规定，即判断上述分案的提出是否处于行政诉讼期间。

判断是否处于"行政诉讼期间"，首先要判断二审裁判的生效时间。笔者认为二审裁判应以送达为生效要件，即申请人收到二审裁判的时间即二审裁判的生效时间。对于行政诉讼的二审裁判不能同时送达当事人的情况，二审裁判也应当以各方当事人收到二审裁判文书的日期分别计算生效日期。因此，在专利审查实践中，审查员可以要求申请人提交北京市高级人民法院出具的裁判文书的送达回执或生效证明。需要说明的是，行政诉讼期间止于二审裁判生效之日，再审期限不计入行政诉讼期间。

对行政诉讼期间的认定应以法院立案为前提：若法院已立案，行政诉讼期间可以溯及申请人起诉之日起计算；若法院不予立案，则行政诉讼并未开始，不可能处于行政诉讼期间。如果二审改变一审裁定，准予立案，那么诉讼期间应溯及申请人提起行政诉讼之日起计算。因此，在审查实践中，审查员在判断分案申请的提出时机是否符合规定时，若分案申请的提出之日晚于申请人收到复审决定之日起 3 个月，且申请人表示已经提起行政诉讼，审查员应要求申请人提交法院出具的立案通知书。

浅议以强化信息披露应对非正常申请的方法和意义

孔 倩 傅 晶 谢京晶

摘 要：本文比较了包括中国、美国、日本在内的多个国家对信息披露的相关规定，旨在为我国应对疑似因不诚信导致的非正常申请提供一定的借鉴。应对所述非正常申请时，在使用创造性条款对技术方案进行合理质疑的基础上，我国可以考虑对《专利法》第36条第1款进一步完善以强化申请人履行信息披露的义务，从而有效甄别非正常申请，提高审查效率，提升专利质量。
关键词：非正常申请 信息披露 专利法 第36条第1款

一、引 言

随着我国经济社会的发展，党中央、国务院高度重视科技创新，随着自主创新战略、国家知识产权战略的提出和实施，近几年我国专利申请增长十分迅猛，专利申请受理量连续多年位居世界之首。然而，在专利申请大量增长的背后，出现了疑似因不诚信导致的非正常申请现象，在生物、化学、医药等可预见水平较低，需要实验数据证明技术效果的领域，这一现象尤其体现为实验数据和技术效果的编造、抄袭等。上述非正常申请的技术方案并未作出实质上的智慧贡献，无法实现技术创新和科技进步，有违"发明创造"的本质精神，有的甚至会损害公众利益，不利于专利制度对经济社会发展的促进作用。专利申请的实质审查是确保专利质量的重要环节，承担着甄别非正常申请。为真正的发明创造授予专利权的重任。然而，在审查实践中，审查员通常只能以常规检索手段在常见数据库中收集案件的疑似非正常申请信息，往往面临创造性评述举证不足或者说理困难的处境。对此，如能要求申请人主动披露相关信息，则有可能在非正常申请的事实认定和证据收集方面发挥有利作用。而关于申请人信息披露义务的相关法律规定主要涉及《专利法》第36条第1款，其中规定了申请人提交在申请日前与其发明有关的参考资料的内容。因此，本文主要探讨如何对《专利法》第36条第1款进一步完善使其适用于应对疑似因不诚信导致的非正常申请，为审查实践提供一种新的思路。

二、各国对信息披露的相关规定

美国、日本、欧洲、中国等对信息披露的规定以及惩罚措施各不相同，下面对几国的相关规定进行介绍。

1. 美国对信息披露的相关规定

37 CFR 1.56（a）❶规定："与专利提交和申请相关的任何个人在美国专利商标局都负有诚实和善意的义务，该义务包括向专利商标局披露其知晓的对该发明的专利性有重要影响的全部信息。任何涉及欺骗或试图欺骗专利局，或通过恶意或刻意误导的方式违反披露义务的专利申请将不会被授予专利权。"37 CFR 1.56（b）❷规定："重要信息不包括已经获得的或在申请中记载的信息，重要信息的基准有2个：①该信息本身或与其他信息结合能够构成该专利申请不可专利的初步证据；②该信息否认或与申请人就专利局作出的不可专利性意见而提出反驳或主张专利性的立场不一致。"37 CFR 1.56（c）❸规定："信息披露的义务人包括：①本申请中所列出所有发明人；②参与本申请的准备与申请过程中的律师或代理人；③其他实质性参与本申请的准备及申请过程的人，

---

❶ 37CFR1.56（a）：Each individual associated with the filing and prosecution of a patent application has a duty of candor and good faith in dealing with the Office, which includes a duty to disclose to the Office all information known to that individual to be material to patentability as defined in this section.

Nopatent will be granted on an application in connection with which fraud on the Office was practiced or attempted or the duty of disclosure was violated through bad faith or intentional misconduct.

❷ 37CFR1.56（b）：Under this section, information is material to patentability when it is not cumulative to information already of record or being made of record in the application, and （1）It establishes, by itself or in combination with other information, a prima facie case of unpatentability of a claim; or （2）It refutes, or is inconsistent with, a position the applicant takes in：（i）Opposing an argument of unpatentability relied on by the Office, or （ii）Asserting an argument of patentability.

❸ 37CFR1.56（c）：Individuals associated with the filing or prosecution of a patent application within the meaning of this section are：（1）Each inventor named in the application; （2）Each attorney or agent who prepares or prosecutes the application; and （3）Every other person who is substantively involved in the preparation or prosecution of the application and who is associated with the inventor, the applicant, an assignee, or anyone to whom there is an obligation to assign the application.

以及与发明人、受让人或与具有转让申请义务相关的人。"❶ 37 CFR 1.97❷、1.98❸分别对提交信息披露声明（Information Disclosure Statement，IDS）的提交时间和声明内容进行了详细规定，比如 37 CFR 1.97 规定了在国内申请提交日起 3 个月内、在国际申请进入国家阶段 3 个月内、针对实质性事实的第一次审查意见通知书发出之前或者在提交继续审查请求后的第一次审查意见通知书发出之前提交 IDS。37 CFR 1.98 规定了申请人应当提交包含供专利局考虑的所有美国专利及专利申请、外国专利及专利申请、出版物以及其他信息的列表，以及提交外国专利和出版物的副本。由此可见，37 CFR 1.97、1.98 的条款从实际操作层面对信息披露的方式、时机和内容进行了明确规定，使申请阶段的信息披露义务得以实际履行。

由上述规定可以看出，应当披露的信息包括在专利申请审查各程序（专利授权前、再颁程序或再审程序）中，与该发明能否被授权有关的任何资料和信息，即能影响专利性的任何信息均属于应当向专利商标局如实披露的信息。美国专利商标局建议申请人认真检查是否披露了下列信息：在外国专利局对同种申请作出的检索报告中引用的现有技术，以及与权利要求最相关的信息。根据已有的案例，除现有技术外，与实用性、发明人和最佳实施例有关的信息也应当如实披露。违反上述诚实披露义务的行为被称为不当行为，不当行为的认定条件为：①未被诚实披露的信息对专利能否被授权有重大影响；②申请人有欺骗的意图，违反诚实披露义务、隐瞒重要信息、欺骗专利商标局的行为应当出

---

❶ 王燕红．对我国专利法第 36 条的修改建议：由美国对专利程序中不当行为的规制想到的［G］//国家知识产权局条法司．专利法研究 2004．北京：知识产权出版社，2005：264 – 273.

张大海，曲丹．简述美国专利法中的信息披露制度［J］．中国发明与专利，2015（5）：87 – 91.

❷ 37CFR1.97：Filing of information disclosure statement. An information disclosure statement shall be considered by the Office if filed by the applicant within any one of the following time periods：（1）Within three months of the filing date of a national application other than a continued prosecution application under § 1.53（d）；（2）Within three months of the date of entry of the national stage as set forth in § 1.491 in an international application；（3）Before the mailing of a first Office action on the merits；or（4）Before the mailing of a first Office action after the filing of a request for continued examination under § 1.114.

❸ 37CFR1.98：Content of information disclosure statement.（1）A list of all patents, publications, applications, or other information submitted for consideration by the Office. U. S. patents and U. S. patent application publications must be listed in a section separately from citations of other documents；（2）A legible copy of（i）Each foreign patent；（ii）Each publication or that portion which caused it to be listed, other than U. S. patents and U. S. patent application publications unless required by the Office；（iii）For each cited pending unpublished U. S. application, the application specification including the claims, and any drawing of the application, or that portion of the application which caused it to be listed including any claims directed to that portion；（iv）All other information or that portion which caused it to be listed.

于其主观故意。❶ 实际上，美国商标专利局并不会根据 37 CFR 1.56 对原始申请进行调查或驳回。违反信息披露义务通常体现在后续侵权诉讼中作为一种侵权抗辩形式，即不正当行为抗辩来追究其法律责任。

2. 日本对信息披露的相关规定

《日本专利法》第 36 条第 4 款第 2 项规定："与发明有关的文献公开发明（指第 29 条第 1 款第 3 项所述的发明）中，如果存在欲获得专利者在申请专利时已知晓的，则应当记载刊登了该文献公知发明的出版物的名称等其他与该文献公知发明有关的信息之所在。"该法条规定了专利申请人的信息披露义务，即专利申请人在递交申请之日，如果知晓与其申请的发明相关的、至少一件现有技术文献，就必须在专利说明书中披露现有技术文献的标题，但无须向日本特许厅递交现有技术文献的复制件。对于专利申请之时所不知晓的、与发明有关的现有技术文献，申请人需要在专利说明书中申明其理由和后果；如果在专利说明书中未能声明其后果，审查员可以向申请人发送补充通知。申请人收到通知之后，须在指定的期限内递交书面说明或递交在原专利说明书上增加现有技术文献标题的修正文件。❷

《日本专利法》第 48 条第 7 款规定："审查员在认为专利申请不符合第 36 条第 4 款第 2 项规定的要件时，可以通知专利申请人，并指定相应的期间给予其提交意见书的机会。"《日本专利法》第 49 条第 5 款（驳回查定）规定："在收到了前条所规定的通知书后专利申请人对说明书进行了补正或提交了意见书，但该专利申请仍不符合第 36 条第 4 款第 2 项规定的要件的，可以作出驳回决定。"由此可见，该法条明确规定，未能满足现有技术文献披露义务是驳回专利申请的理由，但该法第 123 条规定，其并非为专利无效的理由，因为未能履行该义务不属于发明在可专利性方面的实质性缺陷。此外，《日本专利法》第 197 条规定："通过欺诈行为获得专利、专利权存续期间的延长登记或审决者，处以 3 年以下徒刑或 300 万日元以下的罚金（欺诈行为之罪）。"所谓"欺诈"是指主观上要求具有故意欺骗他人之意图，并使其陷入错误的违法行为。欺骗行为主要包括捏造事实，例如，没有说明书记载的效果，但以虚假的事实（实施例等）或提供虚假的资料来证明，从而获得专利的授权，也包括故意隐瞒真正的事实的行为。❸

---

❶ 王燕红. 对我国专利法第 36 条的修改建议：由美国对专利程序中不当行为的规制想到的[G] //国家知识产权条法司. 专利法研究 2004. 北京：知识产权出版社，2005：264 - 273.

❷❸ 青山纮一. 日本专利法概论[M]. 北京：知识产权出版社，2014：51，附录.

梁志文. 论专利申请人之现有技术披露义务[J]. 法律科学（西北政法大学学报），2012（1）：130 - 138.

3. 欧洲专利局对信息披露的相关规定

欧洲专利局没有规定申请人的信息披露义务，因为欧盟模式强调专利审查部门独力承担现有技术的检索。根据《欧洲专利公约》（EPC）的规定，现有技术的确定系由专利审查员在审查过程中独立所完成；而专利申请人并不负有披露现有技术的法定义务，即使是明知与发明可专利性相关的现有技术，也完全可选择保持沉默。欧洲专利局建立了各自拥有不同审查员的检索和审查部门，由前者专职负责对专利申请案所涉发明之新颖性和发明步骤（inventive step）相关的现有技术进行检索，审查员通过检索该局内部的数据库和收集外部文献，并在此基础上形成 EPC 所规定的书面意见。审查部门的专利审查员对专利申请进行实质审查，从而作出该发明是否可专利的最终裁决。❶

4. 我国对信息披露的相关规定

我国《专利法》第36条第1款规定："发明专利的申请人请求实质审查的时候，应当提交在申请日前与其发明有关的参考资料。"该法条中提及的"参考资料"主要指发明人在完成发明过程中所参考借鉴的与其发明相关的技术资料，包括专利文献、科技书籍、专利技术报刊等。同时，《专利法实施细则》第49条规定："发明专利申请人因有正当理由无法提交专利法第三十六条规定的检索资料或者审查结果资料的，应当向国务院专利行政部门声明，并在得到有关资料后补交。"上述法条实际上是对申请人信息披露义务的规定。当然，《专利法》第36条第1款虽然规定申请人应当提交有关参考资料，但现实中到底提交哪些参考资料由申请人自己决定。❷ 由此可见，申请人在履行信息披露义务时占据主动权，可以选择性地提交不会对自己的申请造成影响的非重要资料，从而隐瞒一些关键证据。

三、强化信息披露应对非正常申请的必要性及建议

通过梳理各国对信息披露义务的相关规定，除了欧洲专利局未规定申请人的信息披露义务外，美国非常注重申请人的诚信善意，对申请人的信息披露有着明确要求，而且惩罚措施严厉，一旦发现有欺骗、误导等行为，则专利权不可被执行。日本同样对信息披露有着严格规定，甚至将欺骗行为与欺诈罪关联，对其处以判刑或高额罚款的惩罚。由此可见，美国和日本非常关注申请人的诚信行为，要求申请人履行信息披露义务，对不诚信行为设定了相应的惩罚

---

❶ 梁志文. 论专利申请人之现有技术披露义务 [J]. 法律科学（西北政法大学学报），2012（1）：130 – 138.

❷ 尹新天. 中国专利法详解 [M]. 北京：知识产权出版社，2011：428 – 430.

措施。反观我国，《专利法》第 36 条第 1 款虽然规定了申请人信息披露的相关内容，但由于对"参考资料"的提交规定不具体，且缺少相应惩罚措施，对申请人信息披露的要求过于宽松。

但是，一味地要求信息披露也并非明智之举。美国专利法实践表明，强化申请人信息披露义务会导致善意申请人过度预防，而对恶意申请人却不起作用，并造成诉讼资源浪费。❶ 对应于我国的现状，有些法律研究者呼吁弱化《专利法》第 36 条第 1 款的使用，其理由为，在数字时代，专利审查员获取现有技术的能力大大提升，专利法下的替代性制度安排也能在一定程度上消除审查过程中的信息不对称问题，我国现在和将来都没有必要强制要求专利申请人履行现有技术披露义务；❷ 有些法律研究者认为《专利法》第 36 条第 1 款存在强制性程度不高、申请人履行信息披露义务具有不确定性等问题，应当重新考虑《专利法》第 36 条存在的必要性；❸ 有些法律研究者呼吁修改《专利法》第 36 条第 1 款，明确规定信息披露的范围或惩罚措施，比如规定申请人应当在提交申请时提供影响专利性的全部资料和信息；对不履行披露义务的申请人给予处罚等。❹ 上述观点的分歧或许是因为不同研究者对于信息披露在专利制度中所发挥的作用理解不同：如果将信息披露仅仅理解为有利于获取现有技术和同族审查过程等公开文件，则专利审查部门检索手段的进步和检索能力的提升确实使得这种披露可有可无；但如果将信息披露理解为对申请人诚信的要求，用以防止专利中的欺骗行为，则信息披露的规定还需进一步强化和细化。

在国外对信息披露义务的规定以及我国法律研究者对《专利法》第 36 条第 1 款的现有观点的基础上，考虑到目前非正常申请涉及大量技术效果和实验数据编造的问题，在此特定情形下，笔者更倾向于对《专利法》第 36 条第 1 款进行进一步完善以使其更加适应现阶段专利申请的现状。《专利法》第 36 条第 1 款虽然规定了申请人提交在申请日前与其发明有关的参考资料的内容，但通常所理解的参考资料主要是专利文献、科技书籍、专利技术报刊等技术性资料。随着科技的发展和技术的进步，审查员在实际审查中所使用的检索数据库、检索手段更加多样化，获得与发明有关的技术性资料越来越容易，绝大多数时候无须要求申请人提供相关技术资料，导致目前的《专利法》第 36 条第 1 款在实际审查中几乎不被使用。按照这样的通常理解，对于目前专利申请中出

❶❷ 崔国斌. 专利申请人现有技术披露义务研究 [J]. 法学家，2017（2）：96–112.

❸ 曲晓阳，庄一方. 谈中国专利法第 36 条 [J]. 中国专利与商标，1996（3）：51–56.

❹ 王燕红. 对我国专利法第 36 条的修改建议：由美国对专利程序中不当行为的规制想到的 [G] //国家知识产权局条法司. 专利法研究 2004. 北京：知识产权出版社，2005：264–273.

张大海，曲丹. 简述美国专利法中的信息披露制度 [J]. 中国发明与专利，2015（5）：87–91.

现的疑似因不诚信导致的非正常申请的现象，《专利法》第 36 条第 1 款也无法有效发挥作用。但是，如果以现有《专利法》第 36 条第 1 款为突破口，通过对法条进行适当的扩展解释，以实现对申请人的信息披露义务进行更加严格的要求，将有利于应对疑似因不诚信导致的非正常申请现象，有效甄别非正常申请，从而为我国建立健全专利申请的诚信评价体系提供法律依据。

目前出现的疑似因不诚信导致的非正常申请，尤其是生物、化学、医药领域的非正常申请，其主要体现在实验数据编造、抄袭等方面。针对上述现象，笔者认为可从以下两个方面完善《专利法》第 36 条第 1 款。

首先，从现有的非正常申请来看，有些申请存在与其他系列申请实验数据类似的现象；有些申请存在抄袭现有专利文献实验数据的现象，比如完全抄袭，或仅对实验场所名称、实验样品来源、患者个人信息等内容进行有限的文字修改。基于该现状，对《专利法》第 36 条第 1 款的解释可以扩展参考资料的范围。例如将"参考资料"扩展为与发明相关的技术资料、与申请文件中实验数据相关的证明文件以及其他能够影响专利性的全部资料和信息。也就是说，要求申请人提交的参考资料不应当仅限于现有技术资料，还应当包括涉及实验数据的相关证明文件，例如实验场所的存在证明、医院诊断证明、实验对象身份证明、临床实验数据等，以此来判断实验数据是否存在编造、抄袭的情况。

其次，建议参考日本专利法的前述规定，将《专利法》第 36 条第 1 款纳入驳回条款。如果在要求申请人履行信息披露义务的过程中，通过申请文件的记载内容，结合申请人的意见陈述或提交的证据能够证明专利申请为因不诚信导致的非正常申请，可依据该法条驳回该专利申请。这实际上是对具有不诚信行为的申请人给予的加强处罚。

四、强化信息披露应对非正常申请的方法和意义

在审查实践中，提交资料通知书是根据《专利法》第 36 条及《专利法实施细则》第 49 条规定而设计的通知书，其是《专利法》第 36 条第 1 款实际应用的手段。在提交资料通知书中明确记载，"根据《专利法》第 36 条及《专利法实施细则》第 49 条规定，申请人应当在收到该通知书之日起 2 个月内，向国家知识产权局提交下列资料或陈述其无法提交该资料的正当理由"。可见，通过提交资料通知书的方式来适用《专利法》第 36 条第 1 款，审查部门能够主动要求申请人履行信息披露义务。

1. 实践中的应用思路

如何在实践中具体应用完善后的《专利法》第 36 条第 1 款，基于目前的

审查实践，可从以下几个方面考虑。

（1）明确适用范围

完善后的《专利法》第 36 条第 1 款应当适合针对某些虽然有非正常申请嫌疑，但正负两方面佐证信息不足，结案走向不明确的案件。而对于结论走向明确或者审查员自行检索即可获得证据的案件，则不一定需要使用《专利法》第 36 条第 1 款，以避免加重申请人的举证负担。

对于申请人刻意隐瞒信息或者进行虚假陈述的情况，如果在审查中能够适当应用《专利法》第 36 条第 1 款，有针对性地要求申请人针对存疑内容进行资料提交和补充相关信息，则可以对"三性"评判起到辅助加强作用。在此必须强调，《专利法》第 36 条第 1 款并不能取代"三性"评判，在审查中应当始终坚持以"三性"评判为主线。

（2）明确提供证据的类型

如果怀疑某案有非正常申请，应当基于专利申请的全部信息，包括著录项目（例如申请人资质信息）、说明书技术方案、实验数据等进行综合判断，做到合理质疑。

如果需要根据完善后的《专利法》第 36 条第 1 款发出提交资料通知书，应当在通知书中明确申请中被质疑的具体内容，并要求申请人提供合理解释和相应证据，比如对于主体资格的质疑，申请人可以提供执业证书、工作证明、营业执照等，如果涉及医药领域，还可要求提供医院出具的诊断证明、临床试验数据等。对于证据的类型，官方证明相较于其他证据更具说服力，也更容易辨别真伪。

如果申请人无法提供相应证据或仅提供了缺乏证明力的证据，不仅从侧面印证了审查员对非正常申请的判断是正确的，同时也节约了行政资源，加强了创造性审查意见的说服力。如果申请人提供了证明力强的证据，同样为案件走向提供了更明确的依据。

（3）把握适用时机

完善后的《专利法》第 36 条第 1 款可以以提交资料通知书的形式独立适用，也可以在审查意见通知书的正文中体现。无论以何种形式，其目的均是告知申请人案件的疑点所在，要求其进行相应的信息披露。

（4）通知书的措辞

应当以善意审查的态度撰写通知书。在要求申请人提供证据后，建议在正文结尾处体现"以供存档备案和后续审查"之类的语句，提醒申请人其所提交的证据一方面作为外部资料留存于专利申请档案中，以供后续审查辅助判断；另一方面也对申请人提供虚假证据的情形起到一定威慑作用，由于长期存档备案给后续专利诚信制度的完善留下了操作余地，因此故意提供虚假证明可能在后续程序中受到相应制裁。

2. 应用的意义

正如美国强调了诚实善意与信息披露的关系，日本将信息披露与欺诈相关联，我国通过完善《专利法》第 36 条第 1 款的相关规定加强申请人的信息披露义务，将有助于专利申请诚信制度的建设，对于疑似因不诚信导致的非正常申请将会具有以下应用意义：

首先，通过有针对性地要求申请人披露具体信息，便于审查员分辨并拦截非正常申请。

其次，有利于收集案件证据特别是无法通过检索获得的间接证据，通过用证据说理，强化非正常申请审查的合理性。

再次，通过信息披露，发现技术效果、实验数据等相关内容是否存在科学性上的错误，并识别虚假陈述。

最后，通过改进审查策略，达到缩短检索和审查时间，提高审查效率的目的。

对于专利审查工作而言，首先应当对申请事实进行准确认定，在充分理解发明的基础上进行"三性"评述和全面审查。通常而言，申请事实的认定依据是申请人提交的申请文件，在申请文件中应当写明对该发明的理解、检索、审查有用的背景技术，并尽量引证反映这些背景技术的文件；对于技术效果可预见水平相对较低的技术领域，例如生物、化学、医药等领域，申请文件所记载的相关实验以及实验数据、实验结果对于申请事实的认定无疑是重要的。然而，在疑似因不诚信导致的非正常申请的审查过程中发现，部分申请明显属于对现有技术的抄袭、拼凑，但现有技术的信息被刻意隐瞒；或者在生物、化学、医药等领域中，申请文件所记载的实验数据及实验结果有虚假嫌疑，对事实认定造成不利影响。此时对完善后的《专利法》第 36 条第 1 款实现合理应用，有助于对申请事实的进一步调查和合理认定，也对部分虚报、瞒报申请信息的申请人起到了一定的遏制作用。

五、小　结

信息披露是专利申请人的法定义务，对专利申请相关信息的隐瞒或虚假陈述尤其体现在疑似因不诚信导致的非正常申请上。本文在参考美国、日本对信息披露规定的基础上，建议进一步完善我国《专利法》第 36 条第 1 款的相关规定，使其更适应现阶段的专利申请现状，旨在针对疑似因不诚信导致的非正常申请时，进一步强化申请人对相关信息的披露，将非正常申请的审查把关落实在要求其针对质疑内容履行信息披露的义务上，有针对性地要求申请人提供相关资料或者补充信息，从而更好地甄别非正常申请，有利于丰富审查方式、提高审查效能、提升专利质量。笔者希望通过对《专利法》第 36 条第 1 款的完善，进一步强化申请人的信息披露义务，以应对目前出现的疑似因不诚信导致的非正常申请的现象，建立健全专利申请的诚信评价体系，对于刻意隐瞒现有技术、编造虚假信息的申请主体给予相应惩戒，以维护和促进健康有序的专利申请环境。

对分案与原案申请人一致性审查的探讨

陈腊梅

摘　要：本文针对分案与原案申请人一致性审查中规定不明确的现状，结合审查实例分析了基于分案提交日与分案审查日进行判定的合法性与合理性，根据依法行政原则提出了兼顾立法宗旨和程序节约原则的判定准则。进一步剖析了在分案申请快速增长的新形势下，适用该判定准则时存在的问题，建议在《专利审查指南2010》中明确规定分案提交时分案与原案申请人必须相同。

关键词：分案　原案　一致性　依法行政原则　恶意分案申请

一、引　言

《专利法》第31条中规定："一件发明或者实用新型专利申请应当限于一项发明或者实用新型。"《专利审查指南2010》第一部分第一章第5.1节中规定："一件专利申请包括两项以上发明的，申请人可以主动提出或者依据审查员的审查意见提出分案申请。"随着这一分案制度的普及，分案的申请量急剧增加，特别是近年来更达到了每年倍增的速度。其中，申请人不同的分案申请量也快速增长，同时原案与分案的权利转让日益频繁，由此产生了多种原案与分案申请人不一致的情形。因此，分案与原案申请人一致性判定准则的明确化迫在眉睫。

根据《专利审查指南2010》第一部分第一章第5.1节的规定，分案申请应当以原申请（第一次提出的申请）为基础提出，分案申请的申请人应当与原申请（以下简称"原案"）的申请人相同；不相同的，应当提交有关申请人变更的证明文件。这一规定在实际审查操作中存在很多问题。现行的《专利审查指南 2010》虽明确了分案提交时分案与原案申请人一致性的规定，但未预见到专利审查程序浪费、申请人负担、恶意分案申请等情形。因而，审查员在审查实践中对如何快速有效地判断分案与原案申请人的一致性存在困扰。特别是当原案或分案申请人进行过多次著录项目变更的情形，审查员对申请人一致性的判定会更加困难。

针对分案申请，《我国分案制度的探讨》一文通过分析分案申请规定、回顾我国分案制度发展以及剖析分案申请中的一些特殊情形对分案制度进行了探讨。❶ 在分案申请制度中，优先权审查一直是初步审查的热点，《初步审查中对于分案申请优先权审查的两种典型情形的探讨》讨论了两个代表性的案例并给出了相应的操作建议；❷ 而《分案申请恢复享有优先权的法律依据与实务操作探析》则结合实际案例从法律规定和实务操作两个层面进行探讨并给出了规范申请与审批程序的建议。❸ 为避免有限审查资源的浪费，如何防范分案滥用是另一个探讨重点。对此，《分案滥用以及发明初步审查中对滥用分案的应对方法》一文分析了分案滥用产生的原因及其不良后果，给出了在初步审查中控制分案滥用的一些做法；❹《试论分案滥用与分案申请出时机的关系及应对策略》则进一步从分案申请提出时机切入，对各种分案滥用现象进行分析并给出具体的应对策略。❺ 但关于分案与原案申请人一致性的判定准则，已有文献中还缺乏充分深入的讨论。

针对审查中的实际困扰，本文结合审查实践中的具体案例，从分案制度的立法宗旨、专利审查的程序节约原则及依法行政原则三个角度进行梳理分析，综合给出判定分案与原案申请人一致性的合法、合理的准则。然而，随着分案制度的普及以及分案申请量的快速增加，上述准则在这一新形势下可能产生新的问题。本文进一步剖析了这些新问题，并给出了可以解决这些新问题的有效方法。

---

❶ 宋扬，陈腊梅，熊瑜. 我国分案制度的探讨 [J]. 中国发明与专利，2015（10）：114 – 118.

❷ 宋扬，肖伟明. 初步审查中对于分案申请优先权审查的两种典型情形的探讨 [G]. //白光清. 专利审查研究（第六辑）. 北京：知识产权出版社，2015.

❸ 欧阳平，李晓稳，何孟珂，等. 分案申请恢复享有优先权的法律依据与实务操作探析 [J]. 审查业务通讯，2014（4）：30 – 35.

❹ 刘硕，欧阳平，王莹. 分案滥用以及发明初步审查中对滥用分案的应对方法 [G]. //中华全国专利代理人协会. 加强专利代理行业建设 有效服务国家发展大局：2013 年中华全国专利代理协会年会第四届知识产权优秀论文集. 北京：知识产权出版社，2013.

❺ 梁然，欧阳平，刘硕. 试论分案滥用与分案申请提出时机的关系及应对策略 [J]. 中国发明与专利，2014（7）：57 – 60.

二、案情介绍及问题

【案例1】一件分案申请，申请号为 2017×××××××××，提交日为 2017 年 5 月 17 日，申请人为 B，分案审查日为 2017 年 7 月 26 日。其对应的原案申请号为 2015×××××××××，申请日为 2015 年 1 月 16 日，申请人为 A，并先后于 2017 年 5 月 1 日、9 日、10 日、19 日共提交 4 次著录项目变更请求，先后于 2017 年 5 月 19 日、24 日收到两次手续合格通知书。两次手续合格通知书所对应的变更过程分别为：5 月 19 日由 A 变更为 B，5 月 24 日由 B 变更为 C。

在本案例中，共先后出现三个申请人主体，分别为 A、B、C。由于原案前后经过多次申请人变更，本案例所涉及时间点较多。为方便了解相关信息，将上述案例中所涉及的关键时间点标注在图 1 中（图中将著录项目变更简称为"著变"，下同）。

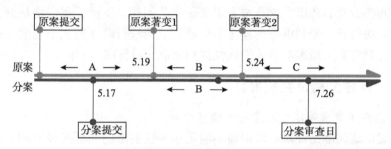

图1　案例1关键时间点示意图

【案例2】案例 2 与案例 1 为同一个申请人于同日提交的另一件分案申请，申请号为 2017×××××××××，声明的原案申请也与案例 1 相同。与案例 1 的不同之处在于，这件分案申请的审查日为 2017 年 5 月 22 日，正好处于原案第一次著录项目变更生效后、第二次著录项目变更生效前。同样，为方便厘清各关键时间点之间的关系，将所涉及的时间点标注在图 2 中。

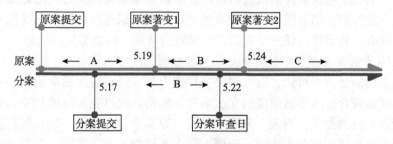

图2　案例2关键时间点示意图

对于案例 1 与案例 2，原案在分案提交后发生了两次著录项目变更，导致原案的申请主体多次变更。那么这种情况下，该如何判定分案与原案申请人的一致性呢？

判定分案与原案申请人的一致性，涉及几个关键的时间点：著录项目变更手续合格通知书的发文日、分案提交日及分案审查日。针对原案申请人的变更，现有的审查标准是："分案申请提交日当天，原申请的申请人变更已生效（即已发出手续合格通知书）的，分案申请的申请人应当与原案申请中变更后的申请人相同；原申请的申请人变更手续尚未生效（即尚未发出手续合格通知书）的，分案申请的申请人应当与原申请中变更前的申请人相同。"不难看出，判定分案与原案申请人是否具有一致性的时间点应为分案提交日。

然而，在审查实践过程中，基于这一时间点进行判定可能会给申请人和审查员带来不必要的负担（见下文详述）。为此，是否有更合理的判定准则，可以兼顾到各方面的考虑？这是本文主要研究的问题。下面，我们将从分案申请制度的立法宗旨、专利审查的程序节约原则、依法行政原则三个角度，结合上述案例，对分案与原案申请人一致性的判定准则进行深入剖析。

三、问题分析及判定准则

1. 从分案申请制度立法宗旨的角度分析

分案申请制度是针对一件申请不满足单一性要求的问题所设立的，其立法目的是将不满足单一性要求的原案中另一项或另几项发明创造以分案申请的形式分出来，从而使得原案满足单一性要求。因而，分案申请的内容实质上是原案的一部分，这也是分案申请能够享有原案申请日的原因。既然分案申请是以原案作为基础提出的并且是原案的一部分，那么分案申请人自然应当是原案的申请人。不论分案申请提出之后原案申请人和分案申请人进行何种著录项目变更，在分案申请提交日当天，分案的申请人应当与原案申请人保持一致。换言之，从分案制度立法宗旨的角度而言，应当以分案提交日作为判定分案与原案申请人一致性的依据时间点。以分案提交日作为依据时间点的最主要优点是审查结论没有不确定性，任何审查员在任何审查日均可得出相同的结论。

2. 从专利审查中程序节约原则的角度分析

从上面的分析中可知，以分案提交日作为判定分案与原案申请人一致性的依据时间点符合分案申请制度的立法宗旨。然而，在审查实际操作中，存在这样的情形：分案提交日当天，分案申请人与原案申请人并不一致；但在分案提交后、审查员审查该分案之前，申请人已主动提交了有关申请人变更的证明材料。在这种情形中，分案申请人实际上已经满足了提交分案申请的权利。

针对这种情形，如果仅以分案提交日作为判定分案与原案申请人一致性的依据时间点，可能会产生如下困扰：因提交日当天分案与原案申请人不一致，审查员应当针对此缺陷发出补正通知书；但在审查员发出这一补正通知书之前，申请人已经提交了有关申请人变更的证明材料，也即已经克服了上述补正通知书中所要指出的缺陷；因而，审查员无须再针对该不一致的缺陷发出补正通知书。因此，针对这一情形，审查员在分案审查日已经收到有关申请人变更证明材料的，可以判定分案与原案申请人符合一致性。这一做法体现了专利审查中的程序节约原则。

除了上述情形外，在审查实际操作中还有另一种情形也适用程序节约原则，即案例 2 所描述的情形：在分案提交日当天，分案申请人与原案申请人并不一致，但在分案审查日当天，原案申请人已经通过著录项目变更与分案申请人相一致。针对这种情形，若仅以分案提交日作为判定分案与原案申请人一致性的依据时间点，可能会产生如下困扰：申请人 B 要么需要提交有关申请人变更的证明材料，要么可以撤回此分案申请并重新提出分案申请（新分案申请在提出时所对应的原案申请人为 B，符合一致性要求）；而事实上在分案审查日当天分案申请人与原案申请人已经在客观上达成一致，因此以分案审查日为依据时间点可以节约审查程序并避免申请人的上述负担。由此可见，以分案审查日为依据时间点可以有效地提升审查效率、减轻申请人负担，但要注意到以分案审查日作为依据时间点的缺点是具有较大的不确定性，在不同审查日作出的审查结论可能截然不同。

3. 从依法行政原则的角度分析

从上述两个角度可以看出，仅以分案提交日或仅以分案审查日为判定分案与原案申请人一致性的依据时间点都存在优点和缺点。如果仅以分案提交日作为依据时间点，可以保证得出的结论是唯一确定的，但却不利于节约审查程序；如果仅以分案审查日作为依据时间点，可以节约审查程序、提高审查效率，却因其本身的不确定性导致审查结论具有不确定性。因此，一个更优的解决方案是将两者结合起来，既考虑分案提交日，又考虑分案审查日。这一做法实际上是依法行政原则在判定分案与原案申请人一致性问题中的良好体现。

依法行政是依法治国的核心要素，依法行政原则是对行政机关及其行政公务人员从事行政管理活动的基本要求。专利审查作为一项行政行为，也应当践行依法行政原则"为公民服务，为公益服务"的宗旨，保护申请人的利益。行政行为（审查决定）的作出应当符合依法行政原则中"行使自由裁量权应当符合法律目的，排除不相关因素的干扰""行政机关不得作出影响公民、法人和其他组织合法权益或者增加公民、法人和其他组织义务的决定"等要求（详见

《国务院关于印发全面推进依法行政实施纲要的通知》）。从上述分析中可以看出，以分案提交日作为依据时间点，是确保考虑相关的因素而不受无关因素影响的目标，使得行政行为的作出尽量消除不确定性，维护法律法规的权威性；而以分案审查日为依据时间点处理多类非常规情形，是尽可能做到"不减损公民权益、不增加公民义务"，使得行政行为的作出尽可能为申请人服务、保护申请人的权益。

综上所述，结合分案申请制度的立法宗旨、专利审查的程序节约原则、依法行政原则，并充分考虑到审查员操作的便利性，可以得出一个相对完善的判定准则（如表1所示）。

表1　分案与原案一致性判定准则

第一步	判断分案审查日当天分案与原案的申请人是否一致： （1）若在分案审查日两者申请人一致，即可判定符合一致性。 情形①：分案提交日当天，两者申请人相同； 情形②：分案提交日当天，两者申请人不相同，但在分案审查日前，申请人通过主动提交申请人变更的证明材料克服了缺陷。 （2）若在分案审查日两者申请人不一致，转第二步
第二步	判断分案提交日当天分案与原案的申请人是否一致： （1）若在分案提交日两者申请人相同，即可判定符合一致性。 （2）若在分案提交日两者申请人不相同，不符合一致性，发出补正通知书

上述判定准则兼顾了分案申请制度的立法宗旨和专利审查中的程序节约原则，同时也符合依法行政原则。在上述准则中，首先以分案审查日作为判断过程的出发点，是为了在审查实操层面便于审查员的实务操作。这是因为很多案件无须查看分案提交日当天分案与原案的申请人，仅需根据分案审查日当天的两者申请人是否一致即可得出审查结论。

四、新形势下存在的问题及应对措施

在前一节中所给出的判定准则虽然兼顾了分案申请制度的立法宗旨、专利审查的程序节约原则以及依法行政原则，互补了分案提交日和分案审查日的优势，但在分案申请快速增长的新形势下存在如下问题。

1. 容易给申请人造成困扰

针对同一原案同时提出了多项分案申请，而不同的分案申请因为审查日的不同可能导致完全不同的审查结论，给申请人带来困扰。以案例1与案例2为例，两件分案的原案为同一件，在同一天提交，并且两件分案的申请人在分案提交日均与原案申请人不相同且未提交关于申请人变更的证明文件。两件分案之间的差别在于审查流程中被分配至不同的审查员进行审查，并且这两件分案的审查日也不相同。

在两件分案提交后，原案先后进行了多次著录项目变更，这使得两件分案在不同的审查日产生了不同的审查结论。对案例1，不论是在分案提交日还是分案审查日，分案与原案申请人均不一致，因此应当视为分案与原案申请人不一致，需要发出补正通知书。对案例2，由于分案审查日落在原案申请人第一次变更生效之后、第二次变更生效之前，此时分案申请人与原案满足一致性要求，应当视为分案与原案申请人一致，不需要发出补正通知书。对于申请人而言，同一日提交了对应同一原案的两件分案申请，但其中一件分案收到了补正通知书而另一件分案却收到发明专利申请初步审查合格通知书。这一结果给申请人带来了极大的困惑，客观上损害了国家知识产权局的公信力。随着原案、分案权利频繁进行转移等复杂情形不断出现，上述案例情形发生的概率也会不断增加，出现其他损害专利法权威性和国家知识产权局公信力的情形也很有可能。究其根本原因，在于当分案提交日不满足一致性时，分案审查日的不确定性导致了复杂情形下审查结论的不确定性。

2. 难以遏制恶意分案申请

随着分案申请量的急剧增加，恶意分案申请的申请量也呈非线性增长。所谓恶意分案申请，是指分案申请人B在原案申请人A不知情的情况下以其原案为基础提出分案申请，并恶意伪造相关申请人变更证明文件以通过初步审查。根据现行《专利审查指南2010》中的相关规定，当分案与原案申请人不一致时，仅要求分案申请人提交有关申请人变更的证明文件，而未像一般权利转移那样要求提交"著录项目变更申报书"并通过手续合格通知书的方式来通知双方当事人。基于这一规定，分案申请人可以通过提交伪造的证明文件来满足一致性要求。此时，按照前述判定准则，如无其他缺陷，审查员将直接向分案申请人发出发明专利申请初步审查合格通知书，而不向原案申请人发出任何通知。这样就会导致原案申请人无法获知其分案申请的情况，从而产生恶意分案申请。例如，在案例1中，如果分案申请人B在分案审查日前提交了伪造的申请人变更证明文件，那么审查员将视为分案与原案申请人符合一致性，而实际情况是原案申请人C根本不知道申请人B恶意申请了其分案申请。

因此，前一节所提出的对申请人一致性的判定准则不能有效遏制恶意分案申请的问题。究其根本原因，在于现行规定中缺少原案申请人对分案申请必要的知情验证过程。换言之，当分案与原案申请人不一致时，克服缺陷的方式方法中没有充分保证原案申请人的知情权。

综合考虑新形势下可能出现的问题，需要针对分案与原案申请人一致性的判定准则进行优化，以消除审查结论的不确定性并有效防范恶意分案申请。建议在《专利审查指南 2010》中将分案与原案申请人一致性的审查规则规定如下：提交分案申请时，分案申请人必须与原案申请人相同；涉及权利转移的，应当办理著录项目变更手续。

上述规定有如下两方面的益处：第一，确保审查操作的一致性，维护国家知识产权局的公信力，这是由于上述规定明确以分案提交日为依据时间点，消除了不同审查日对审查结论所带来的不确定性；第二，能有效遏制恶意分案申请，这是由于上述规定中以著录项目变更手续替换了现行规定中提交申请人变更证明文件的补正方式，确保分案与原案申请人不一致时，原案申请人能及时知晓该分案情况，从而保障了原案申请人的权益。

五、结论及建议

本文首先针对分案与原案申请人一致性审查中规定不明确的现状，结合实际案例，从分案申请的立法宗旨、专利审查的程序节约原则以及依法行政原则三个角度，对以分案提交日、分案审查日作为判定分案与原案申请人一致性的依据时间点进行了综合分析。基于上述分析，并充分考虑到审查员操作的便利性，提出了兼顾分案提交日与分案审查日的判定准则。进而，面对分案申请量快速增长及原案、分案权利转移频繁化的新形势，本文分析了上述准则存在的审查结论不确定、难以遏制恶意分案申请等新问题，建议在《专利审查指南 2010》中对分案及原案申请人的一致性审查作出明确规定：提交分案申请时，分案申请人必须与原案申请人相同；涉及权利转移的，应当办理著录项目变更手续。这一规定，既能充分保障原案申请人的权益，又能保证审查操作的一致性，维护专利法的权威性和国家知识产权局的公信力。

著录项目变更中的"内转外"相关问题研究

周　秒　刘文静

摘　要： 本文主要探讨著录项目变更中的"内转外"相关问题，"内转外"一般情形是指专利转移时转让方为中国单位或个人，受让方为外国人、外国企业或者外国其他组织，由于审查规定的概括性和不明确性，难以合理地适用所有情形，因此实践中出现争议。笔者针对"内转外"中"内外"的判断标准、个人是否为"内转外"规制的范畴、涉及共有权利时"内转外"的判断等问题进行研究和分析，希望得出合理的审查规则，并对审查实践带来一定的启示。

关键词： 内转外　判断标准　个人　多人共有

一、引　言

《中华人民共和国专利法》（以下简称《专利法》）第 10 条第 2 款规定："中国单位或者个人向外国人、外国企业或者外国其他组织转让专利申请权或者专利权的，应当依照有关法律、行政法规的规定办理手续。"相关手续的办理规定在《专利审查指南 2010》中有所体现，具体来说，对于发明或者实用新型专利申请（或专利），转让方是中国内地的个人或者单位，受让方是外国人、外国企业或者外国其他组织的，应当出具国务院商务主管部门颁发的《技术出口许可证》或者《自由出口技术合同登记证书》，或者地方商务主管部门颁发的《自由出口技术合同登记证书》，以及双方签字或者盖章的转让合同。中国内地的个人或者单位与外国人、外国企业或者外国其他组织作为共同转让方，受让方是外国人、外国企业或者外国其他组织的，或者转让方是中国内地的个人或者单位，受让方是中国香港、澳门或者台湾地区的个人、企业或者其他组织的，均参照以上规定。本文将涉及以上特别规定的情形称为"内转外"。

在审查实践中，由于规定本身的不明确性和概括性，难以合理地适用所有的情形，因此规定的目的难以实现。本文针对"内转外"中"内外"的判断标准、个人是否属于"内转外"规制的范畴、涉及多人共有权进行转让时的判断等问题进行分析和研究，以期可以解决审查实践中的相关问题。

二、"内转外"中"内外"的判断标准

1. 问题提出

从《专利审查指南2010》规定的来看，"内转外"的关键词是"中国内地"和"外国"。中国内地的个人既可以解释为个人的国籍为中国，且非港澳台居民，也可以解释为个人的住所地为中国内地；同样，中国内地的单位既可以指在中国内地注册的单位，也可以指主要营业场所在中国内地的单位。在审查实践中，目前适用的是国籍标准，若变更前的权利人国籍为中国，变更后的权利人国籍为外国，则适用"内转外"的特别规定。此种做法有一定的道理，但也存在一些争议。比如在某案例中，A提交著录项目变更申报书请求将专利权转移给B，A为个人，国籍是中国，B为香港某大学，A是就读于B的学生，此时若参照国籍的审查标准，A应当提交技术出口的相应证明文件，但是实际上，A在香港上学，利用B提供的条件进行发明创造，要求A回到内地的商务部门开具证明似乎有违合理行政原则。又如某公司D提交著录项目变更申报书请求将专利权由个人C转移给D，C为个人，国籍为中国，D是外国注册的企业，但主要营业地在中国，C是D公司的职员，工作场所在中国内地，该发明为职务发明，按照现有审查规定应当适用技术出口的特别规定，但该情形下，职务发明按照《专利法》第6条规定应当属于单位，双方对权属作出约定的，从其约定。如果因为职员与单位之间的约定问题要求其去商务部门办理技术出口许可或登记，也存在一定的不合理性。因此，对于"内转外"中"内外"的判断标准，笔者有一些自己的思考。

2. 问题分析

首先看立法目的，以目的解释的方法进行研究。《专利审查指南2010》中之所以会有"内转外"的特别规定，是由于《专利法》第10条第2款规定："中国单位或者个人向外国人、外国企业或者外国其他组织转让专利申请权或者专利权的，应当依照有关法律、行政法规的规定办理手续。"有关的法律、行政法规实际上就是《中华人民共和国对外贸易法》（以下简称《对外贸易法》）以及《中华人民共和国技术进出口管理条例》（以下简称《技术进出口管理条例》）等。

《对外贸易法》是由第十届全国人民代表大会常务委员会第八次会议于2004年4月6日修订通过的法律，该法适用于对外贸易以及与对外贸易有关的知识产权保护，其中对外贸易是指货物进出口、技术进出口和国际服务贸易。《对外贸易法》第14条规定："国家准许货物与技术的自由进出口。但是，法律、行政法规另有规定的除外。"第15条第3款规定："进出口属于自由进出口的技术，应当向国务院对外贸易主管部门或者其委托的机构办理合同备案登记。"第16条规定了有关可以限制或者禁止有关货物、技术的进口或者出口的原因，其中包括为维护国家安全、社会公共利益或者公共道德，为保护人的健康或者安全，保护动物、植物的生命或者健康，保护环境等。第19条规定："对限制进口或者出口的技术，实行许可证管理。"

《技术进出口管理条例》是由国务院第四十六次常务会议通过，自2002年1月1日起实施并于2011年1月8日修订的行政法规。该条例作为《对外贸易法》的配套实施法规，其总体精神与外贸法及现行法律、行政法规原则精神保持一致，❶ 对技术进出口的有关管理进行了具体的细化。该条例规定技术进出口的行为包括专利权转让、专利申请权转让、专利实施许可、技术秘密转让、技术服务和其他方式的技术转移。该条例将技术分为禁止进出口的技术、限制进出口的技术和自由进出口的技术，属于禁止进出口的技术，不得出口；属于限制进出口的技术，实行许可证管理，未经许可，不得出口；属于自由进出口的技术，实行合同登记管理。

显然，《专利审查指南2010》规定中要求提供的《技术出口许可证》或《自由出口技术合同登记证书》与技术进出口管理条例中限制出口的技术和自由出口的技术的管理要求相一致。找寻到规定的来源，就需要进一步研究所涉及的法律、行政法规的立法目的。《对外贸易法》第1条即规定了立法目的：扩大对外开放，发展对外贸易，维护对外贸易秩序，保护对外贸易经营者的合法权益，促进社会主义市场经济的健康发展。作为上位法，该法目的较为宽泛。但从其规定可以限制或禁止进出口货物、技术的原因可以看出，限制或者禁止的最大目的还是促进社会主义市场经济的健康发展，凡是涉及国家安全、人身安全、动植物安全的，或者对国内市场会造成秩序混乱的，危害国家金融秩序等贸易行为，都需要进行一定的管制。而《技术进出口管理条例》的目的更为具体，即规范技术进出口管理，维护技术进出口秩序，促进国民经济和社会发展。

可见，设置"内转外"的特殊规定，与上述法律、行政法规的目的应当是

---

❶ 吕继坚. 我国技术进出口管理原则的确定 [N]. 国际商报，2002 – 04 – 09 (5).

一致的，即规范技术进出口管理，维护技术进出口秩序，促进社会主义市场经济健康发展。那么对于"内转外"中"内外"的判断标准在上述法律、行政法规中如何体现呢？

《技术进出口管理条例》规定，技术进出口，是指中华人民共和国境外向中华人民共和国境内，或者从中华人民共和国境内向中华人民共和国境外，通过贸易、投资或者经济技术合作的方式转移技术的行为。由此可见，技术进出口首先是一种跨境行为。[1] 在《技术进出口管理条例》的前身之一——1990 年的《技术出口管理暂行办法》中，技术出口是指中国境内的公司、企业、科研机构以及其他组织或者个人（不包括外商投资企业、外国在中国的公司、企业以及其他经济组织和个人），通过贸易或者经济技术合作途径（不包括对外经济技术援助和科技合作与交流项目）向境外的公司、企业、科研机构以及其他组织或者个人提供技术。该规定内容强调的是主体身份，而新的管理条例则强调的是跨境转移技术的行为；但无论新旧规定，统一用语都为"境外""境内"。在汉语词典中，"境"有三个释义，一是疆界、边界，二是地方、区域，三是境况、境地。在该法律规定中，显然应当采用前两种释义，规制的是一个技术跨境流动的过程。与货物贸易进行对比，货物的跨境流动看的是始发地和目的地，也就是发货人的所在地和收货人的所在地，与发货人、收货人的国籍并无关系；同理，技术所在地是否发生从境内到境外或者从境外到境内才是技术进出口的合理判断标准。由于技术是一种无形资产，技术所在地的判断无法像货物一样清晰明确，需要借助与其有紧密联系的外界事物进行参照，因此笔者认为技术持有人的所在地可以作为判断技术所在地的一个重要因素。另外，条例修改从强调主体身份改为强调跨境行为，也可以看出立法者想要规制的是技术跨境这一行为，单纯地用技术所有人的国籍作为判断标准难以实现真正的立法目的，还会给专利权人的合法权益增加负担。那么在前述案例中，申请人在香港某大学进行的发明创造，该技术所在地在香港，该专利转移给香港某大学后，技术所在地仍为香港，因此没有技术的出口，也就无须提交《技术出口许可证》或《自由出口技术合同登记证书》。因此，如果仅仅以变更前后当事人的国籍或注册地来判断专利是否发生"内转外"，不能达到上位法所想要达到的立法目的。

其次从体系解释的角度也可以得到一些启发，结合《专利法》及《专利法实施细则》的规定进行研究，法条中涉及外国申请人的条款主要有：

《专利法》第 18 条："在中国没有经常居所或者营业所的外国人、外国企

---

[1] 王允方. 对技术进出口管理条例的理解与思考 [J]. 知识产权, 2003 (4): 25.

业或者外国其他组织在中国申请专利的，依照其所属国同中国签订的协议或者共同参加的国际条约，或者依照互惠原则，根据本法办理。"

《专利法》第19条第1款："在中国没有经常居所或者营业所的外国人、外国企业或者外国其他组织在中国申请专利和办理其他专利事务的，应当委托依法设立的专利代理机构办理。"

可见，凡是涉及外国人、外国企业或者外国其他组织的，《专利法》中皆在其前面加了修饰语，即在中国没有经常居所或者营业所。

《专利审查指南2010》第一部分第一章规定发明专利申请的初步审查是对专利申请时提交的申请文件的形式审查，性质上属于申请文件的原则性规定，对后面的实用新型及外观设计的规定部分也同样适用。在规定"申请人是外国人、外国企业或外国其他组织"这一部分，第一段即指出《专利法》第18条规定，说明了该部分规定的法律依据，也可以看出在中国没有经常居所或者营业所的外国人、外国企业或者外国其他组织是这部分规定的重点。在第二段规定中指出，如在中国有经常居所或者营业所的外国申请人，应当提交当地工商行政管理部门出具的证明文件或者公安部门出具的可在中国居住一年以上的证明文件。在第三段中，对于在中国没有经常居所或者营业所的外国申请人，应当确认其所属国是否《巴黎公约》成员国或者世界贸易组织成员，或者是否与我国签订有相互给予对方国民以专利保护的协议，或者依互惠原则给外国人以专利保护。在第四段则给出了外国申请人所属国的判断标准，个人看国籍或经常居所，单位则看注册地。这一部分实质上是对申请人如果是外国人、外国企业或者外国其他组织时，是否具有申请人资格的认定；如果在中国有经常居所或者营业所，则一定具有申请人资格；如果在中国没有经常居所或者营业所，则看个人的国籍或者经常居所国及单位的注册地是否满足法律规定的条件。

《专利审查指南2010》中所有关于外国申请人的特殊规定，很可能仅适用于在中国没有经常居所或者营业所的外国申请人，如果申请人资格这个基本问题上在中国有经常居所或者营业所的外国申请人都可以直接获得，那么在专利"内转外"的规定上，对在中国有经常居所或者营业所的外国人、外国企业或者外国其他组织是否也可以放宽审查。另外，上文中提到《专利审查指南2010》对外国个人申请人所属国进行判断时，参考的是国籍或经常居所，而不仅仅是国籍，这也给在"内转外"中"内外"的判断时提供了一些思路。

从以上分析得出，以国籍为"内转外"中"内外"的判断标准存在一定的不合理性，一方面与上位法的立法目的不符，另一方面在某些案件中明显给申请人造成了困扰。在本文开头问题的提出中提到，中国内地的个人可以解释为国籍为中国但非港澳台居民的自然人，也可以解释为住所在中国内地的自然人。如果国籍不能作为合理的判断标准，那么我们可以参考申请人所属国的判断考虑申请人的经常居所或者营业所。笔者认为申请人的经常居所或营业所能够体现技术的所在地，进而判断技术跨境与否，符合立法宗旨。

3. 结论

综上所述，笔者认为，《专利审查指南2010》第一部分第一章第6.7.2.2节中涉及"内转外"的规定规制的是技术的跨境流动，以变更前后当事人的经常居所为判断标准更为合理。那么以经常居所为审查标准是否可行呢？

首先，变更后的当事人的审查较为容易。《专利审查指南2010》中关于申请人规定："申请人在请求书中表明在中国有营业所的，审查员应当要求申请人提供当地工商行政管理部门出具的证明文件。申请人在请求书中表明在中国有经常居所的，审查员应当要求申请人提交公安部门出具的可在中国居住一年以上的证明文件。"因此，如果变更后的个人、企业或者其他组织国籍为外国，但表明在中国有经常居所或者营业所的，可要求其提交相应的证明文件。

其次，变更前的当事人的审查难度较大，需增加新的规定。如果当事人想不涉及"内转外"规制的范围，变更前的当事人可操作性就在于地址为外国。《专利审查指南2010》中仅规定请求书中的地址（包括申请人、专利代理机构、联系人的地址）应当符合邮件能够迅速、准确投递的要求，但未规定国籍为中国的个人或单位如果地址为外国，将承担何种证明责任。上述规定也未具体规定申请人的地址应当为个人住所地还是经常居所地，是单位的注册地还是主要营业所地，仅规定了地址具有投递的功能。因此笔者建议，在涉及可能为"内转外"的专利权转移时，如果变更前的当事人的国籍为中国，地址为国外，应当要求其提供经常居所或者营业所为国外的证明文件。

最后，《对外贸易法》对当事人违反进出口制度需要承担法律责任进行了严格的规定，对当事人逃避规定具有一定的震慑作用。在审查实践中，以国籍为判断标准比以经常居所为判断标准要相对严苛，如果放宽了审查标准，会有容易被当事人钻空子扰乱技术进出口管理秩序的担忧。但笔者认为，行政行为的基本原则是合理行政，以国籍为审查标准虽简单易行但过于一刀切，而且在某种程度上，也并不能完全阻挡规避内转外的行为，比如申请人可以变更国籍，因此，如前两点所述，以经常居所为判断标准，结合国籍进行具体情形具体要求，最大限度合理地履行行政职责，如果出现严重扰乱市场秩序的行为，《对外贸易法》第61条规定："进出口属于禁止进出口的技术的，或者未经许可擅自进出口属于限制进出口的技术的，依照有关法律、行政法规的规定处理、处罚；法律、行政法规没有规定的，由国务院对外贸易主管部门责令改正，没收违法所得，并处违法所得一倍以上五倍以下罚款，没有违法所得或者违法所得不足一万元的，处一万元以上五万元以下罚款；构成犯罪的，依法追究刑事责任。"该规定对当事人违反进出口制度应承担的法律责任进行了具体的规定，并上升至刑事责任，具有一定的震慑和预防作用。行政部门应当本着合理行政和合法行政的原则实施行政行为，保护当事人的合法权益和合理请求。

三、个人是否属于"内转外"规制的范畴

1. 问题提出

在审查实践中，当"内转外"变更前申请人为个人时，一般会遇到两种情形，一种是申请人提交意见陈述书称商务部门不为个人办理技术出口许可证或者自由出口技术合同登记证书；另一种情形是申请人提交了相应的证明文件，但许可证或者登记证书上供方公司为第三方机构，与申请人姓名不一致。

既然《专利审查指南 2010》中规定应当提交由国务院商务主管部门颁发的《技术出口许可证》或者《自由出口技术合同登记证书》，或者地方商务主管部门颁发的《自由出口技术合同登记证书》，而商务部门又不为个人办理上述证书，那么要求在当事人为个人时仍需提供该证明是否有违合理行政原则？

2. 问题分析

从《对外贸易法》的相关规定来看，该法规制的对外贸易行为，该法所称的对外贸易经营者是指依法办理工商登记或者其他职业手续，依照该法和其他有关法律、行政法规的规定从事对外贸易活动的法人、其他组织或者个人。可见，个人并未被上位法排除在外。但是存在一个新的问题，何种行为属于从事对外贸易活动，如果仅仅是职务发明需要将专利申请转移给单位，属于对外贸易活动的范围吗？显然不是。《技术进出口管理条例》中第 2 条也有规定，转移技术的行为是通过贸易、投资或者经济技术合作的方式进行的。因此，个人是否属于"内转外"规制的范围这个问题的实质是何种专利转移行为属于"内转外"需要规制的范围。

在《专利审查指南 2010》第一部分第一章第 6.7.2.2 节专利申请权（或专利权）的转移部分，转移的原因包括权属纠纷、转让、赠与、单位的合并、分立、注销、继承等，但仅在转让和赠与部分涉及"内转外"的特别规定，原因就在于其他变更原因不可能涉及对外贸易活动，为了达到上位法的目的，所以才作出这样的选择。

虽然个人属于从事对外贸易活动的主体，但是并不是所有的自然人都可以从事外贸行为，自然人必须在工商部门注册个人独资企业或个体工商户后才能从事进出口业务。因为外贸活动的复杂性和多样性，许多无外贸经营权或者缺

少外贸经验的个人或单位还是会采取委托外贸代理公司的方式进行对外贸易。❶
因此就出现了上述案例中的第二种情形，许可证或者登记证书上的供方公司实
际上是外贸代理公司，个人通过委托外贸代理公司办理技术进出口手续。

3. 结论

个人可以成为从事对外贸易的主体，也可以通过外贸代理公司办理技术进
出口手续，因此属于"内转外"规制的范畴。但争议在于在涉及个人的权利转
移行为时，经常存在明显不属于贸易行为的情形，比如个人将职务发明转移给
单位、个人将专利权赠与给个人等，在转让或者赠与行为是否属于对外贸易行
为这个问题上，审查实践中判断的难度较大。《对外贸易法》中并未对对外贸
易行为进行具体的规定，如审查员依据常识判断难免出现标准不一致的情况。
专利作为一种知识产权，是一种无形的财产，其特点是以公开换保护，专利权
人在专利授权期间对专利享有独占、排他的权利，专利制度是市场经济发展的
产物，专利的价值在于应用于市场，使专利权人获得收益，因此，专利进行买
卖或者以专利为资本进行投资属于市场行为的情况所占比例较大。笔者认为可
在对专利的转让或赠与行为进行进一步研究后，在审查规定中列举出不属于对
外贸易行为的特殊情形，如职务发明的转移，再应用于审查实践较为合适。

四、涉及共有权利时"内转外"的判断

1. 问题的提出

根据《专利审查指南 2010》的规定，明确为"内转外"的情形包括两种：
一种为转让方是中国内地的个人或者单位，受让方是外国人、外国企业或者外国
其他组织；另一种为中国内地的个人或者单位与外国人、外国企业或者外国其他
组织作为共同转让方，受让方是外国人、外国企业或者外国其他组织。在案例 1
中（见表1），中国内地的单位和外国企业为共同转让方，受让方为外国企业，
但该外国企业与变更前的外国企业为同一企业，是否仍应适用上述规定？在案例
2 中（见表1），中国内地的单位和外国企业为共同转让方，中国内地的单位和外
国企业为共同受让方，此种情形未包括在审查规定中，判断标准不明确。

表1　涉及共有权利时"内转外"的两种特殊情形

案例	转让方	受让方
1	A（内）＋B（外）	B（外）
2	A（内）＋B（外）	C（内）＋D（外）

---

❶ 陈姣. 谈著录项目变更申请中的涉外转让 [G]//流程业务研究 2011 年第一季度论文合集.

由于涉及"内转外"的种种争议，导致审查实践中容易出现审查标准不一致的情况，不仅使审查员承担一定的审查风险，而且给申请人造成极大的困惑，对政府公信力造成一定的损害。

2. 分析和结论

根据《技术进出口管理条例》中的标准，技术出口应当发生从境内到境外的过程。再看《专利审查指南2010》的规定，中国内地的个人或者单位与外国人、外国企业或者外国其他组织作为共同转让方，受让方是外国人、外国企业或者外国其他组织的，按照"内转外"规定处理。这种情形下，转让的实质可拆分为中国内地的个人或单位将专利共有权转让给受让方的外国人、外国企业或者外国其他组织，外国人、外国企业或者外国其他组织将专利共有权转让给受让方的外国人、外国企业或者外国其他组织，前者即发生了专利由境内到境外的过程。可见，《专利审查指南2010》的规定与技术进出口条例的标准相一致。

那么以此类推，中国内地的单位和外国企业为共同转让方，受让方为外国企业，但该外国企业与变更前的外国企业为同一企业，实质上是中国内地的单位的共有权转移给外国企业，也就是发生了技术由境内到境外的过程，因此尽管外国企业没有发生变化，仍应判定为属于"内转外"。在另一案例中，专利权人由G和H变更为I和J，G、I为外国企业，H和J为中国内地企业，可拆分为G的专利共有权转让给I，H的专利共有权转让给J，也可拆分为G的专利共有权转让给J，H的专利共有权转让给I，H到I的过程即是专利由境内到境外的过程，如果可以得出专利出现流动的过程，笔者认为，应当判定属于"内转外"。

可见，在明确了"内转外"的判断标准后，涉及共有人的专利转让或赠与行为是否涉及"内转外"的特殊规定也就更容易理解和判断。

五、结 论

综上所述，在著录项目变更中的"内转外"问题在实践中存在争议，笔者通过研究和分析，认为在对适用"内转外"特别规定的情形进行判断时，应当以变更前后当事人的经常居所为标准，如当事人的国籍与经常居所不一致，可要求其提供相应的证明文件；个人虽然属于"内转外"规则的范畴，但涉及个人进行"内转外"时，常涉及不属于对外贸易的行为，笔者认为可在经过对专利转移的行为性质进行进一步研究后，在审查规定中进行例外规定；在对共有权利转移是否属于"内转外"进行判断时，把握权利转移过程中是否发生由境内到境外的判断标准，进而得出结论。

开关电源类专利申请的审查研讨

史永良

摘　要：本文介绍各种开关电源的技术改进，H05B 分类号下的有关开关电源类产品的检索思路，以及审查此类专利申请中需要考虑的一些问题。

关键词：开关电源　电路分析　检索

一、引　言

H05B 分类号下有一族申请的大部分是各种新型开关电源的技术改进，此类技术的申请量比较大。笔者从原来审理的基本电路分类领域（H03K、H03F）转审这个领域，主要是从国家知识产权局内部统计数据显示中看到此类申请库存量相当大，亟须审理的案件很多。笔者在转审此分类案卷后，先后审理了数百件有关开关电源技术的发明申请和十余件实用新型，在此谈一点审理开关电源类专利申请的经验。

二、开关电源技术原理简述

开关电源是一个发展历史很长的基本电子设备，其基本原理是：将直流电通过开关切换转换为高频率脉动变化的电流脉冲，进而利用变压器输出交变电压，根据需要利用变压器有选择性地提高或者降低输出电压电平，以提供适合负载需要幅度的电压。早期在电子管为主力电子元件的时代，由于电子管的开关性能不是很好，并且体积大耗能高，开关电源的使用不太普遍。随着半导体电子器件的普及，半导体器件的开关电源采用开关性能很好的可控硅或者晶体管作为切换开关，配合各类电感器，电容器组成的匹配网络实现了对输入直流电的快速切换，能够产生频率几百 kHz 到 MHz 一级的开关脉冲。本领域技术人员的公知技术是：脉冲频率越高，输出同等功率所需要的变压器铁芯或磁芯的体积就越小。随着功率场效应晶体管（TMOS、VMOS）和绝缘栅型双极性晶体管（IGBT）等高功率开关、高频率开关元件的使用，脉冲开关电源的体积变得越来越小，大大有利于减小电子产品的体积和重量，让许多原本体积硕大、质量沉重的电子产品变得小巧，开关电源能够满足便携式设备的多种电平电压和多路电压输出的变换需求，设计合理的半导体器件开关电源性能稳定，工作寿命很长。并且因为功率场效应晶体管和绝缘栅型双极性晶体管的开关损耗很小，发热量也很小，只要适当设置好散热措施，这类半导体器件的开关电源就可以全天候稳定工作，而需要的维护量很少，能够提供的电压、电流范围非常广泛，是现代各类电子器设备的首选电源构型。

开关电源电路的基本结构包括：①直流电源，例如一次电池和蓄电池；或者将市电经整流变换为直流电作直流电源；②对直流电源输出的直流电进行电压调整以改善效率的功率因数转换电路；③将功率因数转换电路输出的直流电通过电子开关的交替导通/关断转换为脉冲电压的电子开关电路；④连接在开关电路输出侧的负载电路或者变压器。为了稳定开关电源恒定电压或恒定电流输出，在输出侧设置电压、电流检测电路，并将检测信号变换后反馈到驱动开关晶体管的驱动电路的输入端，提供闭环控制。上述开关电路有单开关型、双电子开关串联连接的半桥型、两个半桥型电路并联构成的全桥型等几种拓扑构型。

三、开关电源的电路解析

开关电源的输出侧可以连接变压器，并通过在初级或者在次级线圈和/或附加的电感电容构成的谐振电路提升次级输出电压，这种利用谐振电路提升输出电压的特性通常被应用于点燃气体放电灯的镇流器电路。气体放电灯的光效率比较高，其结构是在封闭的透明灯管内充有易于电离激发的惰性气体、金属蒸汽或汞蒸汽等导电气体，透明灯管内设对峙的放电电极。气体放电灯的点燃特性比较特殊，一般需要在启动时提供一个远远高于正常运转电压的点燃电压，在对峙的放电电极之间产生放电，激励透明灯管内惰性气体、金属蒸汽或汞蒸汽等导电气体电离而产生电弧放电，建立电弧放电通道后，在对峙的放电电极之间仅需要维持一个较低的正常运转电压和较大的工作电流。早先的技术需要一个电感量很大的感性镇流器以实现气体放电灯的这个技术要求，譬如我们常用的日光灯就有一个类似铁芯变压器的"镇流器"（ballast）。但近年来多采用开关电源形式的电子镇流器（electronic ballast）来取代铁芯镇流器。电子镇流器具有体积小、重量轻等优点，是能够点亮各种气体放电灯的高效率电源。电子镇流器的电路原理是：将民用交流电直接整流变换为直流电，再由半桥或全桥逆变器转换为高频电流，由连接在逆变器输出侧的隔离变压器或扼流电感线圈点亮气体放电灯。因为半桥或全桥逆变器输出的交流电流频率很高，它的输出端连接的变压器或扼流电感线圈体积重量比旧式的铁芯变压器的镇流器小得多，重量也轻得多。这类电子镇流器的主体电路也是开关电源的一个变形应用。

　　实用新型 CN2324630Y "可调光电子节能灯" 是一件点亮荧光灯的电子镇流器的案例（以下简称"电路一"）。该实用新型给出了一个电路结构较完整的、由开关电源电路组成的电子镇流器，其电原理图如图 1 所示。我们依照前述的电路框架对这个电子镇流器的电路进行分析：①直流电源，电路一采用桥式整流器整流将输入的交流电变换为直流电作为直流电源。在桥式整流器输入侧还连接了电感电容的滤波器，用于消除电磁干扰（EMI）。②对直流电源输出的直流电进行电压调整以改善效率的功率因数转换电路。电路一的功率因数转换电路是由二极管和电解电容串联和并联组成的无源电路，其中不含双极型晶体管或场效应晶体管等有源元件。③将功率因数转换电路输出的直流电通过电子开关的交替导通/关断转换为脉冲电压的电子开关电路。电路一的开关拓扑是自激半桥式结构，串联的一对双极型晶体管的基极与输出变压器的反馈线圈连接，恰当地设计变压器次级线圈的相位和电压变换比，能够在开机加电后自行起振，将直流电变换为高频脉宽调制信号输出。④连接在开关电路输出侧的负载电路和变压器。这里的负载是荧光灯。图 2 给出了这类开关电源型镇流器的框图。

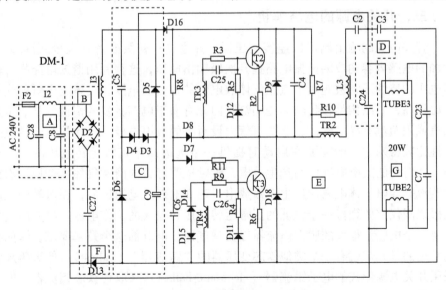

图 1　一种开关电源镇流器的电原理图

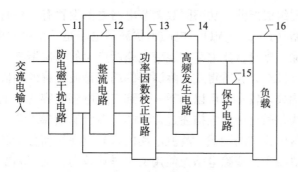

图2　开关电源的电路原理框图

开关电源的基本电路结构是相同的，无论采用脉冲频率调制（PFM）、脉冲位置调制（PPM）还是脉冲宽度调制（PWM），其差别仅在于驱动电路的脉冲调制信号的调制方式不同，而功率开关电路的结构基本相同。通常根据输出电功率的大小，开关电源的结构可以选择单管开关、串联式半桥开关、推挽并联开关和全桥式开关等拓扑构型。开关电源一类的专利申请，输入侧的整流电路和滤除电磁脉冲干扰的滤波网络基本结构固定，输出侧的开关结构也基本相同。各类开关电源专利申请中，其主要改进内容集中在功率因数转换电路和逆变开关的驱动电路构型和操作开关的时间区间。

四、专利审查时对开关电源的电路的分拆解构

图3～图6的电原理图和给出了不同的开关电源和开关电源型镇流器的电原理图。各种开关电源电路基本由这几种电路的单元电路块的不同组合构成。其中图3是个简化形示意图，其功率因数调节电路仍然采用无源型结构，示意性指出一种使用驱动集成电路驱动串联的半桥型场效应晶体管开关变换器。图4则给出了一种使用有源功率因数调节电路的简化形示意图，其功率因数调节电路采用场效应晶体管开关，集成电路驱动的构型。在开关电源的基本构型中，具备有源元件——晶体管开关的部分只有功率因数调节电路（PFC）和逆变电路（inverter）两部分，用于开关电源的集成驱动芯片的种类很多，电路构型上有所差别，但电路原理上差别较小。这类开关电源集成驱动芯片核心功能块包括自激振荡器、反馈控制电路和驱动输出级。部分小功率开关电源模块内部包含功率输出晶体管，便于整个电源电路的简化，大部分开关电源的集成驱动芯片仅含有驱动输出级，通过外加功率晶体管提供足够大的功率输出。开关电源的种种改进技术方案集中在作为核心的集成电路驱动芯片的内部结构和外部引脚布置。申请开关电源专利的技术方案也主要集中在这两部分。开关电源

通常还具有下列组成部分：功率因数调节电路之前设置有二极管整流电路，电磁干扰滤除电路（EMC、EMI），电磁干扰滤除电路是一个电感电容滤波电路，主要是用于滤除二极管整流电路和逆变电路所产生的高次谐波干扰，其工作频率和带宽的设计针对计算所得或实际测得的高次谐波干扰的频段，电磁干扰滤除电路的电路构成比较多，可以选择一节到多节电感电容滤波电路，其电路原理基本在电子线路教材中详细描述过，无非是多级滤波器组合，其计算方式也在电子线路教材中详细的记载，滤波电路的特异点在如何分析其组合方式。许多申请在这个电磁干扰滤除电路上使用文字描述技巧，把权利要求写得冗长复杂，实际只是一个多节低通滤波器。审查员只要仔细分析其滤波器分节结构，就可以比较准确地设定检索词找出对应结构的电磁干扰滤除电路。

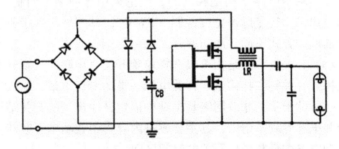

图3　带有无源功率因数控制电路的半桥型镇流器电路

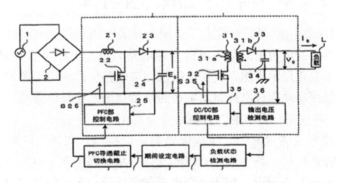

图4　带有源功率因数控制电路的开关电源电路

设置在滤波电路之后的整流电路很简单，基本是二极管全桥整流电路。现在的半导体二极管整流桥价格低廉，还制成集成化结构，使用非常方便，只要工作电流满足预定的富裕量规定就能稳定可靠使用。在逆变电路之后的电感电容谐振电路也是标准电路结构，并且要根据逆变电路的中心工作频率设计其谐振频率。上述这些设计理论和实例图，各种电子线路教材中有大量的具体电路事例和详细电原理分析。相关电路结构在非专利网络资料中能找到比较丰富的电路形式。

功率因数调节电路的变化很多，在电路原理上分为无源功率因数调节电路和有源功率因数调节电路，其原理图分别在图 1 ~ 图 3 和图 4 ~ 图 6 中给出实例，无源功率因数调节电路一般是从电源输入端或者逆变电路的谐振输出端连接一条反馈引线，在蓄能电容上的电压跌落时给予补充，以提升蓄能电容上的电压，将部分无功功率转变成有功功率。有源功率因数调节电路是利用电感电容蓄电电路与并联的有源开关元件（开关晶体管）相配合，利用电感蓄能给蓄电电容上的电压跌落补充能量以提升蓄能电容上的电压，提高功率因数。

在笔者审查过的开关电源类专利申请中，发现多数请求保护的技术方案相对于现有技术的改进方式集中在逆变电路和功率因数调节电路的驱动电路部分。上述驱动电路现在已经基本集成电路化，有一系列的标准驱动电路，例如驱动单晶体管开关的 SG6859、UC2843 和把功率管集成到芯片上的 TOP 系列集成开关电源电路，驱动半桥形逆变电路的 UC3846、TL494、SG2525 等，也有一类专用于电子镇流器的专用集成电路，例如 IR2155 等上述这些种类的集成电路内部还设置了比较完整的过电压、过电流和温度检测保护电路，其输出驱动能力也强，使用很方便。在输出功率小于 100W 的中小功率开关电源中，采用单管开关或者单片电路的比较多，前者因为使用双极型或者场效应功率晶体管作输出级，设计者便于根据实际功率需要选择功率管，能够减少体积和发热量，譬如可以设计 35W、41W 的非标准功率开关电源，体积也很小。

图 5 给出了图 4 类型的一个具体电路的电原理图，其来自专利申请 CN 101652014A，功率因数调节电路的场效应晶体管的驱动级使用专用集成电路L6561，通过检测输入/输出直流电压和开关晶体管支路的电流来产生脉冲宽度调制制信号，驱动场效应晶体管导通和关断。逆变电路采用专用驱动集成电路 IR2155 驱动串联式半桥开关，这一级也有对输出侧的电压和电流采样，作为反馈信号输入驱动集成电路 IR2155 的反馈端子。图 5 其他电路部分都是标准电路使用构型。遇到这类电路构型的专利申请，审查员要注意检索该型号集成电路的厂家应用资料和网上的电子线路应用网站的集成电路应用实例和相关说明。

图 6 是专利申请 CN1672109A 的电原理图。它属于图 5 类型的一个变种，因为集成电路 IR2166 集成度比较高，把功率因数调节电路和逆变电路的驱动部分全部集成到一个单芯片上，实际是图 5 的一个变形实施例。遇到这类电路的专利申请，审查员要特别注意检索该型号集成电路的厂家应用资料和网上的电子线路应用网站的相关集成电路应用实例。

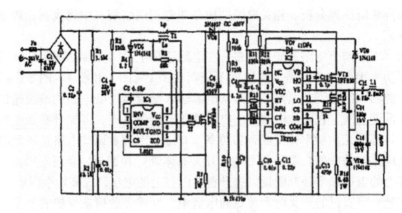

图5　两片集成电路集成电路组成的气体放电灯镇流器电路

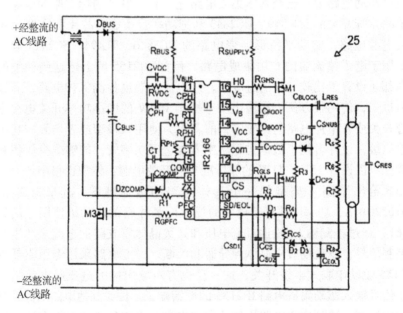

图6　集成电路 IR2166 组成的单片集成电路气体放电灯镇流器电路

把功率场效应晶体管集成在芯片内部的单片开关电源电路，其实际效率要低于集成驱动器驱动的单管开关电源，只能设计标准功率输出，功耗和发热量大，而且现有技术状况下最大输出功率只有百瓦量级。它的优点是电路结构极为简单，设计简便；技术成熟的技术人员能够保证其故障率很低，便于大规模生产。而采用专用的逆变驱动电路直接驱动大功率场效应晶体管（MOS）或者绝缘栅型双极型功率晶体管（IGBT）作输出级的半桥或全桥结构输出级，能够制成功率很大的开关电源,其输出功率可达到千瓦级。并且由于功率晶体管外置,能够很方便地采用主动或被动散热措施,因为功率晶体管和驱动电路分别制作,避免了采用不同半导体工艺对器件功能优化的妨碍。

集成逆变驱动电路内部结构相当完善,如 UC3846、TL494、SG2525 等型号,其电路内部具备频率设置方式简单、振荡频率精确的内部基准振荡电路,用于产生基本时钟信号,控制开关晶体管的操作,这类逆变驱动电路内部一般具有两组以上的内部比较放大电路,用于从输出侧检测获取开关电源的工作电流和工作电压,反馈到内部比较放大电路的输入端子,与设定的操作参数/阈值比较产生修正控制信号,控制各开关晶体管的导通顺序和截止时刻。这类逆变器驱动集成电路也由厂家给出了标准应用电路。实际设计中依据设计需要,并认真考虑设计裕度来选择被驱动的开关晶体管功率或者最大开关电流,以满足不同输出功率的开关电源或者电子镇流器的实际需要。当输出的功率要求超出逆变器驱动集成电路的带负载能力时,可以选择专用的功率驱动集成电路,也可以简单地使用增加一级驱动晶体管的方式,这些属于本领域的惯用技术。专用的功率驱动集成电路型号很多,可以很方便地查阅元器件手册,直接用加一级放大晶体管的方式提升逆变器驱动集成电路的带负载能力,电路比较简单,容易制作和检修。两种驱动扩流的性能差别是:选用专用功率驱动集成电路,一般其输出信号具有陡峭的脉冲特性,并且可以有至少一对输出相位相反的信号输出,能够很方便地驱动大功率场效应晶体管组成的全桥或者半桥功率级,构成大功率开关电源。但成本和故障概率高一些。采用增加一级驱动晶体管的扩流驱动方式,须设计人员比较熟悉电路参数,能够仔细设计各种元件之间相互匹配的数据,由于晶体管的分布参数散布很大,这种扩流驱动电路容易产生误操作。它的优点是成本低廉,可调整余地大。国内企业在申请文件中,经常采用后一种实施方式,一方面这是生产上用于降低成本的考虑,另一方面也是这样做能体现自己的技术设计特色。

五、审查中对检索须注意的问题

针对开关电源类申请的审查,首先要注意检索其相关企业的申请,包括申请人的企业和本企业的竞争者企业的系列申请。同时要注意申请人在说明书和权利要求书中因为种种原因使用非标准科学术语,这类术语有些是他们自己内部约定俗成的说法,也许是个外文缩写,并且是非常规的缩写。你需要先理解它,忌讳随意用外文直译或者音译,在对本领域电路原理和专用名词不熟悉的情况下可能带来不可预料的歧义。遇到这类使用非标准技术术语描述限定技术特征的申请文件,代理人或审查员都要非常注意阅读申请文件提供的电路原理图，笔者曾在审查一件专利（CN102006706A）时，被权利要求书中记载的技术术语"猫耳电路"所困惑，经过仔细阅读说明书才理解"猫耳电路"原指一种超过一个电量阈值才输出探测信号的信号探测电路，其导通性质类似二极管或可控硅。而在申请文件的说明书中也没有对这种"猫耳电路"的具体电路结构作出比较详细具体的电路结构描述，仅仅指出该电路是现有技术。作为熟悉本领域技术的人员，很容易就会从该申请的简单描述中体会到所谓"猫耳电路"的功能很类似二极管的导通特性：待检测的电压低于二极管的结电压，该二极管没有输出，待检测的电压高于二极管的结电压，该二极管的输出电压与输入电压成正比。"猫耳电路"的功能是：待检测的电压低于阈值电压，电路没有输出或者输出低电平，待检测的电压高于阈值电压，该电路的输出电压是高电平。由于本文所讨论的开关电源类电路的信号反馈不仅有电压反馈，也有电流或者功率反馈，因此要实现这个"猫耳电路"的功能可以有许多种不同的电路，因而仅仅用一个非标准技术术语"猫耳电路"来作限定技术特征，其保护范围显然过宽。似应检索到具备类似阈值比较输出电路功能的电路而作出评述。如果对整体的技术方案无法评述其专利性，也应该以不符合《专利法》第26条第4款的理由指出限定特征不清楚，要求其依据说明书的相关电路功能的描述作出进一步的限定。

　　另一个具体例子是某台湾公司的开关电源类系列申请文献，其在权利要求书中多次使用技术术语"填谷电路"。笔者经过阅读说明书，了解到所谓原来就是标准技术术语中所称的功率因数调节电路，因为交流电源整流后的输出是半个正弦波曲线形状，使用开关晶体管将整流后的输出电压变换为开关脉冲后必然是脉冲的幅度不同，为了弥补正弦波曲线形状的电压起伏，在整流输出侧设置了蓄能电容，但该电容取值过大，必然要付出过多的体积和重量的代价，减少了开关电源的技术优势，如果取值小不能完全克服交流电源整流后的输出的电压起伏，因而在交流电源整流输出侧设置功率因数调节电路，补偿整流输出端的电压跌落，以提升蓄能电容上的电压。这种"填谷电路"的结构和图5的功率因数调节电路的结构基本相同。申请人特意使用"填谷电路"这个有一定形象的描述术语来记载功率因数调节电路的电路功能。这里"填谷电路"属于一个行业内部的非常规技术术语，如果在申请文献的权利要求书中，申请人已经详细描述了"填谷电路"与其他电路块的前后连接关系，那这个词也可以接受，但如果申请人虽然在说明书中对"填谷电路"与其他电路块的前后连接关系作出了记载，但在权利要求书中没有引入相关的记载，却又在独立权利要求或从属权利要求中仅仅提到"填谷电路"，而没有对其内部电路结构作出限定，则可能导致权利要求的描述不清楚，应该以不符合《专利法》第26条第4

款的理由指出限定特征不清楚，要求其依据说明书的相关电路功能描述，对权利要求书的记载作出进一步的限定。

六、小　结

综上所述，开关电源类的专利申请量是很大的，它是一种在现有基本电路框架下的电路设计，可以根据具体电路要求作出比较细腻的多种改进，可区别于现有技术的发明点是比较多的，许多小的电路改进的具体技术效果也难以清除精确的限定，而申请人限于自己的技术知识和对专利申请的理解，往往在权利要求书中对其要求的保护范围限制过宽，或者在说明书中使用非标准技术术语，导致权利要求书中要求的保护范围过宽，这时就需要审查人员认真分析理解电路，依据该电路的真实构成仔细设计检索方案，找出相关技术的对比文件，依据对比文件评述其专利性，笔者审理这类申请数百件，大多数一次审查意见通知书和中间通知书是坚持不具备新颖性和创造性的审查意见，尤其是这些申请中许多属于审查指南中所规定的"组合发明"，因此只要检索比较完善，申请人对权利要求书要求的保护范围作出大幅度压缩修改，或者视撤的比例是比较高的。只要检索策略和审查策略得当，开关电源类专利申请属于一类审查效率比较高的专利申请。

参考文献

[1] 国家知识产权局. 专利审查指南 2010 [M]. 北京：知识产权出版社，2010.
[2] 阎石. 数字电子电路 [M]. 北京：中央广播电视大学出版社，1993.
[3] 周志敏，周纪海，纪爱华. 开关电源实用技术：设计与应用 [M]. 2 版. 北京：人民邮电出版社，2007.
[4] 王水平. 单片开关电源集成电路应用设计实例 [M]. 北京：人民邮电出版社，2008.

申请主体疑似利益相关体的专利
重复授权判定研究

张　丹

摘　要：禁止重复授权原则作为专利制度的基本原则具有重要意义。在现有的专利重复授权判定方式中，面对不同申请主体同日递交的同样的发明创造，如果一件专利申请已授权，对另一件专利申请同样作出授权的现行处理方式，可能存在让申请人/代理人滥用权利的漏洞。本文针对该可能的漏洞，提出了"申请主体疑似利益相关体"的概念及其认定方式，结合对实际案例的长期追踪，阐述了申请主体疑似利益相关体的常见形态，并给出了基于利益相关体概念完善专利审查方式的建议。

关键词：重复授权　同日申请　申请主体　利益相关体　公平诚信

一、引　言

1. 将禁止重复授权原则作为专利制度基本原则的重要意义

专利权是国家授予的一种独占权。重复授权，是指对同样的发明创造授予两项（或以上）专利权。❶

向不同单位或个人重复授权的主要危害可能包括这样两个方面：一是会导致不同专利权人之间产生权利冲突；二是会导致第三人实施该专利需要同时获得所有专利权人的许可，分别支付专利使用费，不合理地提高实施发明创造的成本，妨碍被授予专利权的发明创造的实施应用。

---

❶ 尹新天. 中国专利法详解［M］. 北京：知识产权出版社，2011：107.

向同一单位或个人重复授权的主要危害可能包括这样两个方面：一是会导致国家知识产权局重复进行审批工作，是对国家公共资源的一种浪费；二是有可能导致专利权人对一项发明创造获得的专利保护超过法定的保护期限。

因此，建立专利制度的各个国家普遍将禁止重复授权原则作为一项基本原则。

2. 专利重复授权判定在专利审查工作中的重要地位

为了让禁止重复授权原则在落地时日趋完善，在中国的历次《专利法》《专利法实施细则》和专利审查指南的修订中，都会不断对涉及专利重复授权的相关条款进行修改完善，从注重法律的适应性到更加注重法律的实用性。对于专利审查员来讲，对于每一件案件都需要在授权前严格审查是否存在重复授权的问题，在专利审查机构的内部质量控制工作中，一旦出现重复授权往往也会被定为严重的质量问题。可见，如何在审查工作中落实好该原则、作出准确合理的重复授权判定，也始终是一个广受关注和经常引发探讨的重要内容。

二、重复授权审查方式的现状分析

在中国，禁止重复授权原则在专利审查中的判定依据主要体现为：一是《专利法》第9条，二是《专利法实施细则》第41条，三是《专利审查指南2010》第二部分第三章第6节。

从《专利法》第9条和《专利法实施细则》第41条可以明显看出，对同样的发明创造先后（非同日）提出和同日提出的审查方式是不同的，就同样的发明创造先后（非同日）提出的两件以上的专利申请，在先申请往往构成抵触申请或已公开构成现有技术，则应根据《专利法》第22条第2款、第3款的新颖性、创造性进行审查，而不是根据《专利法》第9条的重复授权进行审查。因此，为使得本文探讨的问题更加聚焦，将讨论范围限定在同日提出的同样的发明创造的情况上。

1. 同日申请的同样的发明创造的四种情形及其审查现状

再结合《专利审查指南2010》第二部分第三章第6节，对于同日申请的同样的发明创造，因专利申请主体是否完全相同以及案件是否审结等情况，其具体审查方式亦有所区别。通常包括如下四类情形。

（1）情形一：申请主体完全相同，两件案件均未审结时

①现有审查依据：《专利审查指南2010》第二部分第三章第6.2.1.1节。

②现有处理方式：两件案件的审查员应分别通知申请人进行选择或修改。期满不答复的，视为撤回。经陈述意见或修改仍不符合《专利法》第9条第1款规定的，均驳回。

（2）情形二：申请主体完全相同，两件案件中已有一件授权时

①现有审查依据：《专利法》第9条第1款、《专利法实施细则》第41条第2款和《专利审查指南2010》第二部分第三章第6.2.2节。

②现有处理方式：未审结案件的审查员应通知申请人进行修改。期满不答复的，视为撤回。经陈述意见或修改仍不符合《专利法》第9条第1款规定的，驳回。但是，既申请实用新型又申请发明专利的，在先获权的实用新型专利权尚未终止，且在申请时分别说明的，除修改发明申请外，还可进行衔接式放弃。国务院专利行政部门应在公告时分别说明。

（3）情形三：申请主体不同（含不完全相同），两件案件均未审结时

①现有审查依据：《专利法实施细则》第41条第1款和《专利审查指南2010》第二部分第三章第6.2.1.2节。

②现有处理方式：两件案件的审查员应通知申请人自行协商确定申请人。期满不答复的，视为撤回；协商不成，或者经陈述意见或修改仍不符合《专利法》第9条第1款规定的，均驳回。

（4）情形四：申请主体不同（含不完全相同），两件案件中已有一件授权时

①现有审查依据：《专利法》《专利法实施细则》《专利审查指南2010》中均未给出明确的规定或指导。也就是说，目前暂无明确的公开的法律法规层面的审查依据。

②现有主流处理方式：既然已有其中一件（或以上）申请因专利局内部不同审查程序和周期的原因（比如实用新型审查较快、发明审查较慢）而先授予了专利权，那么对当前在审未结的申请也应当作授权处理，以符合《专利法》第21条对公正的要求。因上述授权而造成的重复授权，可通过无效程序解决。但是，如果有证据表明两件案件的申请不同是因变更所致，则对当前在审未结的申请应当适用《专利法》第9条第1款，发出审查意见通知书，要求该申请的申请人与专利的专利权人协商，协商不成，驳回该申请。

2. 可能存在的漏洞

笔者发现，虽然申请主体不同还能出现同样的发明创造的概率极低，但是通过审查实践发现，实际上能够构成同样的发明创造，申请人却又看起来不同或不完全相同，那么其背后往往有着一些特殊的原因。如果是利益竞争者，那么上述处理方式是给予公平原则最为妥当的，但现实中其背后实际上是由同样的主体或者存在利益相关性的主体进行着操纵，他们在递交申请专利时为获得额外的利益以不同的主体来申请，钻了目前规定的漏洞，其手段和结果都是明显违背《专利法》的立法本意的。

其中，情形三由于两件案件均在审，因此可以要求申请人自行协商确定申请人；但是，对于情形四来说，即便审查员能够预见其疑似利益相关体，由于目前没有合理的审查依据进行质疑或驳回，法无禁止即可为，也只能将可能存在的隐患留待无效程序解决。

笔者注意到，这些案件之间存在许多共性的特征，可以在审查过程中予以识别，于是，本文尝试提出一种解决方案，用于在审查阶段即消除由专利申请主体不同但疑似利益相关体时造成的部分漏洞，避免可能的权利滥用。

表1　两件同日申请的同样的发明创造的四种情形及其审查现状

	情形一	情形二	情形三	情形四	
	申请主体相同，两件案件均在审	申请主体相同，一件授权，另一件在审	申请主体不同，两件案件均在审	申请主体不同，一件授权，另一件在审	
				申请主体为非利益相关体	申请主体疑似利益相关体
现有审查依据	明确	明确	明确	暂无，留待无效程序解决	
现有处理方式是否妥当	妥当	妥当	妥当	妥当	可能存在漏洞

三、"申请主体疑似利益相关体"的概念提出与认定

为解决上述问题，笔者拟提出一种概念，即"申请主体疑似利益相关体"，希望有助于在专利审查阶段就尽量避免专利重复授权的问题，以实现整体上节约程序和提高专利审查程序合理性的目的。

1. 国内外有关法律法规的借鉴

中国《民法总则》关于公平和诚实信用等原则的有关规定包括：

第六条　民事主体从事民事活动，应当遵循公平原则，合理确定各方的权利和义务。

第七条　民事主体从事民事活动，应当遵循诚信原则，秉持诚实，恪守承诺。

第八条　民事主体从事民事活动，不得违反法律，不得违背公序良俗。

美国专利法对重复授权问题中专利申请主体的有关规定包括，在美国的《专利审查程序手册》（The Manual of Patent Examining Procedure，MPEP）第804节规定在考虑重复授权（Double Patenting）之前，两件或更多件专利或专

利申请必须具有至少一个共同的发明人，和/或共同的受让人/所有者，或虽非具有共同的受让人/所有者，但是却符合依据 CREATE 法案［Pub. L. 108 – 453，118 Stat. 3596（2004）］设置在 35 USC. 103c（2）和（3）一个共同的研究合同的情况。也就是说，美国对于重复授权的申请主体或权利拥有者是至少部分相同；如果不相同的话，那么也是基于相关法案规定属于共同研究。

2. "申请主体疑似利益相关体"概念的定义

借鉴上述国内外法律法规，笔者所提出的"利益相关体"，是指在经济或社会利益上具有一定相关性的行为主体及其构成的集合；而"申请主体疑似利益相关体"，是指递交两件及以上专利申请的行为主体在经济利益或社会利益上很可能具有一定的相关性。在具体审查实践中，可以采用该表述，对专利审查过程中发现的可疑行为提出质疑。如果申请人能够提供充分的证明、证据以及必要的担保声明等，则审查员可以考虑接受其意见；如申请人所提供的资料不足以消除审查员的质疑，则审查员可以依据申请主体相同的相应条款和依据等进行处理，包括必要时作出驳回决定。

3. 认定方式

为了便于审查认定，笔者在众多实际案例的基础上，借鉴了上述国内外有关法律法规的表述，总结了如下五种情况。只要满足如下五种情况之一，专利审查员即可提出"申请主体疑似利益相关体"的审查意见，并参照本文第二部分第1点中所述的四种情形中的情形二进行审查：

①包含至少一个相同的发明人；

②包含至少一个相同的申请人；

③不同申请人之间明显存在利益关联，如个人与所在单位、子母公司、属于一个集团公司旗下的子公司之间等；

④存在合作研究协议的情况；

⑤其他属于明显利益相关体的情况。

4. 常见形态

为了便于审查员更容易地进行识别，笔者在众多实际案例的基础上，总结了如下六种常见形态，并给出了这些常见形态与上述认定方式之间的对应关系。该六种常见形态并非穷举，仅是示意性列举。

①案件1的申请人为 A，案件2的申请人为 A 和 B。

该形态至少符合上述认定依据②。

②案件1的申请人为 A，案件2的申请人为 a，其中 a 为 A 的子公司。

该形态至少符合上述认定依据③。

③案件1的申请人为 a_1，案件2的申请人为 a_2，其中 a_1 和 a_2 为同一公司的

子公司或存在利益关联的公司。

该形态至少符合上述认定依据③。

④案件 1 的申请人为 A，发明人为 m 和 n，案件 2 的申请人为 m，发明人为 m 和 n。

该形态至少符合上述认定依据①和③。

⑤案件 1 的申请人为 A，案件 2 的申请人为 B，A 和 B 具有合作研究关系。

该形态至少符合上述认定依据④。

⑥案件 1 和案件 2 的说明书及附图内容完全一致。

该形态至少符合上述认定依据⑤。

5. 对此类案件不予规范的危害

通过审查实践，发现这类申请都愿意随意放弃已获得的新型专利权、变更申请人，无论是否是本案申请人或专利权人，很多申请人、代理人也都在交流中承认实际上他们出于节省申请费用（个人申请的费用减免额度大，比公司申请费用更低）、让不同的相关主体都获得相应利益等考虑而进行这样的操作，这就构成钻了法律漏洞的情况，如不加以规范引导，将会带来至少如下危害。

（1）对社会成本的提高

权利操纵者可以将多件同样的专利中的每一件专利分别进行转让、许可等交易，以高于成本的价格出售，这往往也会引起产品销售价格的提高，消费者付出价格的提高。另外，二次创新的成本也随之提高了，社会整体的成本都提高了。

（2）对诚实信用的伤害

对于持续缴费维持有效的案件，如果没有第三方提出无效请求，这样同样的权利的存在可能会让社会公众受到不必要的干扰，产生一些误判，比如，在仅作出一件发明创造的情况下，得到两份以上专利权，就可以因此获得更多政策支持、宣传资本、评功授奖等，以及更多的经济利益，这是对整个社会诚实信用建立和维护的一种伤害。

（3）对诉讼风险的提升

如果有第三方提出无效请求，进行到无效程序，那么如果这类案件数量增大的话，将会增加无效程序的负担。如果向法院提起诉讼，其所带来的处理纠纷的时间和成本，都对各方的利益是一种损害。

（4）对审查资源的浪费

根据对这类案件的追踪，发现与其他专利一样，有相当一部分可能由于维持专利权有效的意义不大，所以由于不缴年费等原因已经失效。但是，如果这类案件均获得授权，那么将来可能会出现更多的案件钻这样的法律漏洞，试想，如果申请人注册多个不同子公司，用每家子公司申请一件实用新型，再用母公司申请发明，由于专利局的审查流程，很可能这样的多件申请均被授权，这对审查资源是一种极大的浪费。

（5）对代理不端的纵容

如果任其发展，关于同日由不同申请人提交的同样的发明创造，如果一件已经授权，则剩下的其他申请也只能授权，这将成为一个可以让试图滥用专利申请权、取得更多专利权的申请人有可乘之机，成为某些申请人或代理人试图继续加以利用的漏洞，刻意将一件发明创造安排成由不同申请人进行申请的现象，迫使专利审查机构为其授予更多数量的专利权，将不利于对专利代理行为的规范。

四、申请主体疑似利益相关体的实际案例追踪分析

下面三个实际案例均为申请主体疑似利益相关体的典型案例，笔者对其进行了长达 10 年左右的追踪分析。值得一提的是，这三个案件均来源于在笔者当年所在由 20 名左右的专利审查员组成的审查科室中，而整个中国的专利审查员数量已达上万人，虽然目前尚未得到此类案件的统计数据，但这也可以从一个侧面说明此类案件值得被我们关注的必要性。

1. 实际案例 1：两个申请主体为包含关系，审查员根据主流做法进行授权，10 年来两项保护范围相同的专利权仍维持有效

（1）当时做法与结果

2009 年 12 月 7 日，瓦房店轴承集团有限责任公司作为申请人，提交了申请号为 200910220482.0、发明名称为"能控制下垂量的新型尼龙架"的发明专利申请；同日，瓦房店轴承集团有限责任公司和瓦房店轴承集团精密传动轴承有限公司作为共同申请人，提交了申请号为 200920276977.0、发明名称为"一种能控制下垂量的新型尼龙架"的实用新型专利申请。

两件案件的申请人部分相同，一个是瓦房店轴承集团有限责任公司，另一个是瓦房店轴承集团有限责任公司和瓦房店轴承集团精密传动轴承有限公司作为共同申请人，且共同申请人之间为子母公司关系，其中，瓦房店轴承集团精密传动轴承有限公司为瓦房店轴承集团有限责任公司 100% 持股的公司。同时，其申请人地址均为"辽宁省瓦房店市北共济街一段 1 号"，发明人均为"池海凤、郭玉飞、庞伟、王蕾、吴广富、崔传荣"，代理机构均为"大连八方知识产权代理有限公司"。

发明专利申请进入实质审查程序时，实用新型专利申请因仅需要经过初审程序而已经获得授权，授权的权利要求为：

一种能控制下垂量的新型尼龙架，其特征在于，尼龙保持架（3）
兜孔部分为圆弧、斜线、直线连接；所述的圆弧为尼龙保持架（3）
兜孔圆弧，所述的斜线为兜孔与锁口过渡直线，与兜孔相切，所述的
直线为锁口。

而负责发明专利申请实质审查的审查员在对该案进行全面审查后，根据本文第二部分所述的现行主流处理方式，并未质疑重复授权问题，而是出于公正的原则，也将该案走向授权；只是为了让授权的权利要求的表述更加清楚，结合申请文件说明书和附图的描述，在第一次审查意见通知书中建议申请人对权利要求进行修改。修改后的，也是最终授予发明专利权的权利要求为：

能控制下垂量的新型尼龙架，其特征在于，尼龙保持架（3）兜
孔部分为圆弧、斜线、直线连接；所述的圆弧为尼龙保持架（3）兜
孔圆弧，所述的斜线为兜孔圆弧与锁口的过渡直线，并与兜孔圆弧相
切，所述的直线为锁口。

可以很容易地判断出，这两件专利的权利要求的保护范围实质上是相同的。

审查员根据主流做法进行授权。截至目前，两件保护范围相同的专利权仍维持有效，也没有人对其提出无效请求。

（2）用利益相关体概念重新审视

根据瓦房店轴承集团有限责任公司的官方网站（www. zwz - bearing. com）介绍，该公司在世界轴承行业排名第八位，是中国轴承工业的龙头企业，为中国轴承工业的发展作出了重要贡献。其网站导航栏"科技研发"下栏目"科技成果"的子栏目"专利成果"中，共列有 228 件获得授权的专利，列在第 121 件和第 122 件的就分别是这两件专利，即 ZL200910220482. 0 和 ZL200920276977. 0。

实际案例 1 符合认定依据①②和③，并属于常见形态①②和⑥。

如果审查员根据申请主体疑似利益相关体的概念提出审查意见，则不会出现并维持到现在的重复授权问题，可避免专利权人因多个权利的授予而额外获得直接或间接的利益。

2. 实际案例 2：两个申请主体为关联公司，审查员未遵循主流做法，以提醒的方式指出重复授权问题，仅一项专利权维持有效

（1）当时做法与结果

2008 年 12 月 2 日，广东美的电器股份有限公司作为申请人，提交了申请号为 200810219621. 3、发明名称为"一种贯流风轮"的发明专利申请；同日，美的集团有限公司作为申请人，提交了申请号为 200820204542. 0、发明名称为

"贯流风轮"的实用新型专利申请。

发明专利申请进入实质审查程序时，实用新型专利申请因仅需要经过初审程序而已经获得授权。审查员在第三次审查意见通知书中通过提醒的方式告诉申请人可能存在重复授权的问题。申请人随即于 2011 年 2 月 18 日提交了放弃专利权声明，在"全体专利权人或代表人签字或者盖章"的位置，盖的是"广东美的电器股份有限公司"的章，而放弃的是申请人为"美的集团有限公司"的申请号为 200820204542.0 的专利权。虽然由于手续缺陷等问题，后续又提交了多次该声明，直至 2011 年 9 月 25 日才提交了完全合格的声明。审查员于 2011 年 11 月 28 日发出了授予发明专利权的通知书。

尽管审查员的处理方式按照业务指导的主流做法是不正确的，但可以从该案的过程中看出，虽然这两件专利申请表面上申请人不同，但是可以在一个申请人提交了另一个申请人的放弃专利权声明后获得授权，说明两件申请的申请主体是相互关联且可以共同操作的。同时，其发明人均为"游斌、李苏洋、张敏、马列"，代理机构均为"广州粤高专利代理有限公司"。

另外，该发明专利权人于 2013 年 11 月 24 日提出著录项目变更申报书，将专利权人由"广东美的电器股份有限公司"变更为"美的集团有限公司"，即变更成放弃掉实用新型专利权的人。

经查，截至目前，该发明专利已经缴纳专利年费至第 11 年，仍处于专利权有效状态。

（2）用利益相关体概念重新审视

实际案例 2 符合认定依据①和③，属于常见形态③和⑥。

根据申请主体疑似利益相关体的概念，审查员可以无须再以提醒的方式处理，也不会被认定为处理错误，而是可以直接地提出"申请主体疑似利益相关体"的审查意见，要求其提供充分的证明、证据以及必要的担保声明等，一旦申请人并不配合，不诚实答复，所提供的资料不足以消除质疑，则审查员可以依据所掌握信息的充分程度，适时作出相应的处理，包括必要时作出驳回决定。

3. 实际案例 3：两个申请主体为个人与单位关系，审查员通过其他缺陷的指出，使其保护范围不同，两项不同的专利权分别维持了 7 年和 5 年

（1）当时做法与结果

2010 年 4 月 13 日，张文炎作为申请人，提交了申请号为 201010149224.0、发明名称为"弹簧操动机构的储能部件与分合闸部件结合装置及方法"的发明专利申请；同日，余姚市万佳电气有限公司作为申请人，提交了申请号为 201020162042.2、发明名称为"弹簧操动机构的储能部件与分合闸部件结合装

置"的实用新型专利申请。

发明专利在审时,实用新型已于 2011 年 5 月 18 日获得授权。审查员指出权利要求 1 不清楚和缺乏必要技术特征的缺陷,申请人在权利要求 1 中补入了大量的说明书中的技术特征,使得发明专利申请的权利要求书与实用新型专利的不同,该发明于 2012 年 2 月 22 日获得授权。

但值得注意的是,两件案件的申请人,一个是第一发明人张文炎,另一个是余姚市万佳电气有限公司,而张文炎是余姚市万佳电气有限公司的第一大股东,持股比例为 40%,也是该公司的监事。同时,其申请人地址均为"浙江省余姚市阳明街道方桥工业园区余姚市万佳电气有限公司",发明人均为"张文炎、王玮",代理机构均为"宁波奥凯专利事务所"。二者的说明书及附图完全一致。

(2)用利益相关体概念重新审视

虽然两件专利权的保护范围不同,不属于重复授权,但是假设审查员并未指出缺陷或者申请人并未修改,这两件案件有可能造成重复授权的话,则实际案例 3 符合认定依据①和③,属于常见形态④和⑥。

如该假设情况出现,则根据申请主体疑似利益相关体的概念,审查员可以质疑申请主体疑似利益相关体,无论其实质上是否属于同样的发明创造,都应当由同样的申请主体进行申请才是合理、公平、诚信的。这样以利益相关体作为申请主体申请多件专利的行为,是违背专利法立法本意的,在实践中也不应当被允许。

当然,由于目前这样的做法可能还会存在相当大的争议,因此,是选用重复授权条款、还是选用如职务发明等其他条款,可以留待未来进一步讨论。

五、基于利益相关体概念完善现有专利审查方式的建议

根据对利益相关体概念的构建与实例印证,现提出完善现有专利审查方式的建议。如今,在全国上下着力提升专利审查质量和效率的大环境下,笔者认为,本文所提出的利益相关体概念可以考虑应用到更广泛的范围,不仅可以用于实质审查阶段的专利重复授权判定,也可以在初步审查阶段的非正常申请判定中尝试使用,起到更好的正向引导作用。

1. 在实质审查阶段，建议将利益相关体概念纳入专利重复授权的审查依据（参见表2）

表2　两件同日申请的同样的发明创造的四种情形及其完善建议

	情形一	情形二	情形三	情形四	
				申请主体不同，一件授权，另一件在审	
	申请主体相同，两件案件均在审	申请主体相同，一件授权，另一件在审	申请主体不同，两件案件均在审	申请主体为非利益相关体	申请主体疑似利益相关体
审查依据	不变	不变	不变	不变	请申请人提供独立研究的证明、证据、非利益相关体声明，审查员视情况，可以选择接受申请人的意见，不再质疑，或者如果认为申请人的意见不具有说服力，则可以参照情形二进行处理，包括以重复授权相关法条进行驳回
处理方式	不变	不变	不变	不变	

对于审查员怀疑可能是"申请主体疑似利益相关体"的且可能造成重复授权等问题的案件，审查员可以尝试在进行重复授权判定时指出，该案的专利申请主体与另一份申请的主体疑似利益相关体，构成了同样的发明创造，不符合重复授权相关法条《专利法》第9条第1款或《专利法实施细则》第41条第2款的规定。

如果申请人能够提供关于该两份或以上的发明创造为独立研究的充分证明和/或证据，并作出该两份或以上专利申请人不是利益相关体的声明，则可以考虑接受申请人的意见，认为其消除了该缺陷；如果申请人不能提供上述充分的证明、证据或声明，则审查员可以以不符合《专利法》第9条第1款的规定进行驳回。

2. 在初步审查阶段，建议将利益相关体概念纳入非正常申请专利的审查依据

国家知识产权局令第75号《关于规范专利申请行为的若干规定》所规范的是一种不诚信的行为。其中，第3条对于非正常申请专利的行为的定义，主

要强调了"同一单位或者个人",也包含了"帮助他人提交或者专利代理机构提交"的相关情形。如果相关审查管理部门认为本文所述的概念有一定道理,可以考虑在实践中将《关于规范专利申请行为的若干规定》中的"同一单位或者个人"扩展至"同一单位或者个人或利益相关体",考虑将其视为非正常申请专利的行为,按照非正常申请的方式进行审查处理,并同时适用《关于规范专利申请行为的若干规定》第4条所述的处理方式,从而对申请人、代理人、社会公众起到更加积极正面、诚实守信的引导作用。

同时,对于其他使用该概念可以提高整体审查质量和效率的情形,也可以尝试进行使用。这样,可以在尽可能早的阶段解决更多的问题,起到整体节约程序的作用。

六、结 论

本文针对同日不同申请主体的专利重复授权判定中可能存在的漏洞,提出了"专利申请主体疑似利益相关体"的概念及其认定方式,通过实际案例证明了利用该概念可以快速认定并有效解决上述问题。可见,利用利益相关体的相关概念,可以在一定程度上提高对同日不同申请主体重复授权问题的专利审查效率。同时,也可以有据可依地合理扩大对非正常申请专利的行为判定依据,向专利申请主体、代理机构、地方专利管理部门传递出积极引导营造公平诚信社会氛围和良好营商环境的有力信号。

未来,还可以尝试考虑将该概念用于各级地方专利管理部门的专利管理工作中。比如,在专利申请资助、专利申请优先审查等方面加强对利益相关体等相关信息的核实,对出现此类负面行为的主体进行一定的行政手段和政策上的调控,主动为之,更好地发挥保护创新和公众利益的应有作用。

参考文献

[1] 尹新天. 中国专利法详解 [M]. 北京:知识产权出版社,2011:96 - 107.

[2] 马宁. 从《专利法》三次修改谈中国专利立法价值趋向的变化 [J]. 知识产权,2009 (9):69 - 74.

[3] 童晓晨. 中美专利法重复授权比较分析研究 [J]. 法制与经济,2014 (6):40 - 41.

[4] 俞可嘉. 同日申请实用新型处于不同法律状态对发明授权造成的影响及分析建议 [J]. 中国发明与专利,2016 (4):88 - 91.

[5] 卫辉,杨娜娜. 发明和实用新型专利涉及重复授权的特殊情况研究 [J]. 江苏科技信息,2017 (5):79 - 80.

检索理论及实务研究

有机领域 STN 检索数据库的选择探讨

吴洪雨

摘 要：本文介绍了几个有机领域 STN 检索常用数据库的特点。针对 5 个具体案例，结合案件情况，使用数据库的特色字段、关键词、结构式或环标识符等检索，得到了有效的对比文件，对 STN 检索中数据库的选择进行总结。

关键词：STN 数据库 检索 有机化合物

一、引 言

有机领域化合物的检索，专业性较强，有些专利文件仅记载化合物的结构式，增加了使用关键词检索的难度。因此使用字段、化合物结构等检索是有机领域重要的检索手段。STN 的 CAPLUS、REGISTRY、MARPAT、CASREACT、CASLINK 等数据库是有机领域常用的字段或结构检索数据库。[1] 其中 REGISTRY、MARPAT、CASREACT、CASLINK 等数据库都支持化合物结构直接检索，给有机化合物的检索带来了极大的便利。由于可以选择检索有机化合物的库较多，各个数据库都有各自特色的检索方式，在针对专利申请进行对比文献的检索时，需要根据案件的情况，选择合适的数据库，制定最优的检索策略，以高效获得合适的对比文件。[2]

CAPLUS 数据库收录信息全面，能够使用各种字段等进行检索，不支持直

---

[1] 涂海华，杨秦，康旭亮. STN 中"DN、ED、ROL"等字段在药物领域检索中的应用 [J]. 审查业务通讯，2012, 18 (3): 89 – 93.

[2] 肖鹏. 化合物检索的难点及其对策 [J]. 审查业务通讯，2005, 11 (9): 1 – 13.

接结构检索。在专利文献收录方面，CAS 自 1907 年以来已经在其科技文献中覆盖了化学专利。CAS 覆盖了全球 51 个专利授权机构的专利（2008 年），9 个主要专利授权机构的专利会在专利公开出版 2 天之内收录进 CAPLUS 数据库中。❶

REGISTRY 数据库能够直接检索化合物结构式，检索的结果一般更精确和有效。REGISTRY 数据库是世界上最大、最全、最新的化学物质信息数据库，收录超过 3500 万种物质，并每周增加约 50000 条新数据。不仅如此，该数据库中所有/BI 字段中涉及的物质，均以统一的 CAS 登记号（Registry Number，RN）进行了标引，每种物质对应一个确定的 CAS 登记号。REGISTRY 数据库支持环标识检索，较其他结构检索更经济。CAS 登记号检索可以在 REGISTRY 和 CAPLUS 数据库中使用。❷ 用"RN"进行一个化合物的精确检索，用"CRN"进行多组分化合物检索。分子式检索可以在所有的数据库中进行，检索精确地匹配所要检索的物质的分子式，用"MF"进行精确的分子式检索，用"CMF"进行化学组分的分子式检索，用"PD"进行文献的公开日期检索，用"PA"进行申请人的检索。在 CAPLUS 中检索，通常用到一些字段进行检索。当初步检索得到的结果较多的时候，可以用字段进行限定，减少检索的篇数。

MARPAT 数据库对马库什结构化合物检索非常实用，通常不用于检索单个化合物，用于检索具体化合物等噪声较大，需要结合降噪方法降噪后检索。

CASREACT 数据库检索，可以使用化合物的制备方法进行检索，该检索操作一方面能够对方法要素限定，另一方面兼顾到了对化合物结构的检索。在结构检索之前，还可以使用 CASREACT 数据库的检索字段尝试检索，例如使用产物字段"PRO"与反应物字段"RCT"检索。"PRO"等字段不是 CAPLUS 数据库的有效检索字段。

CASLINK 是 STN 提供的一个全面的检索平台，进入 CASLINK 检索，等于同时在 REGISTRY、MARPAT 和 CAPLUS 中进行检索；同时，CASLINK 还可以明示各文献出处，可以做到自动去重，结果一目了然。CASLINK 检索具有强大功能，但收费较高，因此使用 CASLINK 之前应当慎重考虑和仔细设计检索式，避免只能获得单库检索的效果。❸

综上，在使用 STN 检索有机化合物时，一般结合案件的基本情况、数据库的特点等选择合适的数据库检索。下面以几个案例浅议有机领域 STN 数据库的

---

❶❷ 涂海华，杨秦，康旭亮. STN 中"DN、ED、ROL"等字段在药物领域检索中的应用［J］. 审查业务通讯，2012，18（3）：89 – 93.

❸ 孙勐. 利用 STN 数据库检索马库什权利要求初探［J］. 审查业务通讯，2009，15（12）：49 – 53.

选择，探讨介绍检索过程和结果。

二、检索案例

1. 案例 1

案例 1 的权利要求 1 请求保护一种通式 IDa 所示的化合物及其药学上可接受的盐，其中，R_{f1}、R_{f2}、R_{f3} 分别独立表示 – H、直链或支链的 $C_{1\sim6}$ 烷基、苄基或 – CF_3；R_6 表示被卤素取代或未取代苯基，其中取代基可选自 – OH 等取代基；R_7 与 R_8 分别独立表示 H、取代或未取代直链或支链的 $C_{1\sim10}$ 烷基，条件是 R_7 与 R_8 不能同时为 H。

$$
\begin{array}{c}
\text{OR}_{11} \quad \text{O} \quad \text{R}_7 \ \text{R}_8 \\
\text{N} \quad \text{COOH} \\
\text{R}_{12} \quad \text{R}_{13} \quad \text{R}_8 \\
\text{ID}_a
\end{array}
$$

由于上述化合物为比较简单的通式化合物，在 CAPLUS 中没有给出该范围的通式化合物的标引。该通式化合物上取代基比较具体，适合在 REGISTRY 数据库中进行检索。构建检索式，先构建通式中最小结构单元（取代基为 H），并将检索式上传到数据库中，进行检索。

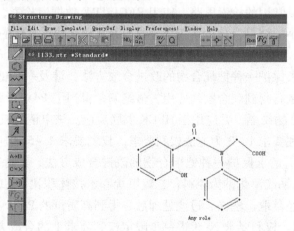

图 1　REGISTRY 数据库检索化合物

初步检索未得到对比文件，全面检索获得 28 个结果，转库到 CAPLUS 库中检索，获得 8 篇对比文件，其中第 5 ~ 7 篇都公开了落入该申请范围的化合物，例如，对比文件 1〔TI：The fate of the herbicide flamprop – isopropyl

（Barnon）in rats and dogs，公开日 1977 年］公开了化合物

因此具体公开了对应于权利要求 1 中 R_{f1} 为 – OH、R_{f2} 为 H、R_{f3} 为 H 和 R_6 为卤素取代的苯基、R_7 和 R_8 中的一个为甲基另一个为 H 取代的式 IDa 化合物。可见，对比文件 1 已经公开了权利要求 1 中的化合物。其中第 5 ~ 7 篇均公开了上述化合物。

直接使用该案件的上述图 1 检索式在 MARPAT 数据库中进行检索，有 150 个结果，噪声较大。进一步增加限定条件检索，例如将卤素任取代的卤代苯作为限定要素限定到结构检索中，结果也有 49 篇，仍然存在较大噪声。

通过上述案例可以看出，对于结构比较简单明确、范围比较小的化合物或者马库什化合物，可以使用 REGISTRY 精准检索。如果直接使用该案件的上述结构式在 MARPAT 数据库中进行检索，噪声较大。通常使用 REGISTRY 数据库之前，先使用 CAS 登记号等在 CAPLUS 初步筛查一下，排除破坏该申请新颖性的化合物存在，再在 REGISTRY 数据库使用限定范围的结构式检索。这也是有机化学领域人员常用的检索思路。使用 REGISTRY 数据库检索，能够得到结构准确、噪声较小的结果，是检索新化合物和通式化合物最常用的检索库之一。

2. 案例 2

案例 2 请求保护一种钯配合物的改进合成方法，涉及一种钯配合物的改进合成方法以及制备得到配合物的应用，最终制备得到了 PdX_2（PPh_3）$_2$ 钯（X = Br 或 I）的配合物结晶，并应用于 HECK 偶联反应。该申请的权利要求共 5 个，分成两组，权利要求 1 ~ 3 为方法权利要求，权利要求 4 ~ 5 为应用用途权利要求。权利要求 1 请求保护一种钯配合物的改进合成方法，其特征在于以 $PdCl_2$（PPh_3）$_2$ 与碘化钠或溴化钠为原料，二氯甲烷和水按体积比 1∶1 作为溶剂，反应制得，产品经萃取、洗涤、过滤处理后，得到高质量的 PdX_2（PPh_3）$_2$ 钯配合物，X = Br 或 I。权利要求 2 ~ 3 进一步限定权利要求 1 的合成方法。第二组权利要求为用途权利要求，权利要求 4、权利要求 5 请求保护采用权利要求 1 所述钯配合物改进合成方法制备的 PdX_2（PPh_3）$_2$ 钯配合物在用于 HECK 偶联反应方面的应用（制备方法对该申请的产物结构没有带来结构上的影响）。

有机配位化合物的案件通常请求保护的是配合物、配合物制备方法、配合物的用途这三种权利要求。无论哪一种权利要求，核原料、配体、配合物都是

进行检索的最重要要素。配位化合物的显著特点是化合物结构比较复杂，具体来说，很多情况下配合物要么是非常新的物质，直接进行全结构检索结果非常少；要么是研究比较透彻的配合物，发明点在于晶型、应用或者制备方法上的改进。此时直接采用 REGISTRY 进行检索，往往无法精确得到需要检索的对比文件，故直接采用 REGISTRY 库检索配合物的情况需要慎重考虑。使用 STN 检索之前，为了保证检索的效果，有必要结合现有的数据库进行预检。❶ 这样做的目的在于，了解在案件中，通式中哪些物质或基团对本发明是关键性的，哪些物质或基团是非关键性的。对于关键性的物质，在利用 STN 的绘制软件绘制该通式化合物的结构时，画出必要取代基，而对于非关键性的基团，则可表示为任选取代或采用可变化的基团进行表达。CAPLUS 数据库通常收录了申请文件的概要信息，一般包括配体和配合物核原料的主要 CAS 号，为检索策略的制定提供了准确的表达信息。通常采用 CAPLUS 数据库进行预检。在 CAPLUS 库检索，通常用到一些字段进行检索。初步检索得到的结果较多的时候，可以用字段进行限定，减少检索的篇数。当直接使用 CAS 号检索无法获得满意结果时，应结合检索情况，调整检索的思路，转库、缩小或扩大检索面。

首先，对第一组权利要求 $PdX_2(PPh_3)_2$ 钯配合物改进合成方法进行检索。为了获得案件的基本情况，在 STN 检索库中先对涉案申请的情况于 CAPLUS 数据库中进行检索：

= > FILE CAPLUS   进入 CAPLUS 数据库

= > S CN 106243151/PN   搜索该申请

L1   1 CN 106243151/PN

再用 = > D SCAN   概览该申请的基本信息

由 D SCAN 的结果可以获得 TI、ST、IT 以及该申请关键物质 CAS 登记号的信息。可获得主要物质的 CAS 号和收录情况，例如 RN 23523 – 33 – 2

$$Ph_3P-\overset{2+}{\underset{}{Pd}}\!\!-\!\!-PPh_3$$

48 REFERENCES IN FILE CAPLUS（1907 TO DATE）

类似地，得到另外一个溴代产物的 CAS 号码、结构等信息：

---

❶ 肖鹏. 化合物检索的难点及其对策 [J]. 审查业务通讯，2005，11（9）：1–13.

RN　23523 – 33 – 3　$Br^- - Pd \overset{PPh_3}{\underset{Br^-}{\overset{2+}{\vert}}} PPh_3$

112 REFERENCES IN FILE CAPLUS（1907 TO DATE）

反应原料溴化钠 RN7647 – 15 – 6，碘化钠 RN 7681 – 82 – 5。有机反应原料 $PdCl_2$（PPh_3）$_2$ 钯配合物的相关信息：

RN　13965 – 03 – 2　$-Cl - Pd \overset{PPh_3}{\underset{Cl^-}{\overset{2+}{\vert}}} PPh_3$

6994 REFERENCES IN FILE CAPLUS（1907 TO DATE）

由 CAS 号给出的结果数据，可以决定是否直接对该物质进行结构检索，或根据需要扩大检索范围，调整部分化合物上的取代基，制定相对合适的检索范围。还可以依据该 CAPLUS 提供的多个 CAS 号码进行"OR"或"AND"检索，并与关键词等相与，减少检索结果数量，精准检索。该申请对两个反应产物进行"OR"的运算，然后用日期字段"PD"进行限定，检索产物在该申请申请日之前公开的文献数量：

= > S（23523 – 32 – 2/RN OR　23523 – 33 – 3/RN）AND PD〈20160926
检索该申请申请日之前公开的该类物质大概有多少篇

L2　133（23523 – 32 – 2/RN OR　23523 – 33 – 3/RN）AND PD〈20160926

在 CAPLUS 里面 D SCAN 获得产物等的 CAS 号，结合公开日字段等可以大概获得该物质在 CAPLUS 库里面的收录情况，从而初步确定是否需要到 REGISTRY 等库进行检索。如果含有该产物的文献众多，通常不必要进入 REGISTRY 数据库。在 CAPLUS 库中通过字段、CAS 号的组合等进一步查找和限定需要浏览的文献，减少文献量，获得基本的配合物的公开信息。该申请配合物是已知的，并且现有技术在申请日前有 133 篇文献，以此结构作为检索要素到 REGISTRY 等数据库中进行结构检索显然已不合适。而 CAPLUS 数据库中还有可以限定的检索要素，因此针对上述申请，通过对其中的重要反应原料物质分别检索再相与检索。

L3　32636 7647 – 15 – 6/RN OR 7681 – 82 – 5/RN

L4　6953 13965 – 03 – 2/RN

= > S L2 AND L3 AND L4

L5   5 L2 AND L3 AND L4

 = > D BIB ABS HIT 1 – 5

结果显示，除了该申请外，没有特别相关的文献。虽然这些文献都出现了该申请的产物等，但并不是该申请所要求保护的相应晶体配位化合物的制备方法，而是这些配位化合物在催化其他化合物合成等方面的应用。

至此，考虑调整检索的数据库。在 REGISTRY 和 MARPAT 数据库中扩大检索范围对该案并不实用。该案的化合物本身已经有非常多篇的文献，扩大检索范围，噪声随之增加，并不合适。为此考虑到 CASREACT 数据库检索，通过限定化合物的制备方法，一方面能够包括对方法要素的限定，另一方面兼顾了对化合物本身结构的检索。在结构检索之前，还可以使用 CASREACT 数据库的检索字段尝试检索，例如使用产物字段 "PRO" 与反应物字段 "RCT" 检索 ["S (23523 – 32 – 2/PRO OR 23523 – 33 – 3/PRO) AND 13965 – 03 – 2/RCT"]，对于该检索，仅仅检索到了该申请。"PRO" 字段不是 CAPLUS 数据库的有效检索字段。

结合该案的检索情况，使用反应结构式检索，直接在反应式中列出反应物和生成物质。由于反应物质是氯代，而生成物质为溴代或碘代，因此可以将产物的溴代或碘代扩大为 X 卤代，X 在 Draw 的 Variables 选项里选择 halogens。

画出检索的具体反应式，见图 2。

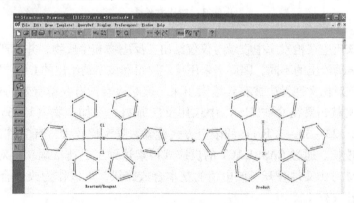

图 2   CASREACT 数据库检索反应式

 = > FILE CASREACT

 = > Uploading D：\ 2017 \ No 576 \ 1122. str

L7   STRUCTURE UPLOADED

 = > D QUERY

= > S L7 SSS SAM

L8　0 SEA SSS SAM L7（0 REACTIONS）

= > S L6 SSS FUL

L9　14 SEA SSS FUL L7（19 REACTIONS）

= > D BIB ABS HIT 1 - 14

上传反应式，检查反应式正确后，先标本检索，没有获得检索结果；接下来全面检索，获得了 14 篇对比文件。从这 14 篇对比文件中，获得了 3 篇可以影响该申请创造性的文献（对比文件 1 ~ 3，参见图 3 ~ 图 5），该申请也在这 14 篇文献中。

对比文件 1：Dibromobis（triphenyl phosphine）- palladium（Ⅱ），公开日：2001 年。

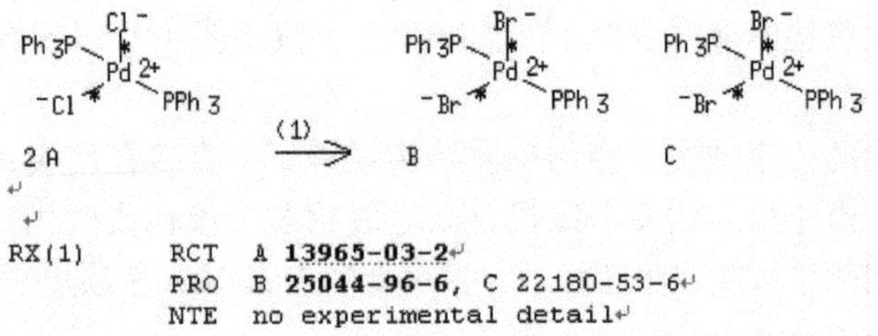

Ph 3P

　　Cl⁻

　　Pd 2+

　-Cl　PPh 3

2 A

⟨1⟩⟶

Ph 3P

　　Br⁻

　　Pd 2+

　-Br　PPh 3

B

Ph 3P

　　Br⁻

　　Pd 2+

　-Br　PPh 3

C

RX(1)　　RCT　A 13965-03-2

　　　　　PRO　B 25044-96-6, C 22180-53-6

　　　　　NTE　no experimental detail

图3　对比文件1

由于该反应在检索库中收录时仅仅给出了反应物和生成物，并且产物的 CAS 号也与该申请给出的不同，因此当采用反应原料和该申请给出的 CAS 号进行限定的时候，该对比文件无法被有效检索出来。追踪检索没有获得有效的对比文件。另外，该文献如果在 CAPLUS 库中仅用反应原料之一加产物（13965 - 03 - 2/RN AND 23523 - 33 - 3/RN）的限定方式检索，噪声比较大，有 70 篇，全部浏览的时间较长。通过 CASREACT 的反应式检索达到了迅速准确获得对比文件 1 的效果。该对比文件公开了该申请的基本合成路线，可以作为改进合成方法最接近的对比文件 1。

对比文件 2：o - diphenyl phosphinobenzaldehyde complexes of palladium（Ⅱ）and platinum（Ⅱ）：Synthesis, spectroscopy and structure，公开日：2004 年。

对比文件 2 的 Ph 为苯基，醛基并没有参与反应，因此该对比文件 2 不仅公开了类似物质的合成路线，还公开了类似的反应原料盐 KBr，Me₂CO 溶剂与该申请的 CHCl₂ 水溶剂为常规溶剂的替代。

对比文件 3：Synthesis and properties of crown ether - modified phosphines and their use as ligands in transition metal catalysts，公开日：1988 年。

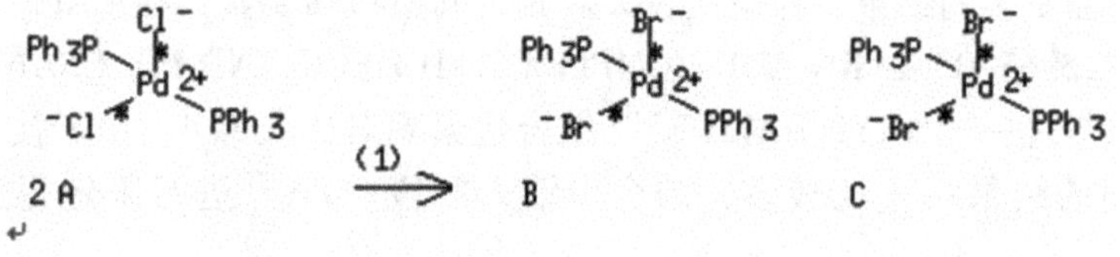

图 4　对比文件 2

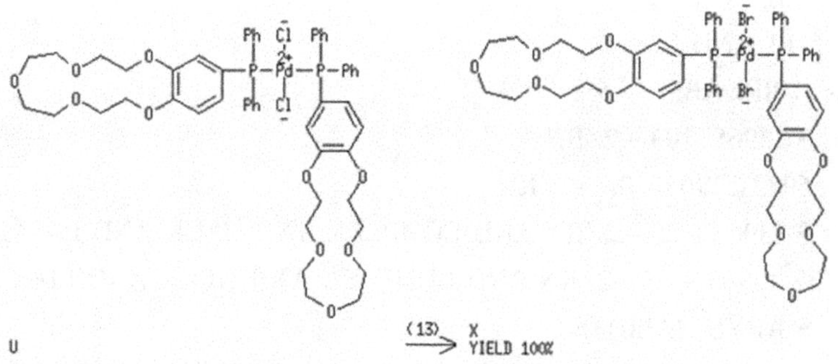

图 5　对比文件 3

　　对比文件 3 的 Ph 为苯基，苯基上取代基也没有参与反应，该对比文件 3 不仅公开了类似物质的合成路线，还公开了反应原料盐 NaBr。CHCl$_3$ 溶剂与该申请的 CHCl$_2$ 水溶剂为常规溶剂的替代。由此获得的对比文件 1 结合对比文件 2 或对比文件 3 都能够评述该申请所要求保护 PdX$_2$（PPh$_3$）$_2$ 钯配合物合成改进方法的创造性。

　　其次，对于第二组权利要求的技术方案，权利要求 4、权利要求 5 请求保护配合物用途的技术方案。HECK 反应也称 Mizoroki - Heck 反应，是不饱和卤代烃（或三氟甲磺酸酯）与烯烃在强碱和钯催化下生成取代烯烃的偶联反应。对于 PdX$_2$（PPh$_3$）$_2$ 钯配合物（X = Br 或 I）在 HECK 催化反应的应用，在 CAPLUS 库中如果直接用产物 23523-33-3/RN OR 23523-32-2/RN 与 "HECK" 结果相 "AND"，得到 5 篇结果，但没有文献公开该两种物质能够直接用于

219

HECK 反应。如果用 PdCl$_2$（PPh$_3$）$_2$ 钯配合物采用 CAS 号和用途 "HECK" 检索获得了非常多的结果，噪声比较大。此时调整检索要素，在 CAPLUS 中采用关键词 "13965–03–2/RN AND COMPLEX AND HECK AND PD〈20160926" 并与反应原料之一 "ARYL HALIDES" 结合检索到对比文件 4。由于使用关键词检索得到的结果一直比较多，结合申请人字段 "PA" 进行限定得到对比文件 5。

   = > S 23523 –33 –3/RN OR 23523 –32 –2/RN

L1   136 23523 –33 –3/RN OR 23523 –32 –2/RN

   = > S HECK

L2   9961 HECK

   = > S L1 AND L2

L3   5 L1 AND L2

   = > D BIB ABS 1 –5

   = > S 13965 –03 –2/RN

L4   6972 13965 –03 –2/RN

   = > S 13965 –03 –2/RN AND COMPLEX AND HECK AND PD〈20160926

L5   32 13965 –03 –2/RN AND COMPLEX AND HECK AND PD〈20160926

   = > S ARYL HALIDES

L6   11824 ARYL HALIDES

   = > S L5 AND L6

L7   8 L5 AND L6

   = > D BIB ABS HIT 1 –8

   = > S TIANJIN NORMAL UNIVERSITY/PA

L8   1032 TIANJIN NORMAL UNIVERSITY/PA

          ［（TIANJIN（S）NORMAL（S）UNIVERSITY）/PA］

   = > S L2 AND L6 AND L8

L9   2 L2 AND L6

通过浏览 L7 和 L9 获得对比文件 4 和对比文件 5。

对比文件 4：Diphosphinoazine palladium（Ⅱ）complexes as catalysts for the Heck reaction of bromides and an activated chloride，公开日：2004 年。对比文件 4 的第 124 页表 1 实施例 25 公开了 PdCl$_2$（PPh$_3$）$_2$ 钯配合物 11 催化 HECK 反应产率达到了 100%。Cl 和 Br、I 为同族元素的替代，本领域技术人员在已知 PdCl$_2$（PPh$_3$）$_2$ 钯配合物催化 HECK 反应的基础上，能够想到将 PdBr$_2$（PPh$_3$）$_2$ 钯配合物、PdI$_2$（PPh$_3$）$_2$ 钯配合物应用在具体的 HECK 反应中。权利要求 5 的

HECK 反应原料是常规的 HECK 反应类型和原料选择。因此相对于对比文件 4 公开的技术内容，该申请的权利要求 4、权利要求 5 不具备创造性。

对比文件 5：CN 106000469A，公开日 2016 年 10 月 12 日，申请日 2016 年 5 月 25 日。对比文件 5 申请日在该申请的申请日之前，公开日在该申请的申请日之后，其权利要求 4—6 分别公开了该申请的权利要求 4、权利要求 5 的技术内容，构成该申请配合物应用用途的抵触申请。对比文件 5 的配合物合成方法和该申请的不相同。通过对该文献追踪检索没有获得改进方法或应用用途权利要求的有效对比文件。

综上，在 CAPLUS 和 CAREACT 数据库调整检索要素（例如关键词、字段或者结构式）进行检索，得到了影响该申请方法和应用权利要求新颖性和创造性的对比文件。对该案，使用多个库检索，有效选择各个库的特色检索方式和检索要素，实现了高效检索的效果。

3. 案例 3

案例 3 请求保护一种亚磷酸酯类抗氧剂 9228 的制备方法，化合物结构为：

反应过程：

阅读背景技术可知，该产品是现有技术已经存在的化合物产品。因此选择 CAPLUS 初步浏览，提取出合适的 CAS 号，在 CAPLUS 里面进一步检索。

```
= > FILE CAPLUS
= > S CN 105949243/PN
L1   1 CN 105949243/PN
= > D SCAN
= > S 154862 – 43 – 8/RN
L2   483 154862 – 43 – 8/RN   具有该 CAS 号的文献非常多
= > S 154862 – 43 – 8/RN AND PD 〈20160512 通过日期字段进一步可以确
```

定本申请之前存在众多篇含有该物质的文献

　　L3　414　154862 – 43 – 8/RN AND PD〈20160512

　　通过浏览给出的 CAS 号码，选出和发明点最相关的三个号码进行"AND"（分别是三氯化磷、产物亚磷酸酯类抗氧剂 9228、季戊四醇的 CAS 号）查找公开日在该申请优先权或申请日之前文献：

　　= > S7719 – 12 – 2/RN AND 154862 – 43 – 8/RN AND 115 – 77 – 5/RN

　　L4　117719 – 12 – 2/RN AND 154862 – 43 – 8/RN AND 115 – 77 – 5/RN

　　= > S7719 – 12 – 2/RN AND 154862 – 43 – 8/RN AND 115 – 77 – 5/RN AND PD〈20160512

　　L5　97719 – 12 – 2/RN AND 154862 – 43 – 8/RN AND 115 – 77 – 5/RN AND PD〈20160512　得到 9 篇结果，浏览得到对比文件。

　　在 CAPLUS 里面 D SCAN 获得产物等的 CAS 号，结合公开日字段等可以大概获得该物质在 CAPLUS 库里面的收录情况。如果含有该产物的文献众多，通常不必要进入 REGISTRY 或 MARPAT 等数据库。在 CAPLUS 库中通过字段、CAS 号的组合等进一步查找和限定需要浏览的文献，减少文献量。该案就是选出和发明点最相关的三个 CAS 号组合（产物、原料、中间体），搜索结果和公开日限定获得 9 篇对比文件。详细浏览这 9 篇对比文件即获得了和该申请非常近似的对比文件 1（IN 2012MU02902A，公开日 2012 年），该篇对比文件能够单独用于评价该申请的创造性。该案件检索简单、迅速，并且仅仅使用了 CAPLUS 数据库。而在专利库利用关键词和分类号进行检索时，如果选取关键词不当，容易造成该印度文献的漏检。

　　4. 案例 4

　　案例 4 使用 REGISTRY 数据库支持的环标识检索。为较好地说明环标识检索的使用规则，首先介绍一些环标识检索的概念。有机化合物的每个组成环都是"环标识"的一部分，环标识可以由单环或多环组成。环标识符（RID）是分配给有机化合物环系的数字组合。❶ 在 STN 的 REGISTRY 数据库中，用 FIDE 或环系数据（Ring System Data，RSD）命令格式显示环标识符，其中环标识符由三个部分数字组合组成，每部分之间以小数点隔开，比如 3068.4.16，每部分数字代表不同的含义，例如上述数字组合：第一部分的数字表示环结构，即 3068 表示 6 – 7 – 6 的稠合环，第一部分和第二部分一起表示环原子的种类和排列方式，三个部分的数字一起表示环架、环原子的种类和排列方式、环标识中键的形式。

---

❶ 何小平. STN 的环信息检索［J］. 审查业务通讯，2011，17（2）：45 – 50.

有机化合物环结构上的键分为 exact 和 normalized 两种模式，STN 中并未限定如何标引环结构上化学键的不同。因此在检索时，化合物环结构上化学键的类型是不清楚的，环上取代基的种类对环结构上化学键的模式也有影响，环标识符使用第三部分的数字限定环上键的模式，这就导致含有相同环标识结构的化合物由于环标识符的第三部分不完全相同而不同。环标识符表示的是一个环系结构的整体情况，含有相同环结构化合物的环标识符的前两部分是相同的，因此在检索时能够利用环信息的相关信息进行含有相同环系结构的化合物的检索。在 STN 检索时用环信息进行检索的一般过程是先于 CAPLUS 或 REGISTRY 数据库检索出通式化合物范围内的一个代表性的具体化合物的化学登记号（RN）（或者首先 CA on web 中检索出该申请实施例中的一个代表性具体化合物的 RN 号），再用 STN 中的 REGISTRY 数据库检索出此具体化合物的环标识符，然后利用环标识符结合具体情况进行扩展检索等。

案例 4 请求保护一种新的芳香族胺类化合物，其特征在于，其化合物分子通式为：

$$
\begin{array}{c}
R_1 \quad R_2 \\
N \quad\quad R_3 \\
Ar_1 \quad\quad\quad Ar_2 \\
N
\end{array}
$$

其中，R_1、R_2、R_3 均为氢原子或碳原子数 1~30 烷基或碳原子数 6~50 的芳基或碳原子数 5~50 的杂环基或碳原子数 6~30 的芳香族胺基中的一种，Ar_1、Ar_2 均为氢原子或碳原子数 7~50 的烷芳基或碳原子数 7~50 的烷芳氧基或碳原子数 7~50 的烷芳巯基或碳原子数 6~50 的芳基或碳原子数 5~50 的杂环基或碳原子数 6~30 的芳香族胺基或碳原子数 6~50 的芳氧基或碳原子数 6~50 的芳氧基芳巯基中的一种。❶

该案假设以 STN 结构检索为入口，涉及多层 G-groups 限定的套叠，难以准确构建相应结构，结构画起来也比较复杂。因此考虑采用环标识符检索入口进行检索，并且根据对权利要求并列技术方案的分析，将技术方案拆分为仅有吡啶[3，2-g]并喹啉与非环系取代、吡啶[3，2-g]并喹啉与环系取代两类技术方案进行检索。

权利要求 1 对取代基团的限定涵盖了宽泛的化合物范围，说明书公开了 85 个具体化合物，其中 26 个实施例化合物落入权利要求 1 的保护范围，因此首

❶ 何奕秋. 环标识符（RID）在邻位稠合杂环化合物检索中的应用 [J]. 专利文献研究（增刊），2017：142-152.

先选择实施例化合物，提取 26 个具体化合物的 RSD 信息。根据环标识符的标引规则，实施例化合物按取代基团不同可以分为以下六类：①苯基取代；②吡啶基取代；③苯基 – 吡啶基取代；④萘基取代；⑤菲基取代；⑥五元杂环取代。其中苯基 – 吡啶基取代的 RID 信息落入苯基取代或吡啶基取代，因此在 REGISTRY 数据库中检索，选择如下五类的环标识符：

第一类： 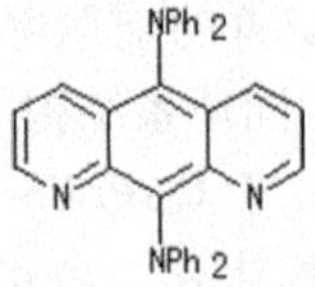 46. 150. 18，2508. 69. 4；

第二类： 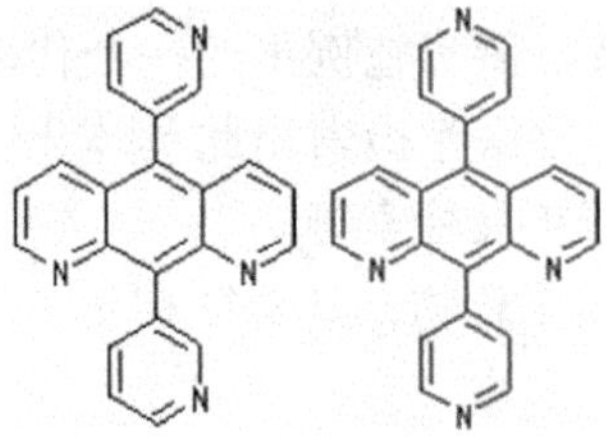 46. 156. 30，2508. 69. 4；

第三类： 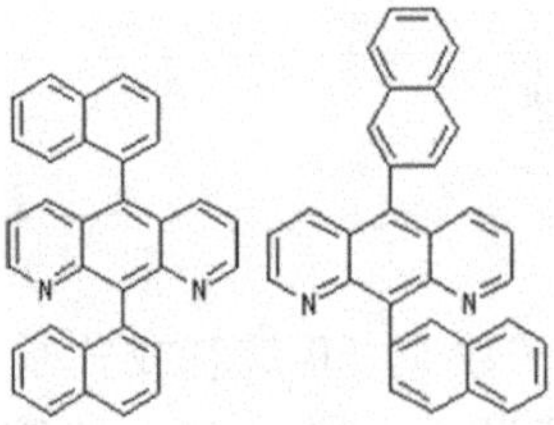 2508. 69. 4，591. 49. 57；

第四类： 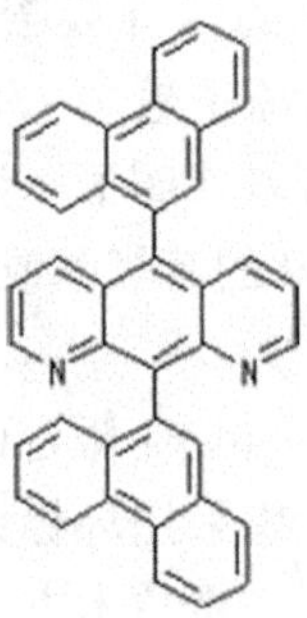 2404. 11. 109，2508. 69. 4；

第五类： 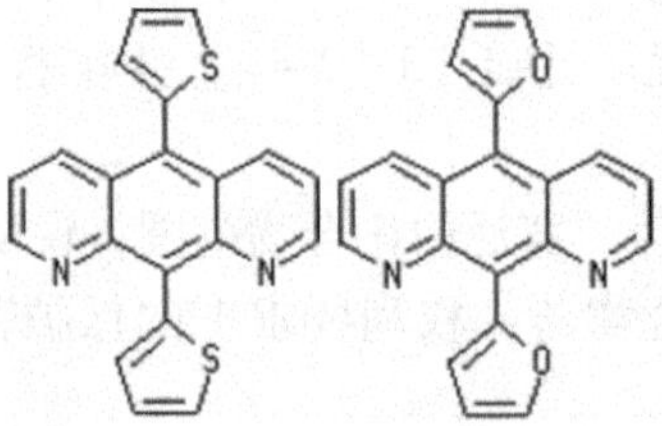 16. 145. 3，2508. 69. 4，16. 138. 5。

针对以上五类代表化合物的环标识符在 REGISTRY 库进行六类化合物的检索，其中 2508. 69. 4/rid 为吡啶［3，2 - g］并喹啉母核结构的环标识符，以

2508.69.4/rid 为检索要素分别结合五类取代基团的环标识符 46.150.18/rid、46.156.30/rid、591.49.57/rid、2404.11.109/rid，含有五元杂环的结构因为杂原子的变化以 C4！（！代表大于 1 的个位数字）为要素进行检索进行检索：

L1　212 S 46.150.18/RID（P）2508.69.4/RID

L2　28 S 46.156.30/RID（P）2508.69.4/RID

L3　9 S 46.150.18/RID（P）46.156.30/RID（P）2508.69.4/RID

L4　10 S 591.49.57/RID（P）2508.69.4/RID

L5　11 S 2404.11.109/RID（P）2508.69.4/RID

L6　13 S 2508.69.4/RID（P）C4！/RF

仅采用环标识符为检索入口未获得能评述新颖性或创造性的现有技术文献，分析该案权利要求，权利要求 1 的对于环系取代基团的定义采用了"芳基""杂环基""芳香族胺基"等宽泛的定义，使用具体化合物的取代基团的环标识符可能导致漏检现有技术。另外，取代基团定义除了环系取代基团，还有非环系的取代基团，采用环标识符对取代基团进行限定会导致该部分技术方案的漏检。通过对该案标引的 85 个具体化合物以及权利要求 1 对取代基团的定义分析可以得出，该案的化合物的分子式可以由 C、H、O、N、S 等原子表达，其中 N 原子数大于或等于 2，H 原子个数为个位或两位数字，O 和 S 原子数不确定，因此分别以 N！、H！或 H！！，O！或 O，S！或 S 限定分子式的原子数，在 2508.69.4/rid 基础上以分子式对检索结果进行限定与 2508.69.4/rid 相与，并结合结构式中环个数（NR）进一步限定：

L15　25 S C！！ H！！ N2/MF AND L7

L16　1 S 2508.69.4/RID AND C！！ H！ N2/MF（D1 CN1426996 评述新颖性）

L17　59 S 2508.69.4/RID AND C！！ H！！ N！/MF AND N〈4（D2US5091535 评述新颖性）

L18　102 S 2508.69.4/RID AND C！！ H！！ N！/MFL19

L19　S L18 NOT L17（D4 CN101423757A 评述创造性）

L20　219 S 2508.69.4/RID AND（C！！ H！！ N！ O！ or C！！ H！！ N！ O）/MF

L21　118 S L20 AND NR >3

L22　80 S L20 AND NR >4

L23　18 S 2508.69.4/RID AND（C！！ H！！ N！ S！ or C！！ H！！ N！ S）/MF

以 2508.69.4/rid 环标识符检索仅能检出吡啶［3，2 - g］并喹啉为母核的化合物，对于杂环中 N 杂原子位置不同的、可用于评述创造性的其他吡咯并喹啉化合物的现有技术的检索具有局限性，为补充检索创造性文献，在 REGISTRY 中检索 N 杂原子位于其他位置的吡咯并喹啉如结构式 I，获得该结构的 SSS 检索结果，从该结果中提取任一具体化合物获取具有该杂环结构的环标识符信息，提取得到吡啶［2，3 - g］并喹啉 的环标识符信息 2508.72.6/rid，以该环标识符代码与取代基团的环标识符代码位置运算（P），分别得到 228、13、20、11 个检索结构，从而快速从 L6 的 20 个结构式中得到可以评述创造性的现有技术文献 D3：

L4　228 S 2508.72.6/RID（P）46.150.18/RID

L5　13 S 2508.72.6/RID（P）46.156.30/RID

L6　20 S 2508.72.6/RID（P）591.49.57/RID（D3 CN101684095A 评述创造性）

L7　11 S 2508.72.6/RID（P）2404.11.109/RID

由此可见，对于分子结构中含有多环系的邻位稠合杂环体系，通常环标识符代码给出了准确多环化合物的环结构标引，有助于快速确定最接近的检索要素，能够得到准确而噪声低的现有技术范围，可以在专利和非专利范围内快速查找合适的对比文献。对于定义宽泛的通式化合物，当以具体环标识符作为检索要素无法获得合适现有技术文献时，可以根据分析化合物分子式选用合适表达的分子式对环标识符标识的母核检索结果进行限定，从而快速在有限数量的文献中筛选得到合适的对比文件。

此外，还可以使用 RSD 中的元素序列数据 ES（例如 C3O2 - C5N - C6）、环大小 SZ（例如 5 - 6 - 6）等信息进行检索或对检索结果作进一步的限定，帮助检索。由于取代基对环标识符的第三部分的数字也有影响，因此为了避免漏检，必要时应使用环标识符的前两部分进行检索。STN 的环标识检索能够准确和全面地检索出影响新颖性的文献和其他检索手段结合能够有效检索得出影响创造性的文献。环信息检索也有其局限性，只适用于检索具有环结构的物质，对应的分类号范围也比较窄等。如果被检索的化合物中含有的环系比较普通，比如为苯基或常见的单环杂环等，则检索结果的噪声会比较大，此时可能还需要与其他检索方式联用。[1]

5. 案例 5

案例 5 申请日为 2007 年 6 月 7 日的专利申请中要求保护具有通式结构的化

---

[1]　何小平. STN 的环信息检索［J］. 审查业务通讯，2011，17（2）：45 - 50.

合物（Ⅰ）：

其中，R_1、R_2 均为相同或不同的氢原子或烷基。● 因为一般正负电荷在检索结构时不会考虑，实际检索时可用以下结构式表示的化合物进行检索：

其中，G_1 是可变基团，G_1 = H/Ak（烷基）。将以上检索式在 MARPAT 数据库中对亚结构（SSS 方式，以及包括所有位置的可能取代方式）全面检索，结果为：

L2　264 SEA SSS FUL L1

获得检索结果 264 篇，对以上所得检索文献进行检查，结果较多，有较多的噪声。有些文献中化合物的结构并不符合预期结构，如：

其中，G_1 ~ G_8 均为苯环，G_2 为氧或硫，该检索结果并不是我们想要的，也就是说，使用 SSS（Substructures，亚结构）检索方式导致该结果中包括了我们不希望的结构改变或取代，需要通过调整进一步对上述结果进行有效限定。

在 STN 数据库中，除了上面提到的 SSS 检索类型外，可以应用的检索类型还有 EXA（精确的与检索式吻合的结构，仅包含同位素和立体异构体）、FAM（精确物质和其盐、混合物、含有其的多组分物质）、CSS（闭合亚结构检索，与 SSS 类似，但仅在开放的化合价处允许取代），考虑到目标检索化合物在 R_1、R_2 处存在可能的烷基取代，因此 EXA、FAM 并不适用，尝试用 CSS 检索方式

● 孙勐. 利用 STN 数据库检索马库什权利要求初探 [J]. 审查业务通讯，2009，15（12）：49 - 53.

检索，结果为：

L3　98 SEA CSS FUL L1

检索结果比 SSS 全检索方式的结果噪声要小，但是还是有较多的检索结果，还包括较多并不是我们需要的结果。CSS 检索包含结果较多，可能这是由于"在开放的化合价处允许取代"和"自动地将氢放在开放的节点上"的条件设置的原因，导致所述化合物环上指定位置不含双键的结构也被包括了进来。

原子匹配等级是 STN 中为检索结构式节点处设置的一种特性，有"任意（范围最宽）""类别（查询对象通式包含检式结构，或同等结构）""原子（严格匹配，范围最小）"三种，为了更合理地限定 MARPAT 中的检索结构，得到数量适中的浏览结果，可以设定和调整检索结构式中的原子匹配等级，以调整检索结果。所绘制结构中，STN 软件默认的匹配等级是"任意"，可以将其修改为"类别"或"原子"，这样可以有效减弱噪声。先分析一下前述检索式：

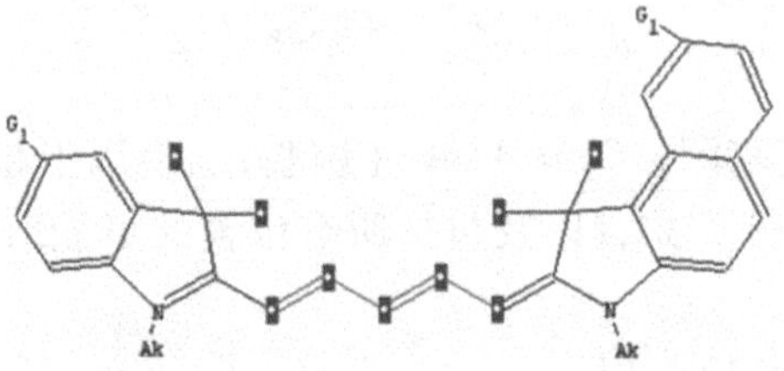

通过分析可以发现，检索分子结构式中环系上原子的匹配等级已经为"原子"，较为严格，而上图中方框选中的节点处，匹配等级为"类别"，我们可以将其修改为"原子"，修改后的检索式检索结果为：

L4　140 SEA SSS FUL L1

可见，设定检索式中各部分结构的匹配等级，可以帮助有效限定检索结果。除了原子匹配等级外，MARPAT 另一种可资利用的辅助手段，是族性定义与元素个数设置。顾名思义，该设置在 MARPAT 只能针对族性基团进行设定，下图中方框标识的为族性基团：

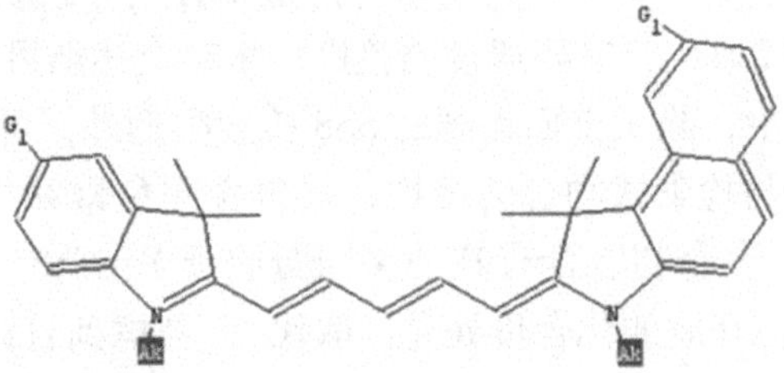

其中 Ak 是一种族性基团简写方式，可以指代烷基，这里我们可以将 Ak 进行如下设定：Ak 是否是饱和基团，设置为"Saturated（饱和）"，设定 Ak 基团含有碳原子，且数量不少于 1。由此设定进行检索，所得到的检索结果为：

L5   64 SEA SSS FUL L1

可见，设定检索式中族性基团的定义与元素个数，也能有效地限定检索结果的数量。

马库什权利要求的检索难度一直很大，不仅由于马库什权利要求覆盖的范围大，设定条件繁复，还在于缺乏能够对文献进行针对性索引的数据库，在这一方面，STN 的 MARPAT 数据库的作用是不可替代的。与能够进行结构检索的 ISI Web of knowledge 数据库、STN 中的 REGISTRY 数据库相比，MARPAT 数据库具有以下特点：MARPAT 收录的专利文献较全，所有被收录的专利文献都对其中的马库什结构式进行了标引，是检索专利文献中马库什结构的权威手段。❶如 ISI Web of knowledge 数据库、STN 的 REGISTRY 数据库等，其中标引的物质都是单一物质，而在 MARPAT 中进行结构检索，不受该文献中记载的是否是单一物质、是否有确定的 CAS 登记号等的限制，如果目标文献中也仅仅是记载了马库什结构式，也能够被检索到。

三、结　语

STN 的 CAPLUS、REGISTRY、MARPAT、CASREACT、CASLINK 等数据库支持字段或结构检索，又各有特点，为有机领域化合物的检索带来了便利。不同数据库的检索要素、方式和检索效果不同，在针对申请进行文献的检索时，需要根据案情和检索的情况制定合适的检索策略，以高效获得合适的对比文件。

本文尝试使用 STN 检索系统对有机领域几个案件的检索和数据库选择进行示例性研究。初步检索获得案件的基本情况后，结合几个案件情况选择合适的数据库，使用数据库中的特色字段、关键词、结构式或环标识符进行限定和检索，均较为准确地获得了有效对比文件。根据 STN 中数据库的特点选择数据库，在检索过程中根据检索情况选择和调整数据库，有效组合案件的检索要素，能够帮助我们进行有效检索，提高检索质量。STN 数据库作为化学和生命科学领域最权威的数据库，是化学物质检索中必不可少的手段。摸清 STN 数据库自身的特点，快速、高效地检索得到所要的结果，才能够节约时间，提高检索效率，同时拓宽检索手段，扩大检索途径，更好地使用 STN。

---

❶　涂海华，杨秦，康旭亮. STN 中 "DN、ED、ROL" 等字段在药物领域检索中的应用 [J]. 审查业务通讯，2012，18（3）：89 – 93.

有机化学领域专利检索策略及发明构思的运用

杨 杰

摘 要：本文探讨有机化学领域专利检索策略以及如何将发明构思运用于专利检索中，阐明正确理解发明构思对于专利检索的重要意义，从有机化学领域有关马库什通式化合物的 PCT 国际检索案例出发，探明如何利用发明构思确定检索数据库和检索入口、如何提取关键技术特征、如何有效限制检索、如何高效筛选对比文件等具体的检索手段，对于有机领域的专利检索具有一定的参考意义。

关键词：发明构思 专利检索 有机化学 通式化合物

一、引 言

专利检索是专利审查的关键过程，专利检索与发明构思二者之间相辅相成、相互影响、相互促进。理解发明构思是专利检索的前提和基础，充分理解发明构思，有助于明确检索目标，制定和调整检索策略，提高检索的准确率和效率，而检索也可以促进对发明构思的进一步理解。本文将介绍有机化学领域专利技术特点、常规检索策略、发明构思运用于专利检索的意义和方式，并结合实际案例加以分析，探讨有机化学领域专利检索策略以及如何运用发明构思提高检索效率。

二、有机化学领域专利技术特点

有机化学领域的专利一般涉及化合物、制备方法、用途、组合物、化合物晶型等多种主题类型的技术方案，其中涉及多个变量的马库什通式化合物、多步骤反应方法的技术方案检索难度较大。首先，有机化学领域马库什通式化合物通常具有一个或多个可变基团或可变量，其概括方式比一般领域中常见的上位概念概括方式复杂，涵盖了数量众多、范围极广的化合物；其次，有机化合物命名方式复杂多样，有时难以用一两个关键词准确描述，例如，盐酸克伦特罗，就有俗名"瘦肉精"，别名平喘素、克喘素、双氯胺、克喘宁、氯效酸等多种名称，以及化学名 α－［（叔丁氨基）甲基］－4－氨基－3，5－二氯苯甲醇盐酸盐、1－［4－氨基－3，5－二氯苯基］－2－叔丁氨基乙醇盐酸盐，英文名 Clenbuterol Hydrochlorid、Spiropent、Ventipulmi，简称 CL 等。复杂的命名方式导致容易漏检；最后，在有机化学的专业文献中，许多化合物通过化学结构式进行描述，或者作为反应中间体存在，一般无法通过关键词作出有效的检索，需借助化学结构式、反应式等专业检索手段。❶ 有机化学领域的专利申请往往涉及技术含量很高的原始创新化合物，在审查过程中进行全面检索十分必要。在检索时除了需要选择常规的关键词、分类号等入口进行全面的检索外，还要结合实际案情，理解发明构思，选择适当的检索入口和检索方式进行高效检索。

可见，有机化学领域的申请的主题类型多样，其检索要素的确定及其表达之间关系复杂，关键词涉及的学科众多，一种药物对应数十个同义词的情况非常普遍，但受客观条件限制，难以全面充分表达，在未进行专业标引的数据库中检索，又缺乏进行多库同步的高效检索的途径等，这些因素都明显制约检索效率和质量。鉴于有机化学领域检索面临的诸多问题，有必要就如何利用检索资源，对有机化学领域专利检索策略进行分析和总结，探寻如何运用发明构思提高检索效率。

三、有机化学领域专利检索常规策略

一般而言，有机化学领域专利检索涉及以下常规策略。

1. 检索前准备

在检索工作开始前，应首先对技术主题进行正确分析，明确技术主题的类别，产品类的主题主要包括化合物、组合物、提取物等；方法类的主题主要包括制备方法、提取方法、制药用途等；再而了解相关的背景技术，通过对技术主题的初步了解，获取更多相关的背景技术资料，从中提取可扩展的检索词等信息。在日常工作中注意积累技术知识，以尽可能找全技术方案中所涉及的技术特征的要素如化合物、中间体、组合物活性成分、人名反应、反应机制、催

---

❶ 杨杰. 专利审查中有机化学领域的检索体会［J］. 中国发明与专利，2013（7）：109－111.

化剂、疾病/病症、制剂类型、辅料成分等的关键词；进而充分利用现有技术信息进行扫盲和深入探究，例如：综述性文章，一般对该领域的技术背景和研究进展会有较全面的介绍；药物数据库中的中、西药词典，其中收录了具有药物活性的化合物的中英文通用名、异名和化学登记号等；IPC、ECLA、CPC等分类表记录的信息；EPODOC数据库中的EPOS查找同义词；WPI中使用的关键词；纸质的化学化工辞典、医药大辞典，或网络在线的化工词典、维基百科等；Chem Draw软件中的结构和化合物名称转换功能以及STN的REGISTRY数据库中化合物标引可以帮助快速了解化合物结构和基本结构命名等信息。

2. 选择常用数据库

有机化学领域常用的检索资源包括：专利数据库例如CNPAT、WPI、EPODOC、TXTWO、TXTEP、中国专利全文数据库、中国药物专利数据库等，非专利数据库例如CNKI、ISI Web of Knowledge、ACS、WILLY、RSC、Elsevier、Springer Link、CA、STN、Google Scholar、百度学术等。其中对于有机化合物专利检索而言，CA和STN中的REGISTRY、CAPLUS、CASREACT等数据库都对具体化合物有标引，而ISI Web of Knowledge和STN中的REGISTRY、MARPAT、CASLINK、CASREACT等数据库可对化合物结构进行画图检索，对检索结果可显示结构特征等，具有直接和一目了然的检索效果。Patentics智能语义检索和一站式组合物检索能帮助快速有效地获得对比文件。其中，STN数据库是Scientific and Technical Network的简称，该系统创建于1983年，是世界著名的国际联机检索系统，它由三个服务中心组成，即德国卡尔斯鲁厄专业信息中心（FIZ Karlsruhe，http://www.fiz-karlsruhe.de）、美国化学文摘社（CAS，http://www.cas.org）和日本科技信息中心（JICST，http://www.jst.go.jp），该系统是以跨国合作的经营方式所成立的在线资料库，STN检索系统收录了200多个资料库，以化学和生命科学领域的文献收录最全，是搜寻上述领域科技文献的最权威工具，在专利文献收录方面，CAS自1907年以来已经在其科技文献中覆盖了化学专利文献，CAS覆盖了全球63个专利授权机构的专利文献，9个主要专利授权机构的专利会在专利公开出版2天之内收录进CAPLUS数据库中。由于关键词难以表示出化合物的所有信息，因此STN突出的优势在于能够使用系统提供的结构式绘图软件画出化合物结构式并上传后进行检索。但是采用STN检索要注意对中文期刊和中国学位论文、中文书籍的补充检索，因为STN数据库中不收录中国学位论文，也并非收录了所有的中文期刊、书籍。

3. 采用常规方式进行检索

一般检索策略包括技术特征、非技术特征两种入口。技术特征入口包括关键词的选择、分类号的使用、结构式和反应式检索等；非技术特征入口包括引用文件/被引用文件的追踪检索、发明人的追踪检索、申请人的追踪检索、同族专利申请审查过程的追踪等，追踪检索是常规的一种检索方式。对于关键词、分类号要注重扩展和组合检索。对于追踪检索，要查看其引用的背景技术。对于专利文献，在 EPODOC 中用 CT 字段进行追踪，查看各国的审查过程；对于系列申请，在审查系统中查看审查过程。对于非专利文献，注重对引用文献的追踪，尤其是综述性的文献，对其参考文献的追踪也是非常有效的，其中对于检索过程中遇到的非现有技术，在查看检索结果的过程中，如果内容相关度很高的话，还可以继续追踪非现有技术文献，有时可能获得相关的现有技术；发明人可能会申请多篇专利，或发表相关的文章，利用发明人为入口可能会找到相关的对比文件；对于涉及药物活性化合物申请，由于药物研发的周期长、难度大、费用高，其药物的研发多数是由大的药物公司完成的，因此，在检索时可以利用申请公司的名称进行检索，而 WPI 数据库中给出的公司代码 CPY 也是有效的检索入口之一。

4. 检索顺序

一般而言，先检专利数据库，再检非专利数据库；先检国内文献，再检国外文献。对于中国专利申请，可先检索国内专利数据库如 CNPAT、非专利数据库如 CNKI，再检索 WPI、ISI Web of Knowledge 等国外数据库。在检索过程中优先检索申请人或者发明人的系列申请或发表的文章，再扩展到相同领域或者根据需要到相关领域进行检索。还应根据审查需要，检索公知常识等技术信息，例如，有机化学领域的专利申请，权利要求中通常会有参数限定的情况，由于限定的内容非常详细，评述的时候通常采用公知常识来说理。对于某些参数特征，有必要对书籍、产品目录等进行检索。

然而，面对有机化学领域马库什通式化合物，尤其涉及多个可变基团或可变量，上位概括方式复杂，涵盖化合物数量众多、范围极广的情况，如果均一味通过传统常规的检索方式进行检索，往往导致新颖性溢出，最终淹没在浩瀚的文献中，还可能"误入歧途"，难以快速检索和筛选出现有技术。如何高效准确地检索到适合的现有技术呢？作者发现理解和把握专利发明构思，并将其应用于有机化学领域专利检索中，能达到事半功倍的效果。

四、理解发明构思对于专利检索的意义

一项发明的产生源于本领域生产实践中发现的技术问题，针对这个技术问题，本领域的技术人员依据其技术知识储备，采用一定技术手段成功解决这个问题，并取得了一定技术效果。在从技术问题的发现到技术问题的解决的整个过程中发明人进行着有中心及层次的、系统性、整体性的思维活动，该思维活

动体现出了发明人的发明构思。

　　发明构思不是凭空产生的，而是从发明创造的过程中产生的。发明创造通常经过以下 4 个阶段：根据社会需求确定发明目的（目的）—确定具体技术问题及解决问题的大体方向（构思）—提出关键技术手段（手段）—围绕手段形成方案（方案），其中，发明构思主要在第二个阶段形成。由创造发明的过程可以理解到，发明构思来源于发明创造过程，是发明人为解决技术问题所提出的思路或想法，该思路通常通过若干技术手段来实现。发明构思是发明人为解决技术问题提出的，与所要解决的技术问题有着密切的关联，要理解申请的发明构思，就必须基于发明要解决的技术问题获取申请人改进的思路或想法。发明构思是一种思路或者想法，其不等同于技术方案，也不完全等同于发明点，通常由解决技术问题密切相关的关键性技术手段集合来体现，是隐藏在技术方案背后的思路。发明构思与技术方案，一个抽象，一个具体，一个属于内在，一个属于外在，发明构思决定了技术方案，技术方案体现发明构思。❶ 在具体的检索中，"发明构思"可以认为由申请人为解决现有技术中存在着的特定的技术问题而采用的由其必不可少的技术特征来构成的一个完整的技术方案来体现。即"发明构思"实际上是指"为解决现有技术中存在的技术问题而产生的、体现发明智慧的、有中心及层次的、系统性、整体性的思维活动"。

　　在对"发明构思"的理解中，需要注意以下三点。第一，发明构思由一个完整的技术方案来体现，而并非单个技术特征，并且由上述完整的技术方案就能够解决该特定的技术问题；第二，该完整的技术方案是由能够解决该特定的技术问题所必不可少的技术特征所构成的；第三，这里出现的现有技术并非单纯地指申请人所声称的现有技术，也可以是本领域技术人员通过简单检索就可得知的、在申请日前于本申请技术领域分支中普遍存在的、与本申请发明较为接近的技术或者最有可能涉及本申请发明的技术。即由发明构思所指向的完整的技术方案能够解决申请人期望解决的或现有技术中客观存在的技术问题，且该技术方案是由一组必不可少的技术特征所组成的，缺少其一都不能够解决该技术问题。在面对专利申请文件时，需要解读权利要求的发明构思，其不仅是要明确各个独立的技术特征，还要关注技术特征形成技术方案时的关联性，结合要解决的技术问题以及解决技术问题的技术手段等确定权利要求所限定的技术方案的发明构思。❷ 可见，审查员应该站位本领域技术人员以现有技术为基

---

❶　白盼. 食品领域发明构思与专利检索的关系 [J]. 现代食品，2016（8）：34 – 37.

❷　方赟，王莎莎. 基于发明构思确定 CPC 分类号的检索策略在车辆传动领域的应用 [J]. 中国发明与专利，2017（9）：74 – 79.

础，从技术问题、技术方案、技术效果三个方面整体上把握本发明的发明构思。对于技术方案，要了解技术特征之间的关联性，分析特征之间是紧密配合还是相互独立；对于技术问题和技术效果，要作为一个整体来看待，了解各技术特征所起的作用，抓住体现发明构思的关键特征；另外，还要注意，现有技术是发明构思形成的基础，孤立的发明点不能代表发明构思整体。

一个技术方案通常表现为由若干技术手段组合而成。但是这些技术手段在技术方案中所处的地位不同，这是由于在一个技术方案中，有些技术手段是起辅助作用，有些技术手段则是体现发明者的思路的，即反映发明者在进行发明创造过程中如何进行发明思维的发明构思，其具体表现为采取什么样的技术手段（即体现发明构思的技术手段）对现有技术（即起辅助作用的技术手段）进行改进以获得更佳的技术效果。❶ 具体到有机领域常见的马库什通式化合物权利要求，可能涉及多个变量，并涵盖结构差异较大的成千上万个化合物，若要兼顾全面、高效的检索目标，则需站位本领域技术人员对发明背景进行了解，对发明构思进行理解，确定适合的检索思路，利用发明构思确定检索方向、提取检索要素、筛选对比文件等，高效率、全面性地检索到有效的对比文件。

五、运用发明构思提高检索效率

发明构思是发明创造的灵魂，准确把握发明构思是把握发明实质的基本条件，是进行客观、公正审查的重要前提，更是准确、高效检索的重要途径。发明创造的过程是为了实现技术目的，寻找技术手段的过程，虽然没有一成不变的思维模式，但存在内在规律，一般包括以下几个步骤。

首先，正确理解检索对象的发明构思理解技术方案是检索的关键一步，直接关系到检索方向的选择、基本检索要素的确定以及对比文件的筛选。准确地理解技术方案，能够精确提取检索要素，构建高效的检索式，快速找到最接近的现有技术文献。反之，则会事倍功半，难以获得理想的检索结果。针对有机领域范围宽泛的马库什通式化合物权利要求，不能仅拘泥于权利要求通式化合物的复杂结构和基团定义，而是要通篇阅读说明书内容尤其是说明书效果实施例披露的关键化合物结构，从众多化合物中总结结构规律，找到关键的结构片段，分析它们的构效关系，从而清楚、准确地理解和把握专利申请的发明构思。值得注意的是，理解发明应该结合申请文件与现有技术从整体上进行理解，理解发明不可以只是技术特征的对比，还要从技术思路上进行分析，把握

---

❶ 曹维. 发明构思在可专利性检索中的应用 [J]. 中国科技信息, 2015 (5)：28.

发明构思的本质，审查工作中的理解发明要做在检索之前。最好是通过阅读申请文件就能准确理解发明，把握发明实质，构思了然于心，但是不排除申请文件撰写的原因或是站位本领域技术人员的能力原因，审查员还应该通过检索不断地扩充本领域相关技术知识，了解背景技术发展状况，理解该申请的所有改进点和创新之处，这样才能更加准确地抓住发明构思，在这个前提下，后期的专利检索中才不会出现错误。

其次，从发明整体构思确定检索方向，有机化学领域通常涉及许多活性化合物，现有技术积累丰厚，而且该领域的研究人员数量庞大，导致该领域的技术文献量较大，且文献分布范围比较广泛，从期刊、论文、会议到专利等。在这种情况下，如果能从发明构思入手，把自己放在所属领域技术人员的位置上，思考如何才能规范地表达出申请的发明构思，预期与发明构思最相关的文献有可能出现在何种数据库中，从而确定检索方向和具体思路，这也不失为一条便捷的检索方式。有效地选择数据库，合理选择检索方向，能够大大提高检索效率。选择检索数据库是正式检索的开始，在从整体上了解所检索的权利要求时，针对权利要求承载的发明构思，可以挖掘相应的技术要点，根据发明构思与技术要点选择合适的数据库与检索方向。针对有机领域范围宽泛的马库什通式化合物权利要求，STN 数据库提供了强大的检索手段，由于关键词难以表示出化合物的所有信息，因此 STN 突出的优势在于能够使用系统提供的结构式绘图软件画出化合物结构式并上传后进行检索，在实际检索工作中不应当止步于对新颖性评价的检索，而基于对创造性的检索需要一定程度上拓宽检索范围，具体来讲要对化合物的母核结构进行检索，为了最大程度降噪，准确、高效在 STN 中检索，需要在实际工作中进行不断地积累和总结，在权利要求所给出化合物结构的基础上，结合准确地理解发明，提炼出恰当的检索要素，再绘制结构式进行检索，必要时进一步调整结构式。

最后，在确定检索方向后，又该怎么表达发明构思呢？这时从发明整体构思选择适合的检索方式对于整体检索策略非常重要，涉及的因素很多。例如，发明整体的技术方案、涉及的技术领域、要解决的技术问题以及达到的技术效果等，对一个案件检索要素的筛选往往要综合多方面的因素，并且要不断地补充、调整。例如，有机领域范围宽泛的马库什通式化合物权利要求，技术方案常常涉及基团数目巨大、化合物结构复杂，其表述通常为上位概括的定义，并且有时难以通过一两个具体检索要素对整个技术方案进行表述，或者产生非常大的检索噪声。如何高效地运用 STN 数据库对有机领域化合物进行专利检索，通常需要审查员站位本领域技术人员，对现有技术有一个全面的了解，准确把握发明构思，一般分为如下几步：第一步，解读权利要求书，并通过阅读说明书，初步判断发明的目的、申请人声称要解决的技术问题、达到什么技术效果；第二步，对于具有具体结构的化合物，优先通过 STN 追踪检索化合物本身，判断化合物的新颖性；第三步，对于具备新颖性的化合物，通过检索进一步加深对现有技术的了解，把握住该领域的研究基本脉络，初步提炼发明构思，进一步提炼可以用于检索的结构母核以及关键技术特征；第四步，利用 STN 的 REGISTRY 数据库进行结构式检索，并在 CAPLUS 中进行限定，从而完成精确、高效的创造性检索。❶

然而，根据具体案情，需要就具体的发明构思进行分析，选择和调整具体的检索方式，以下从有机化学领域有关马库什通式化合物的 PCT 国际检索案例出发，分析如何利用发明构思确定检索数据库和检索入口、如何提取关键技术特征、如何有效限制检索、如何高效筛选对比文件等具体的检索手段，就发明构思在有机化学领域专利检索中的运用进行案例解析。

六、将发明构思运用于专利检索的案例解析

1. 案情介绍

该案为 PCT 国际检索案件（PCT/CN2015/081459），涉及具有光致变色性能的马库什通式化合物及其制备方法和光致变色装置。有机光致变色化合物能够调节光响应材料的物理、化学性能，可广泛应用于可擦写光信息存储、分子开关、多功能材料、光传感等领域。二芳基乙烯因其在溶液相和单晶相都具有良好的热稳定性、耐疲劳性和快速响应能力、固态高活性等特点，被公认为是最有潜力的光致变色化合物。不同结构的二芳基乙烯类分子具有不同性能。

该案例的独立权利要求 1 涉及上位概念的化合物，从属权利要求限定了具有众多基团变量的通式结构，其中权利要求 1 如下：

A photochromic compound comprising a diarylethene, in which an ethene moiety forms part of a mono – or poly – cyclic ring structure with at least one of a silicon – containing heterocycle or a phosphorus – containing heterocycle.

其他从权限定了以下通式结构：

---

❶ 万玥，马彦冬. STN 结合发明构思在有机领域化合物检索中的应用 [J]. 广东化工，2017（3）：99 – 100.

虽然权利要求 1 的主题名称中出现光致变色的功能性限定，然而权利要求 1 特征部分定义的化合物范围较大，如果仅根据所述的化合物结构进行检索，必定会导致检索结果溢出且不利于筛选。

2. 理解发明构思

该案权利要求中定义了上位概念的通式化合物，说明书中未记载其发明点所在，仅在实施例中披露了 33 个具体化合物，且这些具体化合物之间结构差异较大，具体结构如下：

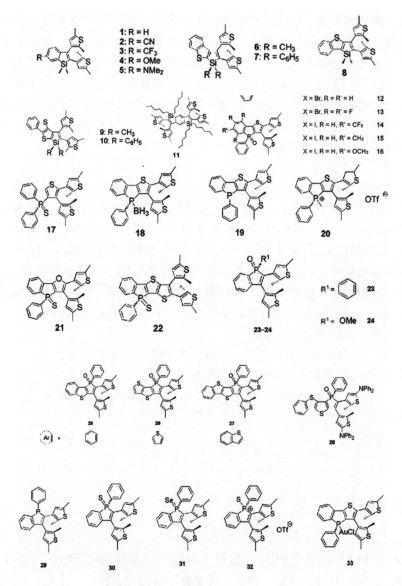

分析其结构共性，总结出如下三类结构：①主环结构中具有含 Si 五元环，且 Si 同侧的邻位和间位分别与两个噻吩环相连；②主环结构中具有含 P 五元环，且 P 的同侧邻位和间位分别与两个噻吩环相连；③主环结构中具有含 P 五元环，且该含 P 五元环与含 O 或 S 的五元环稠合后，外侧两个相邻位置再连接两个噻吩环。

如果仅根据所述的化合物结构进行检索，必定会导致检索结果溢出且不利于筛选。为高效检索，经过查阅相关背景技术，分析该案实施例化合物结构共性，理解该案发明构思，发现该专利申请化合物关键结构在于：主环具有含 Si 或 P 五元环和主环结构上两个相邻位置取代的噻吩环。其中，含硅或磷的五元环上的杂原子与丁二烯之间存在 $\sigma* - \pi*$ 共轭作用，使其具有较低能量轨道和较强的接受电子的能力，在光电材料领域具有很高的应用价值；而两个相邻位置上的噻吩环在光照后能形成环己二烯，从而调整其光学特性，是有机光致变色化合物结构中的"开关单元"。

3. 专利检索过程

通过理解发明构思，在掌握核心发明点即关键结构的前提下，选择在 STN 数据库中进行关键结构的组合检索，选择具有化合物结构式画图检索功能的 REGISTRY、MARPAT 数据库，分别检索含 Si 或 P 的五元环结构和噻吩环结构，检索结果较多，再将含 Si 或 P 的五元环与噻吩环的检索结果进行组合，在有限的检索结果中进行筛选，收集结构匹配的化合物，再通过转库在 CAPLUS 数据库中检索相关的文献。检索过程中，根据检索结果，进一步理解通式化合物中细微结构如具体取代基的构效关系等，对检索结构进行限制性检索，以提高检索效率，高效筛选对比文件。

例如，在 REGISTRY 和 CAPLUS 数据库中的结构检索过程如下：

FILE REGISTRY 进入 REGISTRY 数据库

L1　STRUCTURE UPLOADED　画含 Si 或 P 五元环结构并上传

=> d

L1　STR

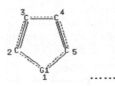

L2　21067 S L1 SSS FULL　检索含 Si 或 P 五元环的化合物

L3　STRUCTURE UPLOADED　画噻吩环结构并上传

=> d

L3　STR

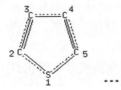

L4　4623201 S L3 SSS FULL　检索含噻吩环的化合物

L5　3315 S L2 AND L4　将含 Si 或 P 的五元环与噻吩环的检索结果进行组合，发现如果未在噻吩结构中限入甲基取代基，检索结果较多，溢出

考虑到该申请 33 个具体实施例化合物中，有 32 个的噻吩环上有 2 个甲基，仅有 1 个化合物的噻吩环上有甲基和二苯氨基，且经查阅上述检索到的相关文献发现，该类二噻唑乙烯结构单元中，噻唑环上基本都有至少 1 个甲基，推测引入甲基后能降低多环结构的刚性，使其利于光照后发生环化反应形成环己二烯，更好地作为光致变色化合物的"开关单元"，因此，调整检索的化合物结构，考虑在噻吩结构中限入 1 个甲基。如果将取代基定义为烷基，则检索结果仍较多，不利于筛选，因此，将噻吩环上的取代基明确定义为甲基。

L6　STRUCTURE UPLOADED

　= > d

L6　STR

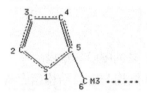

L7　550071 S L6 SSS FULL　检索含 1 个甲基取代的噻吩环的化合物

L8　79 S L2 AND L7　将含 Si 或 P 的五元环与噻吩环的检索结果进行组合，检索结果缩小，可以供浏览筛选

进一步考虑实施例化合物，其中有 1 个结构中含甲基和二苯氨基取代的噻吩，画图进行检索后，再与含硅或磷的五元环进行组合。

L9　STRUCTURE UPLOADED　画具有甲基和二苯氨基的噻吩环结构并上传

　= > d

L9　STR

L10　473 S L9 SSS FULL　检索含具有甲基和二苯氨基的噻吩环的化合物

L111 L2 AND L10　将含 Si 或 P 的五元环与噻吩环的检索结果进行组合，

未检到相关的现有技术的化合物，经验证，该化合物是该申请公开文本中的实施例化合物

再考虑对噻吩环结构进行扩展检索，仅画 1 个二苯氨基，结果仍检不到相关的化合物。

L12　STRUCTURE UPLOADED

=＞d l12

L12 HAS NO ANSWERS

L12　STR

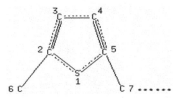

L11　2787 S L10 SSS FULL　检索含 1 个二苯氨基的噻吩环结构

L12　152 S L2 AND L11　将含 Si 或 P 五元环结构与噻吩结构组合检索，未找到相关的化合物

综合考虑以上检索结果，为更准确地检索目标化合物，将噻吩环上的取代基具体限定为 2 个甲基，再进行关键结构的组合检索。

L13　STRUCTURE UPLOADED　画二甲基取代的噻吩环结构并上传，由以上分析可知，引入甲基后能降低多环结构的刚性，使其利于光照后发生环化反应形成环己二烯，更好地作为光致变色化合物的"开关单元"，因此有必要在噻吩环结构中画入甲基，特别是 2 个甲基

=＞d

L13 HAS NO ANSWERS

L13　STR

L14　383624 S L13 SSS FULL　检索含具有 2 个甲基的噻吩环的化合物

L15　45 S L2 AND L14　将含 Si 或 P 的五元环与噻吩环的检索结果进行

组合

或采用如下命令进行结构组合检索：

L16　45 S L13 SSS FULL SUB = L2　在含 Si 或 P 五元环结构的检索结果中检索噻吩结构

L17　45 S SSS FULL L1 and L13　将含 Si 或 P 五元环结构与噻吩结构组合检索

SELECT L15 1 – 19 CHEM　筛选并收集结构匹配的化合物

E1 THROUGH E19 ASSIGNED

FILE CAPLUS　进入 CAPLUS 数据库

L18　5 S E1 – 19　将 REGISTRY 中筛选并收集的化合物转库入 CAPLUS 中检索

通过类似的检索方式再在 MARPAT 和 CAPLUS 数据库中进行检索，最终筛选出 7 篇文献，其中 5 篇 X 文献（D1 ~ D5）、2 篇 PX 文献（D6 ~ D7），这些文献均公开了该申请化合物的关键结构。

检索到的 D1 ~ D7 如下：

D1：CHAN, Jack Chi – hung. et al. Tunable Photochromism in Air – Stable, Robust Dithienylethene – Containing Phospholes through Modifications at the Phosphorus Center. Angew. Chem. Int. Ed. Vol. 52, pp. 11504 – 11508 06 Sep. 2013 （06. 09. 2013）

D2：CN103242357A （Institute of Chemistry, Chinese Academy of Sciences et al.）Aug. 2013 （14. 08. 2013）

D3：ONOE, M. et al. Rhodium – Catalyzed Carbon – Silicon Bond Activation for Synthesis of Benzosilole Derivatives. J. Am. Chem. Soc. Vol. 134, pp. 19477 – 19488 05 Nov. 2012 （05. 11. 2012）

D4：CN102010399A （East China University of Science and Technology）13 Apr. 2011 （13. 04. 2011）

D5：ARAKI, T. et al. Electron – Donating Tetrathienyl – Substituted Borole. Angew. Chem. Int. Ed. Vol. 51, pp. 5484 – 5487 12 Apr. 2012 （12. 04. 2012）

D6：CHAN, Jack Chi – hung. et al. A Highly Efficient Silole – Containing Dithienylethene with Excellent Thermal Stability and Fatigue Resistance：A Promising Candidate for Optical Memory Storage Materials. J. Am. Chem. Soc. , Vol. 136, pp. 16994 – 16997 26 Nov. 2014 （26. 11. 2014）

D7：CHAN, Jack Chi – hung. et al. Tunable Photochromism in the Robust Dithienylethene – Containing Phospholes：Design, Synthesis, Characterization, Electrochemistry, Photophysics, and Photochromic Studies. Chem. Eur. J. Vol. 21, pp. 6936 – 6948 17 Mar. 2015 (17.03.2015)

在此基础上，可采用检索到以上 5 篇 X 文献和 2 篇 PX 文献作为对比文件 D1 ~ D7 分别评述权利要求 1 ~ 10 不具备新颖性和/或创造性。

4. 其他常规检索

通过对关键结构的提炼，找到相关关键词：噻吩、噻咯、硅杂环戊二烯、磷杂环戊二烯、硅、磷、杂环、二芳烯、光致变色、thiophen、dithienylethen、diarylethene、silicon、phosphorus、silole、phosphole、photochromic、photochromism。

通过初步检索，找到相关分类号：C07F 7/08（具有 1 个或更多的 C – Si 键的化合物）、C07F 9/6564（有磷原子，有或没有氮、氧、硫、硒、碲原子作为杂环原子）、C07D 409/14（含 3 个或更多个杂环，至少有 1 个环有硫原子作为仅有的杂环原子）、C07D 333/10（噻吩）、C09K 9/02（有机变色荧光材料）。

在 STN 系统的 CNABS、CNTXT、VEN 库以及 CNKI、万方、Google Scholar、Web of Science 等检索平台，通过关键结构关键词、分类号、发明人等入口进行检索，并对检索到的对比文件进行追踪，未找到其他更接近的现有技术。❶

七、将发明构思运用于专利检索的思考和启示

发明构思是发明的灵魂，把握发明构思是审查的灵魂，而检索是审查中的重要环节。把握发明构思，有助于明确检索目标，制定和调整检索策略，包括选取或优先选取哪些检索资源，选取哪些检索入口、选择相应检索要素和组合，快速筛选和分析检索结果，从而提高检索效率。在面对专利申请的技术方案时，不仅是要明确各个独立的技术特征，还要关注技术特征形成技术方案时的关联性，站位本领域技术人员，结合要解决的技术问题、实现的技术效果等因素，最终确定权利要求所限定技术方案的发明构思。只有深刻理解了发明构思检索才能够更加高效准确。因此，专利审查要以发明构思为靶心，抓住构思、理解构思、比较构思、评价构思，从构思中看智慧，在智慧中比贡献。

通过分析上述典型案例的专利检索过程，发现根据有机化学领域马库什通式化合物的检索关键在于：从发明构思入手，选择适合的检索数据库如 STN 中具有化合物结构式画图检索功能的 REGISTRY、MARPAT 数据库等，寻找发明构思与具体手段相吻合的对比文件。同时，从发明构思提炼关键词、分类号等

---

❶ 杨杰. 从典型案例看发明构思在马库什通式化合物专利检索中的运用 [J]. 专利文献研究, 2017（6）: 25 – 33.

检索信息，采用其他适合的专利或非专利检索平台如 S 系统的 CNABS 和 CNTXT、VEN 库以及 CNKI、万方、Google Scholar、Web of Science 等进行补充检索，保证专利检索的高效、准确和全面。

从本文的检索案例还看出，针对有机领域常见的范围宽泛的马库什通式化合物权利要求，不能仅拘泥于权利要求通式化合物的复杂结构和基团定义，而要通篇阅读说明书内容尤其是说明书效果实施例披露的关键化合物结构，从众多化合物中总结结构规律，分析它们的构效关系，抓住专利申请的发明构思，基于发明构思选择并调整检索策略，寻找适合的检索入口和检索方式，才能快速高效地检索到适合的现有技术。

综上，本文介绍了有机化学领域专利技术特点以及采用的常规检索策略，还就具体案例分析如何运用发明构思提高检索效率和质量。对于有机领域的专利检索，在理解发明构思的基础上进行检索，可以避免检索时"误入歧途"；在检索的基础上进一步理解发明构思，可以事半功倍。由此可见，专利检索与发明构思二者之间相辅相成、相互影响、相互促进。通过将发明构思合理运用于有机领域专利检索，实现由表及里、由浅入深、不断明确构思智慧贡献、确定权利大小有无的全过程，利于作出客观、公正、准确、及时的审查。

有机领域马库什化合物的结构式检索初探

刘红彦

摘　要：本文涉及有机领域马库什化合物的结构式检索技巧探析，结合具体的马库什化合物案例，详细给出了 REGISTRY 和 MARPAT 中检索结构式的构建方法，分析了在 REGISTRY 中检索遇到"系统限制内不能完成 FULL 检索"如何缩小范围，如何缩减 MARPAT 中的检索结果，如何在 MARPAT 中进行高效的浏览等，并解析了在使用 STN 检索可能存在的问题以及相应的对策。

关键词：STN　REGISTRY　MARPAT　马库什化合物　通式化合物结构式检索

一、引　言

马库什化合物通常是指具有一个或多个可变基团或可变量的通式化合物，这些化合物因为具有相同的性能或用途而被归为一类，此种表达方式有利于对申请人的利益进行最大的保护。但对于比较复杂的通式化合物，其可能涵盖成千上万甚至更多的化合物，如要对该类化合物进行全面、准确的检索却是非常困难的。❶

对于专利文件中涉及的技术方案，我们通常会选用关键词、分类号等作为检索要素。由于化合物的命名体系比较复杂，同一类化合物在不同的文献中会采用不同的命名方式，尤其是马库什化合物的命名具有不确定性，且难以表达，会造成不同程度的漏检。虽然在各种分类体系中都存在对化合物结构的分

---

❶　田力普. 化学领域计算机检索高级培训教程［M］. 北京：知识产权出版社，2012：1-4.

类，但由于马库什化合物结构的复杂性、多变性，需要找出更多的分类号，而每个分类号可能涵盖非常多的化合物，针对性较差，致使文献量过大而浏览量增加，浪费大量的时间。

美国的化学文摘（CA）是公认的检索化学、化工领域文献的最权威的检索工具，其出版形式多样，包括纸件出版物、光盘版（CA on CD）、网络版（CA on the web）等，其中光盘版2011年4月停止更新，网络版包括2002年至今的化学文献信息，而STN收录的CAPLUS数据库涵盖了化学文摘1907年至今的所有内容。[1] 在使用STN检索之前，笔者曾使用过化学文摘光盘版、网络版，光盘版更新速度慢、需多次转库，网络版没有2002年以前的数据，且两者均不能进行化合物的结构检索，而STN中的CAPLUS数据库是世界上最全面的科学文摘索引数据库，检索入口丰富、检索高效快捷，与其相关联的REGISTRY数据库、MARPAT数据库分别收录了1907年后科学文献中已被确认的化学物质、1988年至今在CAPLUS数据库中化学专利权利要求中具有以马库什（Markush）表示的化学结构，它们目前是有机化学领域首选和必检的数据库，尤其是对于化合物的检索。STN能够实现化学物质结构式检索。由于马库什化合物的特殊性，目前有机领域通常会选用STN检索平台的结构式检索来对其进行全面、有效的检索，但如何省时、高效地使用STN达到检全的目的需要一定的技巧。

二、检索案例简介

申请号：PCT/CN2016/097660

申请日：2016年8月31日

发明名称：羧酸取代的（杂）芳环类衍生物及其制备方法和用途

技术领域（分类号）：C07 D215/02

权利要求类型：通式化合物

待检索技术方案：一种通式（I）所示的化合物

---

[1] 魏保志. 化学领域文献实用检索策略 [M]. 北京：知识产权出版社，2012：48 - 49.

其中：

U 为苯基或 5~6 元杂芳基；

各 R^1 和 R^2 独立地为氢原子、氘原子、卤原子、羟基、氨基、硝基、氰基、$C_{1\sim6}$ 烷基、$C_{2\sim6}$ 烯基、$C_{2\sim6}$ 炔基、$C_{1\sim6}$ 卤代烷基、$C_{1\sim6}$ 烷氧基、$C_{1\sim6}$ 卤代烷氧基、$C_{1\sim6}$ 烷基氨基、$C_{1\sim6}$ 卤代烷基氨基、3~8 元环烷基或 3~8 元杂环基，其中所述的 $C_{1\sim6}$ 烷基、$C_{2\sim6}$ 烯基、$C_{2\sim6}$ 炔基、$C_{1\sim6}$ 卤代烷基、$C_{1\sim6}$ 烷氧基、$C_{1\sim6}$ 卤代烷氧基、$C_{1\sim6}$ 烷基氨基、$C_{1\sim6}$ 卤代烷基氨基、3~8 元环烷基或 3~8 元杂环基独立任选地被 1 个、2 个、3 个、4 个或 5 个选自羟基、氧代、氨基、硝基或氰基的取代基所取代；

T 为 H、D、F、Cl、Br、NO_2、CN 或 CF_3；

X 为 CR^4 或 N；

R^4 为 H、D、卤原子、$C_{1\sim6}$ 烷基、$C_{1\sim6}$ 卤代烷基、$C_{1\sim6}$ 烷氧基、$C_{1\sim6}$ 烷基氨基或 $C_{1\sim6}$ 卤代烷氧基；

Y 和 Z 各自独立地为 C、CH 或 N；

"━━━━━" 为单键或双键；

Q 为苯环、4~7 元碳环、4~7 元杂环或 5~6 元杂芳环；

各 R^3 独立地为氢原子、氘原子、卤原子、氧代（=O）、羟基、氨基、硝基、氰基、$C_{1\sim6}$ 烷基、$C_{2\sim6}$ 烯基、$C_{2\sim6}$ 炔基、$C_{1\sim6}$ 卤代烷基、$C_{1\sim6}$ 烷氧基、$C_{1\sim6}$ 卤代烷氧基、$C_{1\sim6}$ 烷基氨基、$C_{1\sim6}$ 卤代烷基氨基、3~8 元环烷基、3~8 元杂环基、5~10 元杂芳基、苯基、萘基或 G，所述的 $C_{1\sim6}$ 烷基、$C_{2\sim6}$ 烯基、$C_{2\sim6}$ 炔基、$C_{1\sim6}$ 卤代烷基、$C_{1\sim6}$ 烷氧基、$C_{1\sim6}$ 卤代烷氧基、$C_{1\sim6}$ 烷基氨基、$C_{1\sim6}$ 卤代烷基氨基、3~8 元环烷基、3~8 元杂环基或 5~10 元杂芳基独立任选地被 1、2、3、4 或 5 个选自羟基、氧代（=O）、氨基、硝基、氰基或 G 的取代基所取代；

G 为取代的 $C_{1\sim6}$ 脂肪烃，所述取代的 $C_{1\sim6}$ 脂肪烃中 0~3 个亚甲基可独立任选地被 J 替代；

J 为 -NH-、-S-、-O-、-C（=O）-、-C（=O）NH-、-SO-、-SO$_2$-、-NHC（=O）-、-C（=O）O-、-SO$_2$NH- 或 -NHC（=O）NH-；

m 为 0、1、2 或 3；

n 为 0、1、2、3 或 4；

条件是：

①当 T 为 F、Cl、Br 或 CF_3 时，R^1 为 OH；

②当 T 为 H 时， 为 且 Q 不是苯环；

③当 T 为 NO_2 时，R^1 不是 H。

所述化合物用于治疗高尿酸血症（hyperuricemia）。

三、STN 检索思路及分析

1. 检索思路

该案例涉及有机领域的马库什化合物，对于该类化合物的检索，在 STN 平台中对应的数据库主要有三个：REGISTRY、MARPAT、CAPLUS。其中 REGISTRY 数据库是世界上最大、最全面的物质数据库，涵盖所有类型的无机和有机物质，包括合金、基因序列、配位化合物、矿物质、混合物、聚合物、盐等，收录了 1907 年后科学文献中已被确认的化学物质，并给予每个化学物质独一无二的登记号（CAS RN），并有结构式和化学名称，其是查询登记号最权威的数据库，同时还提供多种检索切入点，可用结构式检索。CAPLUS 是世界上最大和最全面的化学文摘题录数据库，覆盖了 20 世纪初以来的文件，从中可获取文献相关信息，包括著录项目、摘要、文章链接等。通过在 REGISTRY 数据库中检索到目标确定物质（涵盖所有类型的无机和有机物质）后，如需要获得收录该物质的文献，可跨库进入 CAPLUS 数据库检索获取文献相关信息。MARPAT 数据库收录了 1988 年至今在 CAPLUS 数据库中专利权利要求中具有以马库什表示的化学结构，主要为有机物及有机金属，不包含合金、金属氧化物、无机盐和聚合物，可进行族性物质的检索，直接获得含该族性物质的专利文献，包括与 CAPLUS 数据库中完全相同的题录信息、摘要、引用文献、含 CAS RN 的索引等，但只能显示，无法检索，同时还能显示符合结构检索策略的 CAPLUS 中不能显示的马库什结构，该数据库可以使用结构检索，AN、ED、UP 字段检索，不能用关键字检索，其在进行结构检索时，是利用结构比对的方式，找出含有符合检索策略结构的文献，不受到该结构是否有 CAS RN 的限制。

我们在检索过程中可能会检索到符合该案通式的具体化合物或结构类似的具体化合物，其被收录在 REGISTRY 数据库中，并被 CAPLUS 数据库索引，可用于评述该案的新颖性或创造性，同时我们也可能会检索到与该案通式结构部分交叉的通式化合物，其被收录在 MARPAT 数据库中，如果技术领域和化合物的用途与该案相同或相近，可用于评述该案的创造性。

在 REGISTRY 数据库中对于通式化合物的检索，常见的方法有两种：一是利用环结构信息进行检索，其适用的范围比较局限，仅适用于具有环结构且环结构比较特殊的化合物如金属配合物，当被检索的环系比较普通，如均是苯环或常见的单环，检索噪声会比较大；二是结构式检索，其适用范围广泛，几乎适合所有类型的化合物，但其难点是结构式的构建，只有构建出合适的检索结构式，才能保证检索的质量，尤其是对于结构非常复杂的化合物，构建的检索结构式过于简单，会导致系统运算不完全，检索不全面，检索结果浏览量大；反之，构建的检索结构式过于具体，会导致覆盖不全面，出现漏检的可能。在MARPAT数据库中对于通式化合物的检索，只能通过结构式检索，由于其文献仅涉及在CAPLUS数据库中化学专利权利要求中具有以马库什方式表示的化学结构的专利文献，对于检索结构式的构建与REGISTRY数据库类似，只要注意所构建的检索结构式不要太复杂、限定太多即可，否则会导致在MARPAT数据库中无法运行。

　　具体到该案例涉及的通式化合物，其结构非常复杂，结构式中的确定部分较少，变量较多，而且涉及不确定环之间的稠合、稠合环与不确定环之间的连接，在后续的基团定义中还涉及条件限定，显然不适合利用环结构信息在REGISTRY数据库中进行检索，只能选择构建合适的检索结构式在REGISTRY数据库和MARPAT数据库中进行结构检索。而如何构建合适的检索结构式并顺利完成在REGISTRY数据库里确定物质的检索和MARPAT数据库里族性物质的检索是本案的最大难点。

　　（1）初步检索思路

　　通过仔细阅读基团定义，笔者发现X、Y、Z的定义可以简化为C或N；Q的定义可以简化为任选含有杂原子的4~7元环，而根据国际专利分类表对杂环化合物的分类以及该申请中给出的具体化合物相应的Q环所含的杂原子，最终将杂原子的种类确定为O、S、N；U为苯基或5~6元杂芳基。考虑到其与其他基团的连接位置不确定，使用G‑Group来定义U，具体构建的检索结构式如图1所示。

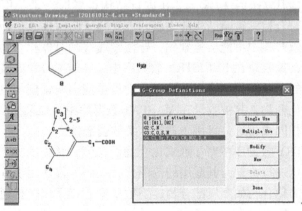

图1

笔者将上述结构式上传至 REGISTRY，先进行免费的 SAMPLE 结构检索，其只检索数据库 5% 的内容，其作用是测试上述结构是否能够在系统限制内完成检索，同时通过不收显示费用的 D SCAN 浏览检索结果是否符合预期，以便再次确认所构建的结构式是否正确，并确定干扰结果的可能来源，为重新构建检索结构提供依据。笔者通过运行上述 SAMPLE 结构检索后，得到以下信息 "FULL FILE PROJECTIONS：ONLINE ＊＊INCOMPLETE＊＊"，出现了不能完成检索的提示，意味着检索结果过多，不能在系统限制内完成检索，需要重新构建结构检索式，将结构式进一步具体化。

（2）调整检索思路

笔者注意到待检索技术方案中存在三个条件限定，其均是以 T 的定义为前提进行的条件限定，依据 T 的定义以及条件限定，经多次的 SAMPLE 结构检索和 D SCAN 显示，笔者最终确定将检索结构式拆分成以下三种情形：a. T 为 H，

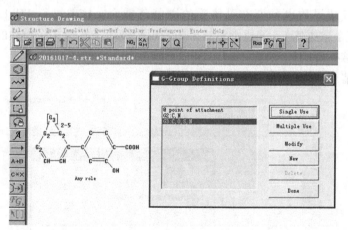

R^1 为 $\text{(R}^2)_m$ 为 COOH；b. T 为 F、Cl、Br、NO_2、CN 或 CF_3；c. T 为 D。

上述情形 a 的检索结构式如图 2 所示。

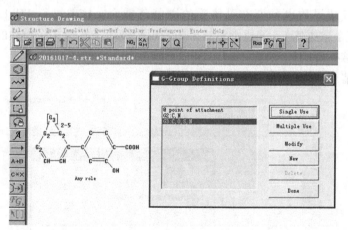

图 2

考虑到该结构式比较具体，笔者预期检索结果不会太多，决定使用 CASLINK，以便于自动同时检索 REGISTRY 数据库里的确定的物质和 MARPAT 数据库里的族性物质，但在进行 SAMPLE 结构检索时，提示 REGISTRY 数据库

可完成检索，但在 MARPAT 中由于结构式太大无法进行检索。考虑到在 REGISTRY数据库里检索确定物质和在 MARPAT 数据库里检索族性物质对检索结构式的要求不同，放弃继续使用 CASLINK。

上述情形 b 的检索结构式如图 3 所示。

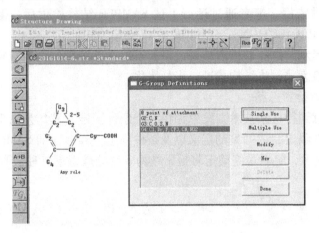

图 3

将上述结构式上传至 REGISTRY，先进行 SAMPLE 结构检索，确定可完成检索，而且结果数也预期在可接受的浏览范围内，接着进行 FULL 结构检索（即检索整个数据库），通过浏览结果未发现可破坏该案通式新颖性的化合物以及结构非常类似的化合物。

上述情形 c 的检索结构式如图 4 所示。

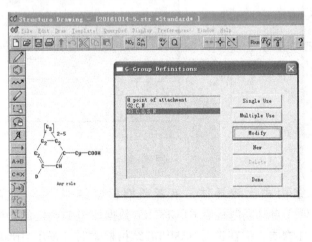

图 4

　　将上述结构式上传至 REGISTRY，先进行 SAMPLE 结构检索，结果提示在系统限制内不能完成 FULL 检索，但目前结构能进行限定的地方均已进行限定，如果再限定，可能会导致漏检，需考虑如何解决这个问题。

　　在 STN 结构画图软件中画完结构保存时通常会发现"Refine Using Structure Filters"这个选项，其默认是不勾选的，其中含有可能使用的结构过滤器，该过滤器最常用到 SAMPLE 结构检索中显示检索不能完成时，用某种方式（定义结构或非结构特征）限制检索在 REGISTRY 中进行，此处需要注意结构过滤器仅能在 REGISTRY 中使用，在 MARPAT 中是不能用的。在图 4 显示的结构中，笔者发现其固定结构中含有 C－CH＝C，根据其基团的定义可确定整个结构中含有 4 个以上的 C、2 个以上的 O、3 个以上的环结构并且含有同位素的情形（T 为 D）。这些结构或非结构特征，在结构过滤器都有相应的记载，通过 AND 运算符，可实现限制检索。具体可参见图 5、图 6。

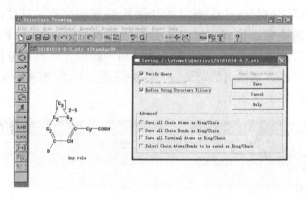

图 5

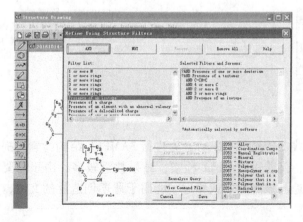

图 6

在通过上述结构过滤器的限制后，重新将该结构式上传至 REGISTRY，先进行 SAMPLE 结构检索，结果提示在系统限制内能完成 FULL 检索。

在完成了对 REGISTRY 数据库中确定化合物的检索后，很多检索人员通常会选择终止检索。其主要原因是对 MARPAT 数据库了解太少，且该数据库中收录的通式结构在很多人的印象里是非常复杂且浏览不友好的，没有 REGISTRY 数据库中具体化合物那么直观，内心潜在地会有排斥感。这些问题在早期的 MARPAT 数据库里是确实存在的，但后续也持续在改进，目前的浏览是非常友好的，增强的 FQHIT 和 QHIT 格式为 MARPAT 默认的显示格式，显示"组合的"命中结果，新的 FQHITEXG 和 QHITEXG 显示格式，在上述显示的基础上可进一步显示附加的 G 基团的定义，通过简单的浏览即可确定检索结果是否为所需的，甚至比直接查看专利文献更方便、快捷。

随后在 MARPAT 数据库检索该案例的马库什化合物，考虑到 MARPAT 数据库中收录的是 CAPLUS 中含有马库什结构的专利文献，其文献量是比较小的，而且构建的检索结构式太过具体会导致在 MARPAT 数据库中无法进行检索。笔者使用可变基团 Cy 分别代表待检结构中的稠合环以及与其连接的单环，并依据待检索技术方案给出的定义对其匹配等级、环系统的类型、碳原子数进行了限定，具体如图 7 所示。

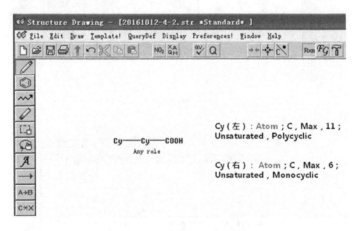

图7

将该结构式上传至 MARPAT，先进行 SAMPLE 结构检索，提示在系统限制内能完成检索，接着进行 FULL 检索，结果数量较多，由于需要的是技术领域和化合物的用途与该案相同或相近、能用于评述创造性的文献，需对其进一步限定。

MARPAT 数据库比较特殊，它的检索入口非常少，主要是使用结构检索，一般情况下使用亚结构检索（SSS），某些情况下可通过闭合的亚结构检索（CSS）来缩小检索范围，也可以使用/AN、/ED、/UP 字段检索，不能使用关键词检索。虽然其题录数据、摘要以及 CC、ST、IT 部分的索引都和 CAPLUS 数据库中的记录是一样的，但这些数据仅仅在 MARPAT 中显示。

如果想对检索结果作进一步限定，只需跨库至 CAPLUS 数据库检索从 MARPAT 数据库得到的 L#便可，在 CAPLUS 数据库使用关键词、分类号等对其检索结果的技术领域进行限定，在检索完成后再利用相同的方式转库回 MARPAT 数据库，与之前的 L#相与（用于后续显示符合结构检索策略的结构，方便浏览结果），再采用 MARPAT 数据库中的 FQHIT 和 QHIT 格式显示、筛选结果，如果希望更具体些，可采用 FQHITEXG 和 QHITEXG 显示格式。

在图 7 显示的结构中，Cy 的匹配等级设置的是 Atom。为了进一步扩展检索，可以将其匹配等级设置为 Class，重复上述检索过程即可。

2. STN 检索过程

（1）REGISTRY 中的检索记录

①预检索过程

= > FIL REGISTRY

= > Uploading C：\stnweb \ Queries \ 20161012 – 4. str

L1　STRUCTURE UPLOADED

= > D L1

（图省略）

= > S L1（在运行 FULL SEARCH 之前，使用 SAMPLE SEARCH 来决定该检索是否在系统限制内能完成）

SAMPLE SEARCH INITIATED 05：23：45 FILE 'REGISTRY'

SAMPLE SCREEN SEARCH COMPLETED – 614775 TO ITERATE

100. 0% PROCESSED　614775 ITERATIONS　50 ANSWERS

INCOMPLETE SEARCH（SYSTEM LIMIT EXCEEDED）

FULL FILE PROJECTIONS：ONLINE　＊＊INCOMPLETE＊＊

（该结构检索在系统限制内不能完成，需进一步调整结构式）

　　　　　　　　　　　　　BATCH　＊＊COMPLETE＊＊

PROJECTED ITERATIONS：12249918 TO 12341082

PROJECTED ANSWERS：2248 TO 3712

L2　50 SEA SSS SAM L1

②上述情形 a 的 SAMPLE 检索过程

= > FIL REGISTRY

= > Uploading C：\ stnweb \ Queries \ 20161017 – 4. str

L3　STRUCTURE UPLOADED

= > FIL CASLINK

= > Uploading C：\ stnweb \ Queries \ 20161017 – 4. str

L4　STRUCTURE UPLOADED

= > D L4　（图省略）

= > S L4

S L4 SSS SAM FILE = REGISTRY

SAMPLE SEARCH INITIATED 05：25：22 FILE 'REGISTRY'

SAMPLE SCREEN SEARCH COMPLETED – 1090 TO ITERATE

100. 0% PROCESSED　1090 ITERATIONS　0 ANSWERS

FULL FILE PROJECTIONS：ONLINE　＊＊COMPLETE＊＊

（REGISTRY 中该结构检索在系统限制内能完成）

BATCH　＊＊COMPLETE＊＊

PROJECTED ITERATIONS：19820 TO 23780

PROJECTED ANSWERS：0 TO 0

L5　0 SEA SSS SAM L4

1 FILES SEARCHED…

S L5 SSS SAM FILE = MARPAT

STRUCTURE TOO LARGE – SEARCH ENDED（该结构式太大，不适合在 MARPAT 中进行检索）

1 FILES SEARCHED…

③上述情形 b 的 SAMPLE 检索过程

= > FIL REGISTRY

= > Uploading C：\ stnweb \ Queries \ 20161014 – 6. str

L6　STRUCTURE UPLOADED

= > D L6

（图省略）

= > S L6

SAMPLE SEARCH INITIATED 05：26：59 FILE 'REGISTRY'

SAMPLE SCREEN SEARCH COMPLETED – 168511 TO ITERATE

100. 0% PROCESSED　168511 ITERATIONS　8 ANSWERS

FULL FILE PROJECTIONS：ONLINE　＊＊COMPLETE＊＊

（该结构检索在系统限制内能完成）

BATCH　＊＊COMPLETE＊＊

PROJECTED ITERATIONS：3345798 TO 3394642

PROJECTED ANSWERS：8 TO 329

L7　8 SEA SSS SAM L6

④上述情形 c 的 SAMPLE 检索过程

未使用过滤器的检索过程：

＝＞ FIL REGISTRY

＝＞ Uploading C：\ stnweb \ Queries \ 20161014 － 5. str

L8　STRUCTURE UPLOADED

＝＞ D L8

（图省略）

＝＞ S L8

SAMPLE SEARCH INITIATED 05：28：24 FILE 'REGISTRY'

SAMPLE SCREEN SEARCH COMPLETED － 614661 TO ITERATE

100. 0% PROCESSED　614661 ITERATIONS　0 ANSWERS

FULL FILE PROJECTIONS：ONLINE　＊＊INCOMPLETE＊＊

（该结构检索在系统限制内不能完成，需要调整检索结构式）

BATCH　＊＊COMPLETE＊＊

PROJECTED ITERATIONS：12247642 TO 12338798

PROJECTED ANSWERS：0 TO 0

L9　0 SEA SSS SAM L8

使用过滤器后的检索过程：

＝＞ FIL REGISTRY

Uploading C：\ stnweb \ Queries \ 20161014 － 5 － 2. str

screen 1015 AND 1942 AND 2005 AND 1840 AND 2039 （过滤器，对应 STN 中的 SCREEN 命令）

L10　SCREEN CREATED

＝＞ L11　STRUCTURE UPLOADED

＝＞ L12　QUE L20 AND L19

＝＞ S L12

SAMPLE SEARCH INITIATED 05：29：37 FILE 'REGISTRY'

SAMPLE SCREEN SEARCH COMPLETED － 65 TO ITERATE

100. 0% PROCESSED　65 ITERATIONS　0 ANSWERS

FULL FILE PROJECTIONS：ONLINE ＊＊COMPLETE＊＊

（在增加过滤器限制后，该结构检索在系统限制内能完成）

BATCH ＊＊COMPLETE＊＊

PROJECTED ITERATIONS：817 TO 1783

PROJECTED ANSWERS：0 TO 0

L13 0 SEA SSS SAM L11 AND L10

⑤上述情形 a～c 的 FULL 检索过程

＝＞S SSS FUL L3 OR L6 OR L12

L12 MAY NOT BE USED HERE

The L – number entered was not created by a STRUCTURE or SCREEN command.

（使用运算符 OR 连接情形 a～c 进行联合检索，系统提示情形 c 对应的 L12 因包含 SCREEN 命令不能进行联合检索）

＝＞S SSS FUL L3 OR L6

FULL SEARCH INITIATED 05：30：29 FILE 'REGISTRY'

FULL SCREEN SEARCH COMPLETED – 3389497 TO ITERATE

100.0％ PROCESSED 3389497 ITERATIONS 197 ANSWERS

L14 197 SEA SSS FUL L3 OR L6

（使用运算符 OR 连接情形 a、b 对应的 L3、L6 进行联合 FULL 检索，未发现影响本案新颖性的化合物）

L16 0 SEA SSS FUL L11 AND L10 （单独对情形 c 进行 FULL 检索，无结果）

（2）MARPAT 中的检索记录

①第一次检索（Cy 的匹配等级为 Atom）

＝＞FIL MARPAT

＝＞Uploading C：\ stnweb \ Queries \ 20161012 – 4 – 2. str

L17 STRUCTURE UPLOADED

＝＞D L17

（图省略）

＝＞S L17

SAMPLE SEARCH INITIATED 05：36：14 FILE 'MARPAT'

SAMPLE SCREEN SEARCH COMPLETED – 7733 TO ITERATE

25.9％ PROCESSED 2000 ITERATIONS 50 ANSWERS

INCOMPLETE SEARCH （SYSTEM LIMIT EXCEEDED）

FULL FILE PROJECTIONS:ONLINE　　＊＊COMPLETE＊＊
　　　　　　　　　　　　　BATCH　　＊＊COMPLETE＊＊

PROJECTED ITERATIONS:150286 TO 159034

PROJECTED ANSWERS:8209 TO 10813

L18　50 SEA SSS SAM L17

L19　　10203 SEA SSS FUL L17

＝＞FIL CAP；S L19 AND HYPERURICEMIA（转库至 CAPLUS，使用关键词缩小范围）

L20　46 L19 AND HYPERURICEMIA

＝＞FIL MARPAT；S L20 AND L19

L21　46 L20 AND L19

（结论：详细浏览后，找到 3 篇可作为评述创造性的文献 WO2010093191A2、WO2011043568A2、US5614520A 及 1 篇 PX 文献 JP2015214527A）

＝＞D L21 QHIT（该显示格式"组合"显示命中的结果，浏览方便快捷）

L31　ANSWER 1 OF 46　MARPAT　COPYRIGHT 2017 ACS on STN

MSTR 1 Assembled

G1　　＝ G14

G14　　＝ 54

$0 \stackrel{54}{=\!=} C\!\!-\!\!OH$

G15　＝ G14

G28　＝ G14

Patent location:claim 1

Note:or pharmaceutically acceptable salts

Note:substitution is restricted

＝＞D L21 QHITEXG（该显示格式进一步显示附加的 G 基团的定义）

L31　ANSWER 1 OF 46　MARPAT　COPYRIGHT 2017 ACS on STN

MSTR 1 Assembled

G1 = G14

G14 = 54

$O = C \overset{54}{—} OH$

G15 = G14

G28 = G14

Additional displayed G – groups：

G16 = 162 / O / S

······

Patent location：claim 1

Note：or pharmaceutically acceptable salts

Note：substitution is restricted

②进一步扩展检索（Cy 的匹配等级修改为 Class）

= > FIL MARPAT

= > Uploading C：\ stnweb \ Queries \ 20161017 – 1. str

L22   STRUCTURE UPLOADED

= > D L22

（图省略）

= > S L22

SAMPLE SEARCH INITIATED 05：40：04 FILE 'MARPAT'

SAMPLE SCREEN SEARCH COMPLETED – 10072 TO ITERATE

19. 9% PROCESSED   2000 ITERATIONS   50 ANSWERS

INCOMPLETE SEARCH（SYSTEM LIMIT EXCEEDED）

FULL FILE PROJECTIONS：ONLINE   ＊＊COMPLETE＊＊

　　　　　　　　　　　　BATCH   ＊＊COMPLETE＊＊

PROJECTED ITERATIONS：196817 TO 206063

PROJECTED ANSWERS：27946 TO 32486

L23　50 SEA SSS SAM L22

L24　30550 SEA SSS FUL L22

＝＞FIL CAP；S L24 AND HYPERURICEMIA

L25　107 L24 AND HYPERURICEMIA

＝＞FIL MARPAT；S（L25 AND L24）NOT L21

L26　61（L25 AND L24）NOT L21（结论：未发现新的对比文件）

3. 关于结构绘制的其他思考

（1）奇数不饱和环在结构检索时有时会出现问题

笔者在对式（I）构建相应的检索结构式时，曾尝试将其中的 Q 环位置采用其他的绘制方法，以上述情形 b 为例，构建检索结构式如图 8 所示。

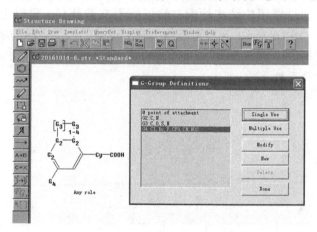

图 8

将上述结构式上传至 REGISTRY，先进行 SAMPLE 结构检索，确定可完成检索，接着进行 FULL 结构检索，运行后的结果较上述图 2 上传后的结果少，经浏览发现多出的结果中 Q 均为不饱和的五元杂环，例如：

如果仅看结构，理论上使用图 2、图 8 中的结构应均能检索获得上述两个结构，但实际上使用图 8 的结构却未获得。究其原因，问题出在五元不饱和环上，其属于奇数不饱和环，单键和双键位置固定，导致检索出现问题。因此，当结构检索中涉及奇数不饱和环时，所构建的检索结构式应尽量简单，拆分的片段越少越好，拆分的片段越多，对运算的要求就越高，可能导致系统无法完成，进而会出现问题。如果检索的结构不复杂，也可考虑使用不确定键绘制奇数不饱和环的结构，并去掉环结构上的氢原子。

（2）未完全定义的物质（IDS）的检索

我们在进行结构检索时，经常会发现 CI 字段为 IDS 的物质，这类物质被称为"未完全定义的物质"，在文献中有些物质的结构中并不是所有的连接都被详细描述，其分子结构存在不确定因素，该类物质被归类为 IDS。比如，一个或多个取代基上存在不确定的取代位点、一个或多个键上存在未知的饱和或不饱和因素、某些碳链上存在未知的分支、聚羧酸或聚缩醇存在未知的酯化或醚化，这些物质通过常用的结构检索方法可能不能被获得。仍以上述情形 b 为例，我们采用"S L6 SSS FUL"可能找不到上述被归类为 IDS 的物质，而采用 EXTEND 结构检索"S L6 SSS FUL EXTEND"则可顺利获得。比如，我们获得了结构如下的化合物：

该化合物苯并吡喃环的 8 位取代基为氟取代的苯氧基，其中氟在苯环上的取代位置不确定。但需要注意的是，采用 EXTEND 结构检索会比我们期望的结果量大很多，可考虑在完整检索未得到匹配结果时使用。

四、在其他数据库中的检索情况

除了 STN 外，通常还需进行适当的补充检索。首先，我们需要了解 STN 中化合物的索引情况，通常以下几种化合物会被 CAPLUS 数据库索引：①在权利要求中记载的具体化合物；②在专利文件其他部分的具体化合物只有在确实有证据证明其存在时（即该化合物有详尽的实验数据，一般是实施例）；③这个化合物被认定为新化合物。而在很多专利文件中，申请人通常会列出很多表格化合物，即未给出详尽的实验数据，仅给出结构式的化合物，对于这些化合物，根据中国专利法的规定，本领域技术人员是可以使用它们评价一份专利文件要求保护的化合物的新颖性的，但笔者在实际检索过程中发现，CAPLUS数据库对近期专利文献中的表格化合物的索引相对完整些，对早期专利文献中的表格化合物没有进行完整索引。其次，文献加工的主体是人，标引过程中出现失误在所难免，而且由于语言所限，CAPLUS数据库中的一些非英文文献会委托相应母语国家的公司加工，由于各种客观原因，漏标引、错标引的现象也不可避免。

根据多年的工作经验，笔者认为以下情况需要进行补充检索：①国内公司或高校的申请，需要补检学位论文、中文文献；②从STN中未检索到可评述新颖性和创造性的文献；③仅从STN中检索到可评述新颖性的文献；④凭自身对该领域的了解认为应当存在更相关的文献。而目前常用的补检数据库有CNKI、万方数据库、S系统等，可采用关键词、分类号、追踪检索等手段进行补充检索。

对于该案例，其申请人是国内公司，笔者在CNKI中进行了中文文献的补充检索，并在S系统中针对STN中已检索到的相关文献以及申请人的相关申请进行了追踪检索，均未检到相关文献。

五、STN检索总结

该案例涉及主环结构复杂且不确定的马库什化合物，并且在基团定义中还存在条件限定，其结构无法被关键词、分类号准确表达，且其属于PCT国际阶段的检索，在实际检索进行时，该案的申请文件尚未被公开，也不可能被STN标引。对于该案的检索，初始即确定在STN中采用结构式检索，目标数据库涉及CAPLUS数据库、REGISTRY数据库、MARPAT数据库，其中在REGISTRY数据库中重点检索可破坏新颖性的化合物，再跨库到CAPLUS数据库中获取收录该化合物的相关文献，在MARPAT数据库中检索包含通式化合物、与该案技术领域及化合物用途相同的可破坏创造性的专利文献。

该案利用结构式检索有以下特点：①尽可能地运用免费的SAMPLE检索以及D SCAN显示功能进行预检索，以便确定适合检索的结构式。由于该案涉及的马库什化合物比较复杂，先不考虑条件限定，尝试多次构建比较简单的结构式，并结合使用SAMPLE检索以及D SCAN显示在REGISTRY数据库进行预检索来评估检索结构式是否合适以及其中可能导致检索不能完成的位置，初步发现结构式中T为H可能是原因之一。在预检索的基础上，根据条件限定以及T基团的定义调整检索结构式，将其拆分成三种情形，其中在T为H时，限定了

U 环部分的结构。②在 REGISTRY 数据库中进行 SAMPLE 检索显示不能完成的情形下，使用过滤器进行限制检索。该案在 T 为 D 的情形下显示检索不能完成，此时从检索结构式本身着手，但不管怎么限制都容易造成漏检，于是考虑在结构式保存过程中引入过滤器（体现在 STN 中的 SCREEN 命令），通过一些定义结构或非结构特征的引入最终实现了完整检索。过滤器在检索比较简单的马库什化合物是比较少用的，但针对复杂的马库什化合物，尤其是在出现检索不能完成但又无法从结构式构建方面进一步具体化时可以考虑使用过滤器以实现完整检索。③在 REGISTRY 数据库中进行结构式检索时可以用运算符"AND"或"OR"同时检索两个或多个结构式，该联合检索只花一笔检索费。该案在 REGISTRY 数据库中进行检索需要分别构建三个检索式，可以考虑使用运算符"OR"联合检索，但注意含过滤器的检索结构式不能进行联合检索。④在 REGISTRY 数据库通过结构检索时可能找不到未完全定义的物质（IDS）以及结构中涉及奇数不饱和环的化合物。当进行完整结构检索未获得相匹配的化合物时，可考虑使用 EXTEND 结构检索。当检索结构中涉及奇数不饱和环时，可在结果不超出所预期数量的情形下，尽量简化所构建的检索结构式，或者在结构不是很复杂的前提下，将所构建检索结构式中的奇数不饱和环上的键绘制为不确定键，并去掉 H 原子。⑤在 MARPAT 数据库检索结果较多时，可将检索结果转库至 CAPLUS 数据库，利用关键词、分类号等缩小检索结果，再转库至 MARPAT 数据库，利用其特有的 FQHIT、QHIT、FQHITEXG、QHITEXG 显示格式快速便捷地浏览筛选检索结果。⑥CASLINK 并非适用于任何个案，需要根据具体情况合理选用。在构建一个检索结构式的基础上，CASLINK 会自动同时检索 REGISTRY 数据库里的确定物质和 MARPAT 数据库里的族性物质，REGISTRY 数据库里的结果会进入 CAPLUS 数据库中去查找相关的文献信息，在 MARPAT 和 CAPLUS 数据库中重复的结果会被移走。但 CASLINK 适用的前提是所构建的检索结构式既适用于 REGISTRY 数据库，又适用于 MARPAT 数据库，在某些情况下，由于 REGISTRY 数据库收录的是确定物质，涵盖的物质量较多，所构建的检索结构式需要更具体以避免检索结果过多而导致不完整检索或浏览量过大，而 MARPAT 数据库收录的是族性物质，涵盖的物质量较少，所构建的检索结构式不能太大，否则无法运行。该案即存在此种情形：在 REGISTRY数据库中进行检索需要分别构建三个检索式，且经验证情形 a 的检索结构式不适用于在 MARPAT 数据库中进行检索，而在 MARPAT 数据库中进行检索只需构建一个比较简单的检索结构式。

该案例最终的检索结果是：在 REGISTRY 数据库中未获得可破坏该案新颖性的化合物；在 MARPAT 数据库中获得了三篇可评述该申请创造性的 X 文献

以及一篇 PX 文献；在其他数据库中也未获得新的对比文献。马库什化合物的检索历来是有机领域检索的难点，STN 的使用为其提供了一个很好的检索途径。目前，排名世界前五的五大专利局都在使用 STN 进行检索，但有数据显示，对于 MARPAT 数据库的使用，国家知识产权局的使用频率并不理想，这也在一定程度上反映了国家知识产权局审查员的一个检索习惯问题：更倾向于使用浏览结果更直观的 REGISTRY 数据库，而对于 MARPAT 数据库的使用还存在欠缺。追究其根本原因，在 MARPAT 数据库使用之初，该数据库中收录的通式结构在很多人的印象里是非常复杂且浏览不友好的。但随着数据加工单位后续的不断改进，状况已经有了很大的改观，目前的浏览是非常友好的，增强的 FQHIT 和 QHIT 格式为 MARPAT 默认的显示格式，显示"组合的"命中结果，比直接查看专利文献更方便。笔者在十几年的审查工作中也发现，对于化合物而言，通过 REGISTRY 数据库和 CAPLUS 数据库的联用只能最大限度地检索到影响专利新颖性的文献，而对于涉及创造性的文献仅能起到辅助检索作用，如果要最大限度地检索到影响专利创造性的文献，对 MARPAT 数据库的检索是必不可少的，该案例的检索结果就是一个很好的佐证。而且通过笔者分享的上述检索结构式构建过程也可以发现，在 MARPAT 数据库中构建合适的检索结构式并不比 REGISTRY 数据库复杂，有时甚至更容易。

申请人为了使自己的利益最大化，对马库什化合物的撰写会采取不同的方法，复杂程度也存在多样性，在今后的审查工作中，如何省时、高效地使用 STN 达到检全的目的仍然值得探索，该案例属于典型的马库什检索案例，其基本上囊括了在马库什检索过程中可能碰到的大部分问题，希望通过该案例的检索分析能为马库什化合物的检索提供一种新思路。

组件类外观设计的检索与评价

刘　苗

摘　要：在外观设计专利领域，组件类外观设计作为一项外观设计中的特殊情况，包含多个构件却在保护范围上明显区别于成套产品和相似设计等情况，在外观设计专利检索、对比以及评价的认知方面存在很多值得探讨之处，准确把握组件类外观设计在确权过程中的判断方法具有重要意义，本文结合典型案例，对我国组件类外观设计的相关概念以及检索与评价所遵循的原则进行讨论。

关键词：组件产品　外观设计　检索策略　对比分析

一、组件类外观设计的含义及分类

1. 组件产品的含义

在外观设计专利申请领域，常常出现包含多个构件的产品，虽然各构件可以彼此分离，但只有组合在一起同时使用时，才能达到该产品的使用功能。该类产品被称为组件产品。《专利审查指南 2010》第四部分第五章第 5.2.5.1 节中对组件产品作了定义：组件产品是指由多个构件相结合构成的一件产品。由此可见，组件产品的外观设计是一件组合产品的外观设计，各构件须按照一定方式组合成一件产品，其应当具备整体性，这种整体性通常体现在两个方面：

（1）结构上有固定的组装关系，例如，由水壶和加热底座组成的电热开水壶，这是组件产品常见的组合方式，大量组件产品均属于该类情况。

（2）用途上有相互依存关系，例如扑克牌、积木、插接组件玩具，虽然结构上是独立的，但必须组合在一起才能实现其用途，单独的构件无法实现整体产品的用途。

2. 组件产品的分类

从各组件之间关系角度分析，组件产品可以分为两类：

（1）组装关系唯一的组件产品，即各组成构件之间在结构上有固定的装配关系，且在用途上有依存关系，各构件的独立使用价值仅体现在作为组装后整件的零部件存在，其中一个组成物的缺失导致整体的用途无法实现。例如分离式手机壳的前盖和后盖、具有固定装配关系的拼装玩具的各组装件。

（2）组装关系不唯一或者无组装关系的组件产品，即各组成构件之间在结构上存在多个组合关系或者没有固定的组合关系，但在用途上有相互依存关系，不具有独立性。例如扑克牌各张之间、棋盘与棋子等。

二、组件类外观设计判断特点

组件产品申请中虽然包含了多个构件，但只视为一个产品，因此，当组件产品获得专利权后，各个组件不能如成套产品中的各个套件那样单独主张权利，必须由各个组件共同组成的组件产品来主张权利。例如，由不同形状的插接块组成的拼图玩具获得外观设计专利后，如果他人某一个插接块的外观设计与本专利其中一个插接块单独相似，在侵权判定时，不从该插接块出发得出被诉侵权产品与专利产品的外观设计相同或相近似的结论，而应从拼图玩具的整体来判定被诉侵权的产品外观设计是否与专利产品的外观设计相同或者相近似。《最高人民法院关于审理侵犯专利权纠纷案件应用法律若干问题的解释（二）》的相关条款对于组件产品的侵权判定给出了详细的指导：对于各构件之间无组装关系或者组装关系不唯一的组件产品的外观设计专利，被诉侵权设计与其全部单个构件的外观设计均相同或者近似的，人民法院应当认定被诉侵权设计落入专利权的保护范围；被诉侵权设计缺少其单个构件的外观设计或者与之不相同也不近似的，人民法院应当认定被诉侵权设计未落入专利权的保护范围。

对于组件类外观设计，其保护范围与单件产品的外观设计没有本质差别，为一件产品的一项外观设计专利权。构成组件产品的各构件不具有独立性，不能单独主张基于其中某一构件的外观设计权，只能主张各构件组成的整体产品的外观设计权。如此一来，组件产品的保护范围受到一定限制，但其专利权的稳定性却大大增强。

在判断外观设计是否符合《专利法》第 23 条第 1 款、第 2 款规定时，应当基于涉案专利产品的一般消费者的知识水平和认知能力进行评价，主要针对外观设计的整体视觉效果的差别进行综合判断。

《专利审查指南 2010》第四部分第五章第 5.2.5.1 节规定，对于组装关系唯一的组件产品，应当以组合状态下的整体外观设计为对象，而不是以所有单个构件的外观为对象进行判断。对于各构件之间无组装关系的组件产品，例如扑克牌、象棋棋子等组件产品，在购买和使用这类产品的过程中，一般消费者会对单个构件的外观留下印象，所以，应当以所有单个构件的外观为对象进行判断。

根据上述相关规定可以看出，组件产品相较于套件产品和相似设计的对比和判断都明显不同，套件产品和相似设计需要逐项对外观设计分别进行对比、判断，各项外观设计分别得出结论，而组件产品在以所有单个构件的外观为对象进行对比时还需要综合判断，视具体情况可归纳分类进行对比，最后总结得出一个结论。

三、检索策略与对比分析

组件类外观设计是多个构件组合成一件整体产品的外观设计，为了清楚地表达每一项外观设计，其视图根据各构件之间的组合关系有不同的要求。对于组装关系唯一的组件产品，由于组成产品的各个构件之间具有固定的组装关系，例如，电动牙刷的刷头和底座，因此应当提交组合状态的产品视图；对于组装关系不唯一的组件产品，例如，积木、插接件组件玩具，应当提交各构件的视图，并且每一个构件均应符合基本的视图要求，并明确标注为"组件N某视图"；对于无组装关系的组件产品，例如，扑克牌、象棋棋子，应当提交各构件的视图，并且每一个构件均应符合基本的视图要求，并明确标注为"组件N某视图"；对于各构件之间无组装关系的组件产品，如果申请人仅提交各构件的视图，可以不提交组合状态的视图。

组件类外观设计的检索，应当结合产品类型、视图形式等确定检索策略，从而有效提高检索效率，使重要的、有效的文献资料有更大的概率出现在文献队列中的靠前位置。

（1）对于组装关系唯一的组件产品，根据前文所述的判断原则，认为对于组装关系唯一的产品而言，应当以组合状态下的整体外观设计作为判定对象，而不是所有的单个构件，因此选取组合状态的产品视图作为检索对象为佳。对于该类组件产品，检索策略和对比评价的方法均与非组件产品基本相同。

（2）对于组装关系不唯一或者无组装关系的组件产品而言，应当将单个构件的外观设计作为对比对象，因此需要通过对外观设计的形状、各构件的组合关系进行分析，挖掘产品的设计背景，将设计特征进行归纳，最后选取有代表性的核心构件的视图作为检索对象，核心构件不限于一件，可以分类选择多个核心构件进行多次检索。

例如图 1 所示的案例 1 中，涉案专利产品名称为"玩具（多功能教具）"，授权文本的简要说明中未请求保护色彩，属于形状与图案结合的外观设计。该专利在检索之前，首先要对其组装关系进行判定，然后根据上述相关规定的精神进行检索和评价。通过该专利的各个使用状态图可以看出，该专利属于典型的组装关系不唯一的组件产品，因此应当将单个构件的外观设计作为对比对象。经检索发现了对比设计 1，以下结合该专利与对比设计 1 之间的对比方式，比如组件分类、单构件对比、形状图案比较、显著影响的判断等进行分析。

如图 1 所示，该专利产品由 114 个组件组成，其中组件 1 为底托，组件 2 ~ 110 为 109 个形状相同、图案不同的正方形骨牌，组件 111 ~ 114 为 4 根形状相同的算术棒，基于该产品的设计特征，可以将所有组件分为三个组成部分：底托、骨牌和算数棒。在与该专利相同和相近种类产品中进行检索，得到产品名称为"玩具（算数棒）"的对比设计 1，如图 2（由于篇幅所限，仅选取了对比设计 1 的部分视图）所示。对比设计 1 由 20 个组件组成，其中组件 1 为收纳盒，组件 6 ~ 20 为 15 个形状相同的正方形骨牌，组件 2 ~ 5 为 4 根形状相同的算术棒。

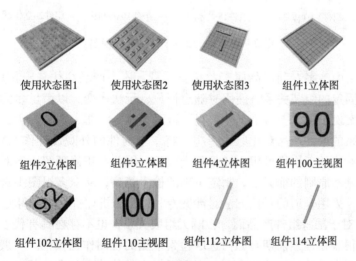

使用状态图1	使用状态图2	使用状态图3	组件1立体图
组件2立体图	组件3立体图	组件4立体图	组件100主视图
组件102立体图	组件110主视图	组件112立体图	组件114立体图

图 1　案例 1 涉案专利（部分视图）

从现有设计状况来看，智力玩具及相近类别的产品整体为方形，且包含多个方形骨牌组件的设计较为常见，但其整体构件的组成具有较大的区别，而该专利与对比设计 1 在单个构件的组成形式上均包括底托、骨牌和算数棒，将该专利与对比设计 1 以单个构件为基础进行对比发现，该专利与对比设计 1 均包含底托及多个形状相同的正方形骨牌，骨牌表面上均有木纹纹路，且部分骨牌正面的图案均为阿拉伯数字或符号；均包含算术棒，且算术棒的形状均相同。其区别主要是底托和骨牌的形状、图案有所不同，骨牌和算数棒的数目也不相同，对于"一般消费者"而言，产品所包含构件的形状、图案所构成的集合是能够对外观设计整体视觉效果产生显著影响的重要因素，该专利与对比设计1这些设计变化均对整体视觉效果产生了显著的影响，因此该专利与对比设计1的存在明显差异。

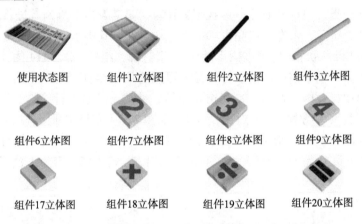

使用状态图　　组件1立体图　　组件2立体图　　组件3立体图

组件6立体图　　组件7立体图　　组件8立体图　　组件9立体图

组件17立体图　　组件18立体图　　组件19立体图　　组件20立体图

图2　案例1对比设计1（部分视图）

案例1中涉案专利产品属于益智类玩具，该类产品往往基于其功能特点，设计为无固定的组装关系，使用时随意摆放、玩法多变，以满足多元化的使用需求。而案例1包含上百个组件，视图数量多达341幅，数量庞大，按照无固定组装关系的组件产品对比原则，应当将单个构件的外观设计作为对比对象，其检索和对比的工作量可想而知是相当大的，因此在正确理解该案对比评价所要遵循的基本原则的前提下，制定正确的检索策略，从众多视图中选取恰当的检索对象，采用合适的对比方法对涉案专利进行分析评价，就显得尤为重要。

（3）对于某些组件产品而言，既无组装关系，也不存在具有代表性的核心构件，则很难在检索前期对如何选取检索依据的视图作出预判。一般来说，通过对大量现有设计的浏览，有利于全面了解产品的特点和发展状况，可以从中找出哪些部位是设计所关注的要点部位。这些受关注的部位通常也是创新的焦点，在相同相近似判断中应当占较大的比重。创新设计特征所处的部位决定了它对整体视觉效果的影响程度，如果该设计特征处于产品的易受关注部分，自然会对产品的整体视觉效果产生较大的影响，属于影响比对的重要因素。因此，可以选择创新设计特征较多的构件作为检索对象，该类构件展现在一般消费者面前时，通常也是具有较高辨识度、更能引起关注的部分，且在对比和评价过程中也往往起到更为重要的作用。此外，基于现行使用的外观设计图形检索系统运行规则，对于形状特征较为突出的视图，能够具有较高的辨识度，因此，也可以作为选择检索依据视图的一个方向。

例如案例 2 中，涉案专利产品名称为"儿童玩具（组件）"，视图中的各组件均不包含图案设计，授权文本的简要说明中未请求保护色彩，属于单纯形状构成的外观设计。该专利属于组装关系不唯一的组件产品，共包含 17 个组件，应当将单个构件的外观设计作为对比对象，但是从图 3 中可以看出，17 个组件形状各异，难以找出具有代表性的核心构件。此时可以换个角度思考，选择辨识度较高的组件，例如组件 1、组件 5、组件 9，其在形状方面的独创性明显较高，属于创新设计特征较为集中的部分。

组件1立体图　组件2主视图　组件3立体图　组件4立体图　组件5立体图　组件6立体图

组件7立体图　组件8立体图　组件9立体图　组件10立体图　组件11立体图　组件12立体图

组件13立体图　组件14立体图　组件15主视图　组件16立体图　组件17立体图　组合状态参考图1

图 3　案例 2 涉案专利

组件1立体图　组件2立体图　组件3立体图　组件4立体图　组件5立体图　　　组件6立体图

组件7立体图　组件8立体图　组件9立体图　组件10立体图　组件11立体图　组件12立体图

组件13立体图　组件14立体图
组合状态参考图

图 4　案例 2 对比设计 1

经检索得到对比设计 1，产品名称为"串珠"，如图 4 所示，对比设计 1 由 14 个组件组成，将涉案专利与对比设计 1 以单个构件为对象进行对比，即该专利组件 1 与对比设计 1 组件 13 对比，该专利组件 2 与对比设计 1 组件 5 对比，以此类推，单个构件之间整体形状基本对应相同，各部分形状基本对应相同，其区别仅在于部分结构比例、局部形状的微小差异。根据整体观察、综合判断原则，对一般消费者而言，玩具类产品的设计受其功能的限定较小，其使用环境相对宽松，且较少受到市场传统思想的桎梏，因此普遍认为该类产品具有较大的设计空间。由此，在对该类产品进行认定的过程中，一般消费者相对于产品的局部设计，会更加关注整体的造型特点。涉案专利与对比设计 1 的整体结构、各构件的形状均基本相同。上述的相同点均为一般消费者关注的主要设计内容，该专利的设计特征已基本在对比设计 1 中完全体现，因此相对于整体结构和各构件的形状等主要设计部位的相同点而言，二者的区别属于施以一般注意力不能察觉到的局部的细微差异，该专利与对比设计 1 实质相同。

四、总 结

面对审查实践中多样化的创新类型，应当如何在专利法框架下对组件类外观设计进行高效的检索和准确的评价，值得深入研究和探讨。在组件类产品外观设计专利的检索和对比中，首先应当对于其组装关系是否唯一进行清楚明确的认定。对于组装关系唯一的组件类外观设计，应当以组合状态下的整体外观设计作为判定对象；对于组装关系不唯一的组件类外观设计，应当以所有单个构件的外观为对象进行判断，检索中应注重单个构件的形状、图案以及各构件之间的组成比例关系，在进行对比评价时，既要注重单个构件之间是否相同或相近似，又要综合判断是否对外观设计的整体视觉效果产生了显著的影响。经过充分检索和比对分析后，所得出的评价结论将更加客观准确。

参考文献

[1] 刘迎春. 组件产品外观设计专利的相同相近似判断 [J]. 法制与社会，2016（10）：254 – 255.

[2] 最高人民法院关于审理侵犯专利权纠纷案件应用法律若干问题的解释（二）。

[3] 张威. 玩具类产品的外观设计专利权评价报告浅析 [J]. 专利代理，2017（2）：67 – 71.

[4] 李婧初. 由"检索准备"谈外观设计评价报告的检索方法 [J]. 中国发明与专利，2016（6）：104 – 109.

[5] 马云鹏. "单一性原理"在外观设计专利审查及专利侵权判定中的运用 [J]. 电子知识产权，2016（8）：87 – 91.

如何获取中国台湾地区申请人专利申请的同族信息

刘寒艳

摘　要： 在专利审查过程中，为了确保对比文件检索的全面和充分，有必要对同族专利审查信息进行查询。而对于中国台湾地区申请人提交的专利申请，其同族专利审查信息查询则具有独特的特点。笔者提供了两种该类型专利申请同族专利审查信息的获取方式，并用实际案例进行演示，以期为审查同仁对该类型专利申请进行全面充分的审查提供一定的参考和借鉴作用。

关键词： 中国台湾地区申请　同族　在先申请　检索

一、引　言

每件发明专利申请在被授予专利权前都应当进行检索，检索是发明专利申请实质审查程序中的一个关键步骤，除不必检索即可结案的情况外，每件专利申请均应当进行必要的检索，且检索应尽可能准确、全面。众所周知，同族通常是申请人就相同或相似的主题向不同国家或地区提出的因具有共同的优先权而关联起来的一系列申请，这些申请的内容大同小异，因此可以相互借鉴彼此的审查过程。对同族审查过程的查询是确保检索全面、充分的必要手段，更是对审查员进行检索时的基本要求之一。因此，对于每件有潜在同族的专利申请，审查员在进行检索时都应当对各同族的审查过程进行查询。

要对同族的审查过程进行查询，首先要确定在审申请具有哪些同族。对于大部分国家或地区的申请人（比如美、日、欧等非中国台湾地区的申请人）向国家知识产权局提交的专利申请来说，其同族信息可以通过 S 系统中的检索准备子系统或详览直接获得或者通过 E 系统的他局案件信息查询功能直接获得。然而并非所有国家或地区申请人提交的专利申请同族信息都能通过上述方式直接获得，特别是中国台湾地区申请人提交的专利申请，其同族信息的获取需要借助一些特殊的手段。为此，本文首先分析中国台湾地区申请人向国家知识产权局提交的专利申请的特点，然后再对其同族审查信息的各种获取方式进行详细描述。

二、中国台湾地区申请人提交的专利申请的特点

中国台湾地区申请人在向国家知识产权局提出专利申请（即待审查申请）之前，很有可能事先已向中国台湾地区专利主管机构以及其他国家或地区提出了专利申请，且向其他国家或地区提出的专利申请很可能要求享有其中国台湾地区在先申请的优先权（即中国台湾地区优先权），但由于中国台湾地区申请人向国家知识产权局提出的专利申请不一定能享有中国台湾地区优先权，因此，向国家知识产权局提出的申请与向中国台湾地区提出的申请以及向其他国家或地区提出的申请很有可能不具有共同的优先权，不能通过共同的优先权关联起来。因而，向中国台湾地区提出的申请以及向其他国家或地区提出的申请很有可能被排除在待审查申请的同族范围之外，从而导致通过 S 系统中的检索准备子系统或详览或者通过 E 系统的他局案件信息查询功能不能直接获得待审查申请相关联的同族信息。

那么中国台湾地区申请人向国家知识产权局提出的哪些申请可以通过 S 系统中的检索准备子系统或详览或者通过 E 系统的他局案件信息查询功能直接获得同族信息，哪些申请不能通过上述方式直接获得呢？为回答这个问题，首先需要弄清楚我国关于要求外国优先权的相关规定，以及大陆与台湾地区两岸关系的演变历史。

对于要求外国优先权的，需要依照该外国同中国签订的协议或者共同参加的国际条约，或者依照相互承认优先权的原则，才可以享有优先权。其中，共同参加的国际条约通常是指《巴黎公约》，然而中国台湾并非《巴黎公约》的成员，因此向国家知识产权局提出的申请不能据此享有中国台湾地区优先权；此外，截至国家知识产权局 50 号令发布之前，我国还从来没有就优先权事宜与《巴黎公约》成员国之外的任何其他国家或地区签订专门的双边协议，也没有按照互惠原则承认来自非《巴黎公约》成员国的申请人的优先权要求，❶ 因此，在此之前向国家知识产权局提出的申请不能享有中国台湾地区优先权。国

---

❶ 尹新天．中国专利法详解［M］．北京：知识产权出版社，2011：384．

家知识产权局 58 号令于 2010 年 11 月 15 日发布,《关于台湾同胞专利申请的若干规定》自 2010 年 11 月 22 日起施行。《关于台湾同胞专利申请的若干规定》第 2 条规定中国台湾地区申请人在中国台湾地区专利主管机构第一次提出发明或实用新型专利申请之日起 12 个月内,又在国家知识产权局就相同主题提出专利申请的,可以要求享有其中国台湾地区在先申请的优先权(即中国台湾地区优先权)。❶

由此可见,中国台湾地区申请人在 2010 年 11 月 22 日之后向国家知识产权局提出的申请才能像向其他国家或地区提出的申请一样要求享有中国台湾地区优先权,若向其他国家或地区提出的申请要求的是中国台湾地区优先权,则只有当向国家知识产权局提出的申请与向其他国家或地区提出的申请一样都能享有共同的中国台湾地区优先权时,才能通过 S 系统中的检索准备子系统或详览或者通过 E 系统的他局案件信息查询功能直接获得其关联的同族信息。当然,若中国台湾地区申请人分别向国家知识产权局、中国台湾地区专利主管机构以及其他国家或地区提出的申请要求的不是中国台湾地区优先权,而是在任意《巴黎公约》成员国提交的在先申请的优先权,具有共同的优先权基础,因而其显然也能通过上述方式直接获得相关联的同族信息。也就是说,当向国家知识产权局提出的申请、向中国台湾地区专利主管机构提出的申请以及向其他国家或地区提出的申请满足以下条件之一时,可以通过上述方式直接获得相关联的同族信息,不需要通过特殊方式来获取:

(1)无论是 2010 年 11 月 22 日之前还是之后向上述三地提出的申请,均要求在任意《巴黎公约》成员国提交的在先申请的优先权(而非中国台湾地区优先权);

(2)2010 年 11 月 22 日之后向上述三地提出的申请,均要求中国台湾地区优先权。

除此之外,中国台湾地区申请人向国家知识产权局提出的申请将不能通过上述方式直接获得其相关联的同族信息,主要包括以下两种情况:

(1)2010 年 11 月 22 日之前向国家知识产权局提出的申请,因《关于台湾同胞专利申请的若干规定》尚未开始施行,不能要求中国台湾地区优先权故未要求优先权,而向中国台湾地区以及向其他国家或地区提出的申请要求了中国台湾地区优先权;

(2)2010 年 11 月 22 日之后向国家知识产权局提出的申请,因未感知到政

---

❶ 国家知识产权局条法司. 专利法律法规规章汇编 [G]. 北京:知识产权出版社,2012:243 – 244.

策变化或其他原因仍然没有要求中国台湾地区优先权，而向中国台湾地区以及向其他国家或地区提出的申请要求了中国台湾地区优先权。

上述两种情况概括起来就一句话，就是当中国台湾地区申请人向国家知识产权局提出的申请因不能或没有要求中国台湾地区优先权，但向中国台湾地区以及其他国家或地区提出的申请要求了中国台湾地区优先权时，则通过 S 系统中的检索准备子系统或详览或者通过 E 系统的他局案件信息查询功能将不能直接获得其关联的同族信息，此时要格外留意，应注意使用其他方式来获得其相关联的同族信息。

三、获取中国台湾地区申请人提交的专利申请同族信息的方式

目前，已有研究给出了一些获取中国台湾地区申请人提交的专利申请的同族信息的方式，比如：①利用 PR 字段在 EPOQUE 中检索获取；②利用 CPY + 关键词在 DWPI 或 VEN 中检索获取；③利用发明人、申请人和/或标题关键词在 TWABS 中检索获取；④利用发明人、申请人和/或标题关键词在 VEN 中检索获取；❶ 等等。

然而，上述方式①只对于要求了中国台湾优先权的他国同族查询有效，当他国同族未要求中国台湾优先权时，会漏检相关同族；上述方式②则需要准确地获取申请人的公司代码，公司代码确定错误时，会漏检相关同族；上述方式③只对在中国台湾地区同时提交了同主题申请的同族查询有效，如果一件申请没有同时在中国台湾地区提交申请，只在中国大陆和美日欧等地区提交了申请，那么该方式无效，会漏检相关同族；上述方式④则只是简单介绍了可利用上述信息在 VEN 库中检索，但对于在该库中如何才能输入正确的发明人、申请人并没有给出详细介绍，然而，目前常用的外文库 DWPI、SIPOABS 和 VEN 对发明人以及个人申请人的标引都各具特点（尤其是在名字具有两字以上时），如果利用错误的标引在 VEN 库中检索，那么势必会漏检相关同族。

在上述现有的获取中国台湾地区申请人提交的专利申请的同族信息的方式的基础上，笔者经过长期的检索和审查实践，总结出以下两种便捷、快速、全面的同族信息获取方式，并对申请人、发明人在外文库 DWPI、SIPOABS 和 VEN 中的标引进行了详细介绍，根据以下两种指引的方式获取中国台湾地区申请人提交的专利申请的同族信息不会存在上述四种已知获取方式带来的漏检情况：

（1）利用 Patentics 检索获取

Patentics 作为语义检索的工具，其能快速获取与本申请相似度极高的对比

---

❶ 刘丽艳，孙平. 浅谈 S 系统中台湾专利申请的检索体会［J］. 专利文献研究，2012（6）：11－18.

文件，是用于试探性检索、获取 E/R 类对比文件或者新颖性创造性对比文件的快速途径。同族专利申请作为与本申请相似度极高的申请，用 Patentics 检索是最为快速和便捷的方式。在 Patentics 搜索引擎中直接输入本申请的公开号，根据需要数据库选择"中国台湾申请""美国申请""欧洲申请""日本申请"或"韩国申请"等，搜索出的排在前几位的相似度很高的专利申请就有可能是本申请的同族专利申请。

【案例1】

申请号：CN2009102220363

申请日：2009. 11. 13

公开号：CN102062376 A

国省名称：中国台湾

申请人：台达电子工业股份有限公司

发明人：赵永祥、方嘉隆、刘国瑞

发明名称：发光二极管灯及发光二极管灯组

首先，查看 S 系统的检索准备子系统，或者在 S 系统中用公开号或者申请号检索该申请并发送到 S 系统的详览中，或者进入 E 系统使用他局案件信息查询功能进行同族信息初步核验，结果均未显示其具有其他同族，但形式上没有同族并不能说明该申请实质上没有同族。由于本申请是中国台湾地区申请人提交的申请，且其申请日为 2009 年 11 月 13 日，早于 2010 年 11 月 22 日，《关于台湾同胞专利申请的若干规定》尚未开始施行，故其在大陆不能享有中国台湾地区优先权，但其在其他国家或地区的申请完全可以享有中国台湾地区优先权，因而还应采取其他方式来确定其是否具有同族。

在本示例中，直接在 Patentics 输入栏中输入本申请的公开号 CN102062376，数据库选择"中国台湾申请""美国申请""欧洲申请"或"日本申请"即可获得该申请在中国台湾、美国、欧洲或者日本的同族分别为 TW201117643A、US2011115391A1、EP2326145A1、JP2011108645A，随后分别查看各同族的审查过程即可。

通过核对美欧日这几个同族的优先权信息可以发现，它们均要求以中国台湾专利申请 TW98138597（对应的公开号为 TW201117643A）作为其优先权申请，而该申请由于是 2010 年 11 月 22 日之前的申请因而不能要求中国台湾地区优先权，这也正是在 S 系统和 E 系统中不能直接显示其同族信息的原因。

（2）根据发明人、申请人和/或标题关键词在外文库中检索获取

在 S 系统中，常用的外文库主要有 DWPI、SIPOABS 和 VEN，其中，DWPI 对发明人标引的是简称，其中姓为全拼，但名为首字母的缩写，如果名字为两

字以上，在 DWPI 中可能只标引了名中第一个字的缩写；另外，DWPI 会对检索结果进行同族合并处理，如果几篇检索结果互为同族的话，会将这几条检索结果进行合并，显示为 1 条记录；SIPOABS 对发明人标引的是姓名的全称，如果名字为两字以上，通过连字符"－"连接名中的多个字，此外，SIPOABS 不对检索结果进行同族合并处理，即，实际检到多少结果就显示多少，并不会将结果中的多个同族合并为 1 条显示；VEN 是由 DWPI 与 SIPOABS 组成的虚拟数据库，其字段为 DWPI 和 SIPOABS 的并集，可实现对 DWPI 和 SIPOABS 并库检索，并对检索结果进行同族合并处理。

另外，需要注意的是中国台湾和大陆使用的拼音方式不同，大陆使用的是汉语拼音，而中国台湾使用的是韦氏拼音，可通过百度或 GOOGLE 搜索汉语拼音与韦氏拼音对照表或韦氏拼音转换器，完成汉语拼音到韦氏拼音的转换。

继续沿用上述案例 1，通过查找汉语拼音与韦氏拼音对照表或直接使用韦氏拼音转换器，可以获得发明人赵永祥、方嘉隆、刘国瑞的韦氏拼音依次为 CHAO YUNG HSIANG、FANG JIA LONG、LIU KUO JUI，基于上述获得的韦氏拼音，并结合各数据库对发明人标引的特点进行检索，或者结合发明人、申请人和标题关键词进行检索，再把检索结果发送到 S 系统详览里即可获得本申请的所有同族信息，其中在 DWPI、SIPOABS 和 VEN 库中的检索过程分别如表 1~3 所示。

表 1　DWPI 库中的检索过程

检索式编号	数据库	命中数	检索式
1	DWPI	1	/in chao y and fang j and liu k
2	DWPI	0	/in CHAO YUNG－HSIANG and FANG JIA－LONG and LIU KUO－JUI（由于 DWPI 对发明人标引的是简称，故用全称检索结果为 0）
3	DWPI	1	（DELTA/pa）and（LED lamp/ti）and（chao y/in）（将该检索结果发送到 S 系统详览中即可获得在中国台湾、美、欧、日的所有 4 篇同族信息）

表 2　SIPOABS 库中的检索过程

检索式编号	数据库	命中数	检索式
1	SIPOABS	0	/in chao y and fang j and liu k（SIPOABS 对发明人标引的是姓名的全称，故用简称检索结果为 0）
2	SIPOABS	0	/in CHAO YUNG HSIANG and FANG JIA LONG and LIU KUO JUI（SIPOABS 对发明人名字含有多个字的，用连字符"－"连接，故如果不加连字符检索结果为 0）

续表

检索式编号	数据库	命中数	检索式
3	SIPOABS	3	/in CHAO YUNG – HSIANG and FANG JIA – LONG and LIU KUO – JUI［SIPOABS 对检索结果不进行同族合并，除日本同族外中国台湾、美、欧的 3 篇同族均可检到（因日本同族在 SIPOABS 库中把发明人 CHAO YUNG – HSIANG 标引成 CHO EISHO，故检不到），但发送到详览后含日本在内的 4 篇同族均会一起显示］
4	SIPOABS	3	/in chao y + and fang j + and liu k +（同上）
5	SIPOABS	2	（DELTA/pa）and（LED lamp/ti）and（CHAO YUNG – HSIANG/in）［SIPOABS 对检索结果不进行同族合并，除日本、美国同族外中国台湾、欧的 2 篇同族均可检到（因日本同族在 SIPOABS 库中把发明人 CHAO YUNG – HSIANG 标引成 CHO EISHO，美国同族的申请人同发明人，而非 DELTA，故检不到），但发送到详览后含日本在内的 4 篇同族均会一起显示］

表3　VEN 库中的检索过程

检索式编号	数据库	命中数	检索式
1	VEN	1	/in CHAO YUNG – HSIANG and FANG JIA – LONG and LIU KUO – JUI
2	VEN	1	/in chao y + and fang j + and liu k +
3	VEN	1	/in chao y and fang j and liu k（通过上述检索式 1～3 可以发现，在 VEN 中无论是利用发明人全称还是简称检索都能获得最终的检索结果）
4	VEN	1	（DELTA/pa）and（LED lamp/ti）and（chao y +/in）

四、结　语

针对如何获取中国台湾地区申请人提交的专利申请的同族信息的问题，本文给出了两种获取方式，其中利用 Patentics 检索获取的方式最为快速和便捷，但 Patentics 系统不够稳定，可能出现系统不能使用的问题；根据发明人、申请人和/或标题关键词在外文库或者在中国台湾库中检索获取的方式相对复杂，其中，在外文库中检索需要进行汉语拼音到韦氏拼音的准确转换，但系统稳定。通过本文介绍的两种获取方式并结合上述两种获取方式的优缺点来选择适当的获取方式，能够高效地获取中国台湾地区申请人提交的专利申请的同族信息，从而为全面而充分地检索和审查奠定基础。

C09K 8 钻井组合物领域 CPC 分类特点及应用

马　骅　王远洋　陆挺峰

摘　要： C09K 8 大组涉及用于钻孔或钻井的组合物，CPC 分类体系在 IPC 分类体系的基础上对 C09K 8 这一领域进行了细分，使用 CPC 分类号对这一领域进行检索能够提高检索的效率和准确度，本文详细分析了 C09K 8 领域 CPC 分类的特点，并通过两个具体案例的检索实例来探索 CPC 分类体系在这一领域中的具体应用。

关键词： C09K 8　CPC　分类特点　应用

一、引　言

C09K 8 大组涉及用于钻孔或钻井的组合物，用来处理孔或井的组合物。CPC 分类相较于 IPC 分类，对于 C09K 8 大组下的小组的设置没有变动，而在 IPC 分类体系的基础上进行了细分，使所涉范围更宽，添加剂种类更全。另外，相较于 IPC 分类体系，在该组下，CPC 分类体系作出最大的变动在于新增了涉及与钻或处理孔或井的组合物有关方面的 2000 系列引得码（C09K 82208/00 ～ C09K 82208/34）。钻井领域的组合物，其特点在于，组合物中组分多，种类杂，且对于某一特定组分往往命名不同，所以在用关键词检索时，需要对该添加剂的命名进行充分的扩展，否则漏检的可能性极大，这在无形中增加了检索的工作量，而 CPC 设置的 2000 系列对于钻井组合物的种类、用途、添加剂等方面进行了详细的分类，能够迅速找到相关对比文件，提高检索的效率。

具体而言，C09K 8 大组下设置了 9 个一点组，均为组合物相关分类，涉及了钻井、隔离、黏合、堵漏、固井、清洗、抑制腐蚀、顶替液以及增产组合物等多个方面。而新增的 2000 系列的引得码涉及组合物的用途，如解卡、抑制

280

膨胀、抑制水合物的形成等，流体或添加剂的形态，如含纳米颗粒、纤维的井处理流体、结构化表面活性剂、双乳液等，以及多功能添加剂，如破胶、防腐、润滑、降摩减阻等添加剂。下面对 C09K 8 领域 CPC 分类的特点进行详细的分析。

二、C09K 8 领域 CPC 分类特点

1. C09K 8 在 CPC 与 IPC 分类体系中的区别

IPC 分类体系中，对组合物的分类较为粗糙，而随着技术的发展，如今的钻井组合物中添加剂的种类和形态等都发生了较大的改变，而 IPC 分类体系对此并未进一步进行细分。CPC 在 IPC 分类体系的基础上，新增了 36 条分类号，对组合物中添加剂的种类分类更为详尽。例如，五点组 C09K 8/20 为天然有机化合物或其衍生物，如多糖或木质素衍生物，而 IPC 并未对天然有机化合物或其衍生物的具体种类进行细分，用 C09K 8/20/ic 在 SIPOABS 中进行检索，结果有 2835 条，而 CPC 将天然有机化合物或其衍生物细分为两个六点组 C09K 8/203 木材衍生物，例如木质素磺化盐、单宁酸、重油、亚硫酸盐液体，C09K 8/206 其他天然产物的衍生物，例如纤维素、淀粉、糖等，这两个六点组涵盖了多种常用的天然有机添加剂，用 C09K 8/203/cpc 在 SIPOABS 中进行检索，结果有 391 条，用 C09K 8/206/cpc 在 SIPOABS 中进行检索，结果有 1700 条，细分后的分类号针对更明确，缩小检索结果，更能实现精确检索，提高检索效率。

CPC 新增内容还包括 C09K 8/60 通过作用于地下结构增加产物的组合物，新增了多个二点组，包括：使用隔离剂组合物（C09K 8/601，检索结果 362 条）、含有表面活性剂（C09K 8/602，检索结果 2522 条）、含杀生剂（C09K 8/605，检索结果 934 条）、专门适用于黏土结构（C09K 8/607，检索结果 600 条）。新增对聚合物类添加剂的种类进行的细分，如对三点组 C09K 8/575（含有有机化合物，检索结果 450 条）的新增了四点组分类 C09K 8/5751（高分子化合物，检索结果 686 条），并对高分子化合物进行了详细分类，包括 3 个五点组：C09K 8/5753（由仅涉及碳 - 碳不饱和键的反应获得的，检索结果 351 条）、C09K 8/5755（由仅涉及碳 - 碳不饱和键以外的反应获得的，检索结果 514 条）、C09K 8/5756（含交联剂，检索结果 531 条），以及 C09K 8/5758（来自天然原料，例如多糖、纤维素，检索结果 310 条）。

随着近年来钻井组合物领域的发展，这一领域的申请量日益增加，再继续使用 IPC 分类体系检索，检索结果较为粗糙，无法精确控制，导致浏览量较大，无形中增大了工作量，因此，在 CPC 分类体系日趋成熟后，使用新的分类

体系进行检索，能够提高检索效率。

2. C09K 8 范围的界定

C09K 8 这一领域所涉及的添加剂在种类和功能上较为繁杂，在使用 CPC 进行分类时可能多个分类号存在相近似的情况，但实际上分类号所涵盖的范围之间均存在一定的区别，下面通过比较进行具体分析。

C09K 8/00 涉及用于钻孔或钻井的组合物和用来处理孔或井的组合物，从沥青砂回收石油的内容应入 C10G 31/04，与 C09K 8/00 所涉及的回收油的方法存在区别。

C09K 8/03 涉及在钻井组合物中一般使用的特殊添加剂，这里所说的添加剂仅包括那些没有具体说明钻井液或可适用于任意类型的钻井液的添加剂，不包括其他并列的二点组所涉及的具有特殊限定的钻井液添加剂。C09K 8/145 涉及以黏土成分为特征的组合物，但这一位置不包括有机黏土本身的分类，有机黏土本身应入 C01B 33 中，而对于包括有机黏土的钻井流体则应入 C09K 8/145 和 C01B 33/44。

C09K 8/42 涉及黏合组合物和堵漏组合物，但需注意，这一位置不包括钻井组合物（应入 C09K 8/02）、涂抹钻孔壁的组合物（应入 C09K 8/50）、支撑剂（应入 C09K 8/80）、井眼或井的密封或封隔（应入 E21B 33/00）。

C09K 8/50 涉及涂抹孔眼壁用的组合物，即用于暂时固结孔眼壁的组合物，其中包括暂堵，用于控制水流进出地层、降滤失、外形修正的密封。C09K 8/56 涉及用于固定井四周的散沙或类似物但不会过度降低其渗透性的组合物，两者均涉及固结用的添加剂组合物，但其处理的对象存在区别。另外，C09K 8/50 不包含永久性密封，例如用于填井/关井（应入 C09K 8/42、C04B）。

C09K 8/52 涉及用于防止、限制或减少沉积物的组合物，其与 F17D 的区别在于，前者涉及用于井中以及为了除去钻井残渣的组合物；而后者涉及的组合物作用对象为管道，与 C09K 8/52 不同。C09K 8/524 ~ C09K 8/532 对特定种类的沉积物进行了分类。C09K 8/536 对沉积物的形状或其组分的形状进行分类。

C09K 8/58 涉及用于获得碳氢化合物的强化开采方法的组合物，不包含只注入二氧化碳（应入 E21B 43/16），也不包括强化开采的方法/过程（应入 E21B 43/16，E21B 43/248）。C09K 8/536 的下位组 C09K 8/582 对使用细菌为特征的组合物进行了细分，其中也包括酶的分类，下位组 C09K 8/584 对使用特殊的表面活性剂为特征的组合物进行了细分，其中也包括聚合物表面活性剂的分类。

C09K 8/60 涉及通过作用于地下岩层增加产出的组合物，其中不包含增加产出的方法（应入 E21B 43/25）。C09K 8/602 涉及含有表面活性剂的组合物，其中也包括破乳表面活性剂。C09K 8/607 涉及专门适用于黏土结构，其中也包括毛细吸入。C09K 8/62 涉及形成裂缝或破裂的组合物，但其中不包括气体破裂（应入 C09K 8/70）、形成裂缝或破裂的方法（应入 E21B 43/26）以及通过支撑增强破裂的方法（应入 E21B 43/267）。C09K 8/665 涉及含有无机化合物（支撑剂 C09K 8/80），其中还包括凝胶破碎剂。C09K 8/68 涉及含有有机化合物的组合物，其中不包括破裂方法（应入 E21B 43/26）、支撑剂（应入 C09K 8/80）。C09K 8/70 涉及以它们的形状或其组分的形状为特征的组合物，其中也涉及包含气体的组合物，C09K 8/706 涉及胶囊状破碎剂，其中也包括具有任意延缓破碎剂作用的涂层的破碎剂。C09K 8/72 涉及腐蚀性化学药品，其中也包括酸性破裂－酸化、－裂痕酸化－基质酸化，但不包括使用弱酸进行清洗而不产生裂缝（应入 C09K 8/52），应注意的是 C09K 8/52 使用腐蚀性化学药品的目的在于清洗，但 C09K 8/72 使用腐蚀性化学药品的作用在于形成裂缝或破裂，两个分类号所涉及的作用目的不同。C09K 8/74 涉及与具体用途的添加剂结合的组合物，其中包括阻蚀剂、表面活性剂、破碎剂。C09K 8/78 涉及用于防止封闭层形成的组合物，其中也包括抗淤渣添加剂。C09K 8/80 涉及用于加强破裂作用的组合物，例如用于保持破裂开启的支撑剂组合物，其中包括用于固化裂痕的组合物和支撑剂组合物，但其中不包含无机粒子的制备（应入 B01J）有机粒子的制备（应入 C08J）、通过支撑加强破裂的方法（应入 E21B 43/267）、特定的无机材料（应入 C01）。

3. 应与其他部分类号相结合的情况

C09K 8 所涉及的钻井组合物是一个较为综合性的领域，其中具体用到的添加剂涉及无机、有机等多个领域，所以在分类时往往会用到多个领域的分类号相结合的分类方法。下面列举在 C09K 8 的下位组中可与其他领域分类号相结合的分类号。

C09K 8/42 涉及黏合组合物、堵漏组合物，而为了更加详细地定义黏性组合物，分入 C09K 8/42 及其小组的文献同样可以分入 C04B（涉及石灰、氧化镁、矿渣、水泥、其组合物）中的分类号和 CIS 码。特别地，在 C04B 2/00 ~ C04B 32/00 和 C04B 38/00 ~ C04B 41/00 组中，需要对混合物单独的成分或者其他与混合物特性或用途有关的特征或获得的产品，使用指定的 C04B 2/00 ~ C04B 41/00 的分类号进行 C－set 进行分类，而当需要对混合物单独的成分的功能或者其他与混合物的特性或用途有关的特征或获得的产品，使用指定的 C04B 2103/00 ~ C04B 2111/00 分类号进行 C－set 分类。使用 C－set 分类号对组合物进行检索时能够更进一步地提高检索的效率以及准确度，能够快速地进行新颖性检索，找到最接近的对比文件。

C09K 8/54 涉及孔眼或井中原位抑制腐蚀的组合物，腐蚀抑制剂本身入 C23F，其涉及非机械方法去除表面上的金属材料，金属材料的缓蚀或一般防积垢，如 C23F 11/00 涉及通过给有腐蚀危险的表面上施加抑制剂或在腐蚀剂中加入抑制剂来抑制金属材料的腐蚀，通过结合 C23F 小类的分类号能够对腐蚀抑制剂的种类进行细分，使检索结果更接近本申请。

C09K 8/58 涉及用于获得碳氢化合物的强化开采方法的组合物，其下位组 C09K 8/582 和 C09K 8/584 分别对以使用细菌和特殊的表面活性剂的组合物进行了细分，可结合细菌的分类 C12P（发酵或使用酶的方法合成目标化合物或组合物或从外消旋混合物中分离旋光异构体）、C12R（使用微生物的方法）以及表面活性剂的分类 B01F 17/00（用作乳化剂、增湿剂、分散剂或起泡剂的物质），同样能够对细菌、酶以及表面活性剂的种类进一步细分，以达到精确检索的目的。

除上述对组合物中具体添加剂种类的分类号细分外，在 C09K 8 这一领域还常与 E 部分类号相结合，如：E21B——涉及地层钻进，从井中开采油、气、水、可溶解或可熔化物质或矿物泥浆；E21D——涉及竖井、隧道、平硐、地下室，其涉及钻井过程中油井的结构、设备等内容；E21F——涉及矿井或隧道中或其自身的安全装置，运输、充填、救护、通风或排水，其涉及钻井可能涉及的方法和设备。E 部分类号主要涉及钻井过程中可能涉及的方法和设备，是非常常见的与 C09K 8 相结合的分类领域，更有甚者，E 部分类号可能作为主分类号进行分类，对其进行了解对提高分类效率大有益处。

4. 需要引入引得码的位置

在使用 C09K 8/00～C09K 8/40 和 C09K 8/50～C09K 8/94 分类时，合适的地方将使用与钻或处理孔或井的组合物相关的引得码分类。2000 系列引得码是 CPC 分类体系对 C09K 8 作出的最大的更新之处，前面也已经提到，2000 系列引得码对添加剂的用途、形态和种类等进行了细分，使用其进行检索能够更贴近发明构思，提高检索效率。下面对 C09K 8 大组中可能使用引得码的分类号进行举例分析。

C09K 8/516 涉及以形状或其组分的形状为特征的涂抹孔眼壁用的组合物，当使用纤维状添加剂时，可使用引得码对纤维进行引得。

C09K 8/52 涉及用于防止、限制或减少沉积的组合物，而当主题涉及为了防止水合物的形成时，应对"水合物抑制"使用引得码。

C09K 8/532 涉及防止硫黄作为沉积物的组合物，当涉及硫化氢（H_2S）时使用相应引得码。

C09K 8/584 涉及以使用特殊的表面活性剂为特征的用于获得碳氢化合物的强化开采方法的组合物，当使用黏弹性表面活性剂（VES）时，可对黏弹性表面活性剂使用引得码。另外，C09K 8/68 和 C09K 8/602 中均可能用到具体种类的表面活性剂，适当时也应对黏弹性表面活性剂使用引得码。

C09K 8/68 可能涉及有机凝胶破碎剂，适当时应对"凝胶破碎剂"或"细菌或酶破碎剂"使用引得码。

C09K 8/74 涉及与特殊用途的添加剂结合的腐蚀化学药品，其可能需要使用引得码，包括"防腐蚀""黏弹性表面活性剂""凝胶破碎剂"或"细菌或酶破碎剂"。

5. 特殊分类规则

下面对 C09K 8 大组下存在的特殊分类规则进行总结：

C09K 8/02 至 C09K 8/38 涉及钻井组合物，在该小组中使用后位规则。

在 C09K 8/50 至 C09K 8/94 中，无后位规则，如果材料为合并形式，可能使用多重分类原则。

C09K 8/594 涉及与注射的气体（例如二氧化碳或碳酸化气体）结合使用的组合物，C09K 8/592 涉及与产生的热量结合使用的组合物，C09K 8/592 优先。

C09K 8/62 涉及形成裂缝或破裂的组合物，应该与特定组分的分类号合用。

C09K 8/72 涉及腐蚀性化学药品，而钻井与酸化相结合时应同时入 C09K 8/72 和 C09K 8/02。

C09K 8/92 涉及以它们的形状或其组分的形状为特征的组合物，优先入 C09K 8/70，后者涉及以它们的形状或其组分的形状为特征的形成裂缝或破裂的组合物。

三、C09K8 领域分类示例

1. 案例 1：一种浅层堵漏剂（申请号：CN201610137222）

在封堵施工作业过程中，受常规水泥配方性能的限制，只能够采取一次性注水泥工艺技术，把配制好的水泥浆一次性全部注入封堵段，这样达不到提高封堵效果的目的。为解决现有技术的不足，涉案申请提供了一种浅层堵漏剂，涉及技术方案如下：

一种浅层堵漏剂，其特征在于：以油井水泥为基质，加入降失水剂、分散剂、活性剂、改性剂，具体配方为：油井水泥为基质、降失水剂 0.3% ~1.2%（质量百分比）、分散剂 0.3% ~1.0%（质量百分比）、活性剂 0.1% ~ 1.0%（质量百分比）、改性剂 2.0% ~ 4.0%（质量百分比）。

该申请为典型的钻井用组合物发明，产品包括多种添加剂的组合，种类繁杂。常规的检索思路是对发明构思进行分析，对重要添加剂组分进行关键词扩展，通过不同关键词的组合，检索出发明构思最接近，且尽可能公开较多组分的对比文件。现尝试通过新的 CPC 分类体系，探寻更高效的检索思路。

通过分析可知，该申请的发明目的在于浅层堵漏，且堵漏剂以油井水泥作为基质，使用多种添加剂改善稠度、流变性、滤失性等。根据发明构思可以确定该申请检索涉及的分类号如下：

C09K 8/426——用于堵漏；

C09K 8/467——含特殊用途的添加剂的含无机黏合剂；

C04B2 8/00——含有无机黏结剂或含有无机与有机黏结剂反应产物的砂浆、混凝土或人造石的组合物。

另外，对于水泥组合物还应结合考虑 C – set 检索，可试探进行新颖性检索，该申请涉及的 C – set 分类号如下：

C04B2 8/00——含有无机黏结剂或含有无机与有机黏结剂反应产物的砂浆、混凝土或人造石的组合物，例如多元羧酸盐水泥；

C04B 2103/465 ——保水剂、吸湿剂或亲水剂；

C04B 2103/408 ——分散剂；

C04B 2103/40 ——表面活性剂、分散剂；

C04B 2103/0068——在 C04B 2103/00 中不包含的功能或性质的成分。

首先在 SIPOABS 中进行检索，构建检索式及检索如表 1 所示。

表 1 案例 1 在 SIPOABS 数据库中的检索结果

检索记录	结果数	检索式	检索库
1	79	/csets C04B 2103/465 and（C04B 2103/408 or C04B 2103/40）	SIPOABS
2	1355	/cpc C09K 8/426 or C09K 8/467	SIPOABS
3	1	1 and 2	SIPOABS

表 1 中的检索式 1 仅用 C – set 进行检索，可以获得一篇相关对比文件 WO2006018616，但这一对比文件并不涉及钻井领域，仅能作为 Y 类文献使用，为水泥组合物的添加剂组合给出技术启示。而在结合检索式 2 限定了技术领域后，则仅能得到涉案申请这一个结果。

下面尝试在 CNABS 中进行检索，构建检索式如表 2 所示。

表2　案例1在CNABS数据库中的检索结果

检索记录	结果数	检索式	检索库
1	29	/csets C04B 2103/465 and（C04B 2103/408 or C04B 2103/40）	CNABS
2	550	/cpc C09K 8/426 or C09K 8/467	CNABS
3	14634	/cpc C04B 28	CNABS
4	140	2 and 3	CNABS

检索式1尝试用 C-set 进行检索，结果发现在 CNABS 数据库中，C-set 标引结果不如 SIPOABS 全面，所得结果较少，未能找到更好的对比文件。检索式2、检索式3分别对堵漏剂和水泥进行表征，能够获得多篇与该申请十分接近的对比文件，如 CN103525386、CN105038745 等，能够用来评价该申请的创造性。

通过案例1的检索可以看出，当钻井组合物中包括水泥组合物的情况时，应大胆尝试使用 C-set 进行检索，能够快速获得精确的结果，提高检索效率；但 C-set 目前标引比例并不高，CNABS 数据库中对 C-set 的标引不全，得到的数据量少于 SIPOABS 数据库。因此，当用 C-set 进行检索时，应优先考虑 SIPOABS。

2. 案例2：一种压裂返排液破胶剂及其制备方法（申请号：CN201610706992）

涉案申请针对现有压裂返排液破胶过程存在的问题，提供一种压裂返排液破胶剂及其制备方法，下面仅针对该申请涉及的破胶剂组合物的技术方案进行检索，技术方案如下所示：

> 一种压裂返排液破胶剂，其特征在于，所述的压裂返排液破胶剂按重量份由以下组分组成：氧氯化物化学破胶剂 10~15、胍胶糖苷键特异性水解酶生物破胶剂 8~12、具有还原性的金属盐引发剂 1~3、去离子水 90~110。

破胶剂中生物酶催化糖苷键断裂形成小分子糖，其中的引发剂通过降低断链反应的活化能，使化学破胶剂在低温条件下断开主链的同时，也断开侧链，达到彻底破胶的目的，从而提高压裂返排液后续絮凝、沉降和过滤处理工艺的处理效果。该申请的发明构思是通过使用生物酶破胶剂与无机破胶剂组合，以达到协同的破胶效果。

根据该申请发明构思确定的 CPC 分类号为：

C09K 8/665——含有无机化合物的形成裂缝或破裂的组合物；

C09K 8/68——含有有机化合物的形成裂缝或破裂的组合物。

根据破胶剂的组成，该申请还应使用 2000 系列进行引得，涉及引得码如下所示：

C09K 2208/24——含细菌或酶的破胶剂；

C09K 2208/26——除细菌或酶之外的破胶剂。

适用上述确定的分类号，在 CNABS 和 SIPOABS 数据库中分别进行检索，检索结果如表 3 所示。

表 3　案例 2 在 CNABS 和 SIPOABS 数据库中的检索结果

检索记录	结果数	检索式	检索库
1	21	/cpc C09K 2208/24 s C09K 2208/26	CNABS
2	429	/CPC_ADD C09K 2208/24 and C09K 2208/26	SIPOABS
3	22289	C09K 8/62：C09K 8/78/cpc	SIPOABS
4	321	2 and 3	SIPOABS
5	7860	C09K 8/665/high/cpc	SIPOABS
6	125	5 and 2	SIPOABS

表 3 中所列检索式 1 首先在 CNABS 中尝试用引得码进行检索，得到的结果远少于 SIPOABS 数据库中的检索。另外，在使用引得码进行检索时，应注意 CNABS 和 SIPOABS 两个数据库中不同的字段，CNABS 中仍在/cpc 字段下进行检索，而 SIPOABS 中应在/CPC_ADD（CPC 分类附加信息）字段下进行检索。检索式 3 检索 C09K 8/62 至 C09K 8/78 之间所有分类号，但这一检索结果较多，噪声较大。检索式 5 尝试检索 C09K 8/665 及其上位组，缩小检索范围，更精确地检索。检索得到多篇与该申请发明构思相同的对比文件，如 CN103666439A、WO2015112297A1 等。

通过案例 2 的检索可以看出，CNABS 数据库对于 2000 系列引得码的标引率同样不高，但通过引得码检索结果显示相关度很高，能够更准确地针对发明构思进行检索，大幅提高检索效率。

四、总　结

本文通过对 CPC 分类体系下 C09K 8 钻井组合物领域的分类特点进行详细的分析，可以看出，CPC 分类体系在 IPC 分类体系的基础上进一步细分，使所涉范围更宽，添加剂种类更全。并且新增了 2000 系列引得码（C09K 82208/00 ~ C09K 82208/34）。其对钻井组合物的种类、用途、添加剂等方面进行了详细的分类，能够大幅提高检索的效率。

　　通过上述两个案例的实际检索，可以看出：①在 C09K 8 钻井组合物领域中常常需要与其他部的分类号结合使用，在检索时需灵活使用多领域的分类号，结合如 C‑set、2000 系列引得码在内的多种检索手段，以期更高效、更快捷地获得最接近的对比文件；②通过比较在 CNABS 和 SIPOABS 两个数据库中的检索结果可以发现，CNABS 的标引量远不如 SIPOABS，特别需要注意的是，目前 C‑set 在 CNABS 数据库中虽已投入使用，但标引量仍无法满足实际检索的要求，因此在实际检索中需合理地使用数据库进行检索，避免漏检。

浅析电学、通信领域 Patentics 检索中的人工干预手段

杨盈霄

摘　要：本文根据电学、通信领域发明申请的特点，通过分析具体案例，归纳电学、通信领域 Patentics 检索中的人工干预手段，包括结合发明点提炼关键词及分类号、合理选择检索范围字段，灵活选择检索数据库，辅助非技术信息，改写体现发明点以及进行"影子"检索等。通过采用人工干预手段，提高 Patentics 检索的准确性，为提升检索效率提供新的思路。

关键词：Patentics　语义　排序　检索　人工干预

一、引　言

随着人工智能技术日益广泛渗透到文献检索领域，智能检索时代已经来临。智能检索工具的代表 Patentics 已成为专利检索的工具之一。Patentics 属于智能语义检索，可采用概念检索或关键词检索等多种检索方式，并能够对检索结果按相关性排序。[1] 检索实践中，审查员常用"R/"加申请号或公开号的方式进行检索。但文献浏览是一个非常耗时的过程，如果对比文件相关性排序位置太靠后的话，会极大影响检索效率。因此，大多会采用人工干预，结合"A/""B/""ICL/"等常用布尔检索命令进一步缩小语义排序的文献范围。[2]

---

[1] 刘昕鑫. 网络通信领域检索初探 [J]. 审查业务通讯，2013 (10).

[2] 赵良. 关键词扩展在 Patentics 检索中的应用 [EB/OL]. "Patentics 智能语义"微信公众号，2017.

电学、通信领域发明申请，特征通常以电路结构或协议等形式出现，关键词表达较为多样，不易用关键词准确表达，分类号的去噪效果也不理想，直接在 Patentics 中用 "R/" 加申请号或公开号的方式进行检索，对比文件出现的位置不确定，需要审查员进行适当的人工干预，缩短时间，提高检索效率。本文将结合实际案例，着重分析电学、通信领域发明的人工干预策略和手段。

二、人工干预的策略和技巧

1. 结合发明点提炼关键词及分类号，合理选择检索范围字段

Patentics 中仅利用 "R/" 加申请号或公开号加关键词的限定，可能不易检索到相关文献。此时应该准确理解发明，提炼与发明点相关的关键词和分类号；同时，Patentics 中检索范围字段 "A/" 包括标题、摘要、权利要求中含有的关键词，类似于 S 系统中的 "BI"，而检索范围字段 "B/" 是全文关键词检索，包括专利文献中所有文字，S 系统中如果检索全文关键词需切换到全文数据库中。因此需要根据领域申请的特点选择检索范围字段 A/或 B/。下面结合案例 1 进行分析。

【案例 1】

权利要求：一种 AD 采样电路，其特征在于，所述 AD 采样电路包括用于放大采样电压的多个电压放大器，各个电压放大器的放大倍数均是不同的，每个电压放大器都连接有一 AD 转换器，并通过所述 AD 转换器将放大后的采样电压转换为数字信号；其中每个电压放大器还均包括一个参考电压，所述电压放大器通过所述参考电压将放大后的采样电压调节至 0 伏以上。

检索分析及过程：该案的发明点为，AD 采样电路，包括用于放大采样电压的多个电压放大器，各个电压放大器的放大倍数均不同。

该案技术方案的电路结构清楚，关键词主要包括 "AD" "采样" "放大器"，但是本领域中包含这些关键词的电路多种多样，实现的功能也各不相同，因此，仅仅通过电路结构相关的关键词检索噪声较大，文献浏览工作很大。以下介绍 Patentics 的语义检索过程。

首先，在 Patentics 中采用 "R/" 加申请号或公开号进行初步检索，检索结果中虽然有不少语义相关度很高的文件（语义相关度达到 95% 以上），但这些高相关度文件的技术方案都涉及常规的提高 ADC 采样精度或者 ADC 自身结构改进，这与涉案申请的 "用于放大采样电压的多个电压放大器，各个电压放大器的放大倍数均不同" 完全不同，未发现有抵触申请，可用于追踪检索的文件等。

其次，增加关键词缩小范围，增加涉及发明点 "多路电压放大器，并且放

291

大倍数不同"的关键词限定，以得到实质相关的文献。第一，提炼与发明点最相关的电路结构"电压放大电路"作为关键词，构造检索式：R/申请号 AND B/（电压放大器 OR 电压放大电路），检索结果文献领域分散，涉及电流检测、模拟信号采样、多通道模数转换等。虽然文件相关度达90%以上，但技术方案实质不同，仍然没有 X/Y 文件。第二，转换思路，由于 AD 采样领域中，包括信号采样、电压转换和 AD 转换三个部分，而该申请的发明点在信号采样阶段，因此，将"采样"作为关键词构造检索式：R/申请号 AND B/采样，检索结果中虽然没有 X/Y 文件，但是检索结果的领域与本申请基本一致，检索首页中大多数文件都涉及 AD 采样电路，并且文献相关度达到95%～97%，说明关键词"采样"有效。

最后，提炼发明点"用于放大采样电压的多个电压放大器，各个电压放大器的放大倍数均不同"中电路结构相关的关键词："采样""多路""放大器"。其中"多路"在本领域中存在多种表述，包括多种、多条、多路等，因此选定关键词为"多"，将"放大器"扩展为"放大电路"。同时，考虑到电路领域的申请一般都在摘要中描述电路组成结构，因此，选择"A/"在摘要中检索以缩小检索的范围，构造检索式：R/申请号 AND A/［采样 AND（放大电路 OR 放大器）AND 多］AND ICL/H03M，在第 2 页得到 X 文献。根据说明书实施例的描述"电压经过两路放大电路被分别放大后，选取电压范围较大的值作为 ADC 输入值"，由此可知，具有多路电压放大输出的信号，在进入 ADC 之前需要对信号进行选择，选取其中一路进入 ADC 进行模数转换，因此，进一步提炼发明点关键词"选择"，延伸该关键词"切换"，构造检索式：R/申请号 AND A/［采样 AND（放大电路 OR 放大器）AND 多 AND（选择 OR 切换）］AND ICL/H03M，该 X 文献被提前至第 1 页。

案例启示：电学领域中电路相关的申请，虽然关键词、分类号通常比较明确，但是对技术方案的描述有多种形式，要素与要素之间的关系尤为重要。仅利用"R/"加申请号或公开号的限定，可能检索不到相关文献。此时，应该准确理解发明，提炼与发明点相关的关键词，循序渐进，在 Patentics 的语义排序中不断缩小检索范围，而且还要了解语义检索结果的概况，以快速判断构建的检索式或关键词是否有效，及时调整检索策略，提高检索效率。

需要注意的是，人工干预应尽量避免本领域常识性的关键词或高频次词汇，因为这样的词进行干预所圈定的范围对检索结果意义不大；相反，应选取能够反映发明构思或技术方案有实质含义的关键词。对于所选取的用于人工干预的词，应该进行必要的扩展，至少覆盖到同义词和近义词，否则将导致漏检风险。在 Patentics 中根据领域申请的特点合理选择检索范围，灵活选择 A/或

B/，提高检索效率。

2. 灵活选择检索数据库

Patentics 支持在中国专利、中国申请、美国专利、美国申请、欧洲专利、欧洲申请、PCT 申请、日本申请、韩国专利、韩国申请、中国台湾申请、中国台湾专利、中国外观设计、美国外观设计、中国台湾外观设计以及中国学位论文、全球摘要、概念模式等 20 多个数据库中的检索。实际检索过程中，可以灵活选取数据库以提高检索效率。对于一个检索式，如果选取在多个数据库中进行检索，系统计算和排序会比较困难，因此，一般推荐在单库进行检索。并且只选择中国申请库时，系统会采用中文和英文两种模型进行语义检索，呈现双透镜效果，检索效能更好。一般地，对于中文申请，选取在中国专利或者中国申请库中进行检索；对于英文申请，选取在英文申请或者英文专利库中进行检索。但是检索系统不是一成不变的，在有些情况下，需要根据实际情况灵活选择数据库，提高检索效率。下面结合案例 2 进行分析。

【案例 2】

权利要求：一种含多方向背光模组的集成成像显示装置，其特征在于，包括 LCD 显示屏、位于 LCD 显示屏背后的多方向背光模组以及位于 LCD 显示屏前侧的微透镜阵列，其中，所述多方向背光模组由多方向背光单元为重复单元构成；其中，每个多方向背光单元含有多种不同角度的衍射光栅，所述 LCD 显示屏包括多个显示图像元区域，每个显示图像元区域含有多个不同方位角的子图像元，所述微透镜阵列由多个呈矩阵式排布的透镜元组成。

检索过程及分析：该案的发明点在于采用不同角度的衍射光栅发出不同方向的出射光从而使集成成像实现多视角。因此从领域和主题名称出发可以提取关键词"集成成像"，从结构及发明点出发可以提取关键词"衍射光栅"。

涉案申请是中文申请，首先在 Patentics 中国申请库中进行检索，采用检索式：R/公开号 AND B/（集成成像 OR 衍射光栅），浏览了 10 多页未能发现合适的对比文件。

考虑到该申请是 PCT 申请进入中国国家阶段，并且 Patentics 的美国申请中文库已经上线，因此考虑在美国申请中文库中检索，采用检索式"R/公开号 AND B/（集成成像 OR 衍射光栅）"，在第 1~2 位快速地得到新颖性对比文件。可见，对于 PCT 申请进入中国国家阶段的申请，可以考虑利用中文关键词在 Patentics 的美国申请中文库或者其他有中文翻译的数据库中进行检索，提高检索效率。

笔者又尝试在 VEN 系统中采用 CPC 分类号 G02B 27/2214，结合关键词"integral imaging""integrated imaging"进行检索，也能得到该对比文件。但上述检索式存在一个问题——只是表达了领域和主题名称集成成像的英文，并没有表达该申请的发明点衍射光栅，因此是否有光栅只能通过阅读判断？通读VEN的摘要信息可以发现，该对比文件的摘要中并没有提及光栅（grating），此时在摘要中如果引入关键词"grating"则会遗失该对比文件，而且如果不阅读全文仅看摘要及摘要附图很可能遗漏该对比文件。该检索过程需要对CPC足够了解以及需要熟悉集成成像的英文表达，否则也容易遗漏该对比文件。反之，由于Patentics对美国申请提供了中文翻译，可以"拿来主义"地直接采用该申请的中文表达"集成成像""衍射光栅"，保证结果中必然存在这两个关键词，从而快速地得到该对比文件。

案例启示：Patentics中根据申请的特点灵活选择检索数据库，能够提高检索效率。Patentics外文的内置翻译已经上线，采用Google神经网络提供了翻译功能，不只是简单解决了语言阅读带来的外文文献检索困难的问题，更重要的是提供了一个连接中文与外文文献的桥梁。

3. 辅助非技术信息

Patentics检索时，为提高检索效率，通常会辅助时间、分类号、关键词等技术信息进行人工干预，而在有些情况下，也可以考虑辅助技术信息之外的非技术信息进行人工干预。案例3在检索过程中，辅助了非技术信息——行业信息，使其检索效率得到了提升。

【案例3】

权利要求：一种双面插Micro USB B型公座连接器，其特征在于，包括前铁壳、后铁壳、绝缘胶片、PCB板、主体板以及接触端子，所述前铁壳和后铁壳围合形成容置绝缘胶片、PCB板、主体板以及接触端子的空腔，所述主体板包括上主体以及下主体，所述接触端子包括上端子和下端子，所述上端子一端与PCB板相连，且上端子另一端从上主体引出，所述下端子一端与PCB板相连，且下端子另一端从下主体引出，所述绝缘胶片夹持在上端子与下端子之间，所述上端子与下端子均为接触稳定的铜材5 PIN弹片端子，所述5 PIN弹片端子以绝缘胶片为对称轴引出到前铁壳中后，前铁壳正反面结构相同。

检索过程及分析：该案检索内容的主题是USB连接器，技术方案为上下结构完全相同，因此可以正反插，涉案申请给出的技术信息明确，关键词也非常恰当。采用如下检索思路在S系统中进行检索：用H01R和USB限定技术领域，对正反插扩展为"双向OR反向OR双面OR两面OR两用OR正反"，对技术内容扩展为"对称OR相同"，同时又对"PCB"这个方向也延伸，在多个中外数据库中都没有得到对比文件。

但基于对本领域技术发展的理解，该申请的方案已是应用于市场的技术，因此还是到 Patentics 再检索。第一次，在 Patentics 中输入"R/申请号"，前几页未见对比文件；第二次，在 Patentics 中输入"R/申请号 AND B/USB"，前几页未见对比文件，看到申请人所在地是广东；第三次，在 Patentics 中输入"R/申请号 AND NS/广东"，在其第 1 页的第 7 篇出现了 X 文件。

案例启示：分析该目标文件，通篇没有出现 USB 字样，因此无论在 S 系统中还是在 Patentics 中检索，但凡有 USB 的限定就把对比文件全漏掉了。Patentics 提供更全面的干预方向，适当调整可能就会获得理想的结果。就该案而言，事后试探"R/申请号 AND B/（对称 OR 相同）"和"R/申请号 ANDAND B/（双向 OR 反向 OR 双面 OR 两面 OR 两用 OR 正反）"两个干预方向，都能在检索结果的第 1 页获得该对比文件。可见，在 Patentics 中得到的大部分理想的检索结果都是经过不断调整实现的。Patentics 是 S 系统的有益补充，人工干预方向的正确选取有赖于深入理解发明以及一定程度的检索尝试。如果进行语义检索时检索结果较多，除了辅助时间、分类号、关键词等技术信息的干预，还可以考虑辅助技术信息之外的非技术信息进行干预。

4. 改写体现发明点的技术手段

技术方案是对要解决的技术问题所采取的利用了自然规律的技术手段的集合，技术手段通常是由技术特征来体现的，[1] 申请的主题为由多个技术手段构成的技术方案，[2] 而权利要求或者说明书对技术方案的撰写方式有时比较抽象概括，此时采用 Patentics 检索效果往往不好，可以考虑改写体现发明点的技术手段，重新撰写能体现发明点的语句进行检索。下面结合案例 4 进行分析。

【案例 4】

权利要求：一种请求处理方法，其特征在于，包括：针对同一请求对应的多种不同操作，按照每种操作的权重大小分别设置各种操作相应权重数量的元素，每个元素对应一个操作，其中，所述对应操作的执行次数对应于所述每种操作占所述请求的权重值；当接收到请求时，从设置的元素中随机抽取一个元素；根据抽取出来的元素所代表的对应操作，对所述请求执行所述对应操作。

检索过程及分析：该案技术方案主要针对现有的硬件负载均衡技术能够做到将请求平均分配给不同的服务器。但是，在实际应用的很多场景下，并不希望将请求进行平均分配，而是希望对请求按比例或者按权重执行不同的操作。

先在 Patentics 中采用"R/"加申请号或公开号进行初步检索，未检到合适的对比文件。该案权利要求 1 的技术特征"元素"，根据说明书中有关负载分

---

[1] 国家知识产权局. 专利审查指南 2010 [M]. 北京：知识产权出版社，2010：119.
[2] 国家知识产权局. 专利审查指南 2010 [M]. 北京：知识产权出版社，2010：132.

配的过程说明，均表明该"元素"不是一个实体，是一个数，这个数可以代表或对应一个操作或实体，当操作的权重值越大，所对应的"元素"个数就越多，从而该操作被抽中的概率就越大，实现负载的不均匀分配。考虑到权利要求技术手段的撰写比较抽象概括，于是对权利要求进行改写，撰写体现发明点的语句进行语义检索：在 Patentics 中使用检索式：R/"负载均衡中根据操作权重大小设置不同个数的元素，元素对应操作，随机抽取元素，权值高的服务器提供较多的服务接入次数"AND DI/20110811，检索到了公开了涉案发明的发明点的对比文件。

案例启示：对于采用试探性检索未检索到体现发明点技术方案的对比文件时，可以改写体现发明点的技术手段，根据说明书的内容自己撰写体现发明点的语句进行语义检索。从权利要求或说明书中提取关键词时，不仅要理解该词的字面含义，还要结合涉案申请的技术方案，理解该词的内涵和外延，从而更加准确理解发明，把握发明点，并列技术方案可以将两个方案分开分别进行检索。

5. "影子"检索

对于有国外同族的申请，或者有国外优先权的申请，在用申请本身进行检索效果不理想时，可以考虑采用该申请的同族申请或者优先权作为语义排序的基准在 Patentics 中进行检索，把同族申请或者优先权看成本申请的"影子"，进行"影子"检索。下面结合案例 5 对该干预手段进行分析探讨。

【案例 5】

权利要求：一种数据接收装置，其特征在于，包括：一数据接收端控制引脚，用于输出第一控制信号，并接收对应于所述第一控制信号的一第一响应信号，并接收一第一数据采样时钟信号；至少一个数据接收端数据引脚，用于在所述数据接收端控制引脚接收所述第一响应信号后接收数据；其中，所述数据接收装置使用所述第一数据采样时钟信号对所述接收的数据进行采样。

检索过程及分析：该案要求美国优先权，结合领域经验，预期在美国库出现对比文件的概率较大。以该案例的中国申请号作为排序基准，结合日期过滤，检索式为"R/申请号 AND DI/优先权日"，选中美国申请库和美国专利库两个库进行检索，浏览前 2 页没有发现合适的对比文件。

改用其美国同族申请的公开号作为排序基准，输入"R/美国同族申请的公开号 AND DI/优先权日"，在结果的第 1 位即找到了有用的对比文件。显然，使用美国同族作为语义排序的基准得到了更好的排序结果。

案例启示：究其原因，在中国申请库中使用"CTRL + 复制按钮"获取该案的中国申请的英文翻译文本，查看其索引并与美国同族申请的索引进行比较，结果显示，该案的中国申请的英文翻译文本与可用的对比文件之间仅有 8 个索引词完全一致，而其美国同族申请和可用对比文件之间却有 10 个索引词完全一致。分析发现，中国申请的英文翻译文本的索引不如美国同族申请的索引表达准确。由此可见，检索外文文献应该优先用外文文献号作为排序基准；对于有国外同族的申请，或者有国外优先权的申请，可以考虑采用该申请的同族申请或者优先权作为语义排序的基准，在 Patentics 中进行检索，即进行"影子"检索。

三、结　语

本文结合审查实践，介绍了在 Patentics 中进行检索时的人工干预手段，并通过相应的案例分析了人工干预的手段。这些手段包括结合发明点提炼关键词及分类号，合理选择检索范围字段，灵活选择检索数据库，辅助非技术信息，改写体现发明点以及进行"影子"检索等。灵活运用这些手段，能够提高检索质量和效率。当然，Patentics 中的人工干预手段还不止这些，这还需要在以后的审查实践中继续丰富。另外，检索系统也不是一成不变的，在检索时可根据实际情况将本文介绍的方法与 Patentics 的其他命令和功能结合使用，以使本文的方法更好地为我们的检索工作服务。

基于大数据容器模型的专利审查
检索行为分析

刘梦瑶　　王　平　　魏　峰　　杜婧子

摘　要：针对国家知识产权局现阶段提出的"提质增效"这一目标，本文将从繁杂性的审查业务数据和多样化的管理需求出发，引入大数据容器模型，具体到针对专利审查和管理过程中的检索行为分析提出了一套高效可行的解决方案。基于大容器模型的检索行为分析能够改进现有的仅凭个案质评、宏观数据和个人经验查找检索漏洞和规避检索风险的方式，逐人逐案建立检索行为时间轴模型，基于智能算法与正、负样本进行对比，分析个案检索过程和个人检索习惯，不仅能够帮助审查员更有针对性地修正检索行为，而且能够协助部门发现和防范检索质量风险。

关键词：大数据　容器　检索行为　时间轴模型

一、国家知识产权局在审查管理中的信息化现状及存在问题

近年来，国家知识产权局自动化建设取得了较快发展，与专利申请、检索资源、审查工作以及人事信息相关的一系列自动化系统陆续建成并投入使用。2010 年 2 月，中国专利电子审批系统上线，不仅大幅提高了专利审批效率，也在一定程度上方便了审查业务的管理；专利检索与服务系统于 2018 年增加了智能辅助检索模块，极大地便利了局内审查员的案件检索流程，提高了审查效率；在对审查业务数据的加工分析方面，审查业务管理部采用了 SPSS 软件对

专利申请量等数据进行预测分析、❶ 机械部基于大数据理念对审查要素间关联性进行分析研究、❷ 电学部通过样本分析法对实审总周期进行分析、❸ 自动化部开展了决策支持及人工智能技术在国家知识产权局审查系统中应用研究、❹ 知识产权出版社对基于价值评估体系的智能化数据挖掘手段的研究等❺。

虽然国家知识产权局已经借由上述各系统在较大程度上便利了对审查业务数据的查看以及数据的自动提取，但是对于这些数据的挖掘和利用，以及如何使用这些数据来提高审查和管理效能，目前还缺乏一种有效的信息化手段来实现。具体到审查质量的管理方面，质量评价与风险防控一直是质量保障工作的重点之一。但目前的质量评价主要是基于个案人工质检或宏观数据分析来进行，前者难免片面，后者又欠缺对个案、个人的精细分析；而质量风险防控大都是基于审查和质量保障工作的经验来归纳一些质量风险点，以事前提醒的方式使审查员个人对质量风险进行规避，缺乏定量分析与监控预警。尤其是检索质量作为质量保障的核心环节，现有的检索质量评价和风险防范也基本是基于前述几种方式，具备相应缺陷，只能相对主观地体现出审查员的检索宏观结果，对于影响检索质量的最根本因素检索行为未进行充分挖掘分析，对检索的过程缺乏监控与分析。要想从根本上了解导致审查员检索质量差异的因素，还需要对检索中的全程大数据，尤其是后台日志数据进行分析，以有效规避质量风险。

二、基于大数据容器模型的解决方案

1. 大数据容器技术

大数据作为当今世界范围内学术界、产业界普遍关注的热点，具备体量巨大、种类繁多、价值密度低、流动速度块等典型特点。容器思想提出的背景正是为了应对国家知识产权局在审查和管理过程中涉及的数据量大、业务规则复杂、数据样本维度高而导致的审查和管理中的大数据分析需求难以满足要求的问题，容器技术作为处理和分析大数据的关键技术之一，具备封装性、标准

---

❶ 张大奇，华鹏. 浅析专利申请量的预测 [J]. 审查业务通讯，2017 (10).

❷ 曹琦，等. 基于大数据的审查能力要素研究分析 [R]. 国家知识产权局学术委员会 2014 年度 "青春求索" 课题研究项目.

❸ 张鹏，等. 实审总周期及其分析 [Z]. 国家知识产权局学术委员会 2012 年度一般课题研究报告.

❹ 汪涛，等. 决策支持及人工智能技术在我局审查系统中应用研究 [R]. 国家知识产权局学术委员会 2016 年度一般课题研究报告.

❺ 朱欣昱，等. 基于价值评估体系的智能化数据挖掘手段研究 [R]. 国家知识产权局学术委员会 2014 年度自主研究报告.

化、可用于高维数据处理等特点，这些特点恰恰可以对国家知识产权局目前的审查资源现状进行针对性的处理，不仅能够对各类审查数据资源进行规范化的整合，还能够以审查员个体数据为基础单元汇聚形成处室等更高层级的宏观数据，通过借鉴已有数据和先验规则快速地解决专利审查和管理中的其他问题。

2. 基于大数据容器模型的检索行为分析方案

检索行为往往是影响个人检索质量的根本因素，例如检索时长、常用检索数据库、检索习惯（如惯于使用关键词、分类号、转库）、检索策略、中断检索频率等，而这些因素及因素间的关联作用所构成的检索行为，仅基于个案质评或经验判断是很难准确挖掘出来的。为此，本文引入大数据和容器技术实现检索行为智能分析。基于上述诸多关乎检索行为挖掘的关键因素，以检索时间为轴、利用容器技术建立检索行为分析模型并自动输出分析结果。此外，利用容器技术汇集全部门或分领域的个体检索行为数据，还可进一步基于智能挖掘算法，对比分析正负样本之间的检索行为差异，进而帮助个人更有针对性、目的性地改进检索习惯，帮助管理者挖掘其中普遍存在的检索质量风险点，更为合理、准确地制订提升培训计划或改进目标。

（1）检索行为分析模型架构

图 1 为检索行为分析的流程。

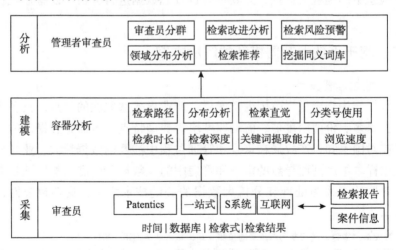

图 1 检索行为分析流程

数据采集与处理阶段：该阶段主要是为了从各个日志中挖掘审查员的检索行为信息，形成检索行为子容器的基本数据。

建模与分析阶段：对处理后的检索日志信息以案件为基本单元进行时间轴

建模，以挖掘以案件为基本单元的检索行为的特征信息。随着审查员检索案件数量的增长，审查员容器模型中的检索行为维度信息也会逐步膨胀，最终可以对形成的检索行为大数据进行挖掘分析，从而形成审查员个体检索行为特征或者习惯、偏好信息。

挖掘与分析阶段：该阶段是检索行为宏观层面的挖掘与分析，其面向的用户是审查员个人或者部门管理者，对于管理者来说，其从宏观层面，可以对以案件为单位建立的案件容器模型进行汇聚，从而形成某个领域的案件检索行为宏观特征，也可以对以审查员为单位建立的审查员容器模型进行汇聚，从而形成某个群体的审查员检索行为宏观特征。

通过最终的检索行为挖掘分析，生成领域的检索行为特征可用于检索推荐，比如向审查员推荐，该领域的通常 XY 率对比文件检出率最高的数据库分布在哪个数据中，还可以向审查员推荐该领域的案件通常的检索总时长是多少，以及该领域的检索行为中分类号使用概率分布是多少等。审查员群体检索行为特征也可用于检索推荐，比如，可以向审查员推荐该领域的检索能手（检索效率高的审查员），还可以向审查员推荐分类号使用、关键词等其他与该案件或者该审查员有用的检索帮助信息。对于管理者来说，其可以选择某个特定审查员与其他审查员进行对比分析，以分析每个审查员的短板或者可改进之处，比如检索时间、浏览速度等方面。还可以分析某个特定案件的检索行为风险，即将使用预先建立的风险预警模型对特定案件的检索行为进行风险评估，以更加客观且准确地帮助管理者把控质量风险。

图 2 为以容器模型表示的检索行为分析层次架构。

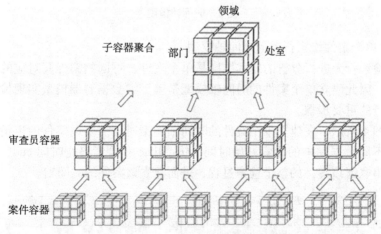

图 2　基于容器模型的层次架构

案件容器：针对每个案件获取该案件尽可能完整的原始检索数据，包括在各个数据库中的详细检索过程信息，将这些原始数据进行清洗和整合后建立以案件为单元的案件容器。

审查员容器：在每个案件的检索数据的基础上，建立每个审查员的检索数据档案，以审查员检索数据档案为单位，在审查员审查的所有案件的案件容器的基础上，进行容器中的数据聚合，建立审查员检索行为容器。

高层（领域、部门、处室）容器：以不同审查领域、不同审查部门，如室级或部级，所涉及的所有案件的案件容器为基础，进行容器中的数据融合，建立不同审查领域以及不同审查部门的检索行为容器；还可以根据其他检索行为的分析需要，建立不同层级的检索行为容器，作为进一步进行检索行为分析的数据基础。

通过“案件容器 > 审查员容器 > 高层容器”的互联聚合关系，能够实现以案件为单位，基于审查员的检索日志数据获取审查员的检索过程，进而获得检索行为的时间轴模型，为进一步分析挖掘审查员的检索行为习惯奠定基础。

（2）检索行为的时间轴模型

以国家知识产权局专利局专利审查协作北京中心（以下简称“北京中心”）为例，检索行为的源数据来自北京中心审查员在 S 系统以及 Patentics、一站式在内的各个数据库中的检索日志，基于多个数据库的检索数据建立的时间轴模型如图 3 所示。

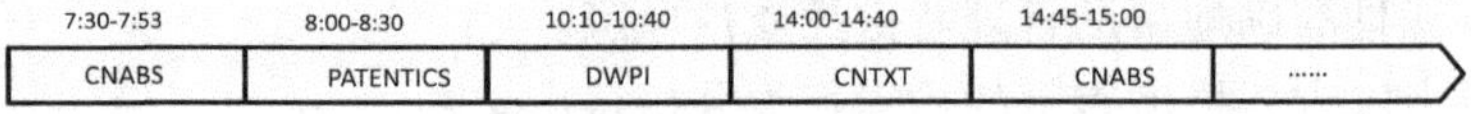

图 3　时间轴模型

1）单个案件检索行为的时间轴模型

对检索行为进行分析的基本维度是单个案件，不同的案件其对应的检索行为不同，因此建立单个案件的时间轴模型是基于大数据容器模型实现检索行为智能分析的重要步骤。

如图 4 所示，在建立单个案件的时间轴模型时，需要以案件的申请号为索引，以不同数据库中的检索开始时间 start_ time 和检索终止时间 end_ time 为线索，串联起该案件的整个检索过程，进而建立该案件的时间轴。

userID	appID	date	start_time	end_time	db_name	search_data	result_num
495258	2013101026396	2016/12/06	7:30:00	7:53:12	CNABS	共现 s （次数 or 频率） s 阈值	47
495258	2013101026396	2016/12/06	8:00:00	8:30:00	Patentics	RDI/CN104077295	
495258	2013101026396	2016/12/06	10:10:23	10:40:23	DWPI	G06F17/30/IC AND （LABEL OR LABLE	148
495258	2013101026396	2016/12/06	14:00:26	14:40:00	CNTXT	共现 s （次数 or 频率） s 阈值	80
495258	2013101026396	2016/12/06	14:45:26	15:00:00	CNABS	共现 s （次数 or 频率） s 阈值 s 枯	8

图 4　单个案件时间轴模型对应数据

时间轴模型包括了检索行为的多个特征信息，根据时间轴模型对检索行为的多个特征进行提取，形成个案检索行为子容器的维度信息，后期用户可以选取不同维度信息对检索行为进行分析。可提取的特征信息包括如下 8 个维度信息：检索总时长、各个数据库的检索时长信息；检索路径相关信息，即审查员在各个数据库的行为轨迹，例如 CNABS > Patentics > DWPI > CNTXT；浏览速度信息，可以根据各个数据库的检索结果数与数据库停留的时长估算得到；检索深度信息，以检索日志数据中检索式的个数为代表，检索式越多，审查员的检索深度就越深入；分类号使用信息；分类号扩展信息；关键词个数信息；关键词扩展信息。

2）审查员检索行为的模型

通过上述介绍的单个案件的时间轴模型，我们仅仅能分析得到某个审查员的个案检索行为信息，而对 N 个案件的时间轴进行汇聚，则可以从中挖掘出某个审查员的个体检索行为特征，从而生成审查员子容器的检索行为维度信息。

基于在单个案件时间轴提取的 8 个维度特征，可以获取对应维度的审查员的个体检索行为特征信息如下：

①检索总时长：为了使得检索总时长更加客观，可以在 N 个案例中去掉检索总时长的最大值和最小值，然后对其余检索总时长取均值作为该审查员的检索总时长。

②第一数据库偏好：对审查员 N 个案例的时间轴中第一数据库的选择进行统计分析，以选取比例最高的数据库作为审查员的第一数据库偏好选项。

③深度检索数据库偏好：对审查员 N 个案例的时间轴中经历的各个数据库以检索时长进行统计分析，挖掘出检索时长最长的数据库，并对其进行统计分析，选择比例最高的数据库作为深度检索数据库偏好。

④审查员对数据库的个数偏好：对 N 个案例的时间轴中经历的数据库个数进行统计分析。

⑤浏览速度：可以 N 个案例的时间轴中中文数据库的浏览速度以及英文数据库的浏览速度进行统计分析，以获得审查员的平均中文浏览速度以及平均英文浏览速度，还可以进一步对中英文浏览速度进行比对分析。

⑥检索深度信息：统计在各个数据库的深度均值，以作为其在各个数据库的深度行为信息。

⑦分类号使用偏好：统计审查员在各个案例的分类号使用频率，如果超过Th1 阈值，则可以认为其对分类号使用是频繁的；如果低于 Th2 阈值，则认为其很少使用分类号；在 ［Th2，Th1］之间认为是正常使用。阈值的确定可以基于经验，也可以通过机器学习获得。

⑧分类号扩展偏好：统计审查员在各个案例的分类号扩展使用频率，如果超过 Th1 阈值，则可以认为其对分类号扩展是频繁的；如果低于 Th2 阈值，则认为其很少进行分类号扩展；在［Th2，Th1］之间认为是正常使用。阈值的确定可以基于经验，也可以通过机器学习获得。

⑨关键词个数偏好信息：统计在各个数据库的关键词个数均值，以作为其在各个数据库的关键词偏好信息。

⑩关键词项扩展偏好：统计其在各个数据库中的关键词项扩展频率，如果超过 Th1 阈值，则可以认为其在某个数据库中检索时对关键词项扩展是频繁的；如果低于 Th2 阈值，则认为其很少对关键词项进行扩展；在［Th2，Th1］之间认为是正常使用，阈值的确定可以基于经验，也可以通过机器学习获得。

⑪关键词来源扩展偏好：统计其在各个数据库中的关键词来源扩展频率，如果超过 Th1 阈值，则可以认为其在某个数据库中检索时对关键词来源进行扩展是频繁的；如果低于 Th2 阈值，则认为其很少对关键词来源进行扩展；在［Th2，Th1］之间认为是正常使用。阈值的确定可以基于经验，也可以通过机器学习获得。

3. 基于大数据容器模型的检索行为管理方案

通过前文的介绍，我们了解到可以基于审查员的检索日志建立起大数据容器的检索行为智能分析模型，而基于对多个审查员的检索行为分析，则可以进一步得到整个部门或者某个领域的宏观检索行为特征信息。

（1）部门/领域的检索行为统计分析

将审查员个人微观检索行为与部门或者领域的宏观检索行为进行特征对比，可以了解审查员个人微观检索行为可改进之处，也便于管理者对每个审查员的检索行为有更加直观并且客观的了解。例如：

①检索总时长的统计分析，可挖掘分析出平均检索时长，以及个体与平均检索时长的比对结果。

②第一数据库的选择概率分布，可挖掘分析部门或者领域群体审查员对于第一数据库的选择概率分布情况，以便了解该部门或领域审查员的第一数据库的选择偏好情况。

③数据库的检索总个数的概率分布，可挖掘分析部门或者领域群体审查员对于检索过程历经的数据库个数的选择概率分布情况，以便了解该部门或领域群体审查员在检索时历经数据库个数的偏好情况。

④分类号使用情况统计分析，可挖掘分析部门或者领域群体审查员在检索过程中对于分类号的使用情况的统计结果，以便了解该部门或领域群体审查员在分类号使用方面的大致情况。

⑤浏览速度的时间分布分析，可挖掘分析部门或者领域群体审查员对于中英文数据库的浏览速度区间分布情况，以便于了解该部门或领域群体审查员在中英文浏览速度的情况，选择浏览速度慢的审查员群体，对其指定阅读能力提高相关培训等。

（2）基于检索行为的审查员聚类分析

检索行为表示审查员每个案件在不同数据库的检索规律，在很大程度上可以反映审查员的检索习惯和检索效率，并且通过对比发现不同审查员的检索行为差异性很大，这说明每个审查员的检索习惯以及检索策略相差较大。因此，本文还基于每个案例的检索行为对审查员进行聚类分析，这将有助于管理层了解审查员群体的检索效率分布，进而在裁决或者案件分配时制定有效措施对审查员实施管理。审查员聚类模型可以参见图5。

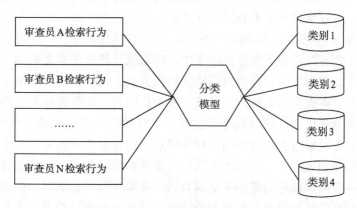

图5　审查员聚类模型

此外，在专利审查的内部流程中，审查员的工作是相对独立的，审查质量受该审查员在审查该案件时的个人工作状态、审查时间、检索能力等多方面因素影响，容易出现审查质量风险；对于案件的裁决而言通常也受管理者的个人裁决经验、个人知识储备等多方面因素影响，缺乏依据对审查员检索行为分析得出的客观性、及时性的建议或者提醒。针对这一问题，通过上述对于审查员检索行为的聚类分析，可以进一步预测得到检索行为的正负样本，根据案例的检索行为特征信息，预测该检索行为是否有风险，由此可以为审查系统设立预警机制，一方面有效地降低了授权风险，另一方面也极大地提高了裁决效率以及准确性。

三、总结和展望

1. 检索行为智能分析在质量提升中的作用

本文在第一部分中，通过对国家知识产权局目前在审查质量管理信息化现状的分析，发现当前存在有智能化程度不高、难以挖掘审查员检索行为特性的问题，针对上述问题，在第二部分提出了基于大数据容器模型的检索行为分析及管理方案。在该方案中，实现了以下两点。

（1）数据处理和分析过程的自动化和自适应

本文提出的检索行为时间轴模型可以通过标准化的输出和展示方式，实现对繁杂的案件检索过程进行自动化的处理和检索行为时间轴的可视化，并且以检索行为时间轴为基础，提取不同的维度信息进行分析，进而获得检索质量的分析结果，有效地避免了审查质量评价过程中统计工作烦琐易出错的情况。

（2）基于动态检索过程的检索行为分析，深入挖掘检索行为特性

相对于现有的检索质量评价体系中的静态统计数据，本文采用了大数据和容器的思想，提出了检索行为时间轴模型以及基于该模型建立的单个案件检索行为的模型、审查员检索行为的模型、基于检索行为的管理模型。通过对各个模型描绘和刻画出案件的动态检索过程，并对动态检索过程进行大数据分析，挖掘审查员在检索过程中反映出的行为特点，通过对比分析得到检索过程中可能存在的问题和风险点，一方面能够对审查员检索质量的提升提供建议和指导信息；另一方面也能够向管理层提供全面了解审查员的检索行为的途径，为审查员管理层提供更加明确客观的判断依据。通过对审查员检索行为数据进行聚类分析，得出的可视化分析结果如图6所示。

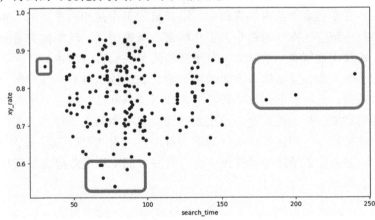

图6　审查员群体检索时长散点分布图

对于各级部门的管理者来说，如何在审查员群体中快速找到符合预定条件的离散人群是提高审查质量、防控风险点的重要手段。图 6 所示方框所表示的点，均代表了检索行为偏离平均值的审查员。管理者可以通过上述结果对偏离平均值的点进行重点关注，进一步结合具体审查员的时间轴数据和检索行为特征，分析该审查员的离散原因。

通过本文提出的基于大数据容器模型的专利审查检索行为分析方案，对检索行为智能分析的可行性进行了有效的理论研究和探索，不仅能帮助审查员个人修正检索行为，明确检索质量的提升方向，也能够协助部门准确地定位风险人群，有效防范检索质量风险。

2. 下一步工作展望

国家知识产权局于 2018 年工作要点和重点工作的部署文件中，明确指出要加强智能化审查系统的建设，提出了包括"建设新一代审查系统""加大人工智能技术在审查工作中的应用"在内的一系列目标。本文在对基于大数据容器模型的检索行为智能分析的研究过程中，也深刻体会到大数据和人工智能技术在保障专利审查提质增效方面的优势，收获了一些关于数据存储和系统构建方面的新的启示，但同时也遇到了一些困难和障碍。这里一并结合研究心得和遇到的困难，提出以下建议：

（1）数据存储规范统一，方便审查大数据的提取与使用

在对检索日志进行预处理的过程中，由于原始数据格式繁杂、标准不统一，本文研究人员最终不得不因为人力和时间成本的限制，采用了部分真实数据与部分模拟数据相结合的方式进行研究和验证。但是对于实际的审查管理工作，如果仍然采用真实数据与模拟数据相结合的方式，并不可行，因此数据格式的规范以及数据标准的统一，对于建设新一代智能化审查系统而言是必不可少的。可以结合不同类型的审查数据的特点，预先定义一套相对完整的审查数据存储格式及规则，构建诸如采用容器技术等的大数据存储平台，使得系统的开发者和使用者均遵循同一数据存储原则，进而方便数据的后续提取和使用，提高系统开发效率。

（2）利用信息化手段对审查业务大数据进行深度分析，为提质增效服务

虽然当前国家知识产权局通过 E 系统、S 系统等的使用已经较大程度地便利了审查业务管理工作，但是随着专利申请量的增长、审查业务类型的变化，现有的自动化工具已经无法满足提质增效的需求，无法基于新目标、新规则进行快速调整和匹配。对于审查业务管理而言，任务数据、周期数据、检索数据等海量数据都代表了审查业务的不同维度，如何利用这些已有的数据来为提质增效服务，是当前国家知识产权局开展信息化工作的可行目标。

专利运用研究

黑硅太阳能电池技术专利分析

刘振玲　李　勇　赵　慧　杨　燕

摘　要：近年来，光伏市场的总装机容量呈持续增长态势，我国的光伏产品产量连续多年位居全球首位，并持续占据较大市场份额，产量前十名的企业中半数以上位于我国。但当前光伏产品价格持续走低，整个产业面临降本提效的核心问题。黑硅技术是能够与金刚线切割结合解决硅太阳能电池提效降本的关键技术，为帮助和扶持企业制定研发战略和发展方向，本文对黑硅太阳能电池的全球专利申请数据进行了分析，对专利布局、申请趋势、行业竞争者、关键技术进行了全面研究，选择其中的技术热点进行了深入挖掘。

关键词：黑硅　太阳能电池　专利分析　湿法

一、引　言

　　光伏产业具备广阔市场前景，2017 年全球市场装机总量达 130GW，[1] 我国连续三年位居全球第一大市场。但当前光伏产品价格持续走低，整个产业面临降本提效的核心问题。我国"531 新政"出台进一步调低光伏补贴，[2] 产业升级的压力迫在眉睫。为降低成本，硅片切割正全面由传统的砂浆切割更新为金刚线切割。但使用金刚线切割硅片后，其表面的损伤层减少，不利于使用传统蚀刻技术对硅片进行绒面制备，黑硅技术成为解决金刚线切割制绒问题的关键技术。

---

[1]　胡润青，刘建东. 2017 年光伏发电市场回顾和展望［J］. 太阳能，2018（1）：14－18.

[2]　卢延国. "531 新政"后的光伏发展大趋势［J］. 能源，2019（1）：52－56.

黑硅技术是对硅材料表面进行改性处理，形成特殊的微纳结构，表面呈黑色，能够对入射光进行多次反射吸收，具有极强的吸光能力。❶ 黑硅技术的核心是通过蚀刻技术，一方面，在硅片表面制绒的基础上形成纳米级绒面，增强陷光效果，降低反射率，增加对光的吸收；另一方面，通过二次蚀刻降低表面复合，将常规电池的转换效率提高。同时，黑硅技术还具备与其他高效太阳能电池技术作进一步结合的潜力，为光伏电池的光电转换效率得以进一步提升带来新的希望。但 2017 年黑硅年产能 10GW，尚不足当年光伏总装机量 130GW 的 1/10，显示产品缺口巨大，面对产业升级，如何选准技术研发路线，规避侵权风险，成为当前我国硅太阳能电池企业亟须面对的问题。

通过统计黑硅电池专利的目标国/地区占比和原创国/地区占比（见表 1），将之与光伏市场的全球地域占比进行对比，发现该领域内专利申请增长趋势早于市场份额的增势，其核心技术通过专利布局主导产业发展，由此可知光伏行业目前是专利支撑型产业。中国当前以专利申请实现光伏产业领跑，是全球主要的技术原创国和目标市场国，专利实力与其占据全球第一大市场份额的地位相匹配。因此，为助力我国光伏产业的健康发展，有必要对黑硅太阳能电池相关技术进行全面的专利分析。

表 1　光伏市场份额与黑硅专利目标国/地区、原创国/地区占比比较

比较项目	中国	美国	日本	欧洲
市场份额	48%	12%	7%	6%
目标国/地区占比	67%	8%	7%	2%
原创国/地区占比	71%	7%	8%	3%

注：鉴于欧洲地区各国家数据占比较小，故统计时统一合并为欧洲地区。

二、黑硅太阳能电池技术分解与专利概况分析

在构建数据基础时，在专业数据库中结合关键词、分类号、申请人追踪进行了全面检索，并经全文阅读分类标定后构建包括全球专利申请共计 2234 件的黑硅电池技术专利池（检索截至 2018 年 7 月 15 日）。此后综合考虑专利数据结果，将黑硅技术分为制造工艺、制造设备、产品表征、应用领域四个重点技术分支，并在此基础上进行了技术分解，分为 43 个末级分支（见图 1），进而通过统计对比对专利布局热点和技术发展趋势进行了研究。

❶ 沈泽南，刘邦武，等. 黑硅制备及应用进展［J］. 固体电子学研究与进展，2011，31（4）：387－392.

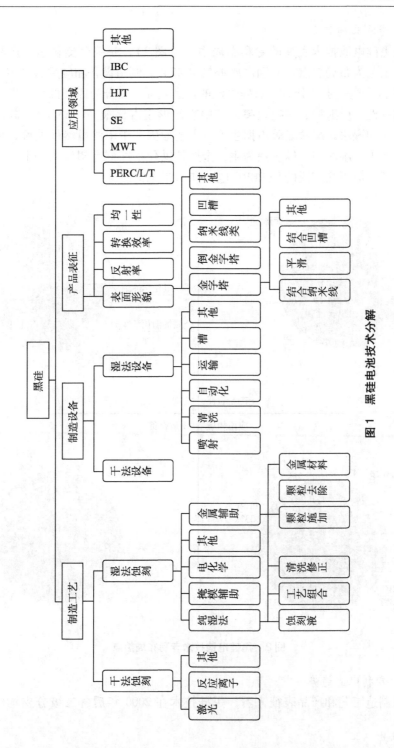

图1 黑硅电池技术分解

1. 专利布局热点

在黑硅电池技术发展的专利布局中（见图2），一级分支显示，产品表征和制造工艺为布局热点，分别占比48%和42%，制造设备和应用领域占比仅为7%和3%。进一步细分后，黑硅电池的产品表征主要分为四个部分，即表面形貌、均一性、反射率、转换效率，其中表面形貌占比最高（33%）。制造工艺分为干法和湿法，湿法显著占据主流。主要原因在于干法虽然性能好，但成本高，量产少。湿法中以纯湿法为主，金属辅助化学蚀刻有望后来居上。在应用领域，黑硅应用最广泛的是PERC电池和HJT电池。

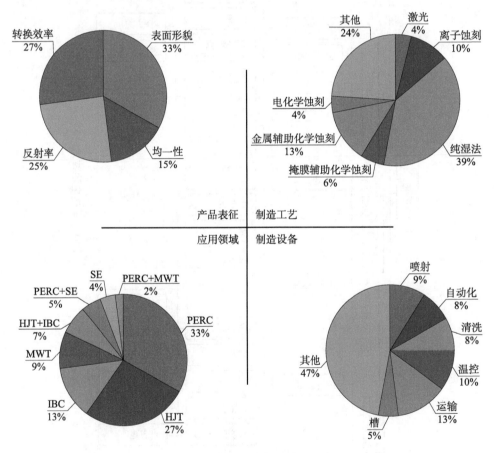

图2　黑硅电池技术专利布局热点

2. 专利申请趋势

从制造工艺和产品表征来看，黑硅技术在2000年后各二级分支均经历了两次发展高峰。其他一级分支也均遵循这一规律。

如图3所示，制造工艺方面，电化学蚀刻总体发展缓慢，申请量相对其他技术分支少；激光和离子蚀刻作为干法蚀刻的一种，发展较缓，虽然离子蚀刻在2012年达到高峰，但之后呈现锐减趋势，尤其近几年的申请量非常低；掩膜辅助化学蚀刻由于需要形成掩膜，工艺相对复杂，也不是黑硅光伏电池制备方法的重点发展方向；纯湿法由于工艺简单且适合大规模生产，故发展迅猛，在2012年达到高峰，之后虽有下降，但总体申请量大；金属辅助化学蚀刻，由于金属离子的参与使得能够获得较好的表面形貌，故其已成为黑硅光伏电池制备方法后续的重点发展方向之一，自2012年之后，金属辅助化学蚀刻虽然总体申请量不如纯湿法，但是其整体呈现增长的趋势。总体表明纯湿法仍是黑硅光伏电池制备方法的重要方向，而金属辅助化学蚀刻有望成为黑硅太阳能电池制备方法的重点发展方向。

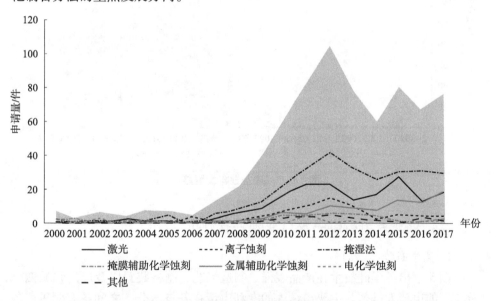

图3 制造工艺逐年发展趋势

产品表征方面（见图4），产品的表面形貌的发展可以分为四个阶段，从2000年到2007年，属于萌芽阶段，每年的申请量缓慢增长；从2008年到2012年，产品的表面形貌经历了快速发展阶段；2013年，表面形貌经历了短暂的申请量下降；从2014年到2015年，又经历了一个小的发展高峰；从2016年至今，表面形貌方面的申请量增幅不大，发展趋稳。硅片表面的均一性与表面形貌的发展趋势大致相同。由于表面形貌的好坏以及均一性直接影响到硅片表面的反射率，因此，从图4也可以看出，反射率的研发趋势与表面形貌基本趋同。而硅片表面的反射率影响了电池的吸光率，从而影响了电池的转换效率，因此，表面形貌、均一性和反射率是影响电池转换效率的三个重要因素；但是，由于电池的转换效率还与电池的其他制备步骤有关，因此，反射率与转换效率并不呈正比关系。从图4可知，太阳电池的转换效率也经历了两个发展阶段，从2000年到2007年，属于技术的起步阶段；从2008年到2010年，经历了快速发展阶段；2012年之后，对于转化效率的申请量趋稳，保持在同一高度。

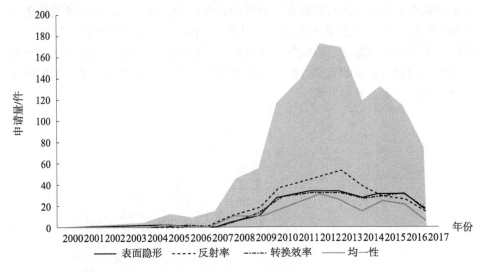

图4 产品表征逐年发展趋势

三、行业竞争者排名及行业领导者分析

1. 竞争态势

图5示出了黑硅技术在产品表征、制造工艺、制备装置以及应用领域四个分支下的申请人排名。主要申请人的专利申请在各技术分支之间各有侧重，与技术实力、市场占额相符合，中国企业占据了各技术分支的申请量前10位中的绝大多数席位。日本三菱在制造工艺方面的专利申请量排名第一，且其在产品表征方面也具有相当的实力。国内知名太阳能电池企业之一的阿特斯，其在产品表征方面排名第一，且在其他方面也都具有较强的竞争实力。此外，中国其他知名企业如常州天合、广东爱康、中南光电、南京日托以及广州亿晶在各个技术分支下也都占据一席之地，充分表明中国黑硅太阳能电池在专利储备方面占有较大优势。

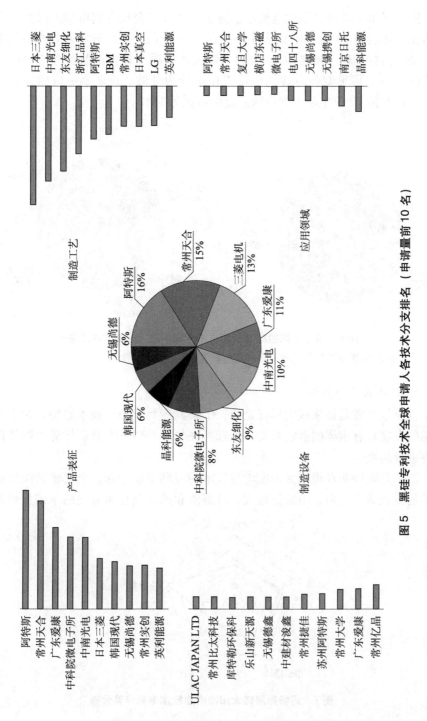

图 5　黑硅专利技术全球申请人各技术分支排名（申请量前 10 名）

图6展示了黑硅太阳能电池制备方法专利技术全球专利申请人以及专利申请占比。排名前10位的申请人中，中国企业占据5位，日本和韩国各占据2位、美国占据1位。排名前10位的申请人的申请总量占据制备方法全球总申请量的16%，可见制备方法的申请人相对较为分散。排名第一位的是日本三菱，其相对前10位申请人的申请总量的占比为18%。

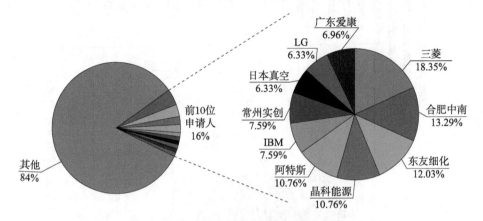

图6　黑硅太阳能电池专利技术全球申请人制备方法排名

注：饼图各部分百分数之和≠100%系因数值舍入修约所致。

2. 行业领导者分析

行业领导者是该领域的标杆企业，了解其专利分布、技术趋势，对于其他公司的发展具有重要的借鉴意义，故选择在华和全球具有显著优势的阿特斯和三菱进行研究。

图7是阿特斯在黑硅太阳能电池技术的专利申请分布。金属辅助蚀刻是阿特斯的重点研究方向，申请量最大。纯湿法和蚀刻剂技术分支的申请量也相对

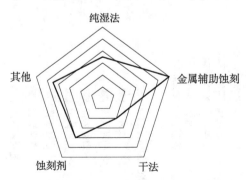

图7　阿特斯黑硅太阳能电池技术专利申请分布

较大。其表明阿特斯除保持对于常用的纯湿法和蚀刻剂技术的研究之外，还力求突破，在其他技术分支尤其是金属辅助化学蚀刻方面进行了研究和布局。

阿特斯从 2009 年开始在干法、干湿结合、纯湿法、金属辅助和清洗/修正的技术方面均进行了布局，但是其干法、干湿结合的申请数量相对较少，纯湿法、金属辅助以及清洗/修正技术上布局相对比较完善。

图 8 为阿特斯黑硅太阳能电池技术发展路线图。其在干法以及干湿结合相关技术中，申请量非常少，其技术始于 2012 年，仅仅涉及磁场结合离子蚀刻、掩膜离子蚀刻、干湿结合以及离子蚀刻结合链式湿法的技术，并未形成系统的技术路线。在湿法技术，阿特斯研究了蚀刻剂、纯湿法和选择性电极的结合以及三次制绒工艺，其技术始于 2009 年，与阿特斯公司成立时间相差 8 年。在金属辅助技术方面，阿特斯于 2013 年进行专利布局，且 2013 年所申请的多步骤金属辅助化学蚀刻专利申请也进入日本；此外，阿特斯还研究了特定金属辅助蚀刻获得特定形貌、低成本的金属辅助蚀刻获得纳米绒面、在金属辅助蚀刻剂中增加氧化剂以及通过热处理改性金属辅助蚀刻剂，从多维度在金属辅助蚀刻方面进行了布局，也表明阿特斯在金属辅助蚀刻技术方面的研究力度大。

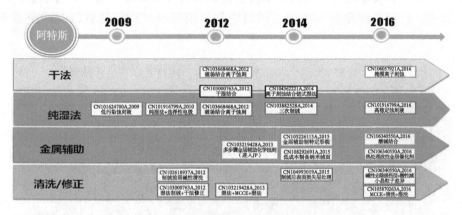

图 8　阿特斯技术发展路线

图 9 是三菱在黑硅太阳能电池技术的专利申请分布。纯湿法和蚀刻剂是三菱的重点研究方向，其在其他技术分支的申请量相对纯湿法和蚀刻剂非常少，表明三菱仍旧认为纯湿法和蚀刻剂是黑硅太阳能电池制作的重要方向之一，从而其不断加强纯湿法和蚀刻剂方面的布局。

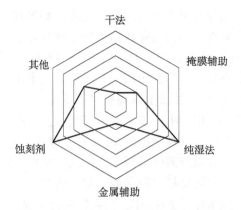

图9 三菱黑硅太阳能电池技术专利申请分布

    三菱作为全球公认的大型公司之一，其在太阳能电池方面的发展也有目共睹。在黑硅太阳能电池技术上，于1997年即已开始进行专利布局。除了纯湿法方面的布局外，三菱还在掩膜辅助方面进行了布局，通过以不同的方式例如激光、喷砂、喷砂结合网膜的方式获取掩膜来进行掩膜辅助蚀刻。对于金属辅助技术，三菱申请量并不占优，但其申请日期较早且均已授权，申请质量非常高。

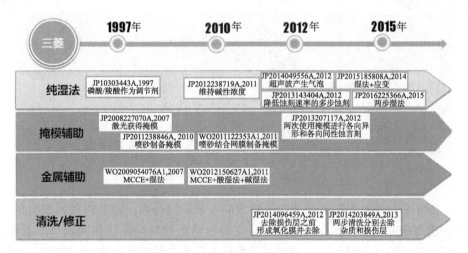

图10 从专利申请看三菱黑硅太阳能电池技术路线

    阿特斯和三菱分别代表了国内外在黑硅太阳能电池技术领域的行业领先企业，其专利申请的总体布局都是相对比较完善的，其中近年来阿特斯在金属辅助化学蚀刻领域的研发尤其引人注意，而三菱在各领域基础专利上的布局十分醒目。

分析中发现，三菱和阿特斯人才队伍的架设备有特点。图 11 是阿特斯的人才队伍情况。阿特斯的黑硅太阳能电池研发团队成立于 2009 年，研发主要通过以王栩生、邢国强和邹帅三人为核心的发明人团队展开，三人申请量大且相互合作次数多，三人与其他人的合作次数也多，从而支撑了整个公司的技术研发以及专利申请。从整体看，发明人之间的合作相对较为单一，其研发核心人员相对较少，新生力量跟进慢，有可能在研发人员的培养上出现断层，进而在核心研发人员出现变故时引发研发链条的连锁反应，存在断裂的风险。

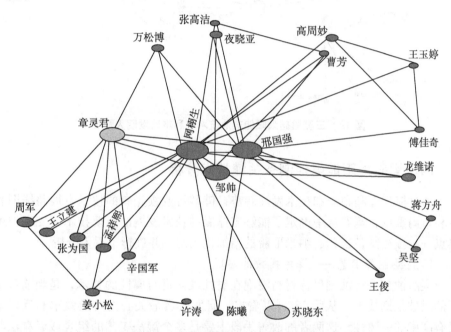

图 11　阿特斯黑硅太阳能电池技术专利申请发明人情况

三菱的黑硅太阳能电池研发团队建立于 1997 年，研发通过若干核心发明人团队开展，从而支撑整个公司的技术研发以及专利申请。其中两个最大的发明人团队分别以 YASUNAGA NOZOMI 和 TSUGENO HAJIME 为核心，其申请量大，且团队人员多，两个团队之间合作也相当紧密。在这两个团队中，除了作为主力核心研发人员之外，每个团队都有自己的较为核心和次核心研发力量。三菱的发明人之间总体而言合作相对紧密，且研发团队中较为核心的人员相对较多，表明其研究人员组成相对稳定且注重研究人员的培养。相比于阿特斯的仅有一个核心团队而言，三菱电极的研究团队呈多核梯队分布，更为稳固且有利于且后续研究力量的培养。

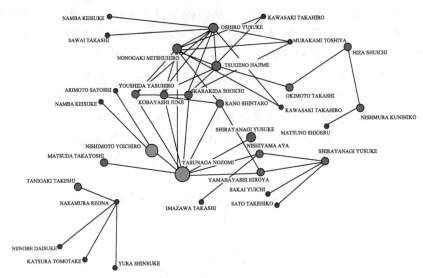

图12　三菱黑硅太阳能电池技术专利申请发明人情况

四、黑硅太阳能电池制备关键技术分析

通过梳理专利布局和技术发展趋势，借鉴行业领先者的技术发展路线图和专利布局重点，笔者从中确定了能够支撑黑硅技术发展的重要技术分支和技术热点——湿法制备工艺、纳米形貌的精细化控制，并进行了深入分析。

1. 湿法制备工艺——降本提效的实现

湿法蚀刻是将蚀刻目标材料浸泡在腐蚀液内进行腐蚀的技术，是当前最主要的黑硅蚀刻技术。从图13可以看出，研发人员最关心的转换效率和反射率具有高度的一致性。这两者的改善手段主要是多个湿法工艺的组合或者湿法与其他非湿法工艺的组合、形貌的改变与优化或者蚀刻液的选择与改进。降低成本作为产业升级中的重点问题，其最主要的解决办法是通过工艺组合或者蚀刻液改进来获得。"制绒效率"和"良品率"也是与"降低成本"密切相关的技术问题。"兼容性"是指某项改进是否需要新设备的增加或工厂流水线的升级。工艺组合与蚀刻液特别关注兼容性问题，会尽可能在无须增加新设备的情况下实施工艺改进的手段。

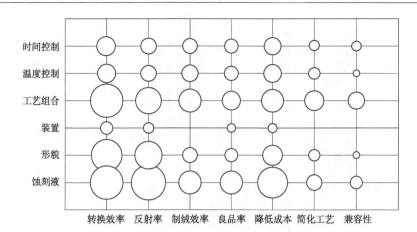

图 13 黑硅太阳能电池技术纯湿法气泡图

注：图中气泡大小代表申请量多少。

从技术手段的角度来看，作为最集中的改进方向——工艺组合和蚀刻液，与所有的技术问题都会产生交集，其气泡的大小显示了技术手段与技术问题之间的密切程度。形貌的改进与各技术问题的关联程度与工艺组合/蚀刻液不同，其与技术问题的关联程度的变化明显，不同关联度表明形貌与光电转换效率/反射率具有内在关联，如何在降低成本的同时获得可控的表面形貌是另外一个需要重点关注的角度。

在湿法工艺的演变中，因为最简单的一步湿法早在 20 世纪 70 年代就已经进入了实用阶段，并且在很长时间内，湿法的主要改进集中于蚀刻液的改良。这种状况一直持续到 20 世纪 90 年代，自此以后，蚀刻液的改良持续保持着高的关注度，而湿法工艺本身不再满足于一步湿法，走向了工艺组合，期望通过湿法工艺本身的组合或者与其他非湿法工艺的组合来获得优秀的黑硅形貌（见图 14）。

制绒工艺是湿法最关键的步骤，也是工艺组合的最主要改进内容。在早期，制绒工艺主要分为酸性蚀刻和碱性蚀刻，随后酸碱结合的制绒工艺研究受到关注，之后施加不同的压力、将不同浓度的蚀刻液进行分步组合蚀刻、改变温度等，都成为逐步尝试的改进方向。

研究人员很早就注意到了蚀刻液浓度和温度对硅片形貌的影响。高浓度或高温蚀刻液的蚀刻速率快，但形貌不均匀；低浓度或低温蚀刻液容易获得形貌均匀的硅片绒面，但需要比较长的蚀刻时间。如何在短时间内获得均匀的绒面形貌成为一段时间内的研究热点。尝试通过低温下进行长时间蚀刻与高温下进行短时间蚀刻的组合蚀刻方式，是个不错的研究方向，CN102867880A 在 2011年完成了这一工艺的研究。

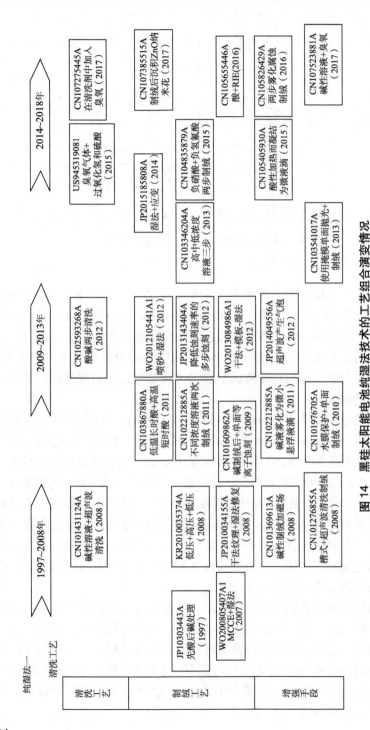

图14 黑硅太阳能电池纯湿法技术的工艺组合演变情况

进入 2000 年以后，金属辅助化学蚀刻制备黑硅逐渐成熟，如何将金属辅助化学蚀刻与纯湿法进行合理组合就同时提上了日程（见图 15）。同时，纯湿法也在努力与干法或者模板工艺进行尽可能的组合，期望在不增加太多成本的前提下获得优秀的硅片表面形貌。这种结合比较典型的专利有 JP2010034155A（2008）、CN101609862A（2009）、WO2013084986A1（2012）、CN105655446A（2016）。

无论是制绒前还是制绒后，清洗工艺都是必不可少的。伴随着黑硅性能要求的提高，以及有机、降低成本的压力，对清洗工艺的优化不断被推进。通过与清洗相关的专利申请来看，相关优化主要集中在两个大的方向。第一是如何充分利用酸碱蚀刻液来完成清洗，如 CN102593268A（2012）就是采用酸碱两步清洗。第二是通过引入增强手段。增强手段有很多种，比如超声波就是半导体清洗工艺中经常用到的清洗手段，在 CN101431124A（2008）中就研究了如何在碱性清洗中施加超声波来获得更好的清洗效果。

同时与清洗类似，超声波也作为增强手段被用于在制绒蚀刻时提高绒面均匀性，一般超声波的引入用于获得气泡或液滴，令其均匀附着在硅片表面，从而在制绒时优化绒面形貌。另外一类增强手段是施加电场或磁场。当施加电场或磁场时，纯湿法蚀刻实质上转变为电化学蚀刻，由于电场和磁场难以控制、均匀性差等因素，该些手段制备黑硅的研究并不多见。

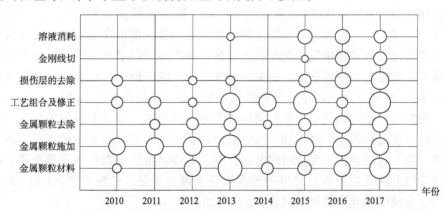

图 15　黑硅太阳能电池技术金属辅助化学蚀刻气泡图
注：图中气泡大小代表申请量多少。

在研发人员对纯湿法进行各个角度的改进尝试中，金属辅助化学蚀刻法逐渐脱颖而出，其通过在硅材料表面施加一层金属微粒，从而改变蚀刻液对硅材料的蚀刻特性，比如改变蚀刻效率、改变形貌特征等。金属微粒的参与，改变了原来蚀刻液的蚀刻方向，让湿法蚀刻具有了干法蚀刻的各向异性特征，改变了硅材料的表面形貌，从而引起了研究人员的重视。金属微粒就像化学反应中的催化剂一样在湿法中起作用，这种蚀刻工艺改变了传统湿法的蚀刻原理，带来了新的命题。如何施加金属颗粒、如何避免金属对硅材料的污染、如何去除金属颗粒，以及选择哪种金属元素、在哪个步骤施加金属颗粒等，都是新的研究方向。这些研究内容构成了传统湿法以外的另外一个大的湿法分支。

为了全面了解这一有望在将来取代纯湿法的制绒工艺，我们对金属辅助化学蚀刻进行了针对性的分析，将金属辅助化学蚀刻中的主要内容进行拆分，提取了该工艺中最关键的几个问题，通过时间气泡图中给出的气泡量关系。可以发现，在金属辅助化学蚀刻中，最主要的问题是金属颗粒的选择、金属颗粒的施加以及金属辅助化学蚀刻与其他工艺（主要是纯湿法）的组合。其中金属颗粒的施加问题一直是金属辅助化学蚀刻中的研究重点，贯穿了整个时间段，而工艺组合则在近几年变得越来越重要。

2015 年，随着普遍采用金刚线切来获得硅片，对金刚线切带来的新问题的研究逐渐多了起来。金刚线切会带来硅片表面的损伤，所以，这一问题其实是和损伤层的去除捆绑在一起的，因此，这也带来了对损伤层去除的深入研究。二者的相关申请量均在 2015 年后出现了较大增长。

要深入解读金属辅助化学蚀刻的技术路线，需要再次回到最早的纯湿法工艺。1975 年，US4137123A 首次提出专门用于制绒的碱性蚀刻液配方，其成分是氢氧化钾、乙二醇和硅。氢氧化钾和乙二醇的混合溶液在蚀刻硅片时会表现出各向异性，只要辅助氧化物掩膜就能获得没有底切的坡面蚀刻面，对于硅片来说可以获得截面棱锥图案。如果在溶液中加入硅，就会自然形成四棱锥（金字塔形），硅成分对于获得金字塔形貌十分重要，是最廉价的掩膜。

现在我们把问题简化，只要使用各向异性蚀刻液，辅助颗粒状的掩膜，就能在硅片表面获得金字塔形貌，而硅成分的优势是，它就是硅片的成分，不会带来污染。也就是说，完全可以替换掉硅，选择其他的颗粒作为自然掩膜。由于化学蚀刻的反应特性，最好的选择就是金属，于是，在纯湿法使用了 20 多年后，金属辅助化学蚀刻被提出了。

从图 16 给出的技术路线图可以发现，银离子（WO2005059985A1，2003）和铜离子颗粒（US2012178204A1，2012）或二者组合是最主要的金属颗粒，从这两种金属颗粒被提出以后，再难以在金属颗粒的材料选择上进行大的突破。无论银还是铜，成本都是很高的，所以在 2010 年以后的相关研究中，主要是关注如何取代银和铜，比如使用镍（CN102931277A，2012）或者钛（CN103219427A，2013）。

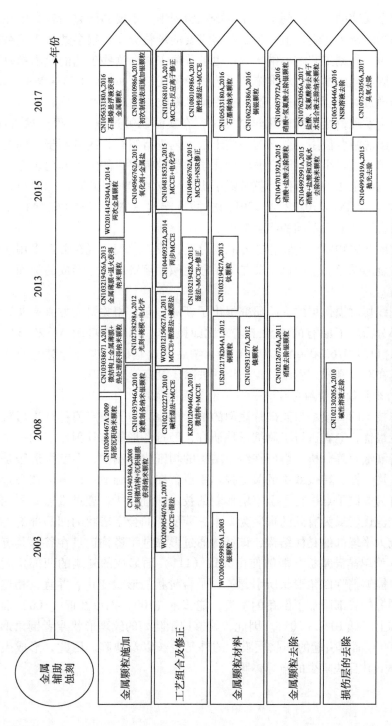

图 16　黑硅太阳能电池技术金属辅助化学蚀刻演变情况

在对金属辅助化学蚀刻十几年的研究历程中，主要的研究内容集中在金属颗粒的施加以及工艺组合上。为了获得需要的颗粒分布，很多纳米工艺被引入进来；同时，光刻工艺施加纳米颗粒也被普遍采用，这些工艺的成本都是十分高昂的。因此低成本的自对准施加工艺值得关注，比如 CN103219426A（2013）中提出的通过对金属薄膜进行退火获得纳米颗粒，相对成本要低得多。

研究中发现，金属辅助化学蚀刻工艺在实际制绒过程中，很少独自使用，要么和纯湿法组合使用，要么与一些干法工艺进行组合，或者两步不同的金属辅助化学蚀刻进行组合。当金属辅助化学蚀刻被提出后的短时间内，金属辅助化学蚀刻与纯湿法的组合使用就被提了出来（WO2009054076A1，2007），包括与碱性湿法（CN102102227A，2010）、酸性湿法（WO2012150627A1，2011）的不同组合以及前后不同的组合顺序。

通过就金属颗粒的去除相关专利的分析，我们发现，现在普遍采用酸性溶液来去除金属颗粒。这应该主要是为了避免碱性溶液对已经形成的绒面形貌的破坏。

金刚线切对损伤层的去除研究提出了新的方向，相关研究方兴未艾，去除方式大部分沿用了原有的去除工艺，比如抛光（CN104993019A，2015）或者引入臭氧（CN107623056A，2017）等，然后在此基础上进行针对性的适应性改进。现在对金刚线切引起的损伤层的去除还没有形成共识。

2. 纳米形貌的精细化控制——平滑表面的实现

黑硅技术的直接结果是硅片表面的纳米形貌，为了确定何种纳米形貌对于黑硅电池最优，笔者进行了制绒形貌研究，经过各形貌与反射率、均一性、转换效率的气泡矩阵分析，得出在纳米结构的精细化控制中，金字塔形貌是影响反射率、均一性、转换效率的关键技术手段，在此基础上，以电池核心指标转换效率作为关注重点进行了金字塔形貌的技术演进分析，通过重点专利挖掘获得对于电池性能最为有效的形貌为日本三菱所作的金字塔状的凹凸部的谷部通过倒角成为平坦部的具体结构，该结构通过形成金字塔构造且在谷部具有平坦部 F 的 n 型单晶硅基板，能够使由大致（111）面形成的陡峭的凹部角度广角化，所以能够消除倒角形状所引起的原子台阶状的形状变化，并且，相比于对反射率同等的谷部附加了倒角的基板，能够将（100）面以及近（100）面的区域在一维上降低 10% ~ 20%。因此，能够抑制陡峭的纹理形状或者倒角形状以及由（100）面所引起的非晶质膜中的外延生长以及缺陷。因此，形成表面的光反射率低并且缺陷少的半导体膜。

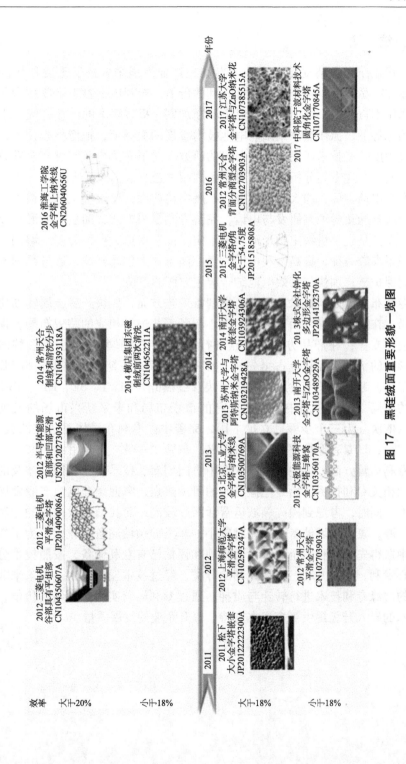

图17 黑硅绒面重要形貌一览图

329

五、结　语

光伏行业作为申请支撑型产业，专利在产业发展中发挥了重要作用的基础，企业在产品发展中需充分运用好专利的价值。专利申请对于企业技术研发的支撑作用不言而喻，如何在市场竞争不断加剧，提效降本的产业升级需求迫在眉睫的态势下，抓住黑硅太阳能电池技术发展的关键期，把握核心技术，尽快并加大力度开展技术研发与专利布局的研究，对于光伏企业完成产业升级至关重要，基于上述专利分析，笔者对于我国相关企业给出如下建议：

在专利申请方面，加大申请力度，扩展申请广度，以湿法工艺为根本，尽快开展金属辅助化学蚀刻研发与申请，完善专利撰写方式，加强产品形貌及性能表征，尤其是金字塔特定纳米形貌的限定，以获得更大保护力度；增加联合类型或联系参数表征，提高专利申请质量；注重技术创新延续，通过系列申请搭建专利保护链；加快与高效电池结合应用方面的申请。

在专利布局方面，技术布局中，在制备工艺方面，尽快开展金属辅助化学蚀刻布局；在制备装置方面，应搭配核心制备工艺进行相应的装置布局，提供有力的硬件支撑；在产品方面，重点进行平滑金字塔和复合金字塔形貌的布局，在形貌的精细化控制上占得先机；在应用方面，短期内加强黑硅与 PERC 方面的布局，考虑中长期发展，则应尽快开展黑硅与 MWT、SE、HIT、IBC 结合应用的布局。地域布局中，考虑已有的市场布局和未来新兴市场的发展潜力，可以依次分为三个步骤：立足本国，完善中国专利布局体系；有的放矢，建立欧、美、日专利保护框架；应对新兴，布局"一带一路"沿线国家。

在专利运营方面，关注运营活跃度中协同创新、技术转让、许可涉及的研发主体和相关专利技术，始终把握行业的研发热点，掌握黑硅电池产业发展的核心技术。同时，考虑到黑硅领域运营活跃度较高，而我国光伏产业的专利储备非常雄厚，黑硅领域储备占比相对较小，非黑硅领域储备量较大，为了在产业升级中取得先机，相关企业可考虑整理和评估已有专利储备，按照技术分支进行核心专利、布局专利、边缘专利的分类，经过技术发展预判，对未来非发展重点的边缘专利技术进行转让与质押，通过专利运营实现专利储备价值，为黑硅技术的导入升级提供更多资本支持，提升企业的发展质量。

肉苁蓉加工炮制专利技术综述

刘艳芳　左　丽　张　娜　杨　倩

摘　要：本文从专利分布和布局角度，基于现代肉苁蓉加工炮制研究专利申请，对肉苁蓉加工炮制工艺的整体态势、各分支技术路线等作了研究分析，揭示了肉苁蓉加工炮制技术专利申请的当前状况和仍存在的问题，以期为肉苁蓉的加工炮制工作提供理论参考和指导。

关键词：肉苁蓉　天然药物　加工炮制　专利

基于前人诸多加工炮制工艺的经验和天然药物学❶的快速发展，肉苁蓉的加工炮制❷专利技术为我国肉苁蓉领域的研发及商业布局构筑了坚实基础。本文从专利分布和布局的角度出发，采用关键词检索、分类号限定除杂等检索手段在中国专利全文文本数据库（CNTXT）、中国专利文摘数据库（NABS）、德温特世界专利索引数据库（DWPI）三个数据库中进行检索，并对检索结果进行人工筛选标引。检索截至 2018 年 7 月 25 日，获得 1040 篇肉苁蓉天然药物研究相关中国申请文献，其中与现代加工炮制相关的为 94 篇，他国申请 93 篇，以日韩为主，与加工炮制相关文献篇数过少，无统计学意义。为深入了解国内的研究趋势，下文主要以 94 件与肉苁蓉加工炮制相关中国申请作为详细分析的基础。

---

❶　天然药物学（natural rharmaclogy）是一门研究天然药物的科学，它是应用本草学、植物学、动物学、矿物学、化学、药理学、中医学等知识和现代科学技术来研究天然药物的名称、来源、采收加工、鉴定、化学成分、品质评价、功效应用、资源开发等内容的一门综合性学科。

❷　加工与炮制是两个不同的概念。加工，又叫产地加工或生药加工，是指在产地对药材进行的初步处理与干燥，它是保证中药质量、为中药炮制提供合格原料的首要环节。炮制，是指在中医理论的指导下，按中医用药要求将中药材加工成中药饮片的传统方法和技术。产地加工的中药一般不能直接药用，需要经过炮制成饮片才能提供临床使用。

一、整体专利态势分析

（一）发展趋势

利用申请日字段及分类号对获得的专利文献进行统计分析，如图 1 所示，肉苁蓉的加工炮制专利技术相较于其寄主植物及自身的种植技术和提取分离技术起步较晚。最早由北京华医神农医药科技有限公司（与北京大学屠鹏飞课题组有合作关系）于 2004 年开启了此领域的研究，主要涉及通过控制炮制工艺，以松果菊苷为指标成分，提高肉苁蓉药材品质。此后直至 2011 年一直处于低速平稳发展状态，2012 年后转为高速发展态势，申请量逐年快速递增，2017年申请量为 26 件。上述申请趋势提示了肉苁蓉的炮制工艺日益受到广泛关注，后续跟进者可以通过关注肉苁蓉中重要活性成分指标来考察不同炮制工艺对于炮制品质量的影响的研发思路来对其工艺进行改进，以专利为肉苁蓉的开发保驾护航。

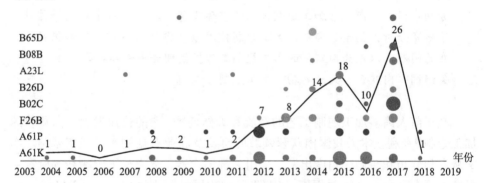

图 1　肉苁蓉加工炮制专利申请趋势

注：图中折线表示各年份申请量，单位为件；气泡表示各年份下相应分类号对应的申请量大小。

（二）主要申请人

利用申请人字段对上述获得的专利文献进行统计分析，申请量排名靠前的重点申请人依次为和田天力沙生药物开发有限责任公司、孟令刚、内蒙古王爷地苁蓉生物有限公司、内蒙古王爷地生物制品有限公司等。其中和田天力沙生药物开发有限责任公司及个人孟令刚（据查为内蒙古极蓉高新技术产业有限公司、内蒙古健之珈健康产业有限公司等企业法人，郑州红荣医药科技有限公司、内蒙古红荣生物科技有限公司等 7 家企业法人/高管）各以 9 件的申请量占据申请量首位，前者主要涉及肉苁蓉的加工器械、流水线改进，后者主要涉及肉苁蓉制剂的改进。内蒙古王爷地苁蓉生物有限公司是内蒙古王爷地生物制品有限公司的控股企业，两者合计申请6件（共同申请计为1件），主要涉及肉苁蓉鲜品处理方法和包含肉苁蓉的现代多层片剂的制备。其他申请量较大的为吐鲁番市康润生态农业有限责任公司、临泽中沙圣蓉生物工程有限公司、宁夏大健康科技产业有限公司等企业及中国医学科学院药用植物研究所、中山大学等科研机构。从图2中可以看出，我国从事健康产业、肉苁蓉贸易等相关企业及科研院所和高校对肉苁蓉加工炮制专利技术的重视。通过对上述重点申请人的分析也可以看出，申请量较大的申请人所在地与药材产地重合度较高，表明药材产地是肉苁蓉加工炮制技术发展的重要考量因素，这也提示了肉苁蓉产地的高新企业可以利用产地优势从肉苁蓉行业中分一杯羹。同时，这也给关注其他具有前景的中药的炮制开发方面的企业在选择企业所在地时的考量因素给予了先例教导。

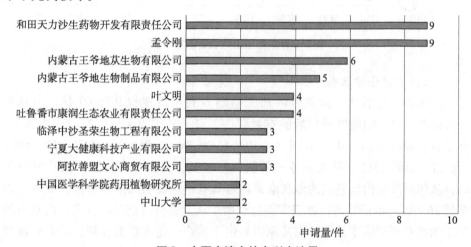

图2 主要申请人的专利申请量

（三）各省份申请情况

利用省区市字段对上述获得的专利文献进行统计分析，如图3所示，内蒙古、甘肃、新疆由于是肉苁蓉植物生长、培育基地，因此相关研究处于相对活跃的状态，内容主要关注于加工炮制器械的改进、鲜品加工等；广东、北京等则由于科研院所聚集，申请量也较大，主要关注于饮片炮制工艺改进、提升药用价值等更具科技含量的研发内容。从上述申请情况可以看出，科研院所为肉苁蓉加工炮制提供了科技含量较高的技术支撑，这也提示我国以肉苁蓉品种为代表的中药相关企业应注意与科研院所合作，利用科研院所的高质量研究成果来提升企业价值，同时也建议科研院所主动寻求与所关注的中药品种的企业合作，及时转化科研成果，助力企业产业结构升级。

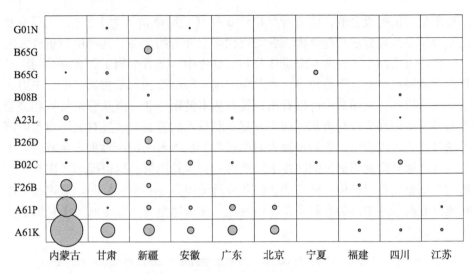

图3　肉苁蓉加工炮制省区市分析

（四）当前法律状态

由图4可以看出，肉苁蓉的加工炮制专利申请授权共计49件，占总数50%以上，且长期维持授权后的有效状态，可见其作为无形资产对于申请人、市场具有较高价值。由于驳回（3.19%）、放弃（1.06%）、撤回（10.64%）而失效共计约15%，可见该领域的驳回率较低，由于各种原因失效比例也较低，从侧面反映出该领域的专利申请内容具有一定发明高度和价值。此外，占总量26.6%的申请目前仍处于审查过程中。从上述分析也可以看出，肉苁蓉的加工炮制专利存活率较高，究其原因是由于其产业化实现度较高，具有较高的市场价值。

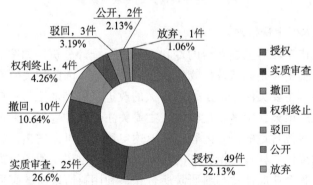

图4　肉苁蓉加工炮制中国专利申请法律状态分布

注：饼图各部分百分数之和≠100%系因数值舍入修约所致。

二、肉苁蓉的加工炮制工艺

(一) 加工炮制整体技术路线

笔者对肉苁蓉原料药处理技术进行了梳理，按照横轴为年代，纵轴为技术分支描绘了该领域的整体技术路线图。相关信息如图5所示。

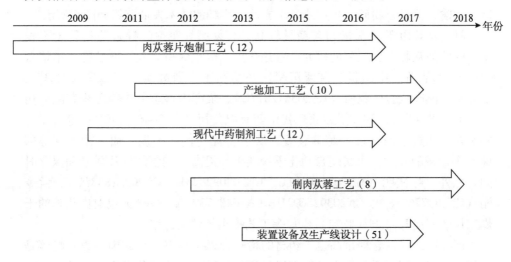

图5 肉苁蓉加工炮制技术发展路线

由图5可以看出，目前肉苁蓉的加工炮制相关专利申请主要集中于装置设备以及生产线的设计，共计51件；其次是肉苁蓉炮制工艺，包括主要制品肉苁蓉片的炮制12件，其他肉苁蓉炮制品（如酒苁蓉等）8件；其他还包括产地加工工艺和现代中药制剂工艺相关专利申请。而从申请年份来看，传统的肉苁蓉饮片炮制工艺专利申请发展相对较早，2004年我国科研人员就开展了此方面的专利申请。产地加工、现代中药制剂、其他肉苁蓉制品的专利申请紧随其后。而装置设备及生产线设计专利申请于2013年出现，相对较晚。这也与现代的工业化进程相符。这也提示其他品种的中药可以根据肉苁蓉加工炮制技术的上述发展进程确定相应的研究方向，例如对于未进行产业结构升级的中药品种可以关注其装置设备和生产线设计，从而提升生产效率。以下分别针对这几方面具体的技术演进线路进行分析。

(二) 具体技术分支

（1）装置设备及生产线设计

肉苁蓉的加工炮制专利申请量最大的是装置设备和生产线的设计，随着科技发展，工业进步变革成为整个社会发展的主流趋势，机械化、自动化所带来的便利不仅提高了生产效率，也提升了产品质量。肉苁蓉加工炮制装置设备和生产线的专利申请起步相较于传统的炮制工艺等改进较晚，于 2013 年开始，中国科学院寒区旱区环境与工程研究所等研究机构和科研人员开始进行肉苁蓉的装置设备及生产线设计，开发了晾晒肉苁蓉的装置等加工炮制装置。之后几年迅速发展，涵盖了肉苁蓉加工炮制的挑选、清洗、称重、干燥、切片、分装、运输、保存、粉碎、生产线各个方面。详细的技术发展路线如图 6 所示。

鲜肉苁蓉由于含水量和含糖量较高，容易腐烂霉变，导致药材质量不稳定，因此肉苁蓉干燥工艺的研究一直是热点，常年保持研发活跃状态，申请量也以 14 件居首。中国科学院寒区旱区环境与工程研究所（CN203336912U）、临泽县荒漠肉苁蓉研究所（CN203672077U）、临泽中沙圣蓉生物工程有限公司（CN204468747U）、湖北卫尔康现代中药有限公司（CN204634079U）等科研机构和企业侧重于肉苁蓉的晾晒装置、烘干装置（例如控温、加入微波管等部件）等器械的开发，以实现自动化干燥效果，提高肉苁蓉的饮片质量和保存时间。此外，叶文明（CN203116451U、CN203092623U、CN203518535U）、孟令刚（CN103776258A、CN203928692U、CN104807320A）等个人也对肉苁蓉的干燥工作效率提升（例如监控系统）等工艺提出了解决方案。

同样肉苁蓉糖含糖量高也给药材的粉碎带来了难点，因此肉苁蓉的粉碎是本领域专利申请的另一热点。但由于科技含量较高，从事此方面研究的多为一些器械、生物研究公司。临泽中沙圣蓉生物工程有限公司最早于 2015 年申请专利（CN204469831U），公开了一种肉苁蓉精磨机。后期此类器械的研发主要集中于 2017 年：吐鲁番市康润生态农业有限责任公司（CN206935532U、CN206951347U）、阿拉善盟文心商贸有限公司（CN207238160U）、成都菲斯普科技有限公司（CN107350035A）、湖南中医药大学第一附属医院（CN207254437U）、宁夏极蓉高新技术产业有限公司（CN207324974U）、成都菲斯普科技有限公司（CN107913768A）等企业和科研机构开发了一系列粉碎装置，为肉苁蓉的彻底粉碎、保持药材品质的完好及提升药材粉碎的精度等提供了解决方法。

此外，我国研发人员对于肉苁蓉加工、炮制、生产的其他步骤也均有改进。尤其是和田天力沙生药物开发有限责任公司（CN103919681A、CN203694127U）和富阳康华制药机械有限公司（CN203815914U）对于肉苁蓉的生产线进行了改进，通过合理分配，提高了自动化程度且能够连续作业，节约了人力，整体提升了肉苁蓉的生产效率。

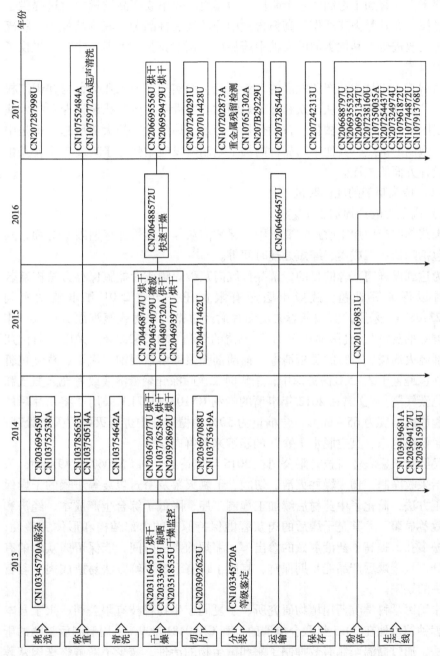

图 6 肉苁蓉装置设备及生产线技术演进路线

纵观肉苁蓉加工炮制的装置设备和生产线设计专利申请可以看出，技术优化贯穿于肉苁蓉加工炮制的各个阶段，为其生产效率或产品质量的改进提供了稳固支撑。尤其是肉苁蓉作为高糖含量中药的代表性品种，其鲜品处理、粉碎等工艺的改进也为其他类似的高糖中药品种（例如黄芪、大枣、桂圆）提供了参考和借鉴。

新型工业化是中药产业发展的大势所趋，而实现新型工业化，与知识产权的保驾护航密切相关。从肉苁蓉加工炮制的装置设备及生产线设计专利技术演进路线图可以看出，机械化、自动化是中药加工炮制发展的大势所趋，也是中药加工炮制的重点，其他中药品种的加工炮制研发应增强对于其装置设备及生产线设计方面的关注。

（2）传统制剂的现代改进

1）肉苁蓉的产地加工工艺

肉苁蓉的产地加工改进主要集中在保鲜肉苁蓉（延长保存期限）方面，其他还包括降低加工成本、缩短处理时间等。

为达到保鲜肉苁蓉的目的，解决传统肉苁蓉晾晒或者盐腌保存方法肉苁蓉品质难以保证等难题，武威市医药有限责任公司在 2001 年申请的专利 CN102318874A 采用"鲜肉苁蓉去皮切片后经过微波照射或蒸汽漂烫放入液体麦芽糖醇抽真空"，高国强在 2001 年申请的专利 CN102600246A 采用"鲜肉苁蓉根部经火灼烧、75% 的酒精消毒、抑菌剂壳聚糖溶液浸泡、风干、草纸包裹或细砂包裹置于 2 ~ 5℃ 保鲜库中，销售时二次喷涂壳聚糖溶液或者充入氮气和二氧化碳气"，贺文君在 2012 年申请的专利 CN103211871A 采用"将切片后的肉苁蓉放入温度为 65 ~ 90℃、含糖量为 50% 的糖溶液中进行灭酶、灭菌处理；再经超低温速冻、真空脱水干燥"的步骤来保鲜肉苁蓉。

民勤县天盛农业科技有限公司在 2015 年申请的专利 CN106031749A 中，采用包括采收净制、预干燥并灭活、切制、干燥灭菌及密封包装等步骤的干燥保鲜加工方法，简化了中药材后续加工炮制工序，降低了综合生产成本，经济和社会效益显著，尤其是干燥后的肉苁蓉能保持原有的内部结构和形体完整性，且疏松多孔，提高了药液煎煮的渗出率，缩短煎煮的时间，能保留肉苁蓉的有效成分，且干燥后产品能长期保鲜，克服了现有干燥保鲜方法易造成肉苁蓉营养流失的缺陷。

中国医学科学院药用植物研究所、宁夏同宁生物科技有限公司、永宁县本草苁蓉种植基地在 2015 年联合申请的专利 CN104815009A 采用蒸制后晾晒的干燥方法，通过高温蒸制有效抑制了酶和微生物的活性，减少了新鲜整株肉苁蓉的霉变概率，减少了药材干燥时间，整体提高了肉苁蓉的外观品质和内在活性成分含量。

和田帝辰医药生物科技有限公司在 2016 年申请的专利 CN107773584A 将微波灭酶技术应用于新鲜管花肉苁蓉切片灭酶，有利于贮存。

新疆黑果枸杞生物科技有限公司在 2016 年申请的专利 CN106668181A 采用冷冻干燥保鲜加工方法，降低了肉苁蓉中有效成分的流失，处理后无金属味残留，降低了杂质、杂菌污染率。

此外，个人邬九娣（CN106668895A）、殷元龙（CN107582638A）、徐璐（CN107397797A）也对肉苁蓉片的鲜品加工提出了改进方案。

2）肉苁蓉的炮制工艺

现代肉苁蓉的炮制方法主要有酒浸法、酒蒸法、单蒸法、与黑豆复制法、四蒸四晒法等。❶《中华人民共和国药典》2010 年版收载了肉苁蓉片和酒苁蓉 2 种炮制品。❷ 目前市场上以肉苁蓉片的临床应用最为广泛，因此也是研究重点。

①肉苁蓉片炮制工艺

如图 7 所示，针对肉苁蓉片的炮制工艺，按照横轴为年代，纵轴为技术分支，描绘该领域的整体技术路线图。可见，肉苁蓉片的炮制工艺改进集中于抑制植物酶活性，降低苯乙醇苷类的降解、通过减少柴头来提高成片产出、提高加工效率等方面。从图 7 也可看出，由于肉苁蓉中苯乙醇苷类等成分是其药效基础，在炮制过程中这些成分由于酚羟基、苷键等基团容易发生氧化、水解、酶促反应等而使其发生量变甚至质变，影响了肉苁蓉的功效，目前，高温杀酶是主流肉苁蓉片炮制工艺的重点。

肉苁蓉片炮制工艺的研究主要在于以主要活性成分（松果菊苷等）为指标，确定最佳炮制工艺。相关信息如表 1 所示。由表 1 可以看出，肉苁蓉片的改进点主要在于提高质量（提高有效成分苯乙醇苷类含量）、提高产率（减少柴头）、提高效率（加工时间减少）三个方面，尤其是对于质量的提升是较受关注的方面。但是，由于中药具有多成分、多靶点的特点，若仅用一个或某几个成分来评价药材质量，相对比较局限，从表 1 也可看出肉苁蓉片的研究评价指标集中于以松果菊苷、毛蕊花糖苷等几个苯乙醇苷类成分含量，存在评价指标单一的问题。建议可以采用指纹图谱等综合指标进一步评价药品质量。

---

❶ 张勇，等. 肉苁蓉炮制历史的沿革 [J]. 中国中药杂志，1992（4）：213 –214.
❷ 国家药典委员会. 中华人民共和国药典 2010 年版 [M]. 北京：中国医药科技出版社，2010：126.

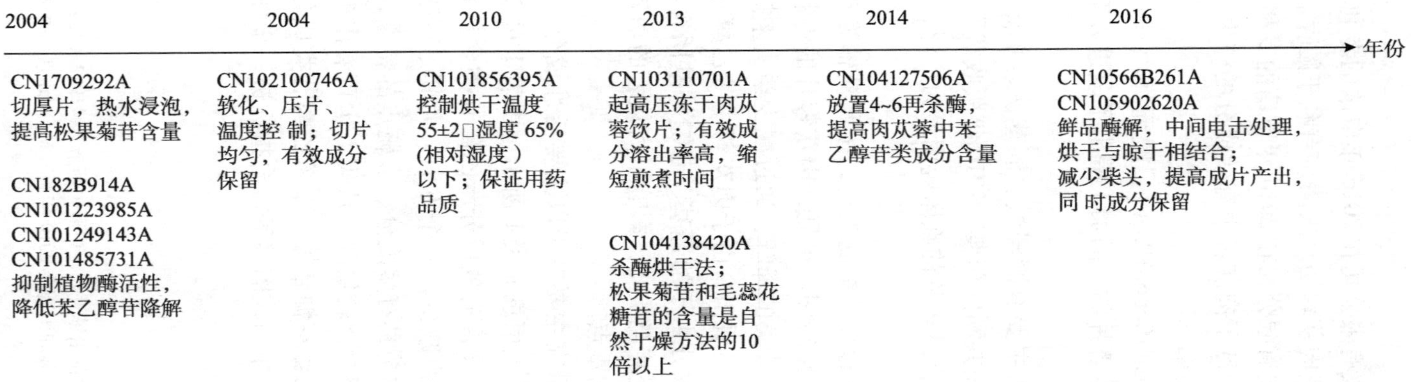

年份

2004

CN1709292A
切厚片，热水浸泡，提高松果菊苷含量

CN182B914A
CN101223985A
CN101249143A
CN101485731A
抑制植物酶活性，降低苯乙醇苷降解

2004
CN102100746A
软化，压片、切片，温度控制；切片均匀，有效成分保留

2010
CN101856395A
控制烘干温度55±2口湿度65%（相对湿度）以下；保证用药品质

2013
CN103110701A
提高压冻干肉苁蓉饮片；有效成分溶出率高，缩短煎煮时间

CN104138420A
杀酶烘干法；松果菊苷和毛蕊花糖苷的含量是自然干燥方法的10倍以上

2014
CN104127506A
放置4-6再杀酶，提高肉苁蓉中苯乙醇苷类成分含量

2016
CN10566B261A
CN105902620A
鲜品酶解、中间电击处理，烘干与喷干相结合，减少柴头，提高成片产出，同时成分保留

图7 肉苁蓉片炮制工艺技术演进路线

表1　肉苁蓉片专利申请加工方法比较

公开号	关键步骤	指标成分	有益效果
CN1709292A	切成厚片 0.1 – 1.5cm，在温度为 70～100℃的热水中浸泡，90℃为佳，热水浸泡的时间为 0.5～10min，1min 为佳	松果菊苷	松果菊苷的含量与传统的加工方法相比提高了5倍以上
CN1823914A	切成厚度 0.1～2.0cm	总苷、松果菊苷、麦角甾苷	抑制植物酶的活性，降低苯乙醇苷类成分降解
CN101223985A	改进肉苁蓉干燥处理方式，采用微波干燥工艺将肉苁蓉饮片快速干燥	松果菊苷及毛蕊花糖苷单体化合物的含量高达 13%～24.1%（以干物质计），水分含量为 1.2%～3.8%	微波加热高温灭酶
CN101249143A	改进肉苁蓉干燥处理方式，采用微波干燥工艺将肉苁蓉饮片快速干燥	松果菊苷及毛蕊花糖苷单体化合物的含量高达 13%～24.1%（以干物质计），水分含量为 1.3%～4.1%	微波加热高温灭酶
CN101485731A	蒸汽、沸水或微波加热抑制植物体类苷类水解酶	松果菊苷、毛蕊花糖苷	松果菊苷和毛蕊花糖苷含量提高 3～10 倍以上
CN102100746A	软化、压片、温度控制		通过软化，利用切片，使其不易破碎，且切片均匀；通过压片处理使得切片片型平整无褶皱；通过温度控制，在软化和干燥的过程中使切片有效成分得到最大程度的保留
CN101856395A	切成 3～5mm，控制烘干温度 55±2℃、湿度 65%（相对湿度）以下		保证用药品质

续表

公开号	关键步骤	指标成分	有益效果
CN103110701A	将肉苁蓉清洗切片后，放入超高压设备进行高压处理；高压后的饮片放入冻干机或低温负压机将其干燥；干燥后的饮片充氮气或真空包装	松果菊苷、毛蕊花糖苷	有效成分溶出率高，缩短煎煮时间
CN104138420A	杀酶烘干法：70~100℃杀艾2~5min，切片0.1~1.5cm，40℃±10℃、压力2~10Pa、冷冻干燥24~48h	松果菊苷、毛蕊花糖苷	肉苁蓉饮片色泽白皙、美观，质地干燥，主要有效成分松果菊苷和毛蕊花糖苷的含量是自然干燥方法的10倍以上
CN104127506A	放置4~6天（肉苁蓉中的苯乙醇苷类成分在药材经受刺激后的4~6天内不仅不会被酶解，反而呈含量上升趋势，之后才会逐渐降低），而后再杀酶、干燥、制成饮片	松果菊苷、肉苁蓉苷A、毛蕊花糖苷、2-乙酰基毛蕊花糖苷	提高肉苁蓉中苯乙醇苷类成分含量
CN105663261A	0.1%~1%纤维素酶45~60℃，pH 4~6，酶解时间2~6h，中间采用电击处理5~10s，随后置于80~93℃润药机中，用蒸汽处理2~6min；60℃烘6~8h后晾干至7~8成干	可溶性总糖、松果菊苷、毛蕊花糖苷	提高原料利用率（无柴头或柴头很少），多产出成片20%~25%；成分保留
CN105902620A	挑选、清洗、润药机杀酶，中间采用电击处理：60℃烘4~6h后阴干至七八成，切2~4mm片，55~65℃烘干4~6h	可溶性总糖、毛蕊花糖苷、松果菊苷	无柴头或柴头在5%以内，毛蕊花糖苷和松果菊苷比原有工艺高2~5倍，多糖含量的保留更高

②酒苁蓉等其他炮制品

除了传统的肉苁蓉片，酒苁蓉等其他肉苁蓉炮制品也备受关注，这些炮制品技术，按照横轴为年代，纵轴为技术分支，描绘该领域的技术演进图，如图8所示。

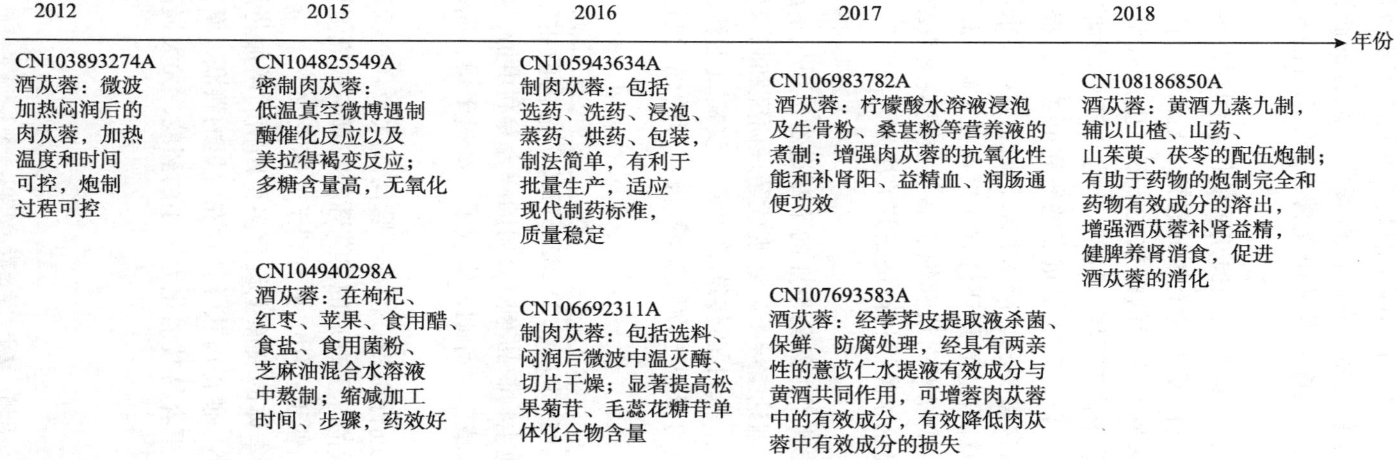

年份 →

2012

CN103393274A
酒苁蓉:微波加热焖润后的肉苁蓉,加热温度和时间可控,炮制过程可控

2015

CN104825549A
密制肉苁蓉:低温真空微波制酶催化反应以及美拉得褐变反应,多糖含量高,无氧化

CN104940298A
酒苁蓉:在枸杞、红枣、苹果、食用醋、食盐、食用菌粉、芝麻油混合水溶液中蒸制;缩减加工时间、步骤,药效好

2016

CN105943634A
制肉苁蓉:包括选药、洗药、浸泡、蒸药、烘制、包装,制法简单,有利于批量生产,适应现代制药标准,质量稳定

CN106692311A
制肉苁蓉:包括选料,闷润后微波中温灭菌、切片干燥,显著提高松果菊苷、毛蕊花糖苷等苯乙醇苷类化合物含量

2017

CN106983782A
酒苁蓉:柠檬酸水溶液浸泡及牛骨粉、桑葚粉等营养液的蒸制;增强肉苁蓉的抗氧化性能和补肾阳、益精血、润肠通便功效

CN107693583A
酒苁蓉:经李茅皮提取液杀菌、保鲜、防腐处理,经薏苡仁水提液有效成分与黄酒共同作用,可增蓉肉苁蓉中有效成分,有效降低肉苁蓉中有效成分的损失

2018

CN108186850A
酒苁蓉:黄酒九蒸九制,辅以山楂、山药、山茱萸、茯苓的配伍炮制;有助于药物的炮制完全和药物有效成分酒苁蓉补肾益精,增强酒苁蓉补肾消食,健脾养肾消食,酒苁蓉的消化

图8 制肉苁蓉炮制工艺技术演进路线

　　从图 8 可以看出，肉苁蓉专利申请涉及的其他炮制品主要有酒苁蓉和蜜制肉苁蓉及与其他中药配伍的炮制品。专利文献对于肉苁蓉的研究较晚，始于2012 年，结合图 1 可以看出，制肉苁蓉的研究属于近年出现的与肉苁蓉相关的新研究热点。

　　从前述专利技术内容分析可以看出，肉苁蓉的传统制剂改进技术主要是利用现代科学理论和方法来优化肉苁蓉传统加工炮制工艺，通过研究其在加工炮制过程中的成分变化，为保障肉苁蓉的疗效、产率、生产效率提供了科学依据。肉苁蓉的产地加工侧重于肉苁蓉保鲜研究，这与产地的加工需求密切相关。肉苁蓉片由于应用最为广泛，工艺侧重点的研究也最广，提示不同的生产厂家可根据对于有效成分的含量要求、产率要求、加工效率要求等不同的侧重点选择合适的具体工艺；但综合的质量评价方式仍存在欠缺，相关机构可以加强对此方面的关注研究。酒苁蓉等肉苁蓉炮制品目前仍缺乏系统的专利布局，是近年的新兴研究热点，提示相关机构可增强其关注度。

　　（三）现代中药剂型

　　现代科学技术的发展推动了中医药事业的不断进步。现代中药制剂相较于传统中药制剂是指在中医药理论指导下，经现代药理研究和临床验证，用最新的制剂学技术、方法和手段，将中药传统剂型经过改良或创新，使其成为安全、有效、稳定和质量可控的新型药物制剂。❶ 肉苁蓉的现代制剂形式主要有片剂、粉剂等。

　　（1）压片制剂

　　CN202859698U、CN202859699U、CN202859700U 是内蒙古王爷地苁蓉生物有限公司和内蒙古王爷地生物制品有限公司的联合专利申请，将肉苁蓉与其他补药一起压片，制成双层或三层片剂，实现了不经过干燥、润制等工艺保存肉苁蓉活性组分含量。

　　CN102988492A 将苁蓉进行粗粉—冷冻—瞬间多次负压—灭菌—压片—负压充氮气包装—破壁含片成品。破壁后的肉苁蓉粉在真空或充氮气的环境下压片制备为含片，避免氧化，便于服用，更有利于人体吸收。

　　CN204428460U 在片剂本体的表面上设置多个凹槽。增加药片表面积的同时，将药片的实际厚度减小，使得肉苁蓉精片在胃里的碾磨、腐蚀变成粉末被"消化"的过程缩短，而且更容易被消化为细小的药粒，大大提高了肉苁蓉精片的消化吸收。

---

　　❶ 张超云，等. 药剂学［M］. 沈阳：辽宁大学出版社，2013：342.

（2）（超）微粉制剂

CN103027957A 采用湿法破壁技术进行破壁，破壁后的肉苁蓉微粉经超高压处理，并瞬间释放压力，实现了同时灭菌和通过瞬间释放压力提高破壁率的效果，从而使得肉苁蓉粒度均匀。同时采用了低温干燥或冻干，有效地保护了肉苁蓉有效成分。包装过程采用将灭菌的原料通过负压包装机进行充入氮气包装或真空包装，保持了肉苁蓉粉的特有风味和营养，且避免了肉苁蓉发生氧化等反应，延长了产品保存期限。

CN104801410A 按照肉苁蓉最粗粉：艾叶最粗粉 1：0.2～1：1 的重量比例将药材最粗粉和艾叶最粗粉混合，再采用超微粉碎设备，介质体积填充率 60%～80%，在常温状态下粉碎 15～45 分钟成为超微粉体，超微粉体中粉体粒径 D50≤35μm，D90≤75μm，细胞破壁率不低于 90%。该工艺能够解决现有技术中含糖类物质丰富的中药材粉碎时的黏结、粒径达不到要求、缺乏均匀度、重金属超标以及高生产成本等问题。

CN105011159A 将新鲜肉苁蓉切片或破碎成粗颗粒，并经过微波真空低温干燥后，经打粉机打粉处理。采用微波真空低温干燥的优点，制得的肉苁蓉片呈微孔结构，组织疏松，易于粉碎；将其与打粉工艺相结合，花费时间短，制得的肉苁蓉粉有效成分含量高，无氧化，口感好。

CN105250389A 采用将新鲜的肉苁蓉打成浆液灌装后再真空微波干燥处理得到肉苁蓉粉。解决了现有技术中肉苁蓉活性不能得到充分利用，肉苁蓉粉制备过程中容易产生变质，易吸潮板结，无法灌装的技术问题。

（3）膨化处理制剂

CN105125642A 将肉苁蓉通过膨化处理制成成品，解决了肉苁蓉饮片的药物溶出度较低的问题。

肉苁蓉的现代制剂工艺目前集中在片剂、粉剂等口服制剂形式。肉苁蓉的现代制剂形式相较于饮片等传统制剂具有更高的顺应性等优势，肉苁蓉相关企业可增强对肉苁蓉现代制剂开发的关注。

三、结　语

中药材从鲜品采收至成品上市，需要经过加工和炮制。目前肉苁蓉的加工炮制专利申请涉及装置设备以及生产线的设计、产地加工、肉苁蓉片等炮制品的炮制工艺、现代中药制剂等各个方面。结合天然药物化学技术对传统肉苁蓉片炮制工艺的改进的申请较早，并持续处于平稳发展态势，然而仍存在评价指标单一等问题。现代制剂工艺的发展促使肉苁蓉制品出现了新的制剂形式，新兴技术不断成熟。工业化进程推动了加工炮制装置设备以及生产线的设计的专利申请发展，现在仍处于起步阶段，进一步加强跨学科综合研发和自动化进程是发展趋势。相信随着传统技术的不断完善及新兴技术的不断成熟，肉苁蓉的加工炮制工艺将日趋完善。

水性汽车涂料产业专利分析

孙　捷　李　胤　封志强　范燕迪

摘　要：本文围绕水性汽车涂料专利，按照全球、国内外在华范围进行申请量趋势、区域分布、技术分布和主要申请人分析，以得到水性汽车涂料领域专利的总体状况。另外，对巴斯夫、艾什得和杜邦这三家关键申请人的技术分布和技术路线进行研究，以确定其研发布局和技术发展方向。在此基础上，本文还对该领域提供相关专利预警方面的建议。

关键词：水性　汽车　涂料　专利分析

一、前　言

汽车涂料是指涂装在轿车等各类车辆车身及零部件上的涂料。由于溶剂型汽车涂料一般含有有机溶剂，在生产过程中会释放出大量的挥发性有机物（VOC），造成环境污染，对人们的健康构成严重威胁。20 世纪 60 年代初期，美国在全球率先成功开发了以水为溶剂的水性涂料，与溶剂型涂料相比，水性汽车涂料不仅环保，同时还拥有更多不可替代的优势，如出色的流平性、附着力、耐磨性以及丰满度。因此，环境友好型、资源节约型水性汽车涂料是当前汽车涂料的研发热点之一。在水性涂料的研发和生产中欧美国家走在前列，而我国水性汽车涂料技术的发展远远落后于发达国家，还存在着水性化技术不够成熟、施工工艺试验难以进行等一些亟待解决的问题。但是整个社会的环保意识已经悄然发生了变化，加上国家的政策导向，越来越多的涂料企业开始研发水性汽车涂料，力图缩小与发达国家之间的差距。我国作为汽车产销第一大国，有责任和义务减少汽车涂料产生的污染。

2013 年出台了相关的行业标准：HG/T 4570 – 2013《汽车用水性涂料》。该标准中规定了汽车用水性涂料在涂装过程中挥发性有机化合物排放量小于 35g/m^2，实现了与美国等发达国家的标准一致。● 2017 年中国汽车技术研究中心制定了《汽车行业挥发性有机物削减路线图》，提出乘用车单位涂装面积挥发性有机物排放量于 2018 年 12 月 31 日起达到 35 g/m^2以下，于 2020 年 12 月 31 日起达到 30 g/m^2以下；并提出相关的技术路线：大力推进环保涂料研发工作，重点优化水性涂料施工工艺，采用水性涂料等环保涂料代替溶剂型涂料。●

本文的研究对象，是要通过对水性汽车涂料的专利申请趋势、技术发展路线、技术发展趋势、重点专利、全球重点申请人分布脉络和技术状况等内容进行分析，并在此基础上给出该领域专利技术文献分析的主要结论和专利预警建议。这能够为水性汽车涂料产业的国内企业发展提供技术支持，有助于其利用专利信息以提高研究起点、跟踪技术发展趋势、调整技术研发方向以及提高在自主知识产权创造、运用、保护和管理等方面的能力。

二、全球水性汽车涂料的专利态势

从图 1 中可以看出，水性汽车涂料的全球申请量大致经历了以下 4 个阶段。

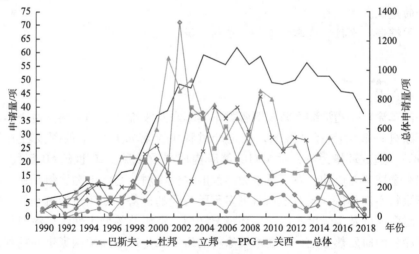

图 1　水性汽车涂料全球申请量和重点申请人的时间分布

● HG/T 4570 – 2013. 汽车用水性涂料 [S]. 化工行业标准，2016.
● 《广西节能》编辑部. 汽车行业挥发性有机物削减线路图 [J]. 广西节能，2017（4）：18 – 19.

1. 技术萌芽期（1994 年以前）

这一阶段的水性汽车涂料的申请量较低，直到 1990 年，全球的专利申请量才突破了 100 件/年。这一阶段也是汽车工业发展的重要时期，而作为汽车工业配套产业的汽车涂料工业也随之壮大起来，成为工业涂料领域中的一个重要分支。其中，美国、日本和欧洲是水性汽车涂料领域最早发展起来的区域，这一时期最主要的申请人包括杜邦、巴斯夫、PPG 等跨国公司，这些公司拥有了很多开创性和基础性的专利申请。

其中，第一项水性汽车涂料专利申请是在 1960 年由 PPG 公司提交的（US3251790A），于 1963 年公开。因此该公司引领了汽车涂料水性化工艺的开展和应用，具有里程碑的意义。

2. 技术拓展期（1995～2000 年）

从 1995 年至 2000 年，这一阶段全球的水性汽车涂料专利申请量稳步增长，6 年时间内，申请量从每年的 100 项提高至 500 项，平均年增长率超过 60%。

在该阶段，随着全球污染形势的不容乐观，欧美国家相继发布了限制 VOC 的相关法规，尤其是 1992 年联合国环境与发展大会将环境保护确定为世界性的难题，导致发达国家对汽车生产中有机溶剂的排放控制指标越来越严格。这极大推动了水性汽车涂料的发展，相关的研究开始变得较为活跃。

从重点申请人上看，此阶段美、日、德三驾马车并驾齐驱，巴斯夫、杜邦和关西三家公司形成鼎足之势，涉及水性汽车涂料的专利申请在 2000 年都达到了 20 项以上，而立邦和老牌企业 PPG 则紧追其后。

3. 技术爆发期（2001～2010 年）

从 2001 年至 2010 年，是水性汽车涂料发展的黄金十年。此阶段的全球专利申请量从 500 项/年一跃提升至将近 1200 项/年，呈现出技术爆发式增长。各国环保法规的陆续出台以及汽车工业的蓬勃发展，大大加速了水性涂料在汽车工业中的投入和推广，而全球各大化工行业巨头也将产品重心逐渐向更高附加值和技术含量的水性涂料上转移，并通过多年技术和市场战略的积累，实施了更加激进的全球专利布局计划。

从专利区域分布上看，这一阶段日本的相关专利申请增长最为迅猛，代表性的公司是立邦和关西，其中立邦在 2002 年更是以最高年申请量 71 项的成绩排名全球第一。德国的巴斯夫公司的专利申请也同样快速增长，延续此前龙头企业的地位，在水性汽车涂料专利申请中领跑。美国的企业在此阶段的表现相对而言显得比较保守，杜邦 2002 年的专利申请量在经历了一定的下滑后又迅速赶上了第一梯队，PPG 公司在水性涂料领域的全球专利年申请量一直保持在个位数。

4. 全新应用期（2011 年至今）

可以发现从 2011 年起，水性汽车涂料领域的专利申请进入平稳期，甚至开始出现缓慢下滑的趋势。这种趋势从各大公司的申请量情况中也能明显看出来。

首先，水性涂料在汽车行业基本进入了全新的应用阶段，水性产品已经大量地应用于汽车车身的涂装；其次，受到全球金融危机的影响，世界各主要经济体仍然没有走出金融危机的阴影，而大部分的欧洲国家自金融危机后进入了经济衰退期，这也严重影响到水性汽车涂料企业市场，尤其是欧美市场。而且由于原材料市场价格走高，也压缩了汽车涂料的利润，限制了汽车涂料企业对研发的投入；最后，水性汽车涂料领域的技术研发总体水平慢慢进入成熟期，各大跨国涂料巨头的全球专利布局基本完成。从企业申请情况看，此阶段巴斯夫和杜邦（2013 年更名为艾仕得）仍然是申请量最大的两家涂料企业。

图 2 是水性汽车涂料领域全球重要申请人申请量排名情况。从图 2 中可以看出，德国的巴斯夫公司是水性汽车涂料领域专利申请量最大的企业，它也是 OEM 汽车涂料行业全球的三大制造商之一，汽车涂料产品基本全覆盖，具体包括电泳底漆、中涂、色漆和清漆等。排名第二的美国杜邦，也是一家世界级的化工企业，它成立于 1802 年。2013 年凯雷集团完成了对杜邦涂料业务的收购，并将其更名为艾仕得涂料系统（Axalta Coating Systems），其汽车涂料产品也是全产业链覆盖。排名第三和第四的是两家日本涂料生产企业，其中关西拥有日本规模最大的涂料生产工厂，是当今世界具有领先地位的销售商。立邦则是世界上最早的涂料公司之一，其业务范围广泛，经营的涂料产品覆盖全产业链。

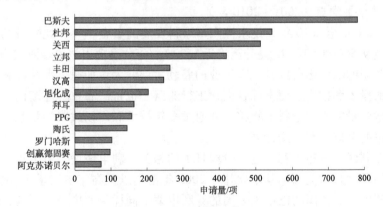

图 2　水性汽车涂料全球主要申请人的申请量排名

这些申请排行榜的企业当中，既有上述的涂料生产企业，也有像拜耳、旭化成、汉高这样的涂料原料生产企业，同时还有丰田这样的汽车制造企业；这些申请人中既有独立申请,也有较多共同申请的情况。

    图3显示了水性汽车涂料全球申请量的国家及地区分布情况。从图3可以看出,全球申请量排名前三位的国家及地区依次是日本、美国和欧洲,它们的申请量占比分别约为27%、22%和16%。专利申请量的多少体现了该国家或地区市场被重视的情况。日本和美国是发达的汽车涂料市场,在水性汽车涂料研究领域具备较强的技术实力。欧洲地区的申请量中,一般是来自德国。德国的汽车制造能力领先全球,与之配套的汽车涂料技术也是以较高的速率被更新换代,以满足高品质汽车的需求。我国作为发展中国家,在汽车涂料技术起步晚于世界水平的基础上,通过近些年不断的发展和追赶,也具备了一定的技术竞争力。韩国与中国情况类似,近年来又较快的发展,不过其汽车涂料产业主要为本国汽车业服务,进入其他国家或地区的专利申请量不大。

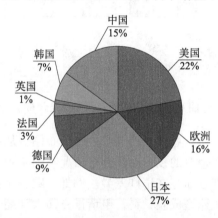

图3 水性汽车涂料全球申请量的国家及地区分布

    图4为水性汽车涂料技术主题分布图。此图根据国际专利分类号与申请量进行综合分析得出,从该图可以看出,水性汽车涂料领域的专利申请从产品种类上看,涉及聚氨酯结构和聚丙烯酸酯结构的专利申请量占据了全部涂料组分的65%以上,这是因为聚氨酯结构和聚丙烯酸酯结构的涂料相对而言具备更加出色的成膜性,相应的耐腐蚀性、装饰性、抗老化性以及抗石击性能也能够得到有效的保证。另外,在考虑产品性能的方面,申请人关注度最高的问题是涂料的成膜效果,然后才是涂料材料之间的层合性关系以及喷涂工艺实施的难易程度。

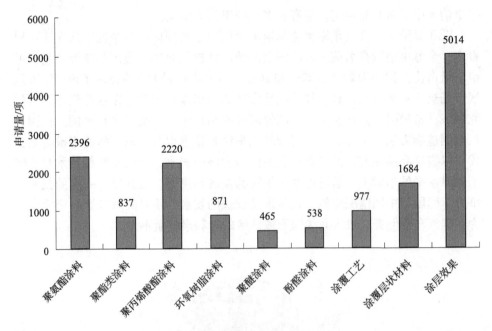

图4 水性汽车涂料技术主题分布

图5 为水性汽车涂料重点企业的技术主题分布图。从图中可以看出，世界主要水性汽车涂料生产企业的技术主题分布情况与图4中所描绘的总体情况保持高度一致，仅在个别方面存在稍许差异。例如，欧美企业的巴斯夫、杜邦和PPG研究上偏重于聚氨酯型成膜材料，申请量方面大大超过聚丙烯酸酯型。但是日本企业关西和立邦在制造聚氨酯型和聚丙烯酸酯型两种成膜材料上的研发投入差距不大，其中，立邦的聚丙烯酸酯型成膜材料的研发投入甚至更大一些。

图6 为水性汽车涂料领域专利应用分布图。从该图中可以看出，该领域涉及清漆和底色漆的专利申请量最大，是目前研发投入的重点。其中清漆专利申请量占该领域全部专利申请量的43%，底色漆专利申请量占该领域全部专利申请量的28%，这两项合计达到了71%。另外，中涂漆和电泳漆的专利申请量仅占水性汽车涂料领域全部专利申请量的8%和21%。

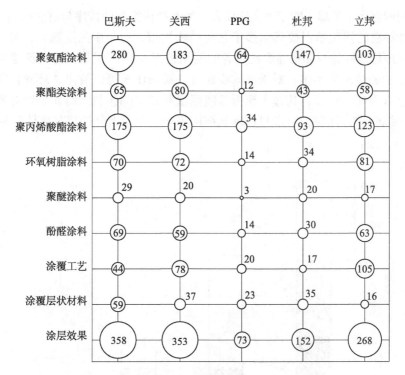

图5 水性汽车涂料重点企业的技术主题分布

注：图中数字表示专利申请量，单位为项。

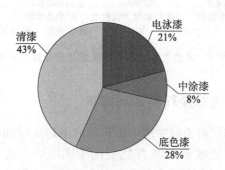

图6 水性汽车涂料领域专利应用分布

图7为水性汽车涂料领域技术与应用综合分布图。从图7中可以看出，四种结构类型的涂料种类均可以应用于各种涂层，只是各涂层之间在选择使用哪种具体结构类型时存在一定的差异。其中对于清漆而言，使用聚氨酯涂料的情况最多，然后依次是聚丙烯酸酯、聚酯和环氧树脂，其中聚氨酯涂料和聚丙烯酸酯涂

料之间的差距不明显；对于底色漆而言，虽然结构类型的排序与清漆相同，但是聚氨酯涂料的使用情况要远远多于其他结构类型；对于中涂漆而言，聚氨酯涂料、聚丙烯酸酯涂料和聚酯涂料三者的使用情况差异不明显，而中涂漆中使用环氧结构的情况并不多；对于电泳漆而言，横向比较可以看出，环氧树脂型涂料在这方面使用较多，超过了聚丙烯酸酯涂料和聚酯涂料。而如果针对环氧树脂涂料纵向进行比较，可以看出环氧结构用于电泳漆组分的情况也是最多的。

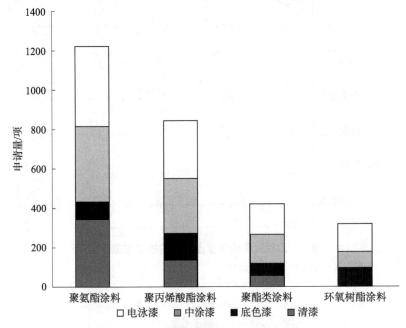

图7　水性汽车涂料领域技术与应用综合分布

三、国内水性汽车涂料的专利态势

图8是水性汽车涂料领域中国申请和国内申请的时间分布图。从该图可以看出，水性汽车涂料领域于2005年之前的中国申请，几乎全部为外国涂料公司在华的跨国申请。而我国国内水性汽车涂料处于发展的初级阶段，无论产品还是相应的研究都极少。这一阶段国外汽车涂料公司品牌通过独资、合资或兼并的方式进入中国市场，将水性涂料市场完全地垄断。

自2006年起，随着中国汽车制造业的快速发展，汽车市场巨大，此时本土的企业和研究机构开始越来越关注水性汽车涂料领域。另外，受2008年金融危机的影响，中国的涂料企业开始快速发展，研发投入加大，产品进行升级

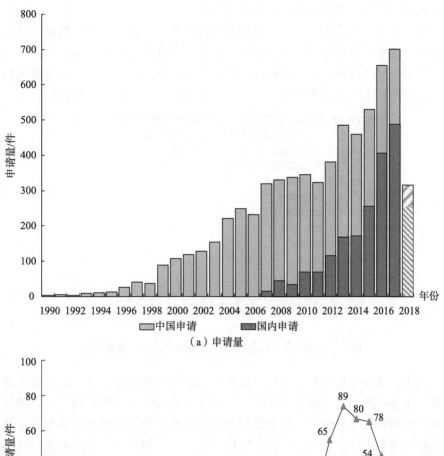

（a）申请量

（b）国内申请授权

图8   水性汽车涂料领域中国申请和国内申请的时间分布

换代，并转向污染小的水性汽车涂料。因此，国内申请的专利数量开始快速增长，国内申请的授权量也是稳步提升，其中2013年达到了89件的授权量，这一年中国汽车涂料产量占全国涂料总产量的9%，专利授权量和总产量双双达到历史新高。但是从国内申请人的专利申请总体质量看，与国际涂料企业仍然存在明显的差距，具有很大的提升和追赶空间。

图9显示了水性汽车涂料领域国内主要申请人的申请量排名情况。目前该领域主要的申请人类型包括涂料企业、高校及研究机构以及汽车企业。其中前三名的天津灯塔涂料、东来涂料以及大桥集团同为涂料企业，高校及研究机构的代表有浙江大学和华南理工大学，汽车企业的代表有奇瑞和比亚迪。

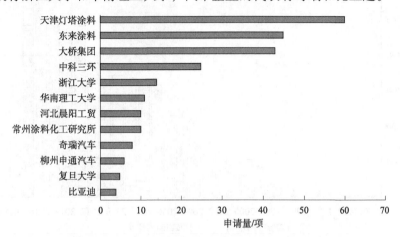

图9　水性汽车涂料领域国内主要申请人的申请量排名

其中，天津灯塔涂料是我国一家大型的涂料制造企业，其产品主要为工业涂料，也生产汽车及零部件用涂料，目前该企业的汽车用涂料向低污染的水性方面转型的势头非常明显。东来涂料是一家汽车涂料领域的知名企业，也是我国目前规模较大的集生产、研发、销售于一体的涂料企业。其所研发的汽车涂料获得全球五大汽车集团的认可，成为大众、通用、丰田等品牌的供应商。该企业从2011年开始提交涉及水性涂料的专利申请，如具有高丰满度的汽车外饰清漆、高效能耐水性PP底漆等。华南理工大学也在水性汽车涂料领域方面进行了持续不断的研发，其侧重点主要在于水性涂料中成膜树脂如环氧和聚氨酯方面的改进。其中有多件申请是与企业合作完成的，例如2007年华南理工大学与雅图共同开发了系列汽车用涂料，如可作为汽车罩光涂料的含水分散型丙烯酸酯。这些合作都是高校利用自身科研技术优势与产业紧密结合的创新成果，实现了高校与企业的优势互补。

图10显示了水性汽车涂料领域各省市专利申请及授权量情况。由该图可知，从申请量看，江苏、安徽和上海占据前三甲的位置；但是从授权量看，安徽被挤出前三，由广东取而代之。而从授权数量的占比上看，北京所申请的专利总体质量较高，授权比率达到了45.89%。

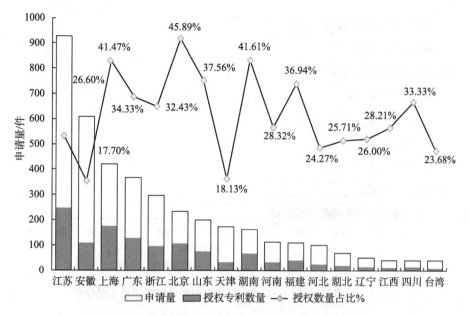

图10　水性汽车涂料领域各省市专利申请及授权量

上述省市排名靠前的原因在于：首先，我国涂料产量主要分布为华东（36%）、中南（25%）和华北（15%），图中前十位的省市均来自这三个地区。这些地区拥有较强的经济实力和科研能力，这对该领域持续研究的提升起到了重要的推定作用；其次，上述省市申请量的现状也体现出这些地区对于知识产权特别是对专利申请和保护工作的重视。这些年来上述地区在专利的创造、运用、保护和管理方面开展了大量的工作，使得创新主体的专利意识得到了大幅度提高，这些工作在专利申请数量上得到了直观的体现。

四、水性汽车涂料领域技术和应用分析

图11显示了水性汽车涂料领域中国申请与国内申请的技术主题分布，从图中可以看出，中国申请与国内申请，在涂料产品结构的选择上，聚氨酯型涂料是最受关注的研究方向。聚丙烯酸酯型涂料位居第二，但是与聚氨酯型涂料申请量的差距不大。另外，在考虑产品性能的方面，与全球申请的趋势类似，申请人关注度最高的问题依旧是涂料的成膜效果，然后才是涂料材料之间的层合性关系以及喷涂工艺实施的难易程度。

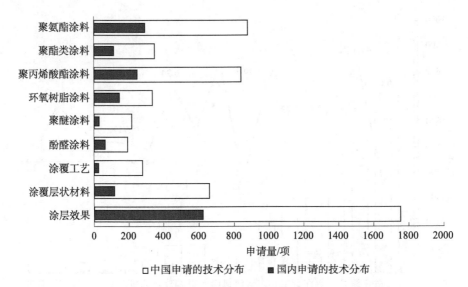

图11　水性汽车涂料领域中国申请与国内申请的技术主题分布

　　而从图12中可以看出，中国申请与国内申请，在研发涂料品种的选择上，清漆涂料是最受关注的研究方向。除此之外，中国申请更加关注底色漆的研究，而国内申请人则更加关注电泳漆的研究，而对于中涂漆的研究投入都相对比较少。

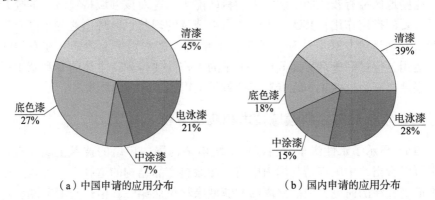

　（a）中国申请的应用分布　　　　　　（b）国内申请的应用分布

图12　水性汽车涂料领域中国申请与国内申请的应用主题分布

五、国外重要申请人重点技术分析

　　对巴斯夫、艾仕得和立邦三个公司对水性汽车涂料专利申请的分析，能够客观反映三个公司的技术发展和保护策略等情况。对三个公司关注度较高的技术的发展路线的分析，能够明确技术发展的动向和趋势，国内企业可以对这些技术路线的改进思路进行借鉴并根据发展的趋势进行改进，以缩短研发周期，提高企业的竞争力。

1. 巴斯夫

巴斯夫关于水性汽车涂料的专利申请量在全球申请人中排名第一，其所提交的专利申请涵盖了汽车车身所需的从底漆到面漆的所有涂层以及涂装工艺，专利布局持久而全面。

图13 给出了巴斯夫水性汽车涂料专利申请技术与应用分布情况。可以看出，巴斯夫更为关注清漆和底色漆的研发和保护。其中中涂漆的数量最少，这应该是跟巴斯夫重点关注的涂装工艺特点有关，巴斯夫在涂装工艺中对三涂一烘（3C1B）的工艺进行了改进，其中省略了中涂漆的使用，这应该是中涂漆申请量较低的重要影响因素。

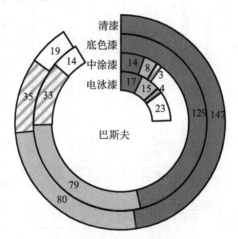

图13　巴斯夫水性汽车涂料专利申请技术与应用分布情况

注：图中数字表示申请量，单位为项。

图14 为巴斯夫聚丙烯酸酯清漆的技术发展路线图。由图中可以看出，巴斯夫关于聚丙烯酸酯清漆的技术改进主要体现在聚合物结构和添加组分的改进上。对聚丙烯酸酯结构的改进，主要分为两部分，一是引入官能团单体，例如含环氧基单体，或含 ε - 己内酯的单体，改进聚合物的结构进而改进清漆的性能；二是改进聚合工艺，通过大分子引发剂或微乳液聚合来控制聚合物的结构和组成，以得到适合性能的清漆。对于添加组分的改进主要集中在交联组分和交联催化组分方面，交联组分最早为氨基树脂，之后使用了烷氧基羰基氨基三

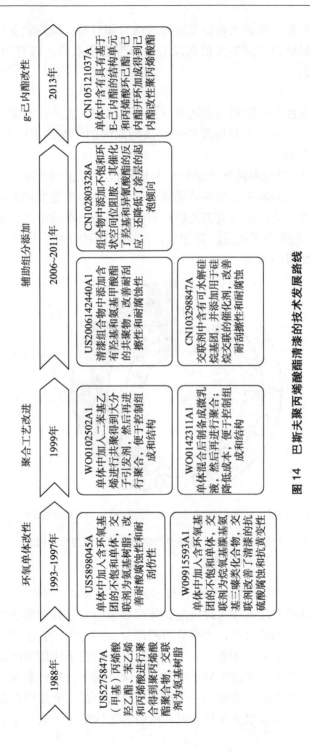

图 14　巴斯夫聚丙烯酸酯清漆的技术发展路线

嗪类化合物、可水解硅烷化合物；为了改善交联效果使用不饱和环状空间位阻胺、羟基和氨基甲酸酯的共聚物等组分。

另外，巴斯夫近 10 年来关于多层漆膜的专利申请量较大，且专利授权后一直在维持。巴斯夫的多层漆膜专利申请主要集中在三涂一烘工艺。传统的三涂一烘工艺中将中涂层油漆涂覆于电沉积底漆膜上并经预干燥形成中涂层漆膜，然后在中涂层漆膜上形成色漆膜和清漆膜，最后将这三层漆膜都同时加热和固化；但该工艺中在中涂漆膜和色漆膜之间容易发生混合，且漆膜的外观变劣。巴斯夫的涂装工艺对三涂一烘工艺进行了改进：将第一水性底漆涂覆于电沉积固化漆膜上并形成第一底漆膜，在第一底漆膜形成方法以后不通过加热进行预干燥而将第二水性底漆涂覆于上述第一底漆膜上并形成第二底漆膜，然后通过加热进行预干燥，将清漆涂覆于上述第二底漆膜上并形成透明涂层漆膜，然后将这三个漆膜层同时加热和固化。

2. 艾仕得

艾仕得涂层系统，原杜邦高性能涂料事业部，在全球拥有 51 个生产基地、4 个全球技术中心、30 多个国家技术实验室、47 个客户学习与发展中心，业务覆盖超过 130 个国家。艾仕得 1984 年开始在中国开展业务，目前，艾仕得在中国拥有两家生产工厂为全国的汽车生产商和成千家车身修理厂生产高品质涂料。

图 15 显示出艾仕得水性汽车涂料领域技术与应用的综合分布。从图中可以看出，艾仕得公司的研发工作主要集中于清漆和底色漆，而对于电泳漆和中

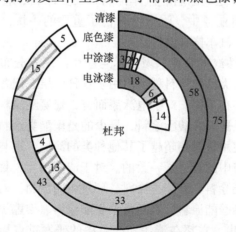

图 15　艾仕得水性汽车涂料领域技术与应用分布

注：图中数字表示申请量，单位为项。

涂漆艾仕得公司并未投入太多的精力。无论是清漆还是底色漆，聚氨酯都是最重要的黏结剂成分，其次是聚丙烯酸酯。而把聚酯和环氧树脂作为成膜组分的很少。

在传统的溶剂型汽车涂料喷涂中，为了获得好的装饰效果，所以底色漆喷涂时通常需要很低的固含量，一般含80%左右的VOC，这就使得底色漆的喷涂所导致的VOC排放居各涂层之首。因此，随着各国对环保的日益重视，水性底色漆的开发也迫在眉睫。艾仕得公司是进入水性底色漆领域较早的企业之一，在底色漆的开发方面作了大量有益的探索和尝试，并且形成了一系列有商业价值的产品。下面我们就按年代分布来探讨艾仕得水性底色漆的研发历程。

图16为艾仕得公司水性底色漆的技术路线图。从图中可以看出，艾仕得公司早期采用了含硅丙烯酸酯以及羟甲基丙烯酰胺作为较有特色的单体形成水性清漆中的黏合剂树脂。这两项探索性工作为后期的水性清漆发展奠定了基础。在水性清漆的基础上加入颜料得到相应的水性底色漆。在之后的工作中，艾仕得公司不断开发磷酸酯化聚合物在底色漆方面的新用途，作出了一系列有特色的工作。2010年以后，艾仕得公司则主要通过改进涂料中聚氨酯的结构，例如通过磷酸酯化聚合物，以提高色漆的长期贮存或颜色方面的稳定性。

3. 立邦

立邦，即日本涂料控股株式会社（Nippon Paint Holdings），原日本涂料株式会社，成立于1883年。立邦作为亚太地区涂料制造商之一，其业务范围极为广泛，涉及领域有建筑涂料、汽车涂料、工业涂料、卷钢涂料、船舶涂料等。在上述众多涂料业务中，汽车涂料占了重要的一块，包括电泳漆、中涂漆、底色漆、清漆、汽车修补漆等。

图17为立邦水性汽车涂料领域技术与应用的综合分布图。从图中可以看出，立邦将四种结构类型的涂料种类均用于各种涂层，但各种涂层之间在具体结构类型的选择上存在不同。对于电泳漆而言，聚氨酯涂料和环氧树脂涂料使用量比较多，之后是聚丙烯酸酯涂料，最少的是聚酯类涂料。立邦的环氧树脂涂料在电泳漆中的使用量大幅超越了其他种类的涂层，这与全球水性汽车涂料领域技术与应用分布中的趋势是一致的。对于清漆而言，聚丙烯酸酯涂料使用最多，其次是聚氨酯涂料、聚酯类涂料、环氧树脂涂料。对于底色漆而言，使用第一位的是聚丙烯酸酯涂料，之后是聚氨酯涂料、聚酯类涂料和环氧树脂涂料。由图17可以看出，立邦在清漆和底色漆的研发重点均放在了聚丙烯酸酯涂料。对于中涂漆而言，聚氨酯涂料和聚丙烯酸酯涂料使用量相当，之后是聚酯类涂料和环氧树脂涂料。

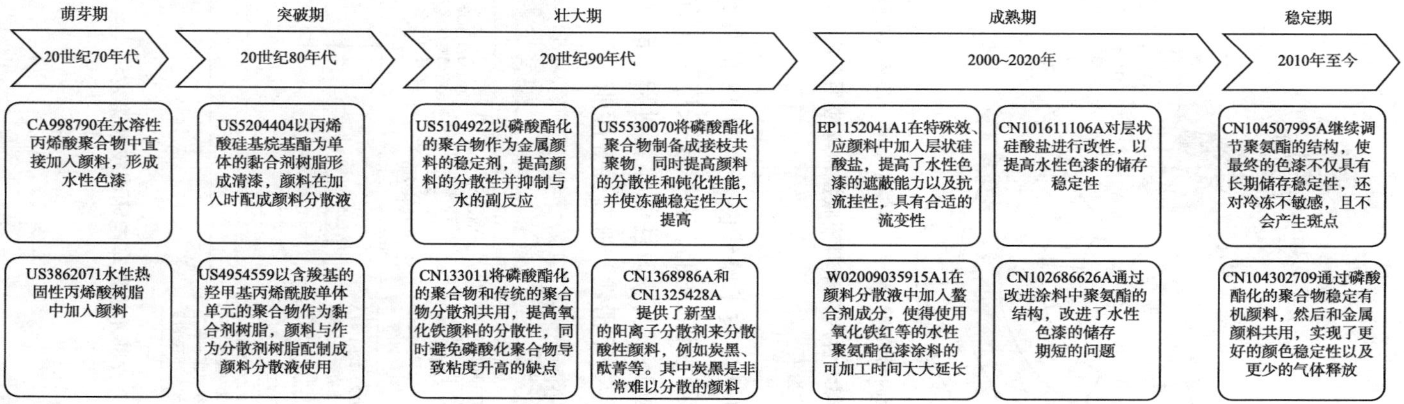

萌芽期	突破期	壮大期	成熟期	稳定期
20世纪70年代	20世纪80年代	20世纪90年代	2000~2020年	2010年至今

CA998790在水溶性丙烯酸酯中直接加入颜料，形成水性色漆

US3862071水性热固性丙烯酸树脂中加入颜料

US5204404以丙烯酸硅烷基接枝单体的黏合剂树脂形成清漆，颜料在加入时配成颜料分散液

US4954559以含羟基的烯丙烯酸羟甲基单元的聚合物作为黏合剂树脂，颜料与作为分散剂的树脂配制成颜料分散液

US5104922以磷酸酯化的聚合物作为金属颜料的稳定剂，提高颜料在水中的稳定性并抑制与水的副反应

CN13301将磷酸酯化的聚合物和传统的聚合物分散剂共用，提高颜料分散液中颜料的分散，同时避免磷酸化聚合物导致黏度升高的缺点

US5530070将磷酸酯化聚合物制备成接枝聚物，同时提高颜料的分散能力和钝化性能，并使冻融稳定性大大提高

CN1368986A和CN1325428A提出新型的阳离子分散剂来分散酸性颜料，例如炭黑、酞菁等，其中炭黑是非常难以分散的颜料

EP1152041A1在特殊效应颜料中加入层状硅酸盐，提高了水性色漆的遮蔽能力以及抗流挂性，具有合适的流变性

WO2009035915A1在颜料分散液中加入螯合剂成分，使得使用氧化铁红等颜色涂料的聚氨酯色漆的水性可加工时间大大延长

CN101611106A对层状硅酸盐进行改性，以提高水性色漆的储存稳定性

CN102688626A通过改性涂料中聚氨酯的结构，改善了水性色漆的储存期短的问题

CN104507995A继续调节氨酯酯的结构，使最终的色漆不仅具有长期的储存稳定性，还对冷冻不敏感，且不会产生斑点

CN104302709A通过磷酸酯化的聚合物稳定有机颜料，然后用更好的聚合物稳定性以及无机颜料共用，实现了更少的气体释放

图16　艾仕得水性底色漆的技术路线

363

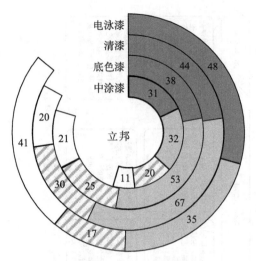

图17 立邦水性汽车涂料领域技术与应用分布

注：图中数字表示申请量，单位为项。

图18为立邦水性汽车电泳漆技术路线图。由图18的技术路线可以看出，立邦对于电泳漆的研发主要采用环氧树脂，并依次采用了含有锍盐基团、不饱和碳碳键、炔丙基、噁唑烷酮环以及胺改性的环氧树脂，旨在逐步探索提高电泳漆漆膜的耐腐蚀性、稳定性、平滑性、遮盖性等性能。

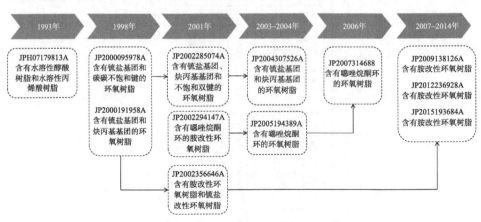

图18 立邦水性汽车电泳漆技术路线

六、总　结

巴斯夫、艾仕得和立邦三个公司在水性汽车涂料领域的申请量位于世界前列，且这三个公司都较早地关注了水性汽车涂料并进行了相应的布局，在2010年左右的时候都已完成了主体布局。对于水性汽车涂料的材料，三个公司都比较关注性能较好的聚氨酯涂料和聚丙烯酸酯涂料。立邦关于涂覆工艺的关注度更高，其专利申请数量远高于巴斯夫和艾仕得。在三个公司的相关专利申请中，巴斯夫、艾仕得更关注清漆和底色漆，且应用于清漆和底色漆的主要涂料依次为聚氨酯涂料和聚丙烯酸酯涂料；立邦公司更关注电泳漆，其清漆和底色漆的专利数量略少于电泳漆；应用于电泳漆的主要为聚氨酯涂料和环氧树脂涂料，应用于清漆和电泳漆的主要涂料依次为聚丙烯酸酯涂料和聚氨酯涂料。另外，巴斯夫关于聚丙烯酸酯清漆的技术改进主要体现在聚合物结构和添加组分的改进方面。艾仕得在水性清漆、底色漆、电泳漆、中涂漆以及涂装工艺等各个方面均有涉猎。其更擅长的是水性清漆和底色漆的制造技术。立邦在电泳漆领域的研究较多，其研发技术主要采用环氧树脂，依次采用了含有锍盐基团、不饱和碳碳键、炔丙基、噁唑烷酮环以及胺改性的环氧树脂，旨在提高电泳漆漆膜的耐腐蚀性、稳定性、平滑性、遮盖性等性能。

从我国的水性汽车涂料专利申请情况与全球对比来看，全球排名前十的主要申请人主要来自欧美和日本，中国还没有形成有竞争实力的企业。相关领域的企业专利申请量较低，说明国内水性汽车涂料专利技术发展尚处于早期研发阶段。虽然中国的申请总量位居世界前列，但是，无论是涉及基础专利还是应用领域，水性涂料都与处于领先地位的国外涂料企业之间存在较大的差距。本文总结上述信息，在该领域提供以下专利预警方面的建议：

高校和研究所具有较强的研究实力，企业虽然熟悉市场的运作，但是缺乏技术；二者的结合不仅能使高校和研究所的技术成果得到有效的利用，转化为实际的生产力，同时市场也能对技术成果进行客观的筛选，从中筛选出真正对产业有用的技术。因此，企业和科研院所联盟将成为提高水性汽车涂料集中度，促进我国水性汽车涂料技术产业化的重要手段。目前的研发热点集中在3C1B的涂装工艺以及相关聚合物材料的改性等主要技术手段与如何提高漆膜的外观性、稳定性、耐腐蚀和平滑性等性能相结合的专利技术上；由于这些专利技术还普遍存在一定的空白点，国内企业和科研院所可以以此为研究起点和突破点。随着近年来我国经济飞速发展，以及我国政府对环保型涂料的政策扶持，水性汽车涂料的市场需求量也节节攀升，我国的市场正在以前所未有的速度发展，这种现状对我国企业来说是机遇与挑战并存。当然这也给国内的科研院所以及企业提供了一些契机。我国应当及时关注该领域的产品研发动向，同时重视技术引进和自主创新，一方面通过企业专利技术引进，帮助开发企业的原创技术，另一方面通过企业对现有的专利技术进行开发改造，开发仿制创新和改进性创新技术，使我国本土企业走向技术独立和自由。

推进科研体制改革，把科研与知识产权保护相结合，尤其要推动科研院所与企业的结合，是我国水性汽车涂料领域势在必行的趋势，这一结合可以将我国在该领域的人才和技术优势转化为知识产权优势，从而加强技术创新意识。应该鼓励我国企业走出国门，积极申请国外专利，在全球范围内进行专利布局，以取得知识产权方面的主动性。国内各公司及研究单位应抓住这一机遇，在自己已有的水性汽车涂料合成技术的基础上利用国外的专利技术，通过相互协作对水性汽车涂料的各项生产技术进行重点攻关与突破，进一步完善国内生产水性汽车涂料的合成技术，研究出性能稳定、优异的水性汽车涂料材料，在水性汽车涂料制备的专利保护以及市场方面占有一席之地，使我国的水性汽车涂料及其产业真正走向国际市场。

我国企业也可以考虑采用购买专利技术和专利交叉许可的灵活策略，在竞争与合作的共存中不断求发展。另外，国内企业，特别是具有较强的研发实力的国内企业及科研单位（如东来涂料、比亚迪等）还应采用专利回输策略，即在引进国外水性涂料先进专利技术后，对其进一步进行研究、消化、吸收和创新，再将创新的技术向国外申请专利，在不同的国家或地区有侧重地进行专利布局，以期最终实现"防守反击"的战略目的。我国水性汽车涂料企业之间也应积极倡导并建立水性汽车涂料产业的专利联盟，在合适的时机下推广其专利标准，以共同抵御日本等国外水性汽车涂料生产企业的冲击。行业内部的联盟，然后建立联盟内企业专利的数据库，并使得成员之间进行专利交叉许可和相互授权，最后实现一致对外，共同抵抗国外企业提出的专利诉讼，并对外进行专利许可。随着专利联盟的影响力不断扩大，还可以进一步推广其通用的专利技术标准，实现私有技术的公共标准化，从而节省企业研发投入，实现共赢。

通信领域作业方法专利侵权诉讼问题研究

赵晓红　曲桂芳

摘　要：本文针对通信领域作业方法，从方法步骤构成、步骤执行主体、步骤实现形式等切入分析其具体特点，有针对性对侵权举证、判定逻辑提出建议，也适当为权利的最初布局提出建议。从诉讼阶段问题研究入手，本文提出在方法权利布局之初，既要考虑技术贡献又要便利将来可能的权利运用情形，从而让创新者真正获得有效的保护。
关键词：方法　使用　权利用尽　帮助侵权

一、前　言

专利方法各种各样，按照目前的观点，至少包括以下三种形式：制造加工方法、作业方法、使用方法。其中作业方法，例如测量方法、检测方法、采掘方法、分析方法、制冷方法、通信方法、广播方法等，不以改变所涉及物品本身的结构、特性或者功能为目的，而是寻求产生某种非物质性效果。❶

侵权判定时全面覆盖原则是特征对比的基本原则，在此基础上通信领域的作业方法专利在侵权判定时还存在诸多需要考虑的特殊问题，例如谁是可能的被控侵权主体、是否涉及多个侵权主体、如何界定"每一个步骤均被实现"、如何确认某个步骤"被实现"、步骤之间的时间顺序如何考虑等。本文选取通

---

❶ 尹新天. 中国专利法详解 [M]. 北京：知识产权出版社，2011：159－160. 第一种是制造加工方法，它作用于一定的物品上，其目的在于使之在结构、形状或者物理化学性质上产生变化；第二种是作业方法，该方法不以改变所涉及物品本身的结构、特性或者功能为目的，而是寻求某种非物质性效果；第三种是使用方法，即用途发明，它是对某种已知物品的一种新的应用方式，其目的是产生某种预期效果，而不是改变被使用的产品本身。

信领域作业方法专利就其在侵权诉讼中存在的难点进行剖析，并针对几件知名大案❶有针对性展开，以期为该类方法专利从布局之初到侵权举证、判定逻辑等提出参考建议。

二、通信领域作业方法专利侵权诉讼阶段的适用难点

方法权利要求，作为活动的权利要求，一般包括有时间过程要素的多个步骤特征，他们表征的是一种行为过程，以达到某种预期的效果。方法专利的效力在于专利权人能制止他人未经其许可、为生产经营目的而使用其方法的实施行为，此处专利法意义上所谓"使用"是执行方法权利要求中的一系列操作步骤，❷从而完成该权利要求限定的行为过程。因此，在侵权诉讼时需要方法专利权人举证证明被诉侵权主体进行的过程性行为是否采用了权利要求中记载的全部步骤特征，即进行了该行为过程。一般而言，因为方法专利权的权利要求表征的是一种行为过程而不是具体物品，相比证明被控侵权主体制造、销售等行为客体的产品（静态的）是否包含了产品专利权的权利要求中记载的结构、功能等特征，举证证明被控侵权主体进行的过程性行为（动态的、即逝的）是否采用了方法专利权的权利要求中记载的全部步骤特征更为复杂和困难。

就通信领域而言，根据其产业链构成、网络运营形态等实际状况，专利申请中权利要求的布局包括芯片/电路、单个的产品/设备以及由多个产品/设备构成的系统等产品权利要求，即包括元件级、单元级、系统级产品权利要求，对应层级也可能包括多个角度撰写的方法权利要求。一般而言，方法权利要求布局时，在合理确定保护范围大小的基础上需要考虑是否容易确定侵权主体、该主体是否是想诉的主体以及证明其行为过程的取证难易、侵权判定时分析逻辑的复杂性等。

举例来说，如果存在可能的单一主体直接侵权且方便取证，则此方法专利在寻求保护时更易于发挥作用，这样的方法权利要求一般是从单侧或单边来撰写。所谓单侧或单边权利要求一般是由一个实施主体实现全部步骤，例如终端侧、服务器侧等。但是如此单侧或单边撰写的方法可能存在权利用尽问题，也可适用帮助侵权等，后文会作具体分析。

再如系统层面的方法，此处的系统不在于撰写形式上是否写成系统，而是实际运行中存在多个实施主体。对于用户和运营商构成了实施主体的系统层面的方

---

❶ （2015）京知民初字第 1194 号、（2015）京知民初字第 441 号、797 F. 3d 1020 等中美通信领域重要诉讼案例，（2011）粤高法民三终字第 326 号民事判决书。

❷ 北京市高级人民法院《专利侵权判定指南（2017）》第 103 条："使用专利方法，是指权利要求记载的专利方法技术方案的每一个步骤均被实现，使用该方法的效果不影响对是否构成侵犯专利权的认定。"

法权利要求，由于这两个特殊主体在侵权判定中由于种种现实原因不能或者不便于成为被告，以及如何分配侵权责任在法律规则和司法实践中还存在诸多争议。

下文将分几个方面来深入讨论通信领域作业方法专利在侵权诉讼中存在的一些实际问题。

1. 对于该类方法专利的举证要求

对于该类方法专利进行侵权举证时，需要证明被诉侵权主体进行了某过程性行为，并且该过程性行为采用了权利要求中记载的全部步骤特征，即该过程性行为实现了每一个步骤。针对上述法律适用的要求，在举证时需要重点考虑的几个关键点如下：

（1）正确划分、解读权利要求的步骤特征

方法权利要求，一般包括有时间过程要素的多个步骤特征。实践中基于全面覆盖原则进行特征比对时容易忽略"具有时间要素的步骤特征"与"权利要求中其他特征"在时间要素表征上的区别。举例来看如下两个权利要求，二者的字面差异仅在于有无"以使"二字。

A. 一种传输××消息的方法，其特征在于：UE 通过××承载向基站发送××消息，所述××承载是指所述 UE 与所述基站之间仅用于传输××消息的承载，以使所述基站向本地 BM – SC 发送所述××消息。

B. 一种传输××消息的方法，其特征在于：UE 通过××承载向基站发送××消息，所述××承载是指所述 UE 与所述基站之间仅用于传输××消息的承载，所述基站向本地 BM – SC 发送所述××消息。

对于权利要求 A，其从 UE 侧撰写了传输××消息的方法，属于单侧权利要求，其中仅包含了一个步骤特征，即 UE 通过特定的××承载向基站发送××消息，其中"以使所述基站向本地广播组播业务中心 BM – SC 发送所述××消息"是一种目的或效果性限定，补充说明了 UE 向基站发送××消息的目的。对于权利要求 B，则是从系统层面撰写的传输××消息的方法，属于多侧权利要求，其中包含了两个步骤特征，其一是 UE 通过特定的××承载向基站发送××消息，其二是基站向本地 BM – SC 发送所述××消息。对于这样两个权利要求，保护范围是不同的，在侵权诉讼时的举证要求也是不一样的。对于权利要求 B，要求举证证明两个步骤均被实现以及各自的执行主体分别是谁，从而确定对于方法专利而言实施主体是单一主体还是共同主体等；而对于权利要求 A，"以使"后面的限定作为一种目的，本身属于对其中仅有的一个步骤特征的进一步限定，不需要考虑执行主体，只需举证证明能够实现即可，无须深入证明其在时间要素上的被实现以及被什么主体实现。

由以上举例可以看出，对于方法权利要求的侵权举证，首先需要正确划分其包含的步骤特征，可能还包含其他一些非步骤性质的特征，这是后续工作的基础。在此基础上重点针对每一个步骤特征举证证明其被实现、被什么主体实现，进而从方案整体综合说明被诉侵权主体的行为过程落入其方法专利的保护范围。当然后续侵权判定也会依据类似的逻辑一一分析，从而整体得出是否侵权以及谁是侵权主体的结论。

（2）明确每一个步骤的实施主体

尽管一般情况下整个行为过程是一个实施主体，仅在整个过程举证时明确主体即可，但特殊情况下，例如系统层面的权利要求或者由于权利要求撰写的不足导致明确确认每一个步骤的实施主体成为必需。因此，严格按照法律逻辑需要针对每个步骤特征明确实施或实现主体来判断整个行为过程的实施主体，进而有针对性充分取证、举证证明是多个主体共同侵权还是单一主体侵权。

（3）证明实现全部步骤特征

根据全面覆盖原则，这一点中强调的是"全部"或"所有"步骤特征，而非其中某个主体实施其中某些步骤或某些重要步骤。该点是受"方法专利拆分/分离式侵权判定"❶ 理论的启发而来，所谓拆分、分离是指方法权利要求中步骤特征之间的拆分、分离，例如某些步骤特征由 A 主体实现，而另外的步骤特征由 B 主体实现。无论是拆分还是不拆分，关键是需要对所有步骤的实现过程进行举证。当出现某个主要被诉主体并未实现其中某些步骤时，需要进一步考虑这些步骤是被其他什么主体实现，其他实现主体与该主要被诉主体之间的关系，从而进一步判断侵权是否成立以及属于何种性质，即进行所谓拆分/分离式侵权判定。❷

（4）准确认定是否实现某个步骤

既然步骤特征组成了活的行为过程，对应的举证也必须是证明按照时间要素实现了每一个步骤，而不是证明能实现这些步骤。前者是动态的过程，而后者是一种静态的能力或状态，也就是说能实现和确实实现了是存在差异的。

---

❶ 刘友华，徐敏. 美国方法专利拆分侵权认定的最新趋势：以 Akamai 案为视角 [J]. 知识产权，2014（9）：89-96.

陆晴. 方法专利拆分实施行为侵权认定研究 [D]. 杭州：浙江师范大学，2016.

陈恩德. 云环境下方法专利拆分侵权判定规则研究 [D]. 湘潭：湘潭大学，2016.

张泽吾. 方法专利分离式侵权判定研究 [J]. 法学杂志，2016，37（3）：62-69.

❷ 参考797 F. 3d 1020，具体为："当有超过 1 个实体实施专利方法权利要求时，在以下两种情况下，一方的行为能够归属于另一方，使后者负直接侵权责任：①一方是否控制或指导另一方的行为；②各方是否组成了联合企业。"在进行控制或指导判定时，符合 CAFC 认定的情况有：①委托代理关系（适用传统委托代理原则）；②合同关系；③当一被控侵权者以履行某一专利方法的一个或多个步骤为条件参与某种活动或者参与获得利益，并为该履行确立方式或时间时，可以认定§271（a）规定的责任。关于联合企业，需要证明以下四要素：①协议，明示或暗示的；②共同目的，由团体共同执行；③金钱利益伙伴关系；④平等地发表意见的权利，赋予平等控制权。

实现的方式可以多种多样，例如对于最终消费者使用的终端内作业方法，实现包括但不局限于手动参与，手动参与、自动执行等都是实现的一种方式，极端情况下某些实施主体可能仅仅开启了一下电源，而所有步骤全部是自动执行的。对于某些产品内作业方法，自动执行也不能推定得出实施主体一定是功能设置者或者产品制造者，当然不排除功能设置者或者产品制造者某些特定条件下会使用相关方法，这需要进一步地举证证明。从产品具备的功能和一般消费者的使用过程来看，产品制造者或者功能设置者仅是为步骤的实现打好了基础，利用这些基础真正实现步骤的是让步骤按照时间要素实际运行起来的使用者，通常并非设计者或制造者。该使用者某种程度拥有相关的物品设施，引导整个过程按照时间要素一步一步客观发生从而达到为其服务的目的。

以上从举证角度说明需要注意的四个关键问题，事实上在侵权判定时也需要相应考虑，二者依据的法律原则和逻辑思维是一致的，前者依据该原则和思维进行取证和举证说理，而后者依据该原则和思维，采信原告举证的证据及说理进行分析判定。另外，对于权利要求的最初撰写阶段，除了合理界定保护范围大小之外，也需要从这四个方面去思考方法权利要求的构成，设想将来权利要限制的可能主体、该主体参与的必要步骤等来构成权利要求，尽量避免多主体混杂或者写入不必要的步骤或者未正确表征步骤特征等情况。

2. 该类方法专利侵权判定的两种特殊情况

（1）权利用尽

《专利法》第 69 条规定了我国现行法律框架下的权利用尽情形，仅针对专利产品或者依照专利方法直接获得的产品。实际上，有些专利方法虽然不能像一件产品或设备一样被售出，但当"方法"被包含在产品中，随着产品的售出而可能被用尽专利权，这种方法权利用尽并不仅仅是制造方法的权利用尽。《专利侵权判定指南（2017）》第 131 条规定出对于方法专利也可适用权利用尽的一种情形，❶ 其条件是售出"专门用于实施其专利方法的设备"。字面看似简单的条件，实际中何为"专门用于实施"存在一定的判断难度，也即一件产品实施一项方法专利到何种程度才会引发方法专利权用尽因具体案情不同而争议较大。❷ 其他较复杂的情况也不乏存在，例如售出"必须与其他组件组合方能实施专利方法的专利产品"、售出"未完成产品"等。上述权利用尽情况是否

---

❶ 北京市高级人民法院《专利侵权判定指南（2017）》第 131 条："专利产品或者依照专利方法直接获得的产品，由专利权人或者经其许可的单位、个人售出后，使用、许诺销售、销售、进口该产品的，不视为侵权专利权，包括：……（4）方法专利的专利权人或者其被许可人售出专门用于实施其专利方法的设备后，使用该设备实施该方法专利。"

❷ 何艳霞. 方法类权利要求是否适用专利权用尽原则：兼及合同约定与专利权用尽孰轻孰重问题 [J]. 中国发明与专利, 2010（6）: 98 – 102.

适用对于单边或单侧撰写的产品和/或方法相对较容易判断，原因在于单侧产品与单侧方法的特征对应以及实施主体单一使得"专门用于"的判断以及原被告清晰明确。目前我国已有重要案例涉及这个问题，将来会更多，建议在法律层面对此作出规定，以在法律层面清晰规定该类问题。

如果该专门用于实施其专利方法的设备同时有产品专利的保护，那产品专利权对专利权人的绝对保护最大程度保障了专利权人的利益。专利权人或经其被许可人售出产品后，对于购买者而言产品以及对应的方法都适用权利用尽。最可能的、最直接的侵权主体会是可能侵权产品的制造商，有三种侵权情形：直接侵犯产品权利要求，或者为可能的方法侵权者提供帮助侵权，因为一般情况下该制造商并不使用该产品，即不会直接侵犯方法专利权，或者出厂前的研发测试等环节直接侵犯方法专利权。显然第一种情形的取证、举证相对简单、容易。如果设备没有专利保护，从专利权人或被许可人处购买的购买者适用方法专利的权利用尽。此时对于相关产品制造商的举证难度加大，一种可能是举证制造商出厂前研发测试等环节直接使用了专利方法，该种信息属于企业的内部秘密很难获取，也不一定都存在。另一种是以设备制造商提供专门用于实施涉案方法专利的专用产品为由，❶ 按照构成帮助侵权进行举证，取证和分析说理都相对复杂。由此可知，产品专利的绝对保护对于权利人而言至关重要，布局之初就要重点考虑。

对于某些公司直接或间接向终端厂商售出芯片后向终端厂商收取许可费的情况，可适用《专利法》第69条、第70条。根据《专利法》第69条的规定，使用专利权人售出的产品不视为侵犯专利权，任何附带的声明都不能改变法律的规定。终端厂商使用芯片制造终端属于对芯片的使用行为，但专利权已经用尽。另外，如果终端厂商是购买的第三方被许可商制造的芯片，根据《专利法》第70条，如果能证明合法来源，不承担赔偿责任，甚至根据《专利侵权判定指南（2017）》第147条的规定，能够证明合法来源并且已支付合理对价的，对于权利人请求停止使用的主张，法院不予支持。

（2）帮助侵权

通信领域的作业方法，尤其是应用于类似空调器、手机等消费类终端产品的作业方法，方法的使用者往往是为私人利用等非生产经营目的的普通用户，即最终消费者，而非该终端产品的制造者。因为制造者通常是将其制造的产品销售、提供给他人使用，而不是供自己使用，在制造产品的过程中一般使用方法的行为还未发生，出厂测试等环节除外。根据《专利法》第11条，普通用户显然不构成侵犯专利权，对于设备制造者的帮助侵权是否成立实践中曾存在争议。

---

❶ 北京市高级人民法院《专利侵权判定指南（2017）》第118～119条。

对于上述情形，《专利侵权判定指南（2017）》第 119 条作出了明确规定，● 也为涉及普通用户的上述间接侵权判定提供了依据。第 119 条中涉及的"专用产品"应当与第 131 条第（4）种情形中"专门用于实施其专利方法的设备"在"专用"的判断尺度上是一致的。同样与方法专利用尽一样，我国法律层面需要明确间接侵权规则，尤其是要规定直接侵权和间接侵权之间的关系，从而在法律层面明确解决实务中大量存在的该类问题。

三、典型侵权案例剖析

下文将结合两个具体案例对于上述理论适用进行解析，其中包括与原始判决不同的一些分析观点，仅供参考。

1. 西电捷通诉索尼中国案●

涉案专利仅包含一组方法权利要求，独立权利要求 1 从包含 MT、AP、AS 的系统层面撰写了涉及三方交互的方法过程，其包含七个步骤特征，对应的执行主体分别是 MT、AP 或 AS，也即任何一方仅执行某个或某些步骤，并未全面覆盖该权利要求的所有步骤特征。

● 北京市高级人民法院《专利侵权判定指南（2017）》第 119 条："行为人明知有关产品系专门用于实施涉案专利技术方案的原材料、中间产品、零部件或设备等专用产品，未经专利权人许可，为生产经营目的向他人提供该专用产品，且他人实施了侵犯专利权行为的，行为人提供该专用产品的行为构成本指南第 118 条规定的帮助他人实施侵犯专利权行为，但该他人属于本指南第 130 条或专利法第六十九条第（三）、（四）、（五）项规定之情形的，由该行为人承担民事责任。前款所称'专用'产品，应当以原料、产品等是否对实现涉案专利所请求保护技术方案具备实质性意义且具有'实质性非侵权用途'为判断标准，即，若相应的原料、产品等为实现涉案专利技术方案所不可或缺且除用于涉案专利所保护技术方案而无其他'实质性非侵权用途'，一般应当认定该原料或产品等为'专用'。有关产品是否属于'专用'，应由权利人举证证明。"第 130 条："为私人利用等非生产经营目的实施他人专利的，不构成侵犯专利权。"

● （2015）京知民初字第 1194 号。相关权利要求是："一种无线局域网移动设备安全接入及数据保密通信的方法，其特征在于，接入认证过程包括如下步骤：

步骤一，移动终端 MT 将移动终端 MT 的证书发往无线接入点 AP 提出接入认证请求；

步骤二，无线接入点 AP 将移动终端 MT 证书与无线接入点 AP 证书发往认证服务器 AS 提出证书认证请求；

步骤三，认证服务器 AS 对无线接入点 AP 以及移动终端 MT 的证书进行认证；

步骤四，认证服务器 AS 将对无线接入点 AP 的认证结果以及将对移动终端 MT 的认证结果通过证书认证响应发给无线接入点 AP，执行步骤五；若移动终端 MT 认证未通过，无线接入点 AP 拒绝移动终端 MT 接入；

步骤五，无线接入点 AP 将无线接入点 AP 证书认证结果以及移动终端 MT 证书认证结果通过接入认证响应返回给移动终端 MT；

步骤六，移动终端 MT 对接收到的无线接入点 AP 证书认证结果进行判断；若无线接入点 AP 认证通过，执行步骤七；否则，移动终端 MT 拒绝登录至无线接入点 AP；

步骤七，移动终端 MT 与无线接入点 AP 之间的接入认证过程完成，双方开始进行通信。"

实际举证的相关产业的运营情况是：AP、AS 是原告自己生产销售的，MT 是被告生产销售的，其中 MT 内置具有 WAPI 功能的 MAC 芯片由高通或博通公司生产、销售。一般情况下搭建系统运营通信的是运营商，其购买、组建相关系统为用户提供服务，运营中 MT 用户执行 MT 侧步骤，运营商执行网络侧包括 AP、AS 侧的步骤。针对这样的权利布局以及实际运营情况，原告出于各种利弊考虑选择了 MT 的制造商作为被告，推定被告在涉案 MT 的设计研发、生产制造、出厂检测等过程中进行 WAPI 功能检测的行为，即其搭建了整个系统并使用了涉案方法专利的全部步骤，据此提起侵权诉讼。对于本案笔者提出以下个人观点。

（1）关于权利用尽

对于被告有关权利用尽的抗辩，如"用于 WAPI 测试的 AP、AS 设备系实现涉案专利的专用设备，且由原告合法销售，故涉案专利已经权利用尽""原告的专利权已经绝对用尽。原告已经许可高通公司和博通公司提供实现 WAPI 功能的产品，该产品是实施专利的专用产品，而被告系购买该专用产品后合理使用。无论芯片供应商获得的许可是何种许可、是否收费，都导致被告的专利权绝对用尽"。判决书中指出：在我国现行法律框架下，方法专利的权利用尽仅适用于"依照专利方法直接获得的产品"的情形，即"制造方法专利"，单纯的"使用方法专利"不存在权利用尽的问题。进而认定，被告在被控侵权产品的设计研发、生产制造、出厂检测等过程进行 WAPI 功能检测的行为使用了涉案专利方法，构成直接侵权。

对此笔者存有异议，依据前文所述《专利侵权判定指南（2017）》第 131 条明确指出方法专利的权利用尽情形，而且该案显然可以适用该情形，至于结论成立与否还需要具体分析。对于原告销售了用于 WAPI 测试的 AP、AS 设备是否构成"实现涉案专利的专用设备"直接决定到权利用尽与否。有观点认为非专用设备，对于系统层面的方法而言，其专用设备应当是对应的系统，即包括 MT、AP 以及 AS；也有观点认为此案属于"必须与其他组件组合方能实施专利方法的专利产品"，而 AP、AS 是实现专利方法不可或缺的设备，且除用于涉案专利所保护的方法之外无其他"实质性非侵权用途"，故适用权利用尽；还有小部分观点认为，出厂前测试用途不同于一般的通信用途，此种"使用"超出了权利用尽规定中所涵盖的"一般使用"范畴，不适用权利用尽。对于芯片厂商出售实现 WAPI 功能的芯片从而导致权利用尽，由于芯片厂商表示从未获得涉案专利的许可，故不适用权利用尽。

（2）关于帮助侵权

对于原告的主张"被告生产的涉案手机作为一种必不可少的工具，为他人实施涉案专利提供了帮助",判决书指出:一般而言,间接侵权行为应以直接侵权行为的存在为前提。但是,这并不意味着专利权人应该证明有另一主体实际实施了直接侵权行为,而仅需证明被控侵权产品的用户按照产品的预设方式使用产品将全面覆盖专利权的技术特征即可,至于该用户是否要承担侵权责任,与间接侵权行为的成立无关。被告制造、销售的具备 WAPI 功能的涉案手机,属于专门用于实施涉案专利的设备,提供给他人实施涉案专利的行为,故构成帮助侵权。

按照判决书中的分析逻辑,法院认为 MT 的用户实施了该案系统层面方法的全部步骤,即用户使用了方法专利,从而 MT 的制造商,即被告构成了帮助侵权。判决书中所指的"用户使用",应该是指用户使用 MT 进行 WAPI 接入的全部过程,即 MT 会自动请求接入 AP 并通过 AP、AS 进行验证,后续一系列步骤都是 MT 的用户触发的,因而用户实施了全部步骤。对此笔者存有异议,对于 MT 用户而言,按照手机的预设方式使用 WAPI 功能时仅仅是覆盖了方法权利要求中 MT 侧所执行的部分步骤,而非全面覆盖所有步骤。例如 MT 将移动终端 MT 的证书发往无线接入点 AP 提出接入认证请求、MT 对接收到的无线接入点 AP 证书认证结果进行判断等,AP、AS 侧所执行的步骤虽然是 MT 提出认证请求后触发的,但具体的行为过程显然不是 MT 用户所能主导和控制的,那是 AP、AS 的某种程度的拥有者来主导、控制并且实施的。由此笔者认为 MT 用户使用 MT 进行 WAPI 接入过程,其仅仅实施了方法权利要求的部分步骤,未达到全面覆盖的程度,也即并未达到上述举证要求,被告的帮助侵权不成立。

另外,退一步而言涉案手机具备 WAPI 功能,但对于普通消费者而言其是否按照预设方式使用了该 WAPI 功能,从而可能使用了专利方法还需要进一步举证,原因在于有这项功能并不等于该 WAPI 功能被实际中使用了该功能。也就是说"证明被控侵权产品的用户按照产品的预设方式使用产品将全面覆盖专利权的技术特征即可"的举证是否足够值得商榷,特定情况下用户是否实际使用产品的某项功能需要进一步举证证明。上述讨论依据的是北京市高级人民法院的《专利侵权判定指南(2017)》。

(3)专利权布局分析

按照笔者的分析,被告研发测试环节使用了专利方法,但适用权利用尽,同时被告也不构成帮助侵权。如此的判定结论似乎对原告不公,事实上这是由于专利权的布局不当造成的。

与原告技术贡献相适应、便于其权利运用的布局应当是包括芯片/电路,乃至 MT、AP、AS 以及系统级产品权利要求,辅助对应的单侧、系统级方法权利要求，从而构成"元件—单元—系统"的多层级保护布局。如此一来，举证涉案被告生产、销售的手机直接侵犯 MT 产品权利要求则容易得多，高通、博通提供 MAC 芯片给被告也相应构成帮助侵权或者直接侵犯元件级产品专利。而对于 MT 侧撰写的方法，因用户不以生产经营为目的，被告可能因帮助侵权而承担民事责任。

2. 握奇诉恒宝案❶

该案的专利权包括产品和方法权利要求，分别是一种电子装置和一种物理认证方法。对于产品专利侵权，原告通过购买公正以及法院的证据保全获取涉案侵权产品进行举证；而对于方法专利侵权，原告庭审现场通过操作涉案侵权产品演示其网上银行转账交易的过程，来证明被告如何具体使用了专利方法。对于方法侵权的举证、判定笔者存在如下不同观点，这几点仅是对法律事实的分析提出质疑，无关结论如何。

（1）谁是方法的使用者

对于类似 K 宝这样的消费终端产品，一般是由类似原告、被告这样的制造商制造后，销售给银行，银行发放给普通储蓄用户进行使用，即普通储蓄用户使用 K 宝在个人电脑上进行各种网上银行交易，其使用 K 宝的过程中一般也就使用了其中囊括的物理认证等作业方法。

在无进一步证据支持的前提下，对于该案，原告在庭审时使用涉案侵权产品进行转账交易演示的过程应当是模仿普通储蓄用户的使用过程，而非模仿被告。这种模仿很容易实现，原因在于模仿者本身就是一个普通储蓄用户。如果想证明被告在某些特殊条件下为生产经营目的也实现了类似的行为过程，此时被告的使用不同于被告作为一个普通储蓄用户为了私人利用等非生产经营目的在使用，而是例如出厂测试等环节的使用，则需要进一步的证据支持。这时证据获取难度较大，因为需要获取被告内部的技术资料，或者对于该案，并不需要这样的测试环节，也就不存在直接侵权方法专利的事实。

进一步，依照《专利侵权判定指南（2017）》第 118 条、第 119 条、第 130 条，如果原告的上述模仿普通储蓄用户的演示过程证明了普通储蓄用户实施了

---

❶ （2015）京知民初字第 441 号。相关的权利要求是："一种物理认证方法，适用于网络环境下的客户端通过电子装置执行操作命令的系统；设置操作命令与物理认证方式的对应关系；当进行安全运算操作时，包括以下步骤：客户端向电子装置发送进行安全运算操作的第一操作命令；系统查询所述的操作命令与物理认证方式的对应关系，获知所述第一操作命令对应的第一物理认证方式；用户向设置于电子装置上的对应于所述第一物理认证方式的物理认证执行机构发起第一物理认证操作，如果第一物理认证操作通过，表明客户端发送的第一操作命令为该用户所认可的，进入下一步骤，否则，结束流程；电子装置执行所述第一操作命令。"

侵犯方法专利权的行为，并且被告提供的涉案侵权产品属于专门用于实施方法专利的专用产品，则帮助侵权成立，由被告承担民事责任。

对于谁是方法专利的使用者，判决书中通过分析各个方法步骤是电子装置的制造者已设置完成或者预先设置、现场完成，而用户仅部分参与，并进一步分析"上述技术方案系电子装置制造者通过事先与银行系统达成的相关协议以及凭此建立的通信接口，参照电子装置的功能预先进行的系统设置。虽然用户参与了个别步骤，但也是在电子装置制造者预先设置的操作步骤环境下进行的，用户并不能参与或改变后台程序内容，由此看，该电子装置的制造者是方法的实施者"。设置使用的功能和环境并不等同于真正的专利法意义上的"使用"，即实际实现了全部的方法步骤，设置制造时借鉴方法专利的技术构思和专利法意义上的"使用"专利方法是两回事：的确是制造者设计了该电子装置，使得其具备被供消费用户使用的各项功能，包括现场演示的转账交易过程，在技术实质上是制造者控制了涉案专利方法的使用，但毕竟目前的证据不能证明被告排除普通储蓄用户使用之外的使用，目前的证据只能证明是普通存储用户在"使用"专利方法。

（2）现场模拟过程覆盖了所有的步骤吗

该案的物理认证方法，包括"设置操作命令与物理认证方式的对应关系"之一步骤，以及当进行安全运算操作时，执行的几个步骤。对于进行安全运算操作时执行的几个步骤，在模拟过程中都有对应的证据证明被实现，而对于"设置操作命令与物理认证方式的对应关系"这一步骤，判决书中的分析是：在被控侵权技术方案中至少存在已提前设置完成的数字签名与"OK"键之间的一一对应关系。

就现场演示的过程来看仅存在一种结果，即操作命令与物理认证方法存在对应关系，而提前设置这一步骤到底是谁以及什么时间完成，判决书中在后面对于方法专利的使用者分析时指出"设置操作命令与物理认证方式的对应关系"，是电子装置的制造者已事先设置完成了对应关系。如果回归到上文笔者认为的现场演示只能是代表普通储蓄用户在使用，那么普通用户仅仅是根据上述对应关系执行后续的步骤，至于设置对应关系这一步骤显然不是普通用户实现的，而是产品的制造者，即被告在出厂前设置完成的。如此分析来看，现场演示过程并未包含上述设置步骤对应的实现过程，对于演示过程所模仿的主体即普通储蓄用户而言，其实现的行为过程并未全面覆盖方法权利要求的所有步骤，从而不存在所谓的"直接侵权"。

（3）用户实现了安全运算操作时进行的几个步骤吗

对于进行安全运算操作时执行的几个步骤，判决书中分析上述几个步骤是电子装置的制造者预设在系统中的，用户不能主导或并不参与，故用户不是使用者。制造者预先定义/设置使得电子装置具备这些功能，仅仅是证明该电子装置能实现这些步骤，制造者预先设计使得其能实现，但毕竟制造者制造过程未实现这些步骤，具体的实现是在具体交易的过程中，即类似现场模拟的过程中，普通储蓄用户触发这些步骤——实现而达到为其服务的目的，手动参与、自动执行都是步骤得以实现的具体方式。该电子装置制造者的主导是技术意义上的主导，在专利法意义上，普通储蓄用户是这些步骤的实现者。

（4）涉案权利要求布局建议

对于该案的方法权利要求，其在撰写时未准确把握权利将来的运用情形，从而将不同主体可能进行的过程混在一起。对于该类消费产品，最通常的使用者是消费用户，他们在使用产品的过程中会涉及什么样的行为过程，这个过程包括的为解决涉案发明要解决的技术问题而言必不可少的步骤特征是方法权利要求布局时需要重点考虑的。从权利运用的角度撰写权利要求，而不简单是从技术构成的角度撰写，会为寻找侵权主体并进行有效举证做好准备。

四、结　语

本文从通信领域作业方法权利要求的特点出发，理论阐述结合实际案例说明了方法步骤构成、步骤执行主体、步骤实现形式等基本概念，基于这些基本概念深入剖析了方法侵权的法律适用，比如权利用尽、帮助侵权、使用专利方法等，从而为方法专利从布局之初到侵权举证、判定逻辑等提出参考建议。文中部分分析依据尚未出现在法律层面，也期望为今后法律修改以及实务中的具体适用提供参考。

基于专利大数据统计的专利引文探究

于 瑛 张 伟

摘 要：本文通过 incoPat 科技创新情报平台对专利引文大数据进行统计分析，得出专利交易、发生无效案件的比率与专利被引证频次的关系；并对高被引频次专利的公开时间、申请人和 IPC 技术领域进行分析。探究专利被引数据（专利审查员引文）在专利诉讼、专利测量、企业关系挖掘以及专利价值评估中的应用。
关键词：专利引文 专利审查 专利价值 大数据

一、引 言

专利研究是利用各种数学与统计学的方法及比较、归纳、抽象、概括等逻辑方法，对专利文献引用和应用参考文献的现象进行计量统计和分析研究，从而反映技术及企业间的潜在关联和规律特征，并据此进行技术发展趋势的评价及预测的专利计量分析方法。Jaffe 等将 "专利引文分析法"（Patent Citation Analysis）定义为：利用各种数学与统计学的方法，对专利引文进行分析并揭示其中存在的数量特征和内在规律的方法。❶

根据施引主体的不同，专利引文可分为申请人引文和审查员引文两类。比较表明，这两类引文有明显的区别特征。与申请人引文相比，专利审查员引文具有三大特征：一是施引专利与被引文献之间具有确定的技术相关性，二是格式规范、高度标准化，三是可获得性与数量优势明显。专利审查员引文的特征

---

❶ JAFFE A B, TRAJTENBERG M, HENDERSON R. Geographic Localization of Knowledge Spillovers as Evidenced by Patent Citations [J]. The Quarterly Journal of Economics, 1993, 108（3）：577–598.

隐含了其具有诉讼证据价值、知识交流和专利影响力的测量工具价值以及企业竞争情报价值。大数据技术的应用有助于专利审查员引文数据的利用与评价。

二、专利审查员引文大数据统计分析

专利引文可按照多种角度进行分析，例如按时间分析、按地域分析、按领域分析、按申请人分析等。专利引文的分析指标也很多，利用不同的分析指标可以从不同角度客观评价专利数据，包括：①专利引文数量；②专利被引频次；③平均专利被引用数；④科学关联度；⑤技术生命周期（Technology Cycle Time，TCT）；⑥当前影响指数（Current Impact Index，CII）；⑦技术实力（Technology Strength，TS）；⑧专利耦合强度指数等。其中②、③、⑥、⑦和⑧项指标均涉及专利被引频次。

为了对专利审查员引文与专利价值的关系进行研究，可通过在线大数据系统来进行，本课题选择利用 incoPat 科技创新情报平台进行分析（incoPat 支持大批量数据统计分析导出，支持更多专业检索入口）。

1. 专利被引频次与市场影响因素和后续法律状态的关系

在对被引频次与市场影响因素和后续法律状态的关系分析中，本节以被审查员引用频次（ctfw – times）为横坐标，该频次区间下发生专利交易（包括转让、许可、质押）专利的数量/达到该频次区间的专利总数量的比率为纵坐标（即在该引用频次区间下专利发生交易的比率）。根据图 1 可以发现一件专利被引频次越高，该专利发生专利交易的比率也越大，即大数据分析从一定程度上反映了如果一件专利的被引频次越高，其潜在专利价值也越高。尤其当一件专利的被引频次达到 30 次以上时（排除下降趋势误差点），其发生交易的比率可达 30% 或更高。

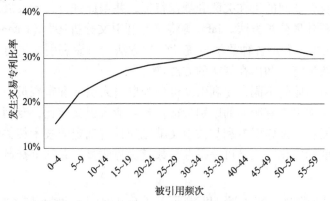

图 1　专利交易率与被引频次关系

同理，通过研究专利交易中具体发生转让专利的比率（发生转让专利的数量/达到该频次区间的专利总数量）与专利被引频次的关系得图2。可以看出，专利转让率与专利被引频次整体上呈正相关。

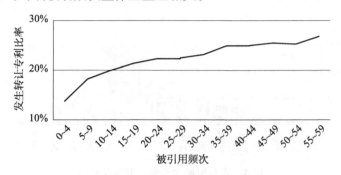

图2　专利转让率与被引频次关系

另外，通过对不同被引频次下专利发生无效的案件比率进行分析，可以得到图3，类似专利交易率，一件专利被引用的频次越高，该专利发生专利无效的概率也越大，即从后续法律角度反映了专利被引频次与专利价值的关系。

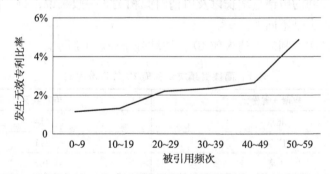

图3　专利发生无效比率与被引频次关系

由此，通过大数据的结果分析可知，专利交易率、发生无效率与专利被引频次呈正相关，体现出专利被引频次与专利市场价值整体上呈正相关，而专利引文的引用来自审查员的检索与审查工作。一方面，在经过成熟的数据分析后，可直接利用某件专利被审查员引用的频次数据对专利价值进行定性判断；另一方面，审查员对每一件专利的审查工作也为专利价值在大数据中的数据积累和专利价值的定性分析作出了贡献。

2. 高被引频次专利宏观分析

根据上述定性分析，本文取市场价值较高的被引频次在 35～54 的中国发明专利作为高被引频次专利，并对其从公开时间趋势、申请人地域、IPC 技术构成三个方面进行汇总分析。

通过对高被引频次专利的公开时间趋势进行分析，得出如图 4 所示结果。

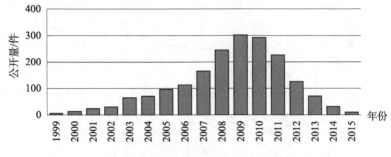

图 4　高被引频次专利公开时间趋势

从图 4 可以看出，在当前研究阶段（截至 2018 年）的有效中国发明专利中，高被引频次专利主要公开时间集中在 2006～2012 年这 7 年，即连续 7 年高被引频次专利件数超过 100 件，且呈正态分布。其中，高被引频次专利的公开时间趋势与专利的申请量增长以及申请时间相关。一般来说，每个技术领域的专利引用周期也是不同的。

高被引频次专利的申请人前 10 位地域分布如表 1 所示。

表 1　高被引频次专利前 10 位省份地域

申请人省份	专利数量
北京	414
广东	371
上海	107
江苏	99
浙江	71
山东	52
台湾	32
四川	30
湖北	29
湖南	28

其中，北京和广东地区的高被引频次专利位居前列，其次为上海、江苏、浙江和山东。从地域分布来看，东部地区和一线城市的高被引专利分布比较集

中，其他地区较为分散，甚至有个别省份没有高被引专利，可见高被引频次专利的地域分布与地区专利基数以及各地区专利质量有关。

对高被引频次专利的 IPC 技术构成进行分析，其中高被引频次专利大于 60 件的 IPC 分类如表 2 所示。

表2　高被引频次专利 IPC 分类

IPC 分类号	专利数量
H04L	271
G06F	260
H04W	105
H04Q	97
H04B	91
H04N	91
H01L	82
C08L	70
G02F	69
C08K	66
G09G	60

从表 2 可以发现，高被引频次专利集中在 H04L、G06F、H04W 等技术领域，包括通信、计算机、高分子材料、光电技术等领域，皆为目前科技创新集中、知识产权布局热点领域。

三、专利审查员引文的价值与应用

1. 专利诉讼的证据价值❶

专利审查员引文源自专利审查员在审查过程中所用文献，技术相关性是专利审查员获取对比文件的唯一选择标准，当然，不同的对比文件与专利申请的相关程度有差异。这些被审查员经过相关性程度比较并标识了相应类型的对比文件，对于专利诉讼证据的获取意义重大。

通过收集与苹果相关的几起专利诉讼案件，发现苹果都使用到了一件堪称"杀手级"的明星专利。该专利为 US7469381：触摸屏显示器上的列表滚动和文档平移、缩放和旋转。2009 年 12 月，苹果回应诺基亚的专利诉讼，提出诺

---

❶ 肖冬梅，陈颖. 专利审查员引文的特征与价值 [J]. 图书情报工作，2015 (19)：6–14.

基亚侵犯苹果的 US7469381 等 13 项专利。2010 年 3 月，苹果起诉 HTC 侵犯该公司包含 US7469381 在内的 20 项专利。2011 年 4 月，苹果指出三星的产品侵犯自己 10 项专利，也包括了 US7469381 这件专利。

这件明星专利于 2008 年在美国公开，同时在中国、日本、韩国、欧洲、澳大利亚等都进行了申请。至今该案例及其同族当前在全球范围已被引用 563 次。单纯的统计专利数量，这种明星专利也只是在统计数据中被加了一下，但从价值来看，这一件专利绝对抵其他好多件普通专利。苹果在和其他巨头的专利诉讼中都使用它的触摸屏专利。因为它在触摸屏技术领域作了很好的专利布局，其他企业难以绕开这一智能手机基本技术。❶ 三星尽管触摸屏专利数量高于苹果，但是高引用专利数量仅仅 17 件，远低于苹果的 66 件。这从一定程度上也可以解释为什么判定三星侵犯苹果的 3 件发明专利中就有 2 件是触摸屏专利。

2. 专利影响力的测量工具价值

专利被引频次可以用于测度专利影响力，被高频引用的专利意味着其受关注程度高，与其有确定的技术相关性、受其影响的专利申请多。一项在先的基础专利，无论在其基础之上有多少后续的改进专利，虽然一定程度上在技术角度上它是被改进的对象因而显得有些落后，但实施后续的那些改进发明很有可能会侵犯到在先的基础专利的权利。这种难以绕开或避免的侵权可能，正是基础专利的经济价值所在。

在专门面向自主创新企业融资的创业板上市公司中，深圳市朗科科技股份有限公司（以下简称朗科）在闪存应用及移动存储领域具有相当数量的专利储备。❷ 其中，朗科 CN99117225 专利族在中国、美国、欧洲、日本均获授权，经过检索发现，该专利及其同族在全球范围已被引用 27 次。其中，13 件中国发明专利申请因该专利的存在而不被授权或被迫缩小权利要求保护范围。

具体而言，审查员引用该专利作为对比文件驳回了包括宏碁、技嘉科技等机构的 5 件专利申请，限制了来自中兴、曙光、宇瞻科技、特科国际、群联电子等机构的 8 件专利申请的权利要求保护范围。朗科 CN99117225 专利族在全球范围内被众多机构大量引用，尤其是被审查员多次用作衡量闪存盘领域创新高度的标尺，充分反映了该专利的基础地位和技术价值。

3. 企业潜在竞争（合作）关系挖掘的情报价值

在全球范围内识别与利用有利资源，并有效地进行全球性资源整合是跨国

---

❶ 谢伟峰. 智能手机专利诉讼倾向研究 [D]. 武汉：华中科技大学，2015：21 – 23.

❷ 武伟. 数读创业板上市公司朗科专利金奖的含金量 [J]. 专利文献研究，2016（2）：64 – 70.

公司成功的一个重要因素，全球范围内的技术合作也成为企业增强创新能力的重要途径。科学地识别出潜在的技术竞争与合作对象，就是参与全球化的企业开展技术情报分析的重要目标之一。通过专利引文耦合强度计算与企业技术相似性高的专利权人，是企业锁定市场竞争对手和潜在合作伙伴的重要依据，这有利于企业在专利布局中准确锁定目标，有针对性地进行技术选点和跑马圈地，增强企业的专利威慑力和市场竞争力。在企业收购前，进行专利引文耦合强度计算，可以匹配到最适合的目标企业。

由图5可以看出，平板显示技术领域的45家主要机构的耦合关系可以分为4个组群。有效耦合关系在各组群内体现较为明显。由专利耦合关系图谱可以进一步识别企业的技术竞争与合作对象。在专利耦合关系图谱中，处于同组群内的企业具有一定程度的技术相似性，都可能是潜在的竞争对手，若在图谱中发现相关企业与本企业的距离越近，就说明相关企业与本企业具有越强的技术相似性，也即存在的潜在竞争越直接，进一步可以结合竞争对手的专利数量、领域等信息演变判别竞争对手的技术实力强弱与近期技术走势，然后采取相应竞争策略。

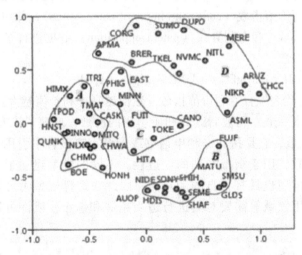

图5　45家平板显示机构的专利耦合关系图谱 ❶

4. 专利引文指标在专利评估模型中的应用举例

2003年，美国加州大学伯克利分校法学院的 John R. Allison、Mark A. Lem-

---

❶ 洪勇，李英敏. 基于专利耦合的企业间技术相似性可视化研究 [J]. 科学学研究, 2013 (7)：1013 – 1020.

ley 和乔治梅森大学法学院 KimberlyA. Moore，R. Derek Trunkey 联合发表了一份名为"Valuable Patents"的论文，公布了他们在专利价值方面的研究成果。Innography 购买了此项研究成果，建立了专利强度计算模型，使用 Patent Strength 表征专利的价值，并将之实现在 Innography 平台上。专利强度采纳了诸多价值参数包括专利引用次数和被引次数、专利权利要求数量、专利从申请到公开的时间长度、权利同族专利数量、涉及诉讼案件的数目及其他。Innography 系统通过模型运算将一项专利的强度分为 1~10 的不同等级，专利强度越大相应的专利价值也就越高，也是海量数据中的核心专利。在许多关于专利价值评估的研究中如 Shane（2001）、Reitizing（2004）等都使用专利的向前引用次数作为影响专利价值评估的指标。❶

Lanjouw – Schankerman 专利价值评估模型（LS 模型）是耶鲁大学的 Lanjouw 教授与伦敦经济政治学院的 Schankerman 教授于 1999 年提出的。❷ 他们选择了引用次数（backward citation）、被引用次数（forward citation）、同族专利数（family size）和专利请求数（the number of claims）等作为专利价值的评价指标，收集了美国 1960—1991 年的 6111 项专利数据，通过因子分析的方法，构建了综合专利价值指数（composite index of patent value），并用企业的专利更新（patent renewal）和专利异议（patent opposition）数据进行了验证，发现有很好的统计相关性。

LS 模型：$CIPV = a_1 lgFC + a_2 lgNC + a_3 lgFS + a_4 lgBC$

其中 CIPV 代表综合专利价值指数，数值越高专利价值越大。FC 代表被引用次数，它是指一个专利被后续专利所引用的次数，反映了该专利的影响力。BC 代表引用次数，它是指在专利申请书或专利审查报告中引用以前专利或非专利文献的次数，用于衡量专利的创造性。不同的模型建立于不同的研究领域，同时每种模型也具有各自的侧重点，因此在选择模型时可以参考现有模型，并根据应用领域等需要对其进行适当拓展和修正，或许可以起到更好的效果。

四、结　语

本文通过对专利大数据统计分析，发现专利交易率、转让率以及发生无效案件比率与专利被引频次整体上呈正相关；同时，获得高被引频次专利的公开

---

❶ 刘星. 专利价值评估中的法律因素及指标研究［D］. 湘潭：湘潭大学，2014：20–22.
❷ 胡元佳，卞鹰，王一涛. Lanjouw – Schankerman 专利价值评估模型在制药企业品种选择中的应用［J］. 中国医药工业杂志，2007，38（2）：20–22.

时间分布、申请人地域分布和 IPC 技术领域分布。另外，专利审查员引文在专利诉讼中被作为证据，对专利影响力的测量判断，以及在企业潜在竞争（合作）关系挖掘等几方面具有重要影响。

在一定情况下，专利审查员检索得到的专利引文可以有效地在侵权之诉中提起现有技术抗辩，或对涉诉专利提起专利无效诉讼。我们在利用专利引文指标对专利价值进行评估时，与其他经济数据、技术文献等竞争情报源配合起来，能有助于企业更好地实施专利战略，辅助企业在市场竞争中作出正确的决策。

鉴于理论的发展需要实践的验证，如何对专利引文数据进行运用，仍需提高理论模型的领域适应度。当前利用专利引文数据评估专利价值时采用的模型大多比较复杂，同时也没有形成统一标准化的程序，经过验证后的模型仍待进一步优化和完善。目前专利引文数据的采集已趋成熟，但是如何把理论方法和指标运用到企业实际中去，为企业的技术管理进行行之有效的指导，根据市场需求和领域建立针对性的模型，这仍需进一步的开发。